无源相干定位技术及应用

Passive Coherent Location Technique with Applications

张财生　张　涛　唐小明　宋　杰　编著

電子工業出版社
Publishing House of Electronics Industry
北京 • BEIJING

内 容 简 介

本书在详细分析无源相干定位技术原理、机会辐射源信号的低空传播特性、调频广播信号的特性、无源相干定位信号处理与参数估计的基础上，着重介绍了基于 PN 与 OFDM 编码信号、脉冲雷达信号的无源相干定位应用，系统阐述了多基地无源相干定位系统信号模型、无直达波条件下无源相干定位系统的目标检测性能、有直达波条件下无源相干定位系统的目标检测性能及有源多基地雷达、无源相干定位系统和无源定位系统的统一检测理论框架等。

全书注重无源相干定位技术理论与工程实践的结合，可作为雷达、电子对抗、情报处理等相关学科领域高年级本科生和研究生的教材，还可作为无源多基地雷达系统、多源预警探测、多源信息融合等领域相关工程技术人员的参考书。

图书在版编目（CIP）数据

无源相干定位技术及应用/张财生等编著. —北京：电子工业出版社，2022.3
ISBN 978-7-121-43087-9

Ⅰ. ①无… Ⅱ. ①张… Ⅲ. ①无源定位－高等学校－教材②PLC 技术－高等学校－教材
Ⅳ. ①TN971②TM571.6

中国版本图书馆 CIP 数据核字（2022）第 042262 号

责任编辑：谭海平
印　　刷：北京天宇星印刷厂
装　　订：北京天宇星印刷厂
出版发行：电子工业出版社
　　　　　北京市海淀区万寿路 173 信箱　　邮编：100036
开　　本：787×1092　1/16　印张：14.25　字数：364.8 千字
版　　次：2022 年 3 月第 1 版
印　　次：2022 年 3 月第 1 次印刷
定　　价：79.00 元

凡所购买电子工业出版社图书有缺损问题，请向购买书店调换。若书店售缺，请与本社发行部联系，联系及邮购电话：（010）88254888，88258888。

质量投诉请发邮件至 zlts@phei.com.cn，盗版侵权举报请发邮件至 dbqq@phei.com.cn。

本书咨询联系方式：（010）88254552，tan02@phei.com.cn。

前　言

雷达的出现改变了第二次世界大战的空战模式。然而，与所有高新技术一样，雷达技术给空战带来的优势转瞬即逝。20 世纪 80 年代推出并于 90 年代用于作战的隐身、电子干扰、反辐射导弹等技术，又极大地改变了现代空战的模式，驱使雷达技术专家在过去几十年中，一直致力于开发针对隐身技术、电子干扰技术、反辐射导弹技术的对抗与反对抗措施，无源相干定位技术就是其中的一种。

无源相干定位技术是一种利用空间已有的各种机会辐射源发射的电磁波照射到目标后形成的散射波来开展目标探测定位的技术，对应的探测定位系统被称为无源相干定位系统。由于系统本身不向空间辐射电磁波，因此也称无源隐蔽雷达和无源相干雷达。实际上，利用各种机会辐射源来探测目标的无源相干定位技术并不是一种新技术，它的历史几乎和雷达技术本身一样悠久。遗憾的是，受当时科技发展水平和器件性能的限制，人们并未发挥出这种技术体制的潜在优势。

实际研究发现，无源相干定位技术是对抗反辐射导弹、电子干扰的有效手段，在探测隐身目标方面也有先天优势。因此，利用电视、广播或通信基站等机会辐射源来探测目标的无源相干定位系统成了近 20 年来世界各国研究的热点。此外，用于目标探测、定位与跟踪的机会辐射源信号，是目标和接收机以外的第三方信号，目标的探测和跟踪精度可以通过增加辐射源的数量来实现，同时还可以大幅度地提高系统的稳定性和容错性。因此，根据机会辐射源和接收机的数量与位置关系，无源相干定位系统可以分为如下几类：单发单收无源相干定位系统、单发多收多基地无源相干定位系统、多发多收多基地无源相干定位系统等。

本书首先系统阐述单发单收无源相干定位技术，内容包括无源相干定位技术的信号相干原理、机会辐射源信号的传播特性、FM 广播信号分析、无源相干定位技术信号处理与参数估计、基于 PN 与 OFDM 编码信号、脉冲雷达信号的无源相干定位应用；然后分析多发多收多基地无源相干定位系统的目标检测理论与检测性能；最后详细介绍有源与无源多基地分布式射频传感器网络目标检测的统一理论框架等。

自 1999 年开始，作者所在单位就启动了无源相干定位技术研究，并且在无源相干检测理论与运用方面取得了一定的研究成果。本书专注于无源相干定位技术的基本理论与初步运用，期望本书的出版能够推动无源相干定位技术在装备上的应用。

感谢海军航空大学的何友院士、王红星教授、王国宏教授、张立民教授、关键教授多年来给予的指导和帮助，感谢海军航空大学航空作战勤务学院的各位领导在工作和生活中给予的帮助，感谢南京电子技术研究所首席科学家范义晨、丁家会研究员、陈泳研究员、钱丽研究员、工会主席孟繁成在研究和生活中提供的无私帮助，感谢为本书的出版做出贡献的所有工作人员。

由于学识水平有限，本书一定存在不少缺点和错漏，殷切希望广大读者批评指正。联系人：张财生，邮箱 caifbi2008@163.com。

编著者

于山东烟台

2021.08

目　录

第 1 章　无源相干定位技术概述

1.1　无源相干定位技术的特点及优势

1.1.1　无源相干定位技术的定义

从海湾战争、科索沃战争到伊拉克战争，高技术空袭武器不断涌现，单基地雷达等单平台单一功能的监视侦察设备受到电子干扰、反辐射导弹、低空突防、隐身兵器的威胁日益严重。为了对抗威胁，人们采用了双（多）基地雷达，双（多）基地雷达的接收机和发射机分别设置在不同的地点，具有抗干扰、抗反辐射导弹、抗低空突防和反隐身的潜力。双（多）基地雷达分合作式的和非合作式的，合作式双多基地雷达系统庞大、技术复杂。非合作式双（多）基地雷达利用来自周围环境的分布式照射源信号，其中使用民用辐射源（民用广播、电视及卫星）作为发射机的新型非合作式双（多）基地雷达近二十年来倍受各国重视，此类双（多）基地雷达的一个显著特点是，它是非合作式的，即信号的不确定和不可知，其中的一项核心技术就是无源相干定位（Passive Coherent Location，PCL）[1]。

所谓无源相干定位，是指利用一个或多个接收通道处理来自一个或多个非合作发射台的直达波和目标散射信号，并获取目标位置信息。因此，无源相干定位系统只有接收机，必须在其工作环境内选择合适的辐射源。工作时包括两个基本层次[2]：

（1）无源侦测层次。监视周围环境信号，分析信号波形参数，进行分类和选择，并且为无源相干定位系统提供参考信号。

（2）双多基地层次。对第一层次选择的直达参考信号和目标回波信号进行相干处理，提供目标距离、速度和角度位置的实时测量，并且实现目标的实时跟踪及识别，能在四大威胁下，为 C^3I 系统指控中心或相应的决策机构提供目标指示、预警、导航或其他服务。

无源相干定位系统在国际上也被称为基于机会发射的无源雷达系统（国内也称基于外辐射源的无源雷达），依据利用的外辐射源信号形式的不同，PCL 系统可以分为如下三类[3]：

（1）窄带 PCL 系统。利用稳定连续波、幅度调制、窄带相位及频率调制的信号，获取目标的多普勒频移和/或到达角（Direction of Arrival，DOA）估计信息。

（2）宽带 PCL 系统。利用调频调相等波形信号，获取目标的距离、多普勒频移和/或 DOA 估计信息。

（3）脉冲 PCL 系统。利用雷达脉冲信号，获取目标距离、DOA 等估计信息。

直接利用电视、广播和移动通信等民用机会发射源的雷达系统属于窄带 PCL 系统，它以获取多普勒频移信息为主，其中基于数字广播和数字电视等调频信号，也可划为宽带 PCL 系统。

1.1.2 无源相干定位技术的技术优势

无源相干定位系统在不影响机会辐射源自身正常工作的前提下，通过专门设计的单个和多个接收设备相配合工作，获取目标反射信号的多普勒频移、DOA 和到达时差，完成对监视区目标的探测与跟踪，实现隐秘探测[2]。

这种新型雷达系统在技术上是一种合乎逻辑的发展，国际著名雷达专家 Peter Swerling 认为它将成为雷达系统的一个重要发展方向。而与其他雷达相比较，无源相干定位雷达系统主要具有如下技术优势。

（1）反隐身。调频广播和电视信号工作于米波和分米波波段，适合于频域反隐身。

（2）生存能力强。在双方敌对环境中，为监视敌方，提高不被发现的概率，是不允许发射信号的，需要通过无源雷达的被动手段来感知空中态势。而 PCL 技术采用双基地体制利用民用辐射源的特征，自身不发射信号，不易遭受反辐射导弹的攻击，极大地提高了雷达的生存能力。

（3）抗干扰能力强。相比有源雷达，在拥挤的电磁环境中，PCL 雷达更能对抗电子攻击，由于利用民用广播、电视信号被动工作，敌方无法针对雷达施放干扰，其隐秘性使得敌方很难对其进行干扰，因此自身就具有电子防御的功能。

（4）低空探测性能好，探测区域广。广播、电视发射的电波有利于对低空飞行目标的探测与跟踪，可以选择发射台信号进行目标定位以增大信噪比，提高作用距离。

（5）信号截取灵活，多种方式同时工作。可以采用不同的重复频率工作，从而获得更高的精度，数据更新更快。同时，利用若干广播台和电视台频道，提高了目标信息获取的冗余度。

（6）低成本。能够节省购买和维护发射机的费用，由于基于货架产品结构，国外单台接收试验站的费用低于 10 万美元。

（7）全天候工作。由于广播电视频段不受天气影响，系统可以全天候工作[4]。

考虑到无源相干定位雷达系统目前的定位跟踪精度还不够高，只能用于监视、警戒，尚未达到用于目标精确瞄准的精度，这类系统一般可用于引导主动式跟踪、火控（或制导）雷达系统以及光电火控、制导系统，以获取有关目标更详细、更精确的信息。对隐身飞机的跟踪，美雷达专家 Barton[5]认为火控雷达对隐身目标是可以在截获后稳定跟踪的，而问题是要装备能及早搜索到隐身目标的目标指示雷达。无源相干定位雷达系统由于具有很强的生存能力，而且恰好能胜任对隐身目标的探测和指示，因此对处于反辐射导弹威胁下的火控雷达而言，它将是 C^3I 系统中抗击隐身目标必不可少的部分。

（1）加快 C^3I 到 C^4ISR 的扩展。无源相干定位雷达系统加快了 C^4ISR 系统[6]的建立，其作用表现在两个方面：一是对空监视，我们已知道基于地面电视和广播可以获得在全世界广大区域的覆盖，而且具有良好的低空探测特性；另外，地面上绝大多数地点均会同时受到几个星载辐射源的照射，地面、水面（舰载）、空中（机载）雷达系统可以充分利用这些辐射源进行空中目标探测和跟踪。二是未来战场的地面监视革命，对地面的监视主要依赖高分辨的合成孔径雷达（Synthetic Aperture Radar，SAR）技术与地面动目标显示（Ground Moving Target Indication，GMTI）技术。近年来，双基地合成孔径雷达成像技术[7]的发展使得在庞大电视广播网的基础上，可以由战斗机一边对地面成像，一边攻击重点目标，实现从预警到对地面直接指示攻击的全过程覆盖。

（2）增强 C^4ISR 的对抗能力。在未来的高科技战场上，C^3I 系统将面临导弹、电子战等各种软/硬杀伤的对抗威胁。构建在无源相干定位技术基础上的 C^3I 系统，由于信息来源的高度隐蔽性和对软/硬杀伤的对抗性，具有强大的信息对抗功能，尤其表现出防御性 C^3I 的对抗能力，而无源相干定位雷达与火控系统的结合又使 C^3I 具有进攻性对抗能力。建立在此类隐蔽信息源基础上的系统，从根本上解决了 C^3I 系统对抗能力的重大课题，为赢得今后的高技术局部战争做好了准备。

（3）C^4ISR 系统中的一个军民融合点[8]。发展具有军民融合特点的武器装备是世界军备发展的一个大趋势。我国海岸线长，而且经济发达的沿海地区分布了大多数的重点保卫目标，建立完整的防空预警系统是一个庞大而复杂的系统工程，而广播、电视、移动通信发射站遍布全国，在沿海地区更是分布密集。如果成功地利用这个强大的发射网络，那么在只采用较少投资和较少维护的情况下，就可以在整个沿海一带乃至全国范围内组阵联网，对近海防御 C^3I 系统的监视和侦察意义重大。

（4）使 C^4ISR 系统更符合经济发展要求。实践证明，低频雷达（特别是米波雷达）是探测隐身飞机的最好方法，然而这个频段的雷达正受到日益增多的民用辐射设施的强大干扰，反过来，发展低频雷达也会干扰这些与人民生活紧密相关的媒体和通信设备。国防与经济在这一点上的矛盾，在作为经济发达区和对海防御主战场的沿海地区尤为突出。通过建设基于广播电视等民用辐射的雷达系统，创新性地解决了这个问题。直接利用广播电视等民用辐射信号，既可以避免日益拥挤的民用辐射对雷达的干扰，又不会对通信产生丝毫影响。不仅如此，由于其监视和相关技术的发展，还将为电磁环境的监控和保护提供帮助，因此它会使得 C^4ISR 系统更符合经济发展要求。

总之，发展基于广泛分布的电视、广播和移动通信等辐射源的无源相干雷达系统，将引发 C^3I 系统无源监视和侦察领域的革命。

1.2 无源相干定位技术的应用

考虑到 PCL 技术在抗干扰和反隐身方面的优势，军事上可用于国土防空。PCL 技术的应用主要取决于辐射源是合作式的还是非合作式的，如果是非合作式辐射源，那么辐射源的监视参数未知，PCL 能够以低成本的方式提供新的潜在有用信息；如果是合作式辐射源，那么 PCL 探测系统可以作为补充传感器，提高已有辐射源的探测性能，扩大覆盖范围，提高检测概率，改善目标定位性能。

基于非合作式辐射源的 PCL 应用，由于没有辐射源的参数信息，需要利用直达波信号进行同步处理，可以监视已有传感器无法覆盖的区域，但是其探测区域受视距和双基地雷达方程的限制。对于远离非合作式辐射源且雷达散射截面（Radar Cross Section，RCS）较小的低空目标，PCL 探测系统仍然可以提供约 20km 的探测距离。如果不需要进行目标定位，那么在不同步的条件下也可以进行动目标检测。

基于合作式辐射源的 PCL 也可以用于国土安全防护，其辐射源发射信号波形和天线扫描模式都已知。合作式辐射源可以提供同步信息，仅需较小的修正即可。如果可以完成相位同步，就可以进行相参处理。远离辐射源工作时，PCL 和辐射源间不要求有视距，只需要辐射源和目标、目标和接收系统之间有视距即可。多 PCL 系统获得的目标信息可组网融合，可以在主传感器的探测范围和扩展延伸的探测范围内，提高发射站辐射源的探测性能，使得有源和无源传感器密切合作、组网协同，共享低空目标数据，提高整个探测系统的性能。

对于隐身目标，虽然在辐射源视距范围内，但是因其回波弱，导致自身的接收系统无法检测，而前出的 PCL 系统可以检测到目标，从而进一步扩展其探测范围。因此，对隐身目标的探测，PCL 可以形成自身的探测区域。而利用多个低成本的 PCL 双基地接收系统的最直接运用，就是使其覆盖范围互补，减小探测盲区。

因此，无源相干定位雷达系统具有隐蔽性好、机动性强、造价低廉、抗敌方侦察和反隐身等特点，既可用于军事，又可用于民用。军事上可以反隐身飞机、反隐身巡航导弹，抗反辐射导弹、抗敌方侦察，反干扰、反低空突防。民用主要包括：监视港口、机场、发电厂、水厂和其他要害部门，能提供反无人机能力，并且在边境控制（海上走私）、海洋牧场监视等方面发挥重要作用。

1.3　无源相干定位技术的研究历史和现状

1.3.1　早期目标探测试验阶段

雷达是在无线电通信和 VHF 电波传播实验基础上诞生的。在第二次世界大战以前，最先在美、英等国从无线电传播的试验中开始了收发分置的雷达研究。早在 1933 年，美国就出现了采用连续波发射的电台在双基地配置下探测运动物体的专利[9]。1935 年，英国在达文特里试验[10]中利用 BBC 电台的短波发射信号和车载接收机，探测到了 12km 外的“海福特”轰炸机。第二次世界大战期间，德国的 Klein Keidelberg（KH）设备利用英国的海岸空防雷达 Chain Home（CH）的辐射[11]，探测到了 450km 外的飞机，在当时很好地完成了对飞越英吉利海峡的盟军轰炸机群的警戒任务。根据已解密的资料发现[11]，KH 雷达曾于 1943 年 8 月在荷兰、比利时各部署过 1 个雷达站，并且在法国部署过 4 个雷达站，如图 1.1 所示。

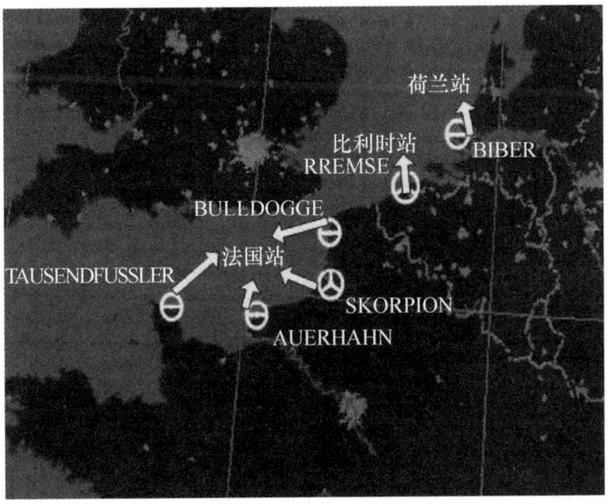

图 1.1　第二次世界大战期间德国在荷兰、比利时和法国部署的 6 个 KH 雷达站站址分布情况

雷达站之间的基线距离为 100～200km，6 个雷达站的威力范围相互交叠，并且于当年年底全部进入实战状态。这个系统通过接收来自英国的岸基防空雷达 CH 的直达波信号和穿越英吉利海峡的空中目标反射的信号，测量两个信号的到达时差和反射信号的到达角来对目标进行定位，作用距离达 300km，精度约为 10km，方位角测量精度约为±10°，探测威力范围覆盖了整个英国，而法国和德国的领空也在其作用距离范围之内。在服役的近一个月时间内，KH 很好地完成了对飞越英吉利海峡或北海的盟军轰炸机群的警戒任务。然而，各个 KH 雷达站具体能够获得的目标信息差别较大，在法国最南面的 KH 雷达站，天线必须朝北，指向 CH 雷达发射天线的同时，检测飞越英吉利海峡的盟军轰炸机的回波信号，此时的双基地

角接近 180°。该 KH 雷达站近似工作在前向散射区，导致雷达仅能得到目标的方位角信息，而无法获取距离信息。因此，该雷达站主要起警戒作用。当盟军的轰炸机沿更北的航线飞行时，如沿北海外底线飞行时，目标的双基地角非常小，此时 KH 雷达工作在伪单基地区域，可以提供完整的目标警戒和指示信息。如图 1.2 所示，荷兰和比利时的两个 KH 雷达站在观测英吉利海峡南部和欧洲大陆上空的目标时，也可以提供较好的目标警戒和指示信息，但是对飞越北海上空的目标仅能提供目标警戒信息。

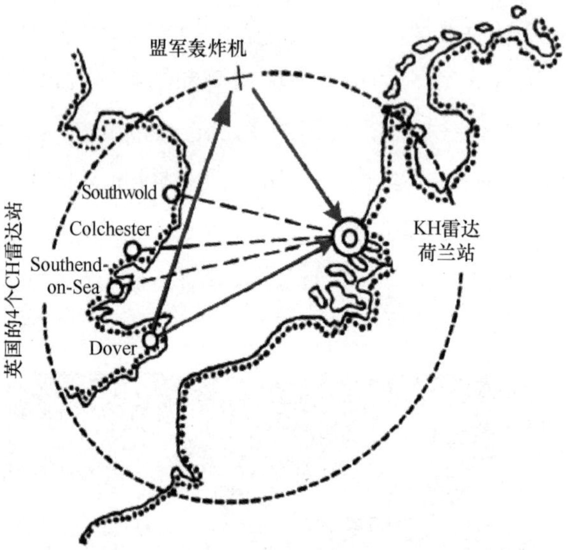

图 1.2 KH 雷达目标探测的几何关系示意图。CH 雷达发射机位于英国多佛（Dover），接收机位于荷兰 Osstvoorne，目标位于以发射机和接收机为焦点的椭圆上，实线给出的是双基地三角，虚线给出的是其他可选用的发射站

此外，此前国际上的文献均认为 KH 雷达曾在丹麦做过短期部署，但是根据 Col. Svejgaard 解密的文献[11]显示，KH 雷达并未在丹麦服役过，名为 See-Elefant 的收发站址相距约 1km 的准单基地雷达曾于 1944 年底在丹麦西海岸的 Roms 岛上服役过。不简单的是，德国在两年内就完成了 KH 雷达的研制和部署，并获得了较好的探测性能。CH 雷达设计师曾通过脉冲重复频率抖动来减小其被 KH 雷达利用的概率。虽然这在一定程度上降低了 KH 的工作效率，但是德国科学家们还是很快研究出了能够快速跟踪其脉冲跳变的新技术。所有这些均表明，KH 雷达的这种无源隐蔽的目标探测方式，为德国空军的对空防御和警戒提供了非常有价值的目标警戒和指示信息，明显超越了当时日本、法国和苏联等国仅利用目标的前向散射回波获取目标警戒信息的技术。

其实，早在 1939 年 Graf Zeppelin 飞艇在北海上空就探测到了 CH 雷达的发射信号，但是当时误识别为无线电导航信号。如果德国正确识别了 CH 雷达信号，并且充分认识到了其作为无源相干定位的潜力，那么 KH 雷达开始研制的时间还可能提早一年。如果部署在欧洲大陆的 6 个 KH 雷达站进行组网协同探测，那么其探测范围将无盲区，应该可以更好地对英国起飞的轰炸机进行远程预警，但是由于 KH 雷达安装部署得太迟，未能实现组网探测，因此也未能对德国的对空警戒提供太多的情报。此外，令人遗憾的是，盟军于 1944 年发现 KH 雷达的技术优势后，未在战后继续研究 KH 的先进设计理念，且受当时科技发展水平的限制，并未发挥这种体制的潜在优势。

随着脉冲发射机和 1936 年天线收发转换开关的发明，人们的注意力开始转向单基地雷达，“双基地”雷达研究受到冷落。到了 20 世纪 50 年代，随着半主动制导导弹和卫星导弹跟踪雷达的发展，引来了双基地雷达的第一次复苏[1]，反直达波泄漏和杂波中的微弱目标检测等技术得到了发展，并且形成了该领域的两个重要性能指标：泄漏下能见度和杂波中可见度。

1.3.2　中期复苏阶段

在雷达对抗反辐射导弹的需求牵引下[12]，引来了双基地雷达的第二次复苏。Skolnik[13]、Ewing[14]和 Milne[15]等在双多基地雷达跟踪理论方面的突破，为后来无源相干定位雷达系统的研究开辟了理论途径。

1974 年，美国的 Marko 等利用调频广播台作为外部辐射源，利用互相关技术测量目标反射信号相对于外辐射源直达波信号的延迟时间，得到了目标所在的等距离椭圆，再结合反射信号的到达角测量，对目标进行了定位。

另外，日本也于 20 世纪 70 年代中期进行了飞行器反射电视信号的试验，并且利用逆合成孔径雷达（Inverse Synthetic Aperture Radar，ISAR）技术对电视照射的飞行器进行了定位测量。这一时期由于整个双基地雷达研究处于低谷，研究成果并不多，直到 20 世纪 70 年代以后，随着数字化技术的发展才慢慢增加。由于目标散射信号相对直射信号非常微弱，受当时器件设备的限制，试验结果并不理想，但是这一阶段为后来的研究积累了很多经验。

英国伦敦学院大学（UCL）在机会发射雷达研究方面做了很多工作。1982 年，文献[16]中给出使用 600MHz 民用机场交通管制雷达的双多基地雷达系统，实现了动目标指示功能。1986 年，基于电视的双基地雷达系统[16-17]利用电视信号中的脉冲探测到了近距离静止目标，实现了动目标指示，但是该系统需要专用的波形，并且距离分辨率低，最大不模糊距离小，因此实用性不大。Griffiths 等人利用电视台信号作为外辐射源，对信号检测中的若干问题进行了分析，指出外辐射源波形的模糊函数是研究的关键，它决定着距离分辨率、距离模糊间隔、距离旁瓣水平及多普勒分辨率。1989 年，IEEE 国际雷达会议文献透露，E. Gaig Thompson 利用预警机 E-3A 的 AWACS 系统和联合监视目标攻击雷达系统作为非合作式辐射源，利用无源探测方式，探测了飞行目标。1992 年，文献[18]提出将卫星转播的电视信号作为无源雷达的辐射源，接收端由接收卫星电视信号的直达波信道和接收目标反射波的回波信道组成，对两路信号做相关处理，然后利用非相干积累来提高处理增益。研究表明，对于 100km 外 RCS 为 $20m^2$ 的目标，要达到10^{-6}的虚警率和 90%的检测概率，需要 80dB 的处理增益。然而，由于相干积累和非相干积累的时间间隔分别受目标多普勒频移和动目标距离偏移的限制，对于速度为 200m/s 的民航飞机，只能达到 45dB 的处理增益。这项试验在可能的距离上未能检测到真实目标。

1994 年，在法国召开的国际雷达学术会议上，三篇基于电视信号作为外部辐射源的无源雷达论文的发表，标志着无源雷达的研究进入了全新的阶段。之后，随着信号处理方法和器件的更新，以及成熟信号处理技术的引入，世界上出现了几套典型的外辐射源雷达系统，尤其是被动跟踪及数据融合理论的运用，为这一古老的雷达体制注入无限生机。法国国家航空研究局研制了以电视台作为外部辐射源的多基地雷达试验系统。辐射源是位于巴黎附近的电视台，接收站位于帕莱素，采用两副八木定向天线。该系统采用 5 个发射台，仅利用多普勒信息进行定位和跟踪。由于系统跟踪算法需要较高的信噪比，只探测到距离接收站 5km 的目标。这项研究的意义在于仅利用单一的多普勒信息定位和跟踪目标，由于要求至少 4 个发射台同时照射目标，限制了它的实际使用。同年，英国防御研究局的 Howland 研制了一套以电视台作为外部辐射源的无源雷达系统。该系统将法国雷恩的电视音频调幅载波作为辐射源，接收设备包括一对八木天线和一套数字接收机，通过测量多普勒频移和 DOA 信息对目标进行定位。试验结果表明，运用现代信号处理技术和跟踪算法，该系统可实现对 260km 内的空中目标的探测和跟踪。该系统还进行了利用法国电视发射台的试验，发射台与接收机的距离为 424km，探测到距离接收机 400km 的目标，只是无法实施跟踪。这种只需要稳定载波的要求还极大地拓宽了可利用的发射信号，不仅包括电视广播，而且包括许多其他的窄带“机会发射源”。

德国研制的无源雷达系统，则使用美国的全球定位卫星和俄罗斯的全球导航卫星作为外辐射源。由于导航系统由多颗卫星组成，可以提供多个外辐射源，因此该系统可以使用灵活的相控阵接收天线。研究结果表明，要探测到距离接收站 1km 远且 RCS 为 $10m^2$ 的目标，接收机需要 70dB 的信号处理增益。

美国华盛顿大学遥感研究小组的 John D. Sahr 等[23, 24]研究了利用民用 88MHz 到 108MHz 的 FM 广播作为信号源的 MRR（Manastash Ridge Radar）多基地被动探测系统。它是一部用于对大气层和电离层进行气象探测与成像的无源探测雷达。这部雷达以西雅图的调频广播电台为辐射源，采用两个接收站：位于华盛顿大学内的参考接收站，用来接收电台的直达信号，该接收站采用增益为 5dB 的对数周期天线；位于 115km 外 Manastash

山的接收站则捕获目标散射信号，该接收站采用简单的重叠偶极子天线。该系统用 GPS 来完成两个接收站间的时间与频率同步，曾成功地探测到 240km 处的目标，速度分辨率达到 1.5m/s。

真正达到实用化、商业化的系统是由美国洛克希德·马丁公司研制的"沉默哨兵"（Silent Sentry）系统[25-27]。该系统通过测量目标的到达角、多普勒频移和目标信号与直达波信号到达接收站的时间差，利用 PCL 技术来对目标进行定位与跟踪。在马里兰州的试验成功地跟踪了巴尔的摩－华盛顿国际机场起落的飞机。1999 年 3 月，在佐治亚州三军对抗鉴定评估组（ASCIET）的演习中，"沉默哨兵"系统成功地监视到了飞越大西洋上空和演习区上空的"敌机"[26]，而且还提供了实时二维航迹数据，定位精度达到了警戒雷达的要求。对一个散射面积为 10m^2 的目标，系统的探测距离由 180km 扩展到了 220km，能够探测飞机、直升机、巡航导弹和战术导弹，还能探测停在空中的直升机。世界上 55000 个调频广播电台和电视台的位置与频率的大型数据库的建立，使得"沉默哨兵"系统可用于世界上的大多数地区。"沉默哨兵"系统的"预警"探测功能填补了现有雷达网覆盖的空缺，能够增强指挥控制系统的决策功能，因此具有广阔的应用前景。

近年来，美国又研制出了第三代"沉默哨兵"系统，分为固定站系统和快速部署系统。新系统采用相控阵天线，将四面尺寸约为 2.5m×2.5m 的天线安装在固定雷达站基座上，可以实现对目标全方位、全天候的监视。该雷达还可以安装到飞机和舰船上，能够实时实现对飞机、导弹等空中目标的高精度探测，能够同时跟踪 200 多个目标，能够区分间隔 15m 的两个目标。该系统还捕获过 250km 外的美国空军的 B-2 隐身轰炸机。

这些利用 TV 和 FM 广播发射信号的双基地雷达系统的出现，标志着双基地雷达的第三次复苏，并且这次复苏取得的突破性技术是 PCL[25]。文献[1]中阐述了 PCL 技术的进展情况，洛克希德·马丁公司的 Baugh 和 Lodwig 等[27]在有关资料中也给出了 PCL 技术的详细描述。在这个阶段，国际上的 PCL 雷达系统研究情况如表 1.1 所示。

1.3.3　新系统与技术的全面发展阶段

美国和欧洲的国家都很重视 PCL 探测技术的发展，并且研发了各种双基地和多基地无源探测系统。许多国家的科研机构纷纷将 PCL 雷达系统作为研究的重点，因此 PCL 雷达系统发展迅速，所用的机会辐射源信号形式也日益广泛。

2001 年，Poullin 提出将 COFDM 调制的 DAB 和 DVB 电视信号作为机会辐射信号，随后他证实该无源雷达对目标具有可检测性；Saini 等对数字电视信号的模糊函数进行了研究，提出了一种失配滤波方法来消除模糊函数中的干扰旁瓣。

表 1.1　PCL 雷达系统研究情况

时　间	研究机构	外辐射源	目标参数	PCL 设备				目的及效果	局 限 性
				布　站	天　线	接收机	信号处理		
2002	Dynetics Zoeller（美）	FM 广播	时延，多普勒	单接收	一对八木天线	双通道	频域相关	跟踪民航飞机	作用距离受接收环境影响
2002.3	美国空军技术学院（AFIT）	数字音频广播等	时延，多普勒，DOA	选站考虑地形和大气	NECWin Plus 设计的阵列天线	双通道：参考（LOS）和目标	模糊函数，时域空间正交投影，DOA 估计新应用	DAB 的信号结构滤除直达波，充分利用地形抑制直达波，阵列优于八木	仅属于理论探讨，缺少实际数据，实时性不够
2001.6	Roke Manor（英）	传统移动通信网				GPS 同步		10m 精度，反隐身飞机 F-22、F-117、B-2	
1998—1999	MRR radar（美）	FM 广播	时延，多普勒	双接收站	14dB 八木天线，折叠偶极子	数字化 I、Q 传到中心处理站，GPS 时频同步	模糊函数计算；先配对乘积部分求和，后 FFT 得到谱	用山来抑制直达波，研究北极光，发现航班、山、流星痕迹 40km 飞机，1.5m/s 分辨率	实时性有待提高，动态范围受杂波限制
1990	Silent Sentry（美）	电视 FM 信号	时延，多普勒，DOA	单接收 FSS，RDS 多发射站	线性阵列天线，2.4m×9m	大动态范围数字接收机	模糊函数计算	全天气、低空覆盖、低价三维目标航迹	
1995	伯明翰大学 Howland（英 II）	电视信号	多普勒，DOA	75～150km 隔离直达波	一对八单元八木天线，18m 高，减少多径	双通道相干接收机	频域多普勒和方位提取，杂波图恒虚警去谐波	发现并跟踪离接收机 260km 的目标，前向散射	复杂起始及跟踪算法 1/3 目标跟踪
1985	伦敦大学 Griffiths（英 I）	电视 UHF，几个频道	时延，方位	12km 隔离	10 单元、17 单元八木天线	双通道商业接收机	时域处理，MTI 处理	需要足够的动态范围和互相关处理	偶尔检测到近距离目标且虚警多，电视信号不是很理想
1992	伦敦大学（英）	卫星专播电视信号	时延	BBC，水晶宫		双通道相干接收机	相关频域处理技术	相干和非相干处理多普勒和距离补偿提高处理增益	受频移和距离偏移限制，未检测到真实目标
1995	Diehl GmbH&Co（德）	GPS 和 GLONASS 码	时延，多普勒，频移	接收站端探测	商用天线	10 通道、6 通道相干接收机	形成距离多普勒图	用于防空	多径信号影响严重，需要专用接收机等抗多径措施

Capria 等利用基于 DVB 电视信号的无源雷达对靠近海岸的移动船只进行了探测试验，进一步证实了基于 DVB-T 的无源雷达的可行性。Conti 等提出了一种改善 DVB-T 无源雷达距离分辨率的方法，使得 DVB-T 无源雷达对目标的成像和识别变得可行。2001 年，德国西门子公司研制了利用 GSM 蜂窝基站发射信号的无源雷达系统，该系统成功实现了对飞机和汽车的探测，还可以安装到预警机上，对大型空中目标的探测距离超过 100km。另外，新加坡、意大利等国也研究了基于 GSM 的无源雷达。由于 GSM 信号带宽的限制，这种无源雷达的距离分辨率较差，约为 1.8km，而第三代蜂窝移动通信标准 CDMA 的带宽约为 1.2MHz，相应的距离分辨率可达 122m。因此，基于 CDMA 信号的无源雷达的研究也相继出现。

2007 年，Guo 等提出了基于 Wi-Fi 信标信号的无源雷达，这种雷达利用 Wi-Fi 信号探测到了室外低噪声环境下的目标，随后他们又对室内强噪声环境下的目标探测进行了研究。Mojarrabi 等研究了以 GPS 为照射源的无源雷达，并且在理论上计算出该雷达的最大探测距离约为 214km。另外，NAVSYS 公司利用含 109 个单元的相控阵接收天线和数字波束控制，通过提高信号增益检测到了微弱的 GPS 信号，该天线相对于单天线的增益提高了 20dB，可以检测到单副天线检测不到的信号。

除了对多种外辐射信号进行研究，有的学者还在 PCL 雷达的基础上提出了新的概念，譬如南非的 Inggs 提出了无源相干认知雷达的概念，这种雷达由多个接收站的多种辐射源（包括 FM、手机蜂窝基站、Wi-Fi、其他雷达等）组成，可在干扰、复杂地形环境下达到提高雷达性能的目的。各种利用不同外辐射信号的 PCL 雷达可以利用感知的方法，检查频谱的占用情况，感知机会辐射源所处的位置信息，以改善系统的覆盖性能；波兰的 Kulpa 提出了 MIMO PCL 雷达的概念，将 MIMO 的概念及信号处理技术引入 PCL 雷达，增大了雷达的监视范围，减小了无源雷达的探测盲区。

美国 SRC 公司在这一领域耕耘了数十年，开发了双基地和多基地工作模式，以及地基、机载、天基设施和各种处理算法，如空时自适应处理、合成孔径雷达、地面动目标指示、空中动目标指示、运动补偿、跟踪及高性能利用等算法。早期的一个研发项目是利用大型接收天线来截获低轨卫星反射的模拟电视信号。该公司的研究员 Daniel Thomas 博士表示："调谐到任一电视频道都会收到多个来自卫星的回波信号，因为有多个电视台在同一频道发射信号且同时照射卫星。可以分类所有回波信号，多普勒轨迹则可用于更新卫星的轨道参数。这种方法的缺点是必须用一个非常大的天线来探测小型卫星。"

2014 年，捷克的 ERA 公司在其"可部署的多波段无源有源雷达（Deployable Multi-band Passive-Active Radar，DMPAR）评估试验"中，推出了"沉默哨兵"PCL 系统。试验是在波西米亚东部的三个机场进行的，参试的研究人员和系统来自捷克、波兰、挪威、德国、意大利和法国。试验目的是评估 DMPAR 在防空中的作用，特别是其与无源定位系统和外辐射源无源探测系统一起工作时的效果。"沉默哨兵"无源相干定位系统演示验证机是一种基于调频广播的多基地系统，它采用八阵元圆阵天线和商业调频广播发射机作为机会照射源。ERA公司认为，PCL无源探测系统与综合多功能雷达可以互相补充，提供更强的低空覆盖、反隐身、高更新率、树叶穿透、远程探测、高分辨率和非合作目标识别等能力。2017年发布的一份报告披露，北约已演示并量化了这些能力，海岸监视、能力缺口填补和资产保护任务均因此受益匪浅。

芬兰Patria公司也很关注PCL系统的发展，并且于2018年启动了“多基地相干定位”（Multi-Static Coherent Location，MUSCL）系统研究。MUSCL系统利用调频广播和地面数字电视广播（DVB-T）信号构成多基地接收模式，能够覆盖比常规空中监视雷达的工作频率更低的频率范围。Patria公司声称，其系统已经具备探测数百千米范围内的小型目标（无人机等）与隐身目标、同时跟踪100多个目标以及分辨固定翼、螺旋桨和直升机类型的能力。该公司认为，PCL技术能提供反无人机能力，并且将在边境控制（海上走私）、机场监视、公共事务和军事基地防护等方面发挥重要作用。试验证明，外辐射源无源探测系统不仅能够探测目标，而且能够从目标回波信号中提取目标类型特征，为非合作式目标分类与识别提供支持。

在2018年柏林国际航展上，德国亨索尔特公司推出了外辐射源无源探测Twinvis系统，该系统对两架F-35战斗机跟踪了150km，声称能够成功识别出F-35。Twinvis系统能够通过同时监视16个调频发射机（模拟广播）、5个DAB/DAB发射机（数字广播）以及DVB-T/DVB-T2地面数字电视广播来构建空中态势图。

总体而言，PCL无源探测技术起伏的发展历史已经结束，未来会不断取得重大技术进步并部署应用。美国SRC公司认为，PCL系统的未来发展趋势如下：转向体积更大、功能更强的相控阵天线；增加多基地数据的融合量；开发采用数字波束形成和多信道处理技术的多信道接收机；研制能同时截获且并行处理多个广播发射机回波信号的宽带接收机；将处理从硬件（现场可编程门阵列、数字信号处理芯片）转移到软件。SRC公司的Daniel Thomas博士披露：“与采用非合作的商业射频信号不同，我们主要采用非合作的雷达信号（敌方的或己方的），从而避免了因使用广播信号而导致的许多问题。我们采用基本相同的技术，只是在天线上增加了脉冲追踪功能。也就是说，首先将圆形/圆柱形相控阵天线指向发射机，追踪发射机的扫描模式。然后，将其作为定时源，动态地将监视波束引导到发射机在任何时间点都能够照射到的空间区域。这样，就可以用一个接收机通道实现360°方位的监视。”

1.3.4 国内研究概况

国内对无源相干定位技术的研究起步相对较晚。国内早在20世纪70年代末就进行了“利用调幅语音，广播能量探测目标”的研究[19]，但是受当时器件水平的限制，只做了一些相关的试验。近20年来，中国电科十四所[31, 31, 32]和三十八所[33]、西安电子科技大学[34]、南京理工大学[35]、北京理工大学[36-41]、国防科技大学[44]、海军航空大学[28, 29, 30, 42, 43]、东南大学[45]等单位，对使用民用发射设备作为照射源的研究做了大量工作，都取得了比较理想的试验结果。

1982 年，海军大连舰艇学院首先进行了双基地雷达的可行性论证研究，并且在沿海地区开展了双基地雷达试验。随后空军雷达研究所在内陆城镇地区开展了防空多基地雷达体制试验。西安电子科技大学、国防科技大学、空军工程大学、电子科技大学等科研院所也开展了双基地雷达的理论研究和样机试验。早期的试验采用发射机宽波束照射，接收机多波束接收，实现收发之间的空间同步；时间同步和相位同步则由微波传输或直接接收发射脉冲实现。早期的试验都是合作式双基地雷达，现役的单基地雷达可以改装为双基地系统。

20 世纪 90 年代初，受伦敦大学 Schoenenberger 和 Forrest 的独立接收机原理的启发，西安电子科技大学雷达信号处理国家重点实验室利用天线转速均匀的合作式常规搜索雷达，在距离发射站 23km 外，采用独立接收系统，利用时间同步器提取发射站时间同步信息，利用方位同步器提取均匀扫描的波束指向信息，系统能够发现并且跟踪目标[46-48]。当时由于器件的限制，从直达脉冲中获取发射站射频信号的相位信息，实现相位同步，仍然是一个未能克服的难题，因此无法获得动目标显示。独立接收系统的性能完全取决于非合作源的辐射信息掌握及利用的程度，目前高性能的数字化接收机等 ESM 技术及侦察雷达技术的发展已能够准确获取非合作源的信息。

20 世纪 90 年代中后期，国内开展了基于民用非合作照射信号的无源雷达技术研究。南京电子技术研究所、华东电子技术研究所、中国电科五十一所、南京长江电子集团、西安电子科技大学、北京理工大学等单位进行了地面利用商用信号探测定位目标的隐蔽雷达技术的研究，先后完成了目标检测及距离角度测量[46]。

此外，西安电子科技大学的陈伯孝老师及其学生提出了一种“舰载无源综合脉冲/孔径雷达”[49-51]，该系统借鉴了稀布阵综合脉冲/孔径雷达（Synthetic Impulse and Antenna Radar，SIAR）的原理，发射站采用多副天线同时向全空域辐射多个载频信号，接收站则通过数字波束形成技术（Digital Beam Forming，DBF）获得发射方向图。因此，这种收发在运动平台上的非合作双（多）基地雷达不需要考虑空间同步问题。该雷达发射站采用调频中断连续波（Frequency Modulated Interrupted Continuous Wave，FMICW）信号，接收站采用两个通道，其中一个通道对直达波进行检测和跟踪，再经非相干积累、滤波、谱分析等处理来提取时间同步信号，另一个通道对目标回波信号进行滤波放大、直接中频采样、数字解调频、发射信号分离、低通滤波、FFT、发射脉冲综合、相干积累等处理来检测目标。这种系统应该属于利用己方雷达作为合作式辐射源的无源雷达系统，在已知己方雷达发射波形特征的前提下，只需考虑系统同步问题。

1.3.5 无源相干定位技术面临的挑战

实际中，开展 PCL 处理的前提是相位同步，但是 PCL 系统供应商或终端用户不能直接控制所用的发射机（位置、波束方向、波形），因此 PCL 技术面临的主要挑战是，无法控制发射信号波形，很难开展精准的时间同步和相位同步。对于非合作机会辐射源，如果有直达信号或强杂波反射信号，那么可以借助直达波和强杂波反射来进行相位同步，用于整个扫描周期的参考。这就要求参考天线和辐射源之间有很好的视距，可以收到较强的直达波信号用于同步。如果参考天线和辐射源之间没有视距，那么可以考虑在非合作机会辐射源附近寄生一个信号分析的设备，然后通过各种通信手段转发给 PCL 接收机，完成目标的检测和定位。

芬兰 Patria 公司也认为，对第三方发射机的依赖是 PCL 系统面临的重大挑战。由于无法控制外辐射信号的波形和发射方向，目标回波信号受到较强的地杂波和多路径干扰，进行微弱目标检测时存在一定的困难。有效的干扰抑制技术也成为 PCL 雷达微弱目标检测过程中需要解决的关键课题。目前，抑制干扰的方法是合理配置系统、优化天线设计、接收站的地形选择和信号处理方法等。

1.4 无源相干定位技术实现中的关键问题

1.4.1 辐射源信号的分析与选择

PCL 系统使用的机会辐射源信号一般为民用信号或商业信号，种类很多，各种类型的机会辐射源信号也存在一定的差异。针对实际应用，应首先分析各辐射源信号的特征，选取满足实际需求的最优信号。机会辐射源信号的模糊函数常用于评估信号的 PCL 探测性能，它决定着 PCL 系统的距离分辨率、距离模糊间隔、距离旁瓣水平及多普勒分辨率。例如，文献[65]从雷达波形理论出发，在特定参数条件下分析了 FM 广播和电视信号的模糊图，以及特定仿真环境下的匹配滤波输出，评估了目标探测特征。文献[66]中引入了一套应用于噪声信号的性能分析技术，分析结果表明实用的双基地系统必须具备检测信号与直达波之比低于 −54dB 的信号；文献[66]和[67]中运用矩形脉冲分析方法给出了电视信号中“同步加白”信号的模糊函数表达式。

应指出的是，机会辐射源类型已扩展为多种，这些辐射源能照射的空间已经由低空向中空和高空发展，或许不久的将来会朝邻近空间发展。另外，PCL 雷达使用地点已经由固定式扩展为移动式，而移动式已经包括车载、舰载和机载。这就意味着 PCL 雷达系统要考虑建立外辐射源的数据库，将已有的外辐射源的主要参数、波形特征存入数据库，以备急需。

在雷达辐射源方面，导航雷达类的辐射源非常多，而在繁忙航道区域，标准导航频率范围内，频率上非常接近的辐射源很多。虽然这部分取决于所用射频调谐滤波器的带宽，但是最终仍由各个雷达频率之间的间隔是否大于它们的噪声带宽决定。商用雷达的噪声包络混叠情况时有发生，因此慎重选择离散辐射源频率是非常重要的；同时，为了使系统灵敏度最大，识别并选择不受其他辐射源频率干扰的单独辐射源，也需要折中考虑接收机带宽。

此外，虽然外辐射源数量的增加可以提高目标的测量和跟踪精度，增强系统的可靠性，但是辐射源数量的增加往往会带来计算量的急剧增大，而且辐射源选择得不合适时，所用的辐射源数量的增加并不能有效地改善定位精度，因此对外辐射源进行优选是必需的。

1.4.2　接收天线型式

接收天线型式与机会辐射源类别、工作频段、探测距离、目标特性紧密相关。例如，法国国家航空研究局采用八木定向接收天线，英国防御研究局采用八木定向接收天线，这对以电视信号作为机会辐射源的接收天线是较好的选择。德国研制的 PCL 雷达系统采用相控阵接收天线。美国华盛顿大学研制了无源雷达的对数周期接收天线和重叠偶极子天线；洛克希德·马丁公司研制了无源雷达采用相控阵接收天线，可以实现对目标全方位、全天候的监视。

1.4.3　辐射源天线特性的分析

天线特性包括天线的极化形式、方向图（即波束宽度和形状）以及波束扫描特性，而进行波束扫描特性分析的基础是信号幅度的测量。

理论上，发射天线方向图对直达波信号的调制将给 PCL 接收系统带来两个不利影响。第一个影响是，对直达波脉冲的幅度调制导致波束在目标的驻留期间，直达信号的信噪比差别很大；特别是，如果相参驻留时间与发射天线波束宽度匹配，且相对于副瓣宽度与主瓣的 3dB 宽度大约相同，即对天线波瓣图是辛格函数的天线而言，在相参驻留之间，直达波信号将经历一次发射波瓣图零点。第二个影响也与天线波瓣图的零点有关。当从一个副瓣扫描到下一个副瓣时，相位同时有一个 180°的反转，从而导致直达波信号的相位调制。因此，进行辐射源天线特性的分析对 PCL 系统有重要的意义。

1.4.4　直达波信号的提纯

由于发射波形不能直接获得，因此必须从接收机截获的直达波信号中恢复发射信号。而非合作双基地雷达传输信道非常复杂，特性变化也非常剧烈。因此，信号在传输过程中会被噪声污染；此外，还可能受到多路径、杂波或其他传播效应的影响，尤其是在基线附近，影响更为严重。

因此，参考天线除了接收直达波，还接收多径、杂波和多种噪声信号，这些信号的存在使得直达波的纯度大大降低，需要采取合适的方法来抑制多径、杂波、噪声等信号，从而提高直达波的纯度。

1.4.5 实时信号处理

PCL 系统实时信号处理的计算量取决于信号的带宽、接收天线阵列的阵元数量、相干积累时间长度、算法的优化程度等工程参数。不同的应用背景、不同的频段对系统的存储空间和计算能力具有不同的要求。数字并行处理技术的发展，大大缩短了信号的处理周期，增加了信号的实时性。美国洛克希德·马丁公司研制的 PCL 雷达采用的就是每秒千兆次浮点运算的高性能并行处理器。

1.4.6 杂波处理技术

PCL 雷达系统的杂波主要来自三个方面：一是目标信号的副瓣电平，目标信号的时域波形、相关时间与频谱结构均是随机的，等效于匹配滤波后得到的距离和多普勒副瓣响应也是随机的，而且会延伸到整个距离－多普勒响应平面；二是直达波干扰，直达波信号远强于目标的回波，这不仅要求接收机具有很高的动态范围，而且存在严重的副瓣干扰，发射信号就是以直达波和多径干扰形成严重的副瓣杂波干扰，因此必须设法抑制直达波信号，否则就无法检测目标。因此，抑制直达波成了基于广播电视类连续波雷达的关键技术；三是多径干扰或称强地杂波，八木天线的方向图主瓣较宽，会引入较多的多径干扰，在一般的地面情况下，地杂波要比直达波弱，但是对不远处的小山或高层建筑，接收到的固定杂波相当强，极端情况时会接近直达波，考虑距离－多普勒旁瓣对目标检测的影响，强地杂波与直达波一样不能忽视。通过上述分析，可以采取如下措施抑制杂波。

（1）降低直达波强度。辐射源信号为连续波时，在整个距离上都存在直达杂波，为抑制直达杂波，可以增大发射和接收间距。当发射和接收间距从 3km 增加到 60km 时，信号和直达杂波之比将获得 26dB 的增益，这也说明了为何绝大多数基于广播电视探测系统都采用多基地系统。另外，还可以在接收时由小山或建筑物挡住直射信号，降低直达波强度，如美国的 MRR 雷达[23, 46, 52, 53]。

（2）空域旁瓣相消。直达信号、多径分量和目标信号在空域中进行分离是最理想的。将信号天线方向图增益在回波方向由 15dB 提高到 25dB，将直达波方向上的零陷设法降低到 −40dB 以下。当然，这对天线阵列的阵元数目、阵列孔径、相控精度提出了很高的要求，同时限制了可利用的信号带宽。

（3）杂波对消预处理，降低旁瓣电平。由于发射信号的副瓣很高，直达波和近距离强杂波会淹没远距离的微弱动目标信号，单靠匹配滤波的相干处理得不到良好的检测性能，可以在匹配滤波前的高频或中频部分，进行不同迟延和加权的参考通道信号与回波信号的对消处理，进而抑制回波信号中的直达波和近距离的强杂波。另外，在基带上，采用自适应抽头延时线的时域相消结构，利用高采样率的参考信号的时延、幅度及相位加权组合，逐一抑制各距离单元接收信号中的直达波分量与多径分量。

（4）长时间相关处理[54]。对于双基地副瓣杂波，希望信号具有高时宽带宽积波形，但是可以利用的发射信号频谱结构是随机的。因此，需要信号的长时间相关处理。信号长度增加 20 倍，如从 0.1s 到 2s，可使距离－多普勒旁瓣降低 13dB。

（5）杂波图技术[55]。杂波图处理可将杂波剩余降为接收机噪声水平，同时消除对中频动态范围的必要限制[57]。杂波图设置跨越时频域，单元大小等于所能达到的分辨率单元。杂波图由雷达测试单元（距离域或多普勒域）的前几次回波得到，不是当前时刻的周围参考单元。它的使用有些限制：一是在距离域上使用时要求杂波环境相对静止[56]，如地面的 PCL 系统中由多径信号形成的地杂波干扰；二是在频域上使用零多普勒滤波器杂波图时，虽然可以很好地用于直达波对消处理，但是要求信号固有的干扰谱是稳定的，这样才能对诸如电视信号 50Hz 间隔的场频谐波干扰进行抑制。

1.4.7　参数估计技术

回波信号时延估计的主要思路是，将一路信号相对于另一路信号移位后，利用互相关技术比较两路信号的相似性，相似性最大的位置对应时延的估计。传统的时延估计（也称到达时差估计）方法指广义互相关（Generalized Cross Correlation，GCC）方法[58]。在 GCC 方法的延时估计中，对两个传感器输出的信号经滤波后进行互相关，延时的估计就是互相关估计峰值的位置，为提高估计性能，人们从不同角度提出了许多方法：为改善互相关函数的形状，采用了窗函数进行卷积滤波，如 ROCH、SCOT、PHAT 等方法[59]。为抑制空间相关高斯噪声，文献[60]和[61]中先后提出了基于三阶累计量和四阶累计量的时延估计方法。由于在通信等系统中遇到的信号大多具有循环平稳的性质，Gardner 和 Chen 利用循环相关对传统的非参数型时延估计方法进行了改进，获得对噪声和干扰的有效抑制。文献[62]对具有循环相关特性的通信信号的时延频移问题提出了 ML 估计方法。文献[63]对多径干扰等条件下基于循环相关的参数型时间延时估计进行了研究。这些方法从不同角度利用了信号特征，都属于信号选择方法，可以抑制干扰，提高对微弱信号的检测能力。

利用广播和电视信号对目标进行双多基地时差定位法均要采用时延估计技术，由于广播电视信号是一种通信信号调制的随机性连续波信号，时延估计需要频移差（Differential Frequency Offset，DFO）和时延差（Differential Time Offset，DTO）的联合估计。一般来说，DTO 和 DFO 通过模糊函数计算来估计，但是计算量较大，为降低计算量，人们一般通过将二维模糊函数降为一维模糊函数来处理，因为就正弦参考信号而言，多普勒频移等价于线性时变延迟[64]，因此仅分析参考信号和回波间的时变延迟就能得到 DTO 和 DFO 信息。

1.4.8 阵列信号处理

接收阵列是基于广播电视的 PCL 系统的一个关键部分。1974 年，Marko Afendykiw 等利用调频广播信号测定目标位置的专利“双基地无源雷达”[12]，探索利用干涉仪天线和相关技术测量了目标回波相对于直达波的延迟时间，同时测量了各天线接收信号之间的相位差，以确定反射信号的到达角。系统通过天线和差波束的方向性分开直达波和目标回波，属于简单的二元阵列相干信号处理。20 世纪 80 年代，文献[68]和[69]在双基地雷达实验系统的研制中，开展了 UHF 波段接收阵列的研究，包括数字波束形成和接收阵列设计等有关问题，天线如图 1.3(a)所示。而后，文献[17]和[18]先后开展了利用地面和卫星电视信号的探测研究，接收机由直达波通道和目标回波通道组成，从 1994 年开始，英国 Howland[21, 22, 70, 71]再次利用相位干涉仪，采用一对八阵元八木天线［见图 1.3(b)］及双通道相干测方位，获得视轴两侧 56°的不模糊测量范围，同时还得到了目标多普勒频移，整个信号处理集中在频域中，遗憾的是，Howland 在公开文献中基本上没有提供如何从二元阵列的频域中检测和估计 DOA 的实现方法。洛克希德 • 马丁公司的 Silent Sentry 系统[27]的研制成功，标志着阵列信号处理技术在基于广播电视的无源雷达系统的运用已日臻完善。Silent Sentry 系统的天线阵列采用 8ft×25ft 的相控阵列，如图 1.3(c)所示。测向精度很高，可以覆盖方位为 105°、俯仰为 50°的空域。据图片分析阵列采用均匀矩形平面阵，它能提供方位和俯仰角信息。只是在提供俯仰角信息时，需要利用三个以上的广播电视辐射源。文献[72]在讨论通过电视和广播信号跟踪识别空中目标时，假定了一个由多个全向阵元组成的线性阵列和通用的窄带信号近似模型[73]。另外一些 PCL 系统的天线形式如下：MRR 雷达的主天线，如图 1.3(d)所示；新加坡南洋理工大学基于 GSM 的无源雷达天线[74]，如图 1.3(e)所示；伯明翰大学基于数字电视的无源试验雷达天线[75]，如图 1.3(f)所示，上面为直达波天线，下面为主天线，各个单元都是带反射面的八木天线。

阵列信号处理的核心问题是波达方向估计，也称空间谱估计，它经历了基于幅度信息、基于相位信息以及现代空间谱估计几个阶段。早期基于幅度的测向算法的主要缺陷是，合成的波束主瓣很宽，分辨率低。在 PCL 雷达系统中，一般不采用此类测向方法，原因是发射波为不间断连续波，而且波束为泛光波束，致使在整个距离范围上存在杂波，或者是信号相对直射信号和杂波等干扰非常弱，通过此方法难以从空间上分辨出信号。

图 1.3　国外无源相干定位系统天线

基于相位的测角方法通常被称为相位干涉仪测向，它通过测量基线上两个阵元接收同一信号的相位差来确定信号来向。这种方法能够较好地对连续波进行测向，是基于广播电视无源雷达试验阶段的首选测向方案。但是，其测向范围不能覆盖全方位，而且不能同时分辨空间中的多个信号，仅适用于单一信源的情形。另外，它需要事先知道信号的波长。

自 20 世纪 70 年代末以来，以 R. Schmidt 等的子空间类算法（MUSIC）[75-77]为代表的空间谱估计算法标志差阵列测向进入新时代。该算法将信号放在一个空间中，通过对阵列接收数据进行特征值分解或奇异值分解，将整个空间划分为信号和噪声两个相互正交的子空间，并且利用两个子空间的正交性构造出空间谱，在空间谱中，对应于信源方向的谱是一个“针状”谱峰，因此大大提高了算法的分辨能力。子空间类算法有一个致命的缺点，就是它不能对相干信源测向，因为相干信源信号子空间会发生降维，只对应于一个伪峰。为了解决相干信源的测向问题，人们提出了平滑及双向平滑 MUSIC 算法[78-81]和多维搜索算法，如确定性和非确定性最大似然算法和加权子空间拟合算法。

一般认为相干源由多径信号形成，双基地配置下的多目标测向由于在同一辐射环境下，各个目标反射的信号与多径信号类似，可认为是相干的，因此在基于广播电视的无源接收阵列信号处理中，对相干源的测向方法是我们研究的重点，文献[82]对相干源的测向问题进行了专门的阐述。

1.4.9 被动跟踪技术

基于广播电视的 PCL 雷达系统的目标观测量主要包括相对目标频移（DFO）、相干阵列获取波达方向（DOA）、相关接收的时延估计（DTO），通过组合可以形成多种无源定位方法。Skolnik 在“双基地雷达分析”[83]一文中提出，采用“作为时间函数的多普勒频移变量”对目标实施跟踪是可能的。文献[20]中描述的系统采用多个发射台，利用单一的多普勒信息定位和跟踪目标。每个目标对应每个发射台有一个多普勒频移，于是对每个目标而言，它的位置、速度与几个发射机位置及其对应的多普勒频移之间就建立一组联立方程，通过解这个方程组可以得到目标的位置估计。文献[71]中利用单个电视发射台和单个接收机，通过测量多普勒频移和 DOA 研究了目标定位问题。DOA 和多普勒频移的单次测量无法定位目标，只能采用测量的时间序列，并且利用目标动态行为的先验知识，使定位目标成为可能。这里隐含的假定是，目标回波的多普勒频移和 DOA 的时间序列由目标航迹和速度唯一确定。有关此隐含假定的研究，文献[84]中使用几何参数说明了沿分段线性航迹飞行的辐射目标能得到唯一的多普勒轮廓，考虑的是本身作为辐射源的飞行物，而非反射“机会回波”的飞行物。文献[85]中讨论了纯方位跟踪中要求观测者机动的可观测性条件问题。这两篇文章都由被动跟踪引发。Howland 还在文献[71]中说明 Cramer-Rao 估值下界可在双基地系统条件下用于证明特定航迹的可观测性。

由于采用方位和多普勒信息跟踪的特殊性，跟踪系统不能像传统的雷达那样使用单个处理方法来综合雷达点迹。这一系统要求两个不同的跟踪部分[71]：第一部分使用卡尔曼滤波器，用传统方法关联多普勒和方位点迹；第二部分使用扩展卡尔曼滤波器（EKF），从多普勒和方位信息估计目标的位置与速度。另外，在航迹起始，由于非线性，使用遗传算法及后续的 Levenburg-Marquardt 算法，为 EKF 的使用提供了一个自动的、稳健的初始估计，后续考虑并行使用多个 EKF，以不同的值初始化，逐渐筛选达到 EKF 的稳定跟踪。Jauffret 和 Bar-Shalom 还专门研究了基于方位和频率测量的杂波中的航迹形成问题[86]。

无源相干定位系统的被动跟踪测量由于受窄带、低频、随机非理想雷达信号波形的限制，存在较大误差和先验不确定性，因此跟踪方法的稳健性、自适应性和对先验不定的跟踪不变性成了研究的难点和焦点[87, 88]。

1.4.10　融合及目标识别技术

PCL 雷达的最终目的是提取目标的距离、方位、速度等信息，需要经过目标检测、跟踪等信号处理及信息融合等多个步骤。广播电视发射信号处在较低频段，调制信号的带宽受限，采用广播信号限制了目标探测精度与分辨率，因此这种雷达还不能实施精确跟踪，只能用于警戒搜索，提高距离分辨率需要实现宽带工作。荷兰代尔夫特理工大学国际通信与雷达研究中心提出用多个窄带连续调频频道并行工作形成极宽工作频带的技术研究[89]。文献[18]也提到“从原理上讲同时利用多个电视信道是可行的”。该领域内多频道融合技术的突破将丰富合成超宽带分布式多传感器数据融合理论。近年来，自动目标识别技术[90]飞速发展，多传感器组网下的跟踪方法日趋完善，这些成熟的跟踪方法使得该系统在扩展多接收多发射的基础上，数据处理精度逐渐提高，能完成对隐身目标的跟踪任务。随着探测跟踪的深入，对该系统提出了目标识别要求，比较可行的是基于目标运动状态（跟踪）的识别方法[72]；然而，通过基于跟踪的目标识别方法由于信号带宽限制了精度，信号的随机性又弱化了可靠检测。因此，需要探求采用多频道同时照射实现探测优化和信息融合及识别技术[91]。尤其是信号检测级融合技术如多源融合检测技术[55, 92]、基于 RCS 的多频信号融合和识别技术[91]的发展，将为多发射环境下的综合探测提供理想的解决方法，且将进一步提高跟踪精度，同时带来基于信号融合的目标识别技术。

1.5　本书结构

本书主要研究 PCL 雷达信号预处理及处理过程中的一些问题。重点研究 PCL 系统总体设计，信号低空传播特性，有关 FM 广播、PN 和 OFDM 编码信号的 PCL 应用，PCL 信号处理，PCL 的各种应用和无源多基地雷达的目标检测理论等问题。

本书的主要章节内容如下。

- 第 1 章介绍 PCL 的定义、技术优势、应用、相关背景和现状。

- 第 2 章研究 PCL 系统设计问题。主要内容包括：PCL 雷达方程，系统结构，接收系统的瞬时动态范围，镜频干扰抑制，直达波和目标双通道接收下的对消，以及系统信号处理的一些基本问题。
- 第 3 章研究 PCL 源信号的低空传播特性。首先分析并计算信号低空传播的各种衰减模型，然后在对 FM 广播参考信号进行测量的实验基础上，分析和讨论实验数据。
- 第 4 章研究 FM 广播信号的 PCL 应用。在数据采集基础上，分析 FM 广播的基带、射频及零中频信号的结构特征，计算模糊函数；分析导频信号的特点及其作为正弦波调频信号的探测可行性。
- 第 5 章研究 PCL 的 EGCC 搜索及模糊函数信号处理方法。首先利用目标回波频域上的选择特性，提出扩展广义互相关方法及其快速实现措施，讨论频移损失及补偿问题。为了提高 DFO 的跟踪精度，运用 Stein 给出的模糊函数处理算法，针对基于 FM 信号的 PCL 信号处理进行深入分析和计算。
- 第 6 章研究基于 PN 和 OFDM 编码信号的 PCL 应用。首先研究雷达与通信间的关联性，然后从通信导频特点出发，研究 PN 码序列信号和 OFDM 编码信号的谱及互模糊函数特征，最后设计相应的 PCL 信号处理方案。
- 第 7 章研究基于脉冲雷达信号的 PCL 应用。估计和测量噪声功率，识别直达波，利用直达波完成相位补偿，给出实测数据的预处理结果，并且利用 AIS 系统比对验证检测结果。
- 第 8 章给出多基地 PCL 系统应用的信号模型。
- 第 9 章介绍无直达波参考情况下的目标检测问题。推导 SS-GLRT 检测器，并且通过数值仿真分析目标检测和模糊性能。
- 第 10 章考虑有直达波参考情况下的目标检测问题。推导 RS-GLRT 检测器，并且通过数值仿真分析检测和模糊性能。
- 第 11 章给出有源与无源多基地分布式射频传感器网络目标检测的统一理论框架。

参考文献

[1] Willis N J. *Bistatic Radars and their third resurgence: passive coherent location* [J]. In: Tutorial Notes of IEEE Radar Conference, Long Beach, CA, 2002.

[2] Ogrodnik R F. *Fusion techbroad area surveillance exploiting ambient signals via coherent techniques* [J]. In: Proceedings of IEEE IC on Multisensor Fusion and Integration for Intelligent systems (MFT94), Las Vegas, NV, 1994: 421-429.

[3] Calikoglu, Baris. *Evaluation and analysis of array antennas for passive coherent location (PCL) Systems* [D]. Ohio, USA: Air Force Institute of Technology Graduate School of Engineering and Management (AFIT/EN), 2002: 53-54.

[4] 唐小明，何友，韩锋. 发展基于机会发射无源雷达对 C^3I 系统的影响[J]. 火力与指挥控制，2003, 28(2): 1-5.

[5] Barton D K. *Maximizing firm-track range on low-track range on low-observable targets* [C]. In: Proceedings of International Conference on Radar, Alexandria, VA, 2000.

[6] 杨秀珍. C^3I 系统关键技术研究[D]. 西安：西北工业大学，1999.

[7] Soumekh, Mehrdad. *Bistatic synthetic aperture radar imaging using wide-bandwidth continuous-wave sources* [J]. In: Proceedings of SPIE, SUNY, Buffalo, 1998, 3462: 99-109.

[8] 陶然，王越，郭强，等. 电视信号无源定位探测系统[C]. 21 世纪我国雷达发展研讨会论文集. 西安，中国电子学会无线电定位技术分会，2000.

[9] Taylor A H, Young L C, Hyland L A. *System for detecting objects by radio* [P]. US patent No. 1981884, 1933.

[10] Willis N J. *Bistatic radar*. USA. Artech House, 1991.

[11] Griffiths, H D, Willis, N J, Klein Heidelberg. *The first modern bistatic radar system* [J]. IEEE Transactions on Aerospace and Electronic Systems, (2010)46(4), 1571-1588.

[12] Marko Afendykiw, Boyle J M, Hendrix C E. *Bistatic passive radar* [P]. US Patent 3812493, 1974.

[13] Skolnik M I. *Introduction to radar systems* [M]. McGraw-Hill, 1981.

[14] Ewing E F. *The applicability of bistatic radar to short range surveillance* [C]. In: IEE Conference Publication 155 (Radar-77). 1977: 53-58.

[15] Milne K. *Principles and concepts of multistatic surveillance radar* [C]. In: IEE Conference Publication 155 (Radar-77). 1977: 46-52.

[16] Griffiths H D, Carter S M. *Provision of moving target indication in an independent bistatic radar receiver* [J]. The Radio and Electronic Engineer. Aug.1984, 54(7): 336-342.

[17] Griffiths H D, Long N R W. *Television based bistatic radar* [J], IEE Proc. F, 1986, 133(7): 649-657.

[18] Griffiths H D, Garnett A J, Keaveney J S. *Bistatic radar using satellite borne illuminators of opportunity* [C]. In: Proceedings of IEE International Conference on Radar, 1992: 276-279.

[19] 史田元. 利用调频广播能量探测目标[J]. 现代雷达动态，1980(5).

[20] Poullin D, Lesturgie M. *Radar multistatic à émissions non cooperatives* [C]. In: Proceedings of International Conference on Radar, Paris, 1994: 370-375.

[21] Howland P E. *A passive metric radar using a transmitter of opportunity* [C]. In: Proceedings of Internation Conference on Radar, Paris, 1994: 251-256.

[22] Howland P E. *Target tracking using television-based bistatic radar* [J]. IEE Proc. -Radar, Sonar Navig., 1999, 146(3): 166-174.

[23] Sahr J D. *The Manastash Ridge radar: A passive bistatic radar for upper atmospheric radaio science* [J]. Radio Science, 1997, 32(6): 2345-2358.

[24] Gidner D M, Lind F D, Sahr J D. and Chucai Zhou. *The Manastash Ridge Radar Software Manual* [D]. Unpublished workes from The University of Washington Radar Remote Sensing Laboratory, 2001.6.

[25] Nordwall B D. *Silent Sentry — A new type of radar* [J]. Aviation Week & Space Technology. Nov. 30, 1998.

[26] David Fulghum, *Seek and destroy* [J]. New Scientist, 2001.11.

[27] Gershanoff H. *Transmitterless radar in teating* [J]. Journal of Electronic Defense, November, 1998:26-27.

[28] 基于广播电视的无源雷达系统目标检测算法合作研究意向书（海军航空工程学院与南京十四所）[R]. 海军航空工程学院，归档材料，2001.10.

[29] 何友，唐小明. 基于机会发射的无源雷达检测、跟踪与融合技术研究[R]. 国家自然科学基金资助项目进展报告（一），2003.1.

[30] 何友，唐小明. 基于机会发射的无源雷达检测、跟踪与融合技术研究[R]. 国家自然科学基金资助项目进展报告（二），2004.1.

[31] 王盛利等. 基于外辐射源的探测与跟踪雷达试验系统设计方案[R]. 南京十四所归档资料，2004.

[32] 王盛利等. 基于外辐射源的探测与跟踪雷达系统中期考核报告[R]. 南京十四所归档资料，2004.

[33] 基于外辐射源的目标探测与跟踪雷达研究报告[R]. 三十八所归档资料， 2001.

[34] 王俊，赵洪立，等. 外辐射源雷达系统中存在直达波及多径干扰下的微弱雷达目标检测技术[R]. 西安电子科技大学雷达信号处理重点实验室报告，2002.9.

[35] 宋玉利. 利用调频信号循环平稳性探测目标[D]. 南京：南京理工大学，2002.

[36] 郭强，陶然，沙南生，等. 双基地雷达低空目标信号建模与电视“同步加白”信号的模糊函数研究[J]. 兵工学报，2003, 24(1): 51-56.

[37] 郭强，陶然，王越，等. 电视无源双基地雷达低空测距的地面绕射效应研究[J]. 兵工学报，2002, 23(1): 39-44.

[38] 龙腾，李硕，曾涛. 基于电视的多基地雷达系统的信号与数据处理[J]. 北京理工大学学报（英文版），2002, 11(3): 271-275.

[39] 张珊珊，费元春. 一种用于电视无源双基地雷达系统中的射频接收系统[J]. 现代电子技术，2003, (5): 90-91.

[40] 李硕，曾涛，龙腾. *Signal and Data Processing of Television Based on Multistatic Radar Systems* [J]. 北京理工大学学报（英文版），2002, 11(3).

[41] 郭强，陶然，王越，周思永. 利用接收电视信号的多站系统进行目标定位以克服距离模糊[J]. 兵工学报，2002, 23(3).

[42] 唐小明，何友，夏明革. 基于机会发射无源雷达系统发展评述[J]. 现代雷达，2002, 24(2): 1-6.

[43] 曲长文，何友. 基于电视或调频广播的非合作式双（多）基地雷达及关键技术[J]. 现代雷达，2001, 23(1): 19-23.

[44] 黄知涛，姜文利，卢启中，周一宇. 基于调频广播信号的动目标时差提取方法[J]. 电子学报，2001, 29(12): 1597-1600.

[45] 张晓冬，吴乐南. 基于民用广播、电视信号的被动定位方法研究[J]. 东南大学学报（自然科学版），2002, 32(6): 853-856.

[46] 刘玉洲，周烨. 舰载非协作无源雷达综述[J]. 飞航导弹，2002 (12): 39-41.

[47] 耿富录，王建军，王云山，谢长荣. 独立双基地雷达接收系统[J]. 西安电子科技大学学报，1991(4): 38-44.

[48] 王云山，耿富录．非相参独立双基地雷达同步系统的研究与实现[D]．西安电子科技大学，1990.

[49] 陈伯孝，许辉，张守宏．舰载无源综合脉冲/孔径雷达及其若干关键问题[J]．电子学报，2003: 31(12): 1776-1779.

[50] 陈伯孝，朱旭花，张守宏．运动平台上多基地雷达时间同步技术[J]．系统工程与电子技术．2005: 27(10): 1734-1737.

[51] 陈伯孝，孟佳美，张守宏．岸舰多基地地波超视距雷达发射波形及其解调[J]．西安电子科技大学学报，2005: 32(1): 7-11.

[52] Sahr J D. *A passive radar for atmospheric remote sensing using commercial FM broadcasts* [D]. Washington Univ Seattle Dept of Electrical Engineering. 1998, ADA359331.

[53] Lindstrom C D. *An investigation into the passive detection of point targets using FM broadcasts or white noise* [D]. Washington Univ Seattle Dept of Electrical Engineering, 1998, ADA350698.

[54] H Ma, M Antoniou, D Pastina, et al. *Maritime moving target indication using passive GNSS-based bistatic radar* [J]. IEEE Transactions on Aerospace and Electronic Systems, 2018, 54(1): 115-130.

[55] J Pidanic, K Juryca, A M Kumar. *Analysis of Bistatic Ground Clutter and Applications to Target Plotting* [J]. Radio Engineering, 2018, 27(3): 856-862.

[56] 王军，林强，等译. 雷达手册[M]. 北京：电子工业出版社，2003: 330.

[57] M I Skolnik. *Radar handbook* [M]. 2nd ed. McGraw-Hill. 1990: 3.18, 3.53.

[58] Elliott D F. *Handbook of digital signal process* [M]. Academic Press. 1987: 789-855, 32-33, 815, 841.

[59] Knapp C H, Carter G C. *The generalized correlation method for estimation of time delay* [J]. IEEE Trans. on ASSP, 1976, 24: 320-327.

[60] Nikias C L, Pan R. *Time delay estimation in unknown Gaussian spatially correlated noise* [J]. IEEE Trans. on ASSP, 1988, 36: 1706-1714.

[61] Tugnait J K. *On time delay estimation with unknown spatially correlated Gaussian noise using fourth-order cumulants and cross cumulants* [J]. IEEE Trans. On SP, 1991, 39: 1258-1267.

[62] Streight D A. *Maximum-Likelihood estimators for the time and frequency differences of arrival of cyclostationary digital communications signals* [D]. Naval Postgraduate School Monterey CA. 1999.

[63] 刘颖，王树勋，梁应敞. 多通道干扰下的多径时延估计[J]. 电子学报，2001, Vol. 29, No. 06.

[64] Nielson R O. *Sonar signal processing* [M]. Artech House, 1991.

[65] Ringer M A, Frazer G J, Anderson S J. *Waveform analysis of transmitters of opportunity for passive radar.* ADA367500, 1999.

[66] Lindstrom C D. *An investigation into the passive detection of point targets using FM broadcasts or white noise.* ADA350698, 1998.

[67] 郭强，陶然，等. 双基地雷达低空目标信号建模与电视"同步加白"信号的模糊函数研究[J]. 兵工学报. Vol. 24(1), 1993.2.

[68] Griffiths H D, Forrest J R, Williams A D, et al. *Digital Beamforming for bistatic receiver.* 80-84.

[69] Schoenenberger J G, Forrest J R.，Pell C. *Active array receiver studies for bistatic/multistatic radar* [J]. In

Proceedings of IEEE International Conference on Radar. 1982: 174-178.

[70] Howland P E. *A passive tracking of airborne targets using only Doppler and DOA information* [J]. In: Proceedings of IEE Colloquium on Algorithms for Target Tracking. London, UK, 1995, 1-3.

[71] Howland P E. *Television-Based Bistatic Radar* [D]. School of Electronic and Electrical Engineering, University of Birmingham, UK, 1997.

[72] Lanterman A D. *Tracking and recognition of airborne targets via commercial television and FM radio signals* [D]. Coordinated Science Laboratory, University of Illiois, Mar 31, 1999.

[73] Johnson D, Dudgeon D. *Array signals processing* [M]. Prentice Hall, Englewood Cliffs, NJ, 1993.

[74] Hongbo S, Danny K P, Yilong T. *Design and implementation of an experimental GSM based passive radar* [J]. In: Proceedings of International Conference on Radar, Adelaide, Australia, 2003: 418-422.

[75] Saini R, Cherniakov M, Lenive V. *Direct path interference suppression in bistatic system: DTV Based Radar* [J]. In: Proceedings of International Conference on Radar, Adelaide, Australia, 2003: 309-314.

[76] R O Schmidt. *Multiple emitter location and signal parameter estimation* [J]. IEEE Trans. On AP, 1986, Vol. 34(3): 276-280.

[77] D J Jeffries and D R Farrier. *Asymptotic results for eigenvector methods* [J]. IEE Proc. Pt. F, 1985, Vol. 132(7): 589-594.

[78] D R Farrier, A Paulraj and T Kailath. *Performance analysis of the MUSIC algorithm* [J]. IEE Proc. Pt. F, 1988, Vol. 135(3): 216-224.

[79] B D Rao and K V S Hari. *Weighted subspace methods and spatial smoothing: analysis and comparison* [J]. IEEE Trans. On SP, 1986, Vol. 41(2): 788-803.

[80] Delis and G Papadopoulos. *Enhanced forward/backward spatial filtering method for DOA estimation of narrowband coherent sources* [J]. IEE Proc. -RSN, 1996, Vol. 143(1): pp.10-16.

[81] R T Williams, S Prasad, A K Mahalanabis, and L H Sibul. *An improved spatial smoothing technique for bearing estimation in a multipath environment* [J]. IEEE Trans. On ASSP, 1988, Vol. 36(4): 425-432.

[82] 马常霖. 相干信源高分辨测向的几种新方法[D]. 北京：清华大学电子工程系，1998.

[83] Skolnik M I. *An analysis of bistatic radar* [J]. IRE Trans. on Aerospace and Navigational Electronics, 1961, 8: 19-27.

[84] Shensa M J. *On the uniqueness of Doppler tracking* [J]. Journal of the Acoustical Society of America, 1981.10, 70: 1062-1064.

[85] Nardone S C, Aidala V J. *Observability criteria for bearings-only target motion analysis* [J]. IEEE Trans. on AES. 1981, AES-17: 162-166.

[86] Jauffret C, Shalom B Y. *Track formation with bearing and frequency measurements in clutter* [J]. IEEE Trans. on AES. 1990, 26(6): 999-1060.

[87] M Malanowski. *Algorithm for target tracking using passive radar* [J]. Intl Journal of Electronics and Telecommunications, 2012, 58(4): 345-350.

[88] Y F Shi, S H Park, T L Song. *Multitarget tracking in cluttered environment for a multistatic passive radar system under the DAB/DVB network* [J]. EURASIP Journal on Advances in Signal Processing. 2017: 11-23.

[89] Cuomo K M, Piou J E, Mayhan J T. *Ultrawide-band coherent processing* [J]. IEEE Trans. on AP, 1999, 47(6).

[90] J Pisane. *Automatic target recognition using passive bistatic radar signals* [J]. January 2013.

[91] Ogrodnik R F. *Fusion techbroad area surveillance exploiting ambient signals via coherent techniques* [J]. In: Proceedings of IEEE IC on Multisensor Fusion and Integration for Intelligent systems (MFT), 1994: 421-429.

[92] A Zaimbashi. *Multiband FM-based passive bistatic radar: target range resolution improvement* [J]. IET Radar Sonar Navigation, 2016, 10(1): 174-185.

第 2 章　无源相干定位系统原理

2.1　引言

采用双通道接收，对目标通道的目标回波信号与参考通道的直达波信号进行相关处理，是无源相干定位（Passive Coherent Location，PCL）接收系统利用其相干性进行检测定位的实质，也是“相干”（coherent）一词在 PCL 应用中的含义由来；“定位”（location）则是经相干处理后，测量目标的距离、距离变化率及可能的方位等信息。本章介绍 PCL 雷达系统总体、接收机设计问题、直达波对消设计和目标定位方法等。

2.2　PCL 雷达系统总体

2.2.1　雷达方程

根据 Peyton Z. Peebles, Jr 提供的基本雷达方程［文献[1]的式（4.1）～式（4.11）］，分析 PCL 的连续波、双多基地等特征和一些几何配置参数后，得到基于广播信号的 PCL 雷达系统如图 2.1 所示。

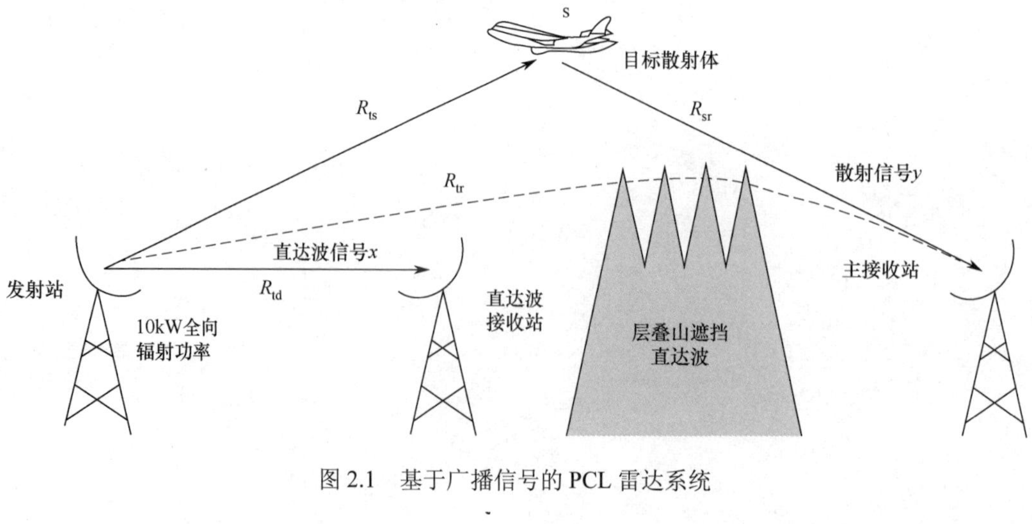

图 2.1　基于广播信号的 PCL 雷达系统

由此归纳出 PCL 方程如下。

（1）t-s-r（发射站－目标散射体－主接收站）雷达方程，即目标雷达方程。目标天线 r

的输出端接收的平均信号功率为

$$P_{\mathrm{r}}=\frac{P_{\mathrm{t}}G_{\mathrm{t}}(\widehat{\mathrm{ts}})}{4\pi R_{\mathrm{ts}}^{2}L_{\mathrm{t}}L_{\mathrm{ts}}}\cdot\frac{\sigma(\widehat{\mathrm{ts}},\widehat{\mathrm{sr}})}{4\pi R_{\mathrm{sr}}^{2}L_{\mathrm{sr}}}\cdot\frac{\lambda^{2}G_{\mathrm{r}}(\widehat{\mathrm{rs}})}{4\pi} \tag{2.1}$$

式中，乘积的第一项是目标位置的平均功率密度，前两项的乘积是接收机天线位置的目标回波的平均信号功率密度。

（2）t-d（发射台－直达波接收站）雷达方程。直达波接收方程为

$$P_{\mathrm{d}}=\frac{P_{\mathrm{t}}G_{\mathrm{t}}(\widehat{\mathrm{td}})}{4\pi R_{\mathrm{td}}^{2}L_{\mathrm{t}}L_{\mathrm{td}}}\cdot\frac{\lambda^{2}G_{\mathrm{d}}(\widehat{\mathrm{dt}})}{4\pi} \tag{2.2}$$

（3）t-r（发射台－主接收站）雷达方程。直达波对接收机的干扰方程为

$$P_{\mathrm{i}}=\frac{P_{\mathrm{t}}G_{\mathrm{t}}(\widehat{\mathrm{tr}})}{4\pi R_{\mathrm{tr}}^{2}L_{\mathrm{t}}L_{\mathrm{tr}}}\cdot\frac{\lambda^{2}G_{\mathrm{r}}(\widehat{\mathrm{rt}})}{4\pi} \tag{2.3}$$

（4）接收系统噪声功率：

$$N_{\mathrm{r}}=kT_{\mathrm{s}}B_{\mathrm{n}} \tag{2.4}$$

PCL 雷达方程中的相关符号说明如表 2.1 所示。

表 2.1　PCL 雷达方程中的相关符号说明

符　号	描　述	单　位
P_{t}	发射功率，有别于脉冲功率。对连续波来说，指的是平均功率，FM 广播台通常为千瓦量级	W
P_{r}	目标接收站 r 的天线输出端的目标散射回波信号的平均功率	W
P_{d}	直达波天线 d 的输出端接收的信号平均功率	W
P_{i}	目标接收站 r 的天线输出端的直达（绕射）波干扰信号的平均功率	W
$N_{\mathrm{r}}=kT_{\mathrm{s}}B_{\mathrm{n}}$	接收系统 r 的噪声功率，k 是玻尔兹曼常数，B_{n} 是接收机检波前的噪声带宽，T_{s} 是接收系统的噪声温度	W
$G_{\mathrm{t}}(\widehat{\mathrm{ts}})$ $G_{\mathrm{t}}(\widehat{\mathrm{td}})$ $G_{\mathrm{r}}(\widehat{\mathrm{rs}})$ $G_{\mathrm{r}}(\widehat{\mathrm{rt}})$ $G_{\mathrm{d}}(\widehat{\mathrm{dt}})$	功率增益[1]：在相同的功率输入下，天线某方向上的辐射功率密度和无损失的全向天线辐射密度的比值，G_{t} 是发射天线增益，G_{r} 是主接收天线增益，G_{d} 是直达波接收天线增益。该项中包括天线的辐射损失 L_{rt} $\widehat{\mathrm{ts}}$：从 t 指向 s，即发射到目标方向的单位矢量 $\widehat{\mathrm{td}}$：从 t 指向 d，即发射站到直达波天线方向的单位矢量 $\widehat{\mathrm{rs}}$：从 r 指向 s，即目标到主天线方向的单位矢量 $\widehat{\mathrm{rt}}$：从 r 指向 t，即发射到主天线的干扰信号方向的单位矢量 $\widehat{\mathrm{dt}}$：从 d 指向 t，即直达波天线到发射站方向的单位矢量 一般有 $G_{\mathrm{t}}(\widehat{\mathrm{ts}})=G_{\mathrm{t}}(\widehat{\mathrm{td}})$	
λ	辐射源信号波长	m
R_{ts}	发射台到目标散射体的距离	m
R_{sr}	目标到主接收站的距离	m
R_{td}	发射台到直达波接收天线的距离	m

（续表）

符　号	描　述	单　位
R_{tr}	发射台到主接收天线的距离	m
L_{t}	从发射机输出到天线输入之间的功率损失，大于 1	
L_{ts}	t-s 路径传播损失，大于 1	
L_{td}	t-d 路径传播损失，大于 1	
L_{sr}	s-r 路径传播损失，大于 1	
L_{tr}	t-r 路径传播损失，大于 1	

仅考虑信噪比的作用距离估算，根据连续波和双基地的两个特点，综合式（2.1）和式（2.4）有

$$(R_{\mathrm{ts}}R_{\mathrm{sr}})_{\max}=\left(\frac{P_{\mathrm{r}}\tau G_{\mathrm{t}}(\widehat{\mathrm{ts}})G_{\mathrm{r}}(\widehat{\mathrm{rs}})\sigma(\widehat{\mathrm{ts}},\widehat{\mathrm{sr}})\lambda^{2}}{(4\pi)^{3}kT_{\mathrm{s}}B_{\mathrm{n}}(P_{\mathrm{r}}/N_{\mathrm{r}})_{\min}L_{\mathrm{t}}L_{\mathrm{ts}}L_{\mathrm{sr}}}\right)^{1/2} \tag{2.5}$$

综合式（2.1）和式（2.3），得到目标信号与直达波之比为

$$\frac{P_{\mathrm{r}}}{P_{\mathrm{i}}}=\frac{G_{\mathrm{t}}(\widehat{\mathrm{ts}})}{G_{\mathrm{t}}(\widehat{\mathrm{tr}})}\cdot R_{\mathrm{tr}}^{2}L_{\mathrm{tr}}\cdot\frac{\sigma(\widehat{\mathrm{ts}},\widehat{\mathrm{sr}})}{4\pi R_{\mathrm{ts}}^{2}L_{\mathrm{ts}}L_{\mathrm{sr}}}\cdot\frac{G_{\mathrm{r}}(\widehat{\mathrm{rs}})}{G_{\mathrm{r}}(\widehat{\mathrm{rt}})} \tag{2.6}$$

下面对乘积项进行分析。

（1）$\dfrac{G_{\mathrm{t}}(\widehat{\mathrm{ts}})}{G_{\mathrm{t}}(\widehat{\mathrm{tr}})}\approx 1$：发射天线在目标方向和主接收机方向的方向性增益比。由于广播台天线在方位上为全向，俯仰波束非常宽，且目标和接收机离天线的水平距离较远，因此可以近似认为比值为 1。而根据 Silent Sentry 的探测威力图，在广播天线的上方高空，存在信号覆盖盲区，因此我们可以通过气球将接收机置于天线正上方的高空，使 $G_{\mathrm{t}}(\widehat{\mathrm{tr}})$ 很小，从而增大 $\dfrac{P_{\mathrm{r}}}{P_{\mathrm{i}}}$。这样一来，同时还可以使路径传播损失 L_{ts} 和 L_{sr} 很小，进而使 R_{sr}^{2} 增大，探测区域也大大增加，而且可以探测超低空目标。

（2）$\dfrac{G_{\mathrm{r}}(\widehat{\mathrm{rs}})}{G_{\mathrm{r}}(\widehat{\mathrm{rt}})}$：接收天线在目标方向和直达波方向的增益比。从该比值分析，希望主天线具有超低副瓣，并且天线零点对着直达波方向，另外还希望来自其他反射区的多径干扰不要进入天线主瓣。这样，实现起来就比较复杂，一方面要架高天线，抬高主瓣，减少多径干扰，而抬高天线又会引起较强的直达波干扰，这就需要合理地选择地形（第 3 章集中研究地形的传播影响问题）。

（3）$R_{\mathrm{tr}}^{2}L_{\mathrm{tr}}$：增大接收机与发射机的距离可以使该乘积变大。美国的 MRR 雷达选择的 R_{tr} 为 100km，但是由于地球曲率及地形的影响，在增大 R_{ts} 和 R_{sr} 时，会加大目标与发射机、接收机同时形成视距的难度，因此实际上会减小覆盖范围。当然，在特殊配置下，可以实现超

视距探测，但是要牺牲距离信息，如英国 Howland 团队研制的频移跟踪系统。L_{tr} 是发射天线到接收天线通道的单向传播功率损失比，定义为

$$L_{tr} = \left|\frac{E_0}{E}\right| \tag{2.7}$$

式中，E_0 是天线指向接收站时，接收站在等距离环境的自由空间情况下的场强，E 是接收站在具体情况下的场强。在收发分置情况下比较自由空间传播与地面传播时，接收机的接收功率比是 $20\lg L_{tr}$ dB，这时考虑了多路径、绕射、反射、折射、大气衰减等通道效应引起的通道衰减。第 3 章中将分析并利用一切措施来增大 L_{tr}，减少对目标通道的干扰。

（4）$\dfrac{\sigma(\widehat{\mathrm{ts}},\widehat{\mathrm{sr}})}{4\pi R_{ts}^2 R_{sr}^2 L_{ts} L_{sr}}$：包括有关目标的参量，决定目标的可探测区域。在方程中的其他项固定时，乘积项 $R_{ts}^2 R_{sr}^2$ 最大，形成卡西尼卵形线，由于目标的位置无法事先设置，因此从该项研究改善探测的途径不明显，但是一般都近似认为 $L_{ts} = L_{sr} = 1$。

【计算实例】

在式（2.6）中，做如下参数假定：$G_t(\widehat{\mathrm{ts}}) = G_t(\widehat{\mathrm{tr}}) = 1$，$\sigma(\widehat{\mathrm{ts}},\widehat{\mathrm{sr}}) = 20\mathrm{m}^2$，$R_{ts} = 200\mathrm{km}$，$R_{sr} = 100\mathrm{km}$，$\dfrac{G_r(\widehat{\mathrm{rs}})}{G_r(\widehat{\mathrm{rt}})} = 22-(-8) = 30\mathrm{dB}$，$R_{tr} = 100\mathrm{km}$。由于目标不一定在波瓣的最大方向上，因此 s-r 虽然形成视距，但是仍然存在天线方向图损耗。对流层吸收损耗在 100MHz 频带上非常小，一般假定 $L_{ts} = 2\mathrm{dB}$，$L_{sr} = 2\mathrm{dB}$，由于采用的是视距外接收，因此 $L_{tr} = 40\,\mathrm{dB}$。于是，由式（2.6）估算得到主天线输出信号中目标回波与直达波之比为

$$10\lg\left(\frac{P_r}{P_i}\right) = 0+100+40+13+30-10.9-100-106-2-2 = -37.9\mathrm{dB} \tag{2.8}$$

在上述参数指标下，得到的目标信号与直达波干扰之比的量值，将作为后续对消及相关处理的设计要求。

2.2.2　PCL 系统结构

PCL 系统结构如图 2.2 所示，其中包含两个通道，左边阵列天线为目标通道，右边单个阵元天线为直达波通道（参考通道）。PCL 系统为了完成互模糊函数等相干处理，需要一系列预处理[2]——天线部分的选台及空间滤波，馈线部分的对消，接收系统从高频到中频、从模拟到数字的变换，数字预滤波部分的通道均衡，零多普勒对消，正交下变频、功率谱估计，互模糊函数等，为后续的目标检测和特征提取提供模糊函数表面数据。本节的研究主要集中于模糊函数处理之前和处理过程中的一些问题。

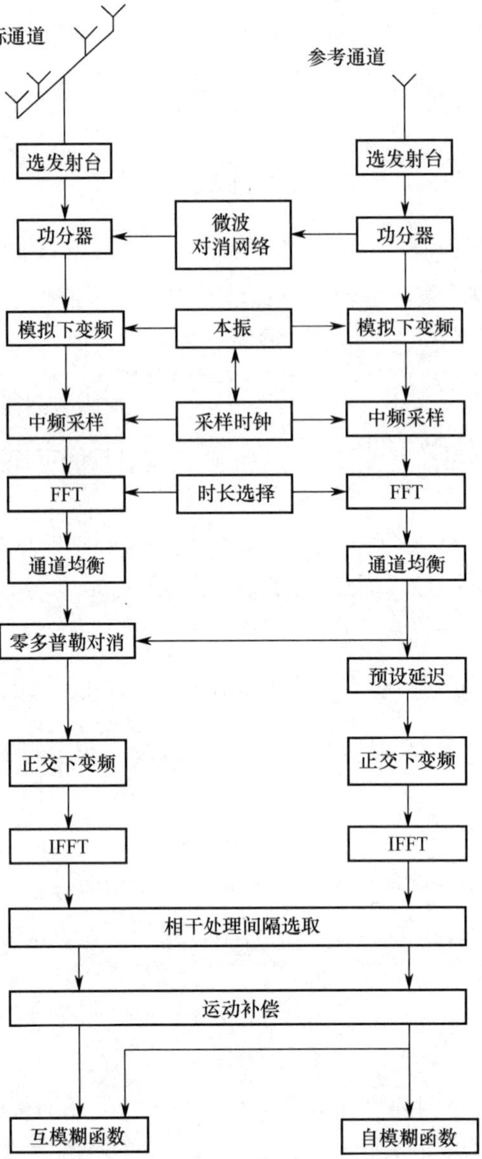

图 2.2 PCL 系统结构

2.3 接收机设计问题

2.3.1 瞬时动态范围

接收机动态范围[3]是指用 dB 表示的最大接收信号（1dB 压缩点）功率和均方根噪声（最小接收信号功率）的差值；瞬时动态范围是指在接收机保持恒定增益下的动态范围。一般来说，接收机增益可调时，总的动态范围大于瞬时动态范围。由于 PCL 直达波参考信号和目标信号都是占用同一频率范围的不确定连续波，两者之间相差 100dB 以上，因此需要减少输入信号的动态范围。在主动雷达中，动态范围压缩一般是通过电控衰减器或具有对数幅度特性的非线性电路完成的，在 PCL 处理中，首先在天馈部分采用空间滤波等措施，在主天线输出端增加低噪声可调带通滤波器，然后接低噪声放大器（LNA），在输入对消网络前，再接带通管状可调滤波器，这几部分最好放置在天线上，以减少衰减和干扰。

按照国军标 GJB 887-90[4]提供的测试方法，进行接收通道瞬时动态范围的测试，得到的接收通道瞬时动态范围测试记录如图 2.3 所示。可以看出，接收机线性动态范围为（−80dBm，−55dBm），相差近 25dB。因为均方根噪声与中频带宽有关，因此有效的动态范围随中频带宽增加而降低，表明在近 300kHz 中频带宽条件下，均方根噪声功率约为−80dBm，限制了接收机的瞬时动态范围。均方根噪声功率与 PCL 系统的几何关系密切，比如在远离市区的地方，同样频点及带宽条件下的均方根噪声功率低于−90dBm，这很好地解释了文献[5]中给出的有关布站严重影响 PCL 演示系统性能的试验结论。另外，直接中频采样系统利用中频滤波及可变放大和衰减，可以获得较高的动态范围和良好的频道选择性。A/D 芯片采用 14bit 时，后续信号处理的数字动态范围可达 84.3dB；采用 16bit 时，动态范围可高达 96.3dB。

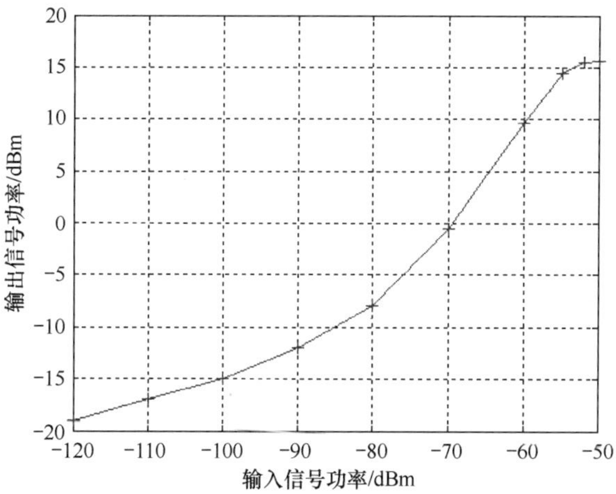

图 2.3　接收通道瞬时动态范围测试记录图

2.3.2　镜频干扰抑制

单端混频器对来自高于和低于本振频率且间隔等于中频的两个频点上的信号响应是同等的。在这两个频点中，一个是需要的信号，一个是镜频干扰[3, 6]。对于调频广播频段，同一区域分布的电台频点多且密集，很容易引起镜频干扰，因此要从几个方面同时考虑才能避免镜频干扰：一是要合理选择本振频率，使镜频干扰处在无信号区。二是要精心设计预选器，使镜频干扰远离预选器的调制带宽，获得最大衰减因子；表 2.2 所示为单端混频器件的镜频干扰测试，采用低噪声放大器和带通滤波可获得近−22dB 的镜频干扰衰减效果。三是在混频器前加镜频干扰抑制滤波器。四是采用镜频干扰抑制混频器。

表 2.2 单端混频器件的镜频干扰测试

频点/MHz	输入信号强度/dBm	接收机中频输出/dBm
97.5	−80.0	−12.03
96.1（镜频）	−80.0	−34.5
97.1	−80.0	−46.85
96.5	−80.0	−42.75

2.4 直达波和目标信号的双通道对消

采用强方向性天线和弱方向性天线进行双天线接收，强方向性天线接收目标回波信号，弱方向性天线接收直达波。我们希望，进入目标通道的直达波信号越少越好，一般采用一些空间滤波技术，如对直达波采用高增益天线零陷，对 MRR 雷达采用空间隔离办法，有的也采用极化隔离办法。在实验中，发现通过极化隔离技术减少直达波在目标通道的干扰达 10dB 以上。在各种措施中，比较有效的是对消方法[7-13]。

2.4.1 双通道对消基本模型

假设进入主天线和参考天线的直达波信号具有复振幅

$$\boldsymbol{Y}(t,a)=y(t)\boldsymbol{Y}(a)=\begin{bmatrix} y_1(t) \\ y_2(t) \end{bmatrix} \tag{2.9}$$

它是时间的标量函数和不依赖于时间的列矢量 $\boldsymbol{Y}(a)$ 的乘积。FM 直达波信号的频带宽度 $B_{\max}=300\text{kHz}$ 和时延的最大可能差值（对应于双天线口径边缘上的点，小于等于 30m）的乘积远小于 1，因此不用考虑信号复振幅在天线口径范围内的时延。双天线各单元上干扰信号的调制规律是一致的，主天线各单元合成到目标通道的信号调制也与直达波通道的信号调制规律是一致的，双通道间可以用同一个标量函数 $y(t)$ 来描述。不过，由于双天线增益和主波束指向的不同，两通道间存在固定的幅度比 A，另外载频 f_0 和时延差值的乘积往往是相当大的（$f_0=100\text{MHz}$ 时接近于 10），因此在双天线通道间（主通道合成信号和直达波信号间）还存在与直达波来向有关的相移差 $\Delta\phi$：

$$\boldsymbol{Y}(a)=\begin{bmatrix} 1 \\ A\mathrm{e}^{-\mathrm{j}\Delta\phi} \end{bmatrix} \tag{2.10}$$

对于双通道接收，干扰的复相关矩阵[14]给定为

$$\boldsymbol{\Phi}(t,s)=\begin{bmatrix} N_{01} & \rho\sqrt{N_{01}N_{02}} \\ \rho^{*}\sqrt{N_{01}N_{02}} & N_{02} \end{bmatrix}\delta(t-s) \tag{2.11}$$

它对应的干扰是：①FM 广播信号建模为窄带类白噪声，时间上与 δ 型相关；②双天线间的复相关系数为 $\rho = A\mathrm{e}^{-\mathrm{j}\Delta\phi} = \varphi_{1,2}\big/\sqrt{N_{01}N_{02}}$，为模小于 1 的复数；③直达波在目标通道和直达波通道中形成的干扰功率谱密度为 N_{01} 和 N_{02}，设信号的列矢量为

$$\boldsymbol{X}(t) = \begin{bmatrix} 1 \\ 0 \end{bmatrix} x(t) \tag{2.12}$$

将式（2.11）和式（2.12）代入确知参量连续信号的检测模型中，得到复加权矢量 $\boldsymbol{R}(t)$ 的矩阵积分方程为

$$\frac{1}{2}\int_{-\infty}^{\infty} \boldsymbol{\Phi}(t,s)R(s)\mathrm{d}s = \boldsymbol{X}(t) \tag{2.13}$$

可以求得复加权函数的标量方程组为

$$N_{01}R_1(t) + \rho\sqrt{N_{01}N_{02}}R_2(t) = 2x(t) \tag{2.14}$$

$$N_{02}R_1(t) + \rho^*\sqrt{N_{01}N_{02}}R_2(t) = 0 \tag{2.15}$$

式（2.14）对应于目标通道，式（2.15）对应于直达波通道。解方程组，可以求得复加权函数为

$$R_1(t) = 2X(t)\Big/N_{01}(1-|\rho|^2) \tag{2.16}$$

$$R_2(t) = -2\rho^* X(t)\Big/\sqrt{N_{01}N_{02}}(1-|\rho|^2) \tag{2.17}$$

由加权积分获得的时空域联合处理的检测参量表达式为

$$\begin{aligned} \chi &= \frac{1}{2}\mathrm{Re}\int_{-\infty}^{\infty} \boldsymbol{Y}^T(t)\boldsymbol{R}^*(t)\mathrm{d}t \\ &= \mathrm{Re}\int_{-\infty}^{\infty} y_\Sigma(t)x^*(t)\mathrm{d}t \end{aligned} \tag{2.18}$$

其中，空域处理的和式为

$$Y_\Sigma(t) = \left[\frac{y_1(t)}{\sqrt{N_{01}}} - \rho\frac{y_2(t)}{\sqrt{N_{02}}}\right]\Bigg/\sqrt{N_{01}}(1-|\rho|^2) \tag{2.19}$$

这表明 $|\rho| \neq 0$ 时进行直达波干扰跨通道对消是合理的。在对消之前，必须按直达波强度对达到均衡的双通道接收信号的跨元素进行归一化 $\dfrac{y_1(t)}{\sqrt{N_{01}}}$ 和 $\dfrac{y_2(t)}{\sqrt{N_{02}}}$ 处理。在美国的 Silent Sentry 系统中，也是这么做的。对于强相关性干扰，信号的对消效果可能远大于相关积累的效果。

当$|\rho| \approx 1$时，如果信号与干扰没有实质的差别，对消将是无效的，因为当干扰对消时信号也对消，当信号积累时干扰也积累。在 PCL 系统中，信号和干扰之间在时延和频移上存在实质性差别。

对消之后，式（2.14）中的待检测信号$x(t)$是非周期连续不确定信号，无法在接收机中再生，唯一的办法是对直达波信号按目标参数的时延τ、频移ν进行调整来得到，因此信号的检测参量为

$$\chi(\tau,\upsilon)=\int_{-\infty}^{\infty} y_{\Sigma}(t)y^{*}(t-\tau)\mathrm{e}^{-\mathrm{j}2\pi\upsilon t}\mathrm{d}t \Big/ (1-|\rho|^{2}) \tag{2.20}$$

它随着$|\rho|$的增大而提高，因为当$|\rho|$增大时，干扰信号有较好的对消效果。PCL 系统的对消处理模型如图 2.4 所示。

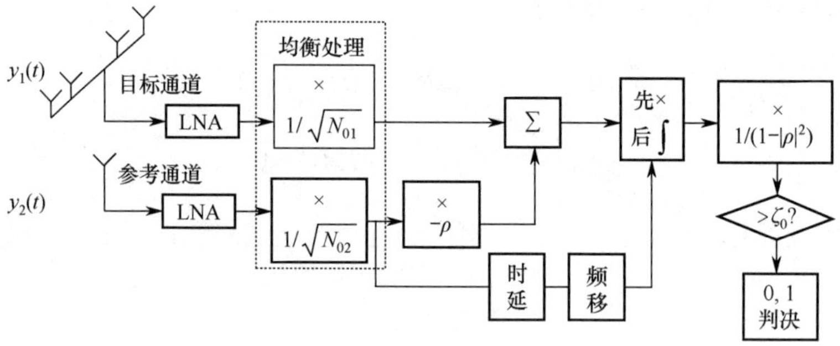

图 2.4　PCL 系统的对消处理模型

2.4.2　均衡处理

在通信系统中，由于信号的各个频率分量具有色散特性，因此在一个通道内相继发射的信号会发生重叠。均衡处理的目的就是补偿符号间干扰，通过补偿通道失真来最小化误差概率。在雷达应用中，多通道之间的幅度、相位一致性会影响旁瓣相消和单脉冲测角，因此需要均衡校正技术[15, 16, 17]。对于图 2.2 所示的 PCL 系统结构，采用均衡单元，接收来自重叠 FFT 变换单元的参考通道和目标通道信号的频域输出，进行频域滤波处理，以实现如下目标：

（1）中心为信号载频的 50kHz 带宽内的幅度起伏最小。

（2）最小化目标信号和参考信号的群延迟差，即随目标信号和参考信号的频率而变的相移导数之差。

（3）最小化增益差，即使得多个目标信号之间的信噪比和相位误差的差值最小。

均衡滤波器系数通过离线校准获得，均衡过程对每个时间序列数据独立重复。图 2.5 所示为重叠保留快速频域 LMS 算法完成通道均衡处理的过程示意图[18]。除了均衡，后续的零多普勒对消、正交解调、逆变换整个滤波预处理都由重叠保留快速卷积算法来实现。

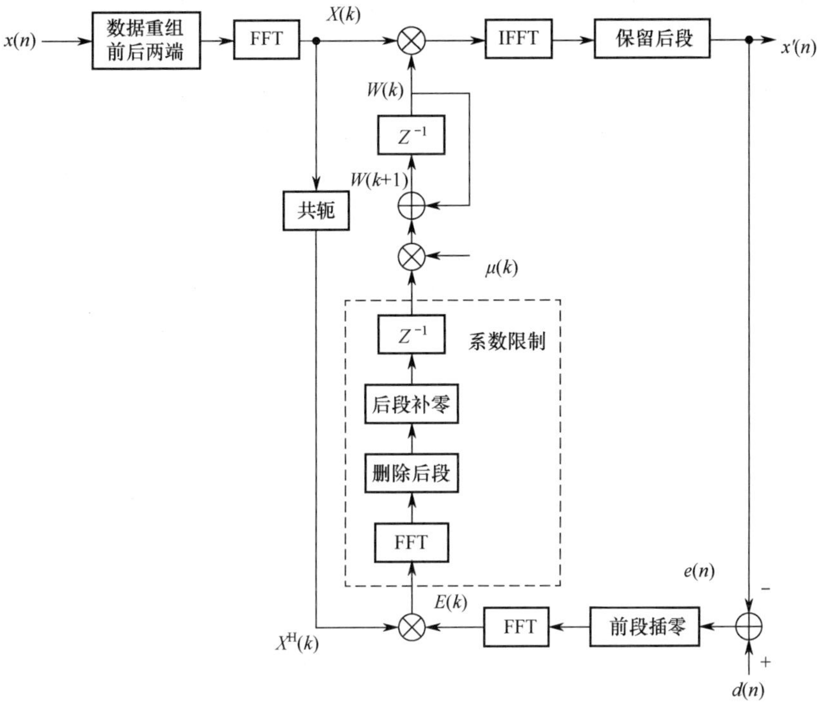

图 2.5　重叠保留快速频域 LMS 算法完成通道均衡处理的过程示意图

2.4.3　对消试验

直达波对消在主天线直达波主方向调零后进行，即改变直达波天线信号的幅度和相位，对消主天线通道，使输出最小。具体实施包括理论计算和现场调试。为了得到微波对消的性能估值，我们构造的微波对消网络如图 2.6 所示。

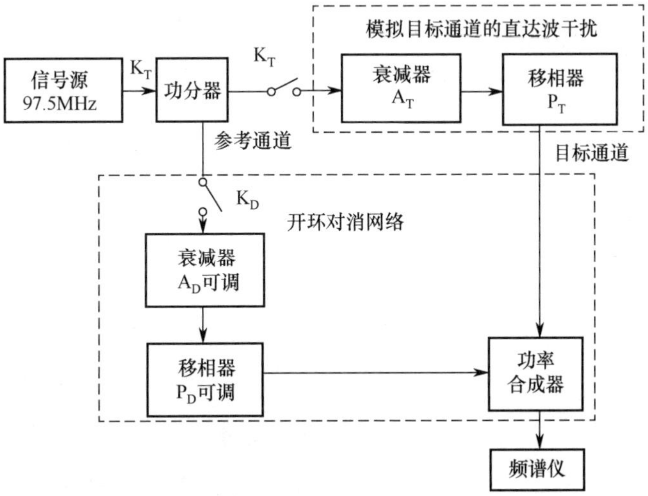

图 2.6　微波对消网络

多种信号输入情况下记录的实验结果如表 2.3 和表 2.4 所示。点频对消强于扫频，调到 97.5MHz 的对消参数，到 97MHz 时效果下降近 5dB。强信号对消优于弱信号。这也是手动对消网络的局限所在，而能根据信号瞬时频率和强度自适应调整参数的对消网络效果更好、更适用[75]。

表 2.3 微波对消实验结果

输出/dBm	较强信号对消实验				衰减后对消		扫频信号对消	
	A_DP_D 调整	A_DP_D 不变	A_DP_D 重调	P_D 调整	A_T 重设 A_DP_D 重调	P_D 调整	A_DP_D 调整	P_D 调整
频率/MHz	100	97.5	97.5	97.5	97.5	97.5	97.45～97.55	97.45～97.55
K_D 断 K_T 合	−23.76	−23.9	−23.75	−23.75	−52.3	−52.3	−52.3	−52.3
K_D 断 K_T 合	−23.72	−23.7	−23.74	−23.74	−52.2	−52.2	−52.2	−52.2
K_D 合 K_T 合 最大或最小	−75.0	−45.0	−71.8	−17.6	−88.1	−45.0	−82.0	−46.0

表 2.4 频率变化对对消实验的影响

输出/dBm	A_DP_D 调整	A_DP_D 不变	A_DP_D 不变	A_DP_D 不变	A_DP_D 不变	A_DP_D 不变	A_DP_D 不变	A_DP_D 不变	A_DP_D 不变	A_DP_D 不变	A_DP_D 不变
频率/MHz	97.5	97.6	97.4	97.7	97.3	97.8	97.2	97.9	97.1	98.0	97.0
K_D 合 K_T 合	−62.8	−62.2	−62.1	−61.5	−61.2	−60.5	−60.2	−59.4	−59	−58.2	−58.0

2.4.4 直达波天线与主天线的相对位置

直达波通道的一个重要目的是，与来自主天线零陷附近的直达波干扰信号对消。直达波天线必须放在离雷达天线相位中心相当近的地方，以保证其获得的干扰信号取样与雷达主天线接收的干扰信号相关。这就要求雷达主天线的相位中心与直达波天线的相位中心的间距 d 满足 $c/d \ll B$（c 为光速，B 为信号带宽）[19]。如果接收站利用了多个发射台的信号，就要求直达波天线的数量至少等于需抑制的直达波干扰信号数量。这样，为了使主天线辐射方向图在 N 个给定的方向上为零，就需要由 N 个加权系数确定的辅助方向图。直达波辅助天线可以是离散的多个天线，也可以是相控阵天线中的一组接收单元。

双天线相关系数 $|\rho|$ 与天线间隔之间的关系如图 2.7 所示，S_h、S_0 分别为来波幅度在垂直面和水平面分布的标准偏差，图 2.7(a)为双天线水平放置，图 2.7(b)图为双天线垂直放置，相关系数随天线间隔减小而增大。比较图 2.7(a)和图 2.7(b)，同样的间隔，垂直放置比水平放置的相关系数大得多，因此可选择直达波天线放置在主天线相位中心的正上方。

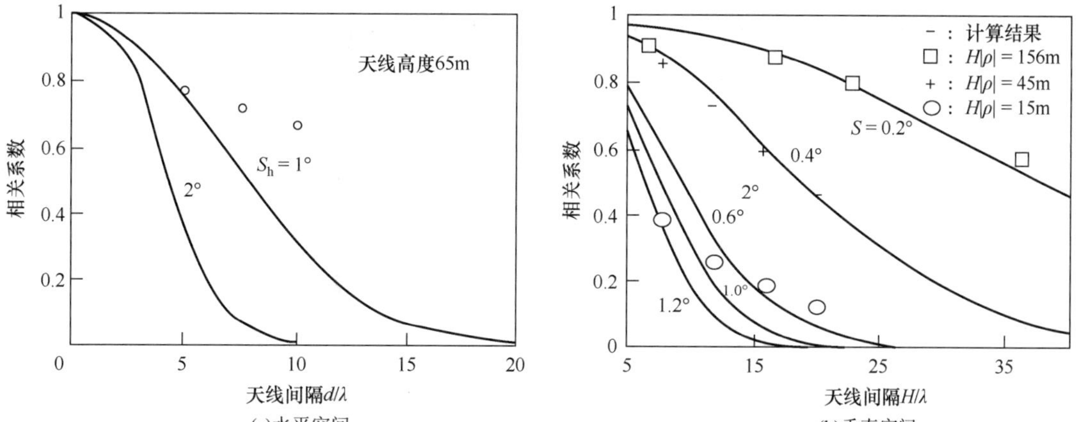

(a)水平空间　　(b)垂直空间

图 2.7　双天线相关系数$|\rho|$与天线间隔之间的关系（摘自藤本共荣[20]）

2.5　有关辐射源信号的基本问题

2.5.1　PCL 的信号相干原理

FM 广播、电视发射机采用放大链式发射机，射频精度和稳定度基本等于低电平稳定晶体（或其他）振荡器的精度和稳定度，本身能产生高精度的相干信号，然而经过随机视频信号包括语音或图像的调制，对于接收系统来说相位是不可知的，所以必须提供相参（相干）锁定。相参锁定在振荡型（如磁控管）发射机中，首先采集发射信号，作为磁控管发射时刻的相位值，然后对回波视频输出信号进行与发射相关的相位旋转，消除来自磁控管振荡器的随机初相、本振信号源的抖动相位、基准信号源的抖动相位，仅保留反映目标运动特性的相位信息。在 PCL 系统中，类似的工作是通过接收直达波信号来完成的。

假设 PCL 源信号的复包络可以表示为

$$s(t) = A_s \exp(\phi_s(t)) \tag{2.21}$$

式中，$\phi_s(t)$ 是 PCL 源信号的时变相位。直达波接收通道射频输出信号与本振源输出信号混频，产生的中频信号经过数字鉴相，得到直达波视频输出复包络信号为

$$x(t) = A_x \exp(\phi_s(t) - \phi_L - \omega_0\tau_{td}) \tag{2.22}$$

式中，ϕ_L 是本振信号源的初相；$\omega_0\tau_{td}$ 是信号经直线距离的延迟相位，

$$\omega_0\tau_{td} = \omega_0 \frac{R_{td}}{c} = \frac{2\pi}{\lambda} R_{td} \tag{2.23}$$

目标回波通道射频输出信号与本振源输出信号混频所产生的中频信号，经过数字鉴相后，得到的目标回波视频输出复包络信号为

$$y(t)=A_y\exp(\phi_{\rm s}(t)-\phi_{\rm L}-\omega_0(\tau_{\rm ts}+\tau_{\rm sr})) \tag{2.24}$$

式中，

$$\omega_0(\tau_{\rm ts}+\tau_{\rm sr})=\omega_0\frac{R_{\rm ts}(t)+R_{\rm sr}(t)}{C}=\frac{2\pi}{\lambda}(R_{\rm tsr0}+\dot{R}_{\rm tsr}t) \tag{2.25}$$

$R_{\rm tsr0}=R_{\rm ts0}+R_{\rm sr0}$ 是目标的双基地距离，$\dot{R}_{\rm tsr}$ 是双基地速度。将式（2.22）与式（2.24）的共轭相乘，得到混合积为

$$\begin{aligned}x(t)y^*(t)&=A_xA_y\exp(\omega_0(\tau_{\rm ts}+\tau_{\rm sr}-\tau_{\rm td}))\\&=A_xA_y\exp\left(\frac{2\pi}{\lambda}(R_{\rm tsr0}+\dot{R}_{\rm tsr}t-R_{\rm td})\right)\end{aligned} \tag{2.26}$$

混合积信号相位仅与目标的双基地距离和速度有关。由此可见，通过锁定直达波相参，PCL 系统得以满足相干条件，但是要求两个接收通道共用同一个本振源，且中频采样严格同步。因此，混合积操作是 PCL 处理的核心环节。

2.5.2 PCL 信号干扰问题

式（2.26）表明，在 PCL 系统中，直达波和目标回波的相乘操作，使后续的基于混合积的 DTO/DFO 处理独立于信号结构。因此接收带宽内的干扰都将被视为有用信号/感兴趣信号（Signal Of Interest，SOI），在进行模糊函数处理时，干扰会产生属于其自己的两维响应峰，这些响应峰与信号的响应峰之间差别通常很明显，并且可以通过精确估计每个响应峰来加以区别。如果干扰在 DTO 和 DFO 上都接近有用的辐射源，那么它的模糊主峰重叠，并且会掩盖或混淆有用信号的响应峰。DTO 和 DFO 都靠得近时，说明干扰在实际距离上与有用信号源很近，并且是同频的。

在 PCL 中，主要干扰是直达波干扰。由于直达波干扰与目标回波信号之间除了微小的频移，几乎是重叠的，因此直接在目标通道中加凹口滤波器是无效的。区别直达波及其他多径干扰时，需要采用频率差来分辨，即应该对式（2.26）表示的混合积加凹口滤波器，以便抑制直达波与直达波混合积产生的零多普勒频移干扰。当然，在实际应用中，当凹口滤波器带宽选得过大时，会削弱信号混合积的能量。例如，为消除干扰，削掉 50%的带宽会使 SNR 降低 3dB，削掉 75%的带宽会使 SNR 降低 6dB。因此，我们希望在混合积中，信号和干扰之间在频域上有足够的隔离，即要求它们各自都很窄，这就对信号的自相关时间提出了一定的要求。

即使不存在峰掩盖，干扰能量也会提高输出噪声。有用信号的模糊峰是在处理时间 T 内相干积累获得的。任何其他信号在 (τ,f) 区域内都不存在显著的峰，但是会产生像噪声一样的干扰。因此，接收机输入端的任何干扰能量都将形成输出噪声，包括干扰乘干扰项、干扰

乘噪声项或者干扰乘信号项。混合积中的每项都代表一个不同的宽带谱（假设非匹配相乘，两路干扰非共轭相乘），提高 BT 积可以平滑加性宽带噪声。因此，两路接收信号中的任何没有消除的干扰功率都应包含在输入信噪比的计算中。由于信噪比损失需要使用更长的积累时间来补偿，因此在 DTO/DFO 测量之前的预处理要尽可能地消除带内干扰。

2.5.3　信号积累时间问题

处理 PCL 信号时，信号积累的时间越长，获得的 TB 处理增益就越高；多普勒滤波器的带宽越窄，就越能得到大的信号杂波功率比。但是，积累时间受目标照射时间、发射信号不稳定、目标加速度引入的变多普勒频率、目标回波起伏以及噪声、杂波相关时间等因素的制约。

（1）目标照射时间限制积累时长。对于无源相干定位系统，目标照射时间 T_d 是目标同时停留在发射主波束和接收主波束内的时间，或者是满足空间同步的时间。根据文献[21]，假设目标照射时间为 T_d，则目标回波的功率谱为

$$S_{T_\mathrm{d}}(\omega)=\frac{T_\mathrm{d}}{\sqrt{2}}\frac{\sin[(\omega-\omega)T_\mathrm{d}/2]}{(\omega-\omega_\mathrm{d})T_\mathrm{d}/2} \tag{2.27}$$

这个函数是以 ω_d 为中心的辛格函数，主瓣的 3dB 带宽 $B\approx 1/T_\mathrm{d}$ Hz。假定没有其他分量使频谱展宽，如没有目标散射截面积的起伏和径向加速度，则多普勒滤波器的带宽是 $1/T_\mathrm{d}$ Hz，即系统的多普勒分辨率。

（2）信号带宽及运动目标速度限制相干积累的时长。对于合成速度为 $\dot{R}=\dfrac{\mathrm{d}(R_\mathrm{ts}+R_\mathrm{sr})}{\mathrm{d}t}$ 的目标，其多普勒频移在整个信号频带范围内并不是恒定的，在所用频谱两端的频率上，多普勒频移之间的差别等于 $\dot{R}B/c$，其中 c 为光速，B 为信号带宽。因此，当时间 T 很长时，不可能进行相干测量，因为相干测量要求

$$\frac{1}{T}>\frac{\dot{R}B}{c}\qquad \text{或}\qquad TB>\frac{c}{\dot{R}} \tag{2.28}$$

因此，在一定程度上，目标速度越快，定位就越困难。这就是所谓的海森堡测不准原理。对于调频广播信号，带宽 B 按 100kHz 计算时，假定民航目标速度为 200m/s，此时有 $T<15$s，对于电视信号，有 $B=8$MHz，$T<0.1875$s。

（3）目标回波的起伏相关时间决定非相干积累的时长。为了克服目标起伏的影响，在多普勒滤波器后面要加以非相干积累，积累时间应大于目标回波的相关时间。目标回波的起伏相关时间，可以近似为目标起伏频谱的半功率点带宽的倒数。飞机是最常见的雷达目标，根据文献[22]中表 2.5.1 列举的一些飞机机体频谱宽度的数据，飞机的起伏相关时间一般为 30～300ms（与波段有关）。对于完成警戒任务的无源相干定位雷达系统，如果目标飞过接收波束内的回波强度一直很小，那么这么长的起伏时间将严重影响航迹的起始。主动雷达中克服这

种缺陷的办法是采用频率捷变或频率分集，而对无源相干定位系统，可以采用利用其他广播频点，或者利用放在不同方向上的其他广播台。Sahr[23]认为目标的相关时间（1ms）大于基于 FM 波形的延迟分辨率（小于 10μs），因此可以采用非相干平均的办法来改善延迟估计的不确定，且同时可增加 10dB 的信杂比。

对于运动目标，长时间处理会面临一些问题，一旦 DFO 和 DTO 发生变化，模糊函数的主瓣将变得模糊不清。例如，频移差的线性改变将导致混合积在处理时间内表现为线性调频信号，而不是一个固定频率。

2.5.4 PCL 目标的双基地雷达散射截面积

点目标的双基地雷达散射截面（Radar Cross Section，RCS）特性[24]，即式（2.1）中的 $\sigma(\widehat{\mathrm{ts}}, \widehat{\mathrm{sr}})$。文献[25]中对此做了详细描述，将双基地 RCS 分为三个区域来考虑——准单基地区、双基地区和前向散射区。准单基地区可以采用单基地 RCS 模型，因为单基地 RCS 模型比较成熟。双基地区的 RCS 是 PCL 系统目标探测特性的重点研究对象。在该区域的大部分角度范围内，双基地 RCS 比视线角在双基地角平分线上的单基地 RCS 低 2～7dB，这将降低目标的检测概率。但是在特殊角度范围内，比如采用流形外形设计的隐身飞机目标在镜像反射方向的双基地 RCS 明显增强[24]，这对发现隐身飞机极为有利；由于角度受限，PCL 系统适宜构成空中防御栅栏，而非全方位搜索。另外，由雷达分辨单元内两个或多个主要散射点之间的相位干涉引起的目标闪烁效应比单基地雷达小，这对双基地系统提高测角及角跟踪精度有一定好处，比如采用双基地配置的半主动制导导弹寻的系统[26]，以及其他一些双基地机载或地面低空跟踪系统。在前向散射区，双基地 RCS 比单基地增大很多，且有

$$\sigma_{\mathrm{F}} = 4\pi A^2/\lambda^2 \tag{2.29}$$

式中，A 是目标在入射方向上的投影面积，λ 是波长。利用近似前向散射方式，人们可以从目标的微小多普勒变化信息中监视入侵目标，如利用 GPS 信号的空中监视系统[27]和地面军用飞机的入侵检测系统[28]。

2.6 PCL 系统的目标定位方法

要想获得目标到 PCL 接收系统的距离，要求已知或者可以通过测量得到辐射源有关的参数，才能解双基地三角形。待测的参数取决于目标相对于辐射源和接收机的几何关系、哪个参数是已知的或者是可以测量得到的，最后决定选用什么样的方程来解算目标到双基地接收系统的距离。对于采用广播电视信号作为机会辐射源的 PCL 探测系统，可以精确获得其发射站的位置，因此接收站与发射站之间的基线长度、夹角精确可测。文献[29]和[30]中给

出了基线距离已知时求解目标距离和方位的方法。

实际研究中，对于采用运动辐射源信号的 PCL 探测系统，计算目标距离时，辐射源与接收站间的基线距离未知。解双基地三角形时要求测角，即辐射源与目标相对于接收机的夹角和辐射源的波束扫描角待测。如果发射机和接收机以恒定的速度运动，对于匀速周期扫描的辐射源天线，可以利用简单跟踪器记录发射天线的主波束扫过接收机的时间，估算出辐射源的波束扫描角。

当 PCL 探测系统的接收机频率调谐到机会雷达辐射源的发射频率时，会检测到沿基线传播到达的直达波信号和经过目标散射后的微弱回波。假设非合作双基地雷达探测系统配置示意图如图 2.8 所示。接收系统由两部分组成：一部分用于接收直达波信号以提取同步信息，另一部分用于接收目标散射信号以完成对目标的检测，实现对特定区域的监视和预警，其信号路径如图 2.9 所示。在没有非合作导航雷达信号详细参数的情况下，可以利用其先验知识，完成对目标的初步探测。以 PCL 接收机所在位置为原点，在辐射源－接收机－目标组成的坐标系中，利用双基地三角形计算目标距离。

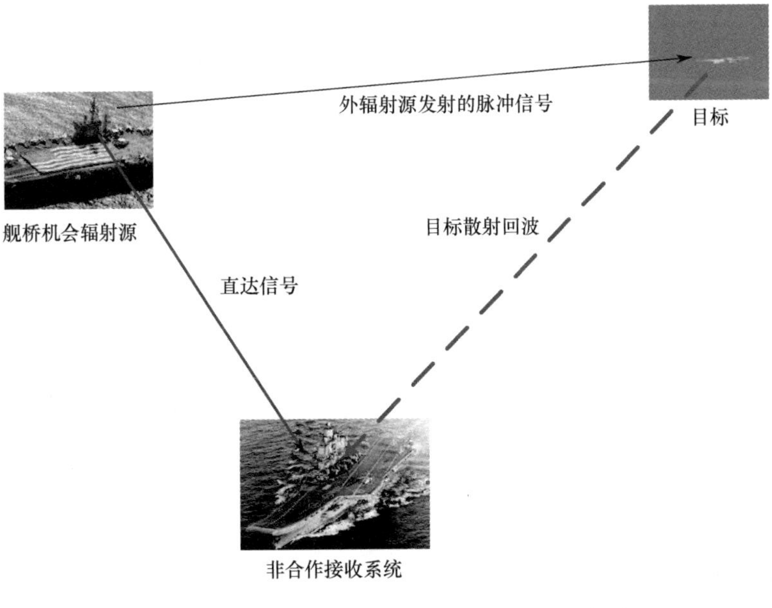

图 2.8　非合作双基地雷达探测系统配置示意图

非合作双基地探测系统的空间几何关系示意图如图 2.10 所示，图中 R_t、R_r 分别是发射基地和接收基地到目标的距离，目标高度用 H 表示。θ_t、ϕ_t 分别是发射基地的目标方位角和仰角；θ_t、ϕ_r 分别是接收基地的目标方位角和仰角；θ_T、θ_R 分别是双基地平面上发射基地和接收基地的目标视角。

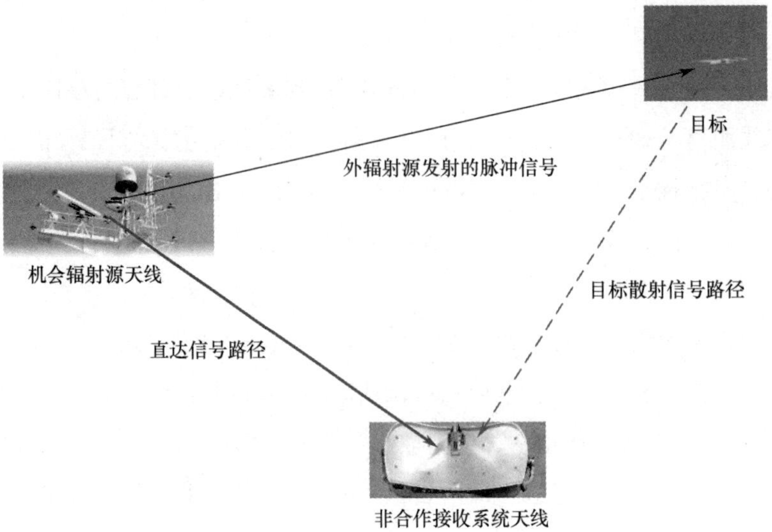

图 2.9 非合作双基地雷达探测系统的信号路径

假设 c 为光速，Δt 是每个距离量化单元的宽度，单位为秒，N 是直达波脉冲与目标回波的距离量化单元数之差，则 $N\Delta t$ 为目标回波相对直达波脉冲的延迟时间，即有

$$\tau = N\Delta t \tag{2.30}$$

于是有

$$R_{\mathrm{t}} + R_{\mathrm{r}} - L = c\tau \tag{2.31}$$

显然，求解目标的双基地距离很大程度上取决于系统所用的辐射源类型、目标相对于发射机和接收机的位置以及双基地系统的目标。一般情况下，对本系统来说，目标相对接收基地的方位角 θ_{r} 和仰角 ϕ_{r}、双基地时延 $\Delta\tau$ 可以比较准确地获取。因此，目标可定位的前提条件是 θ_{t} 和 L 二者中必须有一个参数是可测的。

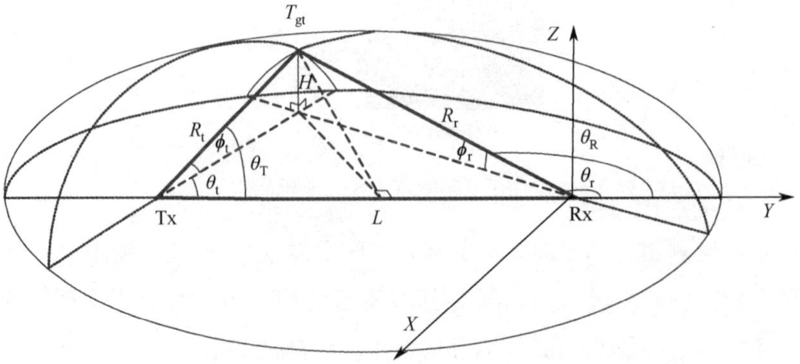

图 2.10 非合作双基地探测系统的空间几何关系示意图

（1）辐射源与接收站间的基线距离 L 已知时，需要测量 θ_{r} 和 ϕ_{r}，

$$R_r = c\tau \frac{c\tau + 2L}{2(c\tau + L) + 2L\cos\phi_r \cos\theta_r} \tag{2.32}$$

（2）辐射源与接收站间的基线距离 L 未知时，需要测量 θ_t、θ_r 和 ϕ_r，

$$R_r = c\tau \frac{\left[1 - \dfrac{\cos\phi_r}{\sin\theta_t}\sin(\theta_r - \theta_t)\right] + \sqrt{\sin^2\phi_r + \left(\dfrac{\cos\phi_r \sin\theta_r}{\sin\theta_t}\right)^2}}{\left[\dfrac{\cos\phi_r}{\sin\theta_t}\sin(\theta_r + \theta_t) - 1\right]^2 - \sin^2\phi_r - \left(\dfrac{\cos\phi_r \sin\theta_r}{\sin\theta_t}\right)^2} \tag{2.33}$$

如果采用运动的雷达辐射源，那么计算时只能采用方程（2.33）。解方程时涉及测角问题，即目标相对于接收机的方位角 θ_r 和仰角 ϕ_r，以及辐射源在方位向上的波束扫描角 θ_t。如果发射机和接收机以恒定的速度运动，那么对于匀速圆周扫描的辐射源，可以利用简单跟踪器记录发射机的主波束扫过接收机的时间，估算出辐射源的波束扫描角 θ_t，而 θ_r 和 ϕ_r 的测量则需要高精度的测角传感器来完成。

下面首先讨论扫描间发射天线方位视角的估计，然后推导基线距离 L 未知时由式（2.33）求解目标距离的方法。为了对比分析式（2.33）的定位误差，在前期试验时，我们参照文献[30]，给出基线距离 L 固定条件，利用余弦定理，借助式（2.32）先求解基地目标距离和计算目标方位角 θ_r 的算法。

2.6.1　扫描间发射天线方位视角的估计

本节给出发射天线扫描间不同时刻方位角角度差近似估计的方法，分析利用接收信号的时延来估计不同方位角间扫描时差的性能，并在 2.6.3 节中推导基线距离未知时，求解目标距离的方法。为了比对分析目标测量的精度，我们依据文献[30]，考虑基线距离固定条件下，讨论基线距离已知时目标距离和方位的求解方法。

合作式系统能够同时利用发射机和接收机的距离同步或预先同步时钟，但在利用非合作辐射源工作时，发射机扫描方式的确定是非常重要的。发射天线的波瓣指向是时间的函数，需要估计 θ_t，若目标侦察接收天线是全向的，没有方向信息，那么只能给出相对发射机的方位角估计。为此，我们通过跟踪发射机的扫描过程来确定发射机目标方位角 θ_t。

如果发射机和接收机之间存在直视路径，那么我们假设直达脉冲某一特定角度 $\theta_t = \theta_0$ 的功率最大，即发射机天线指向接收机。从记录发射天线一个扫描周期的数据，可以找到最大值，也即找到该时刻的到达角。对于高功率雷达或短基线的情况，直达脉冲和不同距离的散射目标信号可以在不同的角度检测到。直达波信号作为时间的函数，对应的峰值均被认为对应于 $\theta_t = \theta_0$ 到达角。

通过观测多个扫描周期内的数据，可以估计发射方位角 $\theta(t)$ 为

$$\theta(t)=\theta_0(t_0)+\left(\frac{\mathrm{d}\theta}{\mathrm{d}t}\right)(t-t_0) \tag{2.34}$$

式中，$\mathrm{d}\theta/\mathrm{d}t$ 是当前发射天线的扫描速率估计。在进一步处理采样信号前，必须估计第 j 个直达脉冲的到达时间 $t_{p,j}$。分析完所有直达脉冲后，由记录的数据可以发现发射信号的 PRF 的变化规律，即在每次扫描的脉冲数 j 都是按照参差 PRF 变化的。因此，$\theta(t_0)$ 为

$$\theta(t_0)=\max(E(P_j)) \tag{2.35}$$

式中，$E(P_j)=\sum_{i=0}^{n}\left|S(t_{p,j}+i)\right|$；$S(t)$ 是脉冲信号幅度；n 是单个脉冲内部的采样点数，它与脉冲宽度和采样间隔有关；j 是一个完整扫描周期内的脉冲数。

假设发射机扫描接收基站后，在 τ_0 时刻接收机可接收到脉冲的峰值；在发射机扫描到目标后，目标的反射波在 τ_1 时刻被接收机接收，如图 2.11 所示。

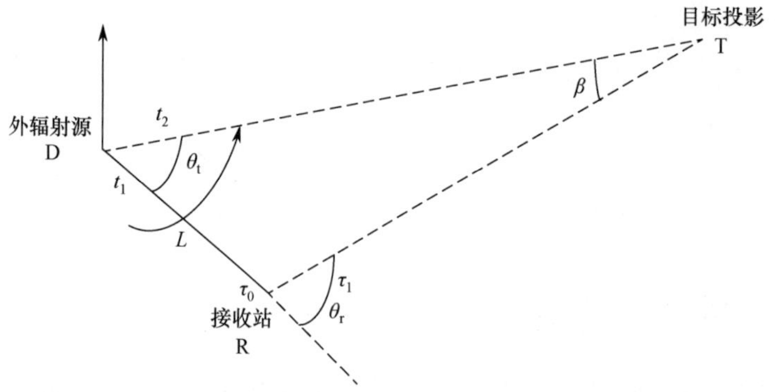

图 2.11　非合作接收系统平面投影几何关系示意图

由双基地接收机采样到的信号可以观察出发射机天线的扫描周期。一个扫描周期分为 360 个单元，每个单元表示 1°。一系列直达波和散射回波与每个扫描峰值对应。扫描峰值到达时刻 τ_0 和目标反射回波到达时刻 τ_1 如图 2.11 所示。

以发射机为参考点，接收机和目标的夹角 θ_t 可以由扫描时差 $\tau_1-\tau_0$ 得到（相对于辐射源秒级扫描周期，传输路径微秒级延迟影响小到可以忽略，详细推导见 2.6.2 节），则有

$$\theta_t=\frac{\tau_1-\tau_0}{T_S}\cdot 360° \tag{2.36}$$

式中，T_S 为非合作辐射源天线的扫描周期。

在扫描过程中，还可以通过波束扫描速度与扫描延迟时间的乘积来预测波束下一时刻出现的位置。反复计算确定主波束扫过接收基站的精确时间后，就可给出精确预测 θ_t。然后利用幅度最大的信号来更新跟踪器，预测波束以后的位置。

但是，这种方法假定的前提是，在扫描过程中被截获的发射脉冲之间是可以辨别的，即

可以分辨从辐射源到接收机的所有直达波脉冲，或者具有足够多的脉冲数，使得我们可以准确地预测那些难以辨别的脉冲串。后一种方法要求辐射源信号的波形和扫描方式都是可以预测的序列。前一种方法更灵活，即使辐射源的主波束并没有直接照射到接收机，通过旁瓣辐射的信号也可以分辨其脉冲。当脉冲串难以辨别时，还可以借助各种信号处理的算法[31-40]来估计目标回波信号相对于直达波的时延 τ 。

2.6.2　发射天线方位视角估计可行性分析

不妨假设发射机天线匀速圆周扫描的周期为 T_S，天线逆时针方向先扫过目标，再扫过双基地雷达接收机，如图 2.11 所示。假设外辐射源在 t_1 时刻发射脉冲，且此时其主波束照射在目标 T 所在的方向，则接收站 R 将在 $t_1+(R_t+R_r)/c$ 时刻接收到辐射源在 t_1 时刻发射的脉冲信号。随着天线的扫描，外辐射源天线主波束在 t_2 时刻照射到接收站 R 的方向，该时刻发射的脉冲信号经过 L/c 后到达接收站，则天线从目标方向到接收站扫过的角度 θ_t 为

$$\theta_t=\frac{t_1-t_0}{T_S}\cdot 360° \tag{2.37}$$

但是，由于系统利用的辐射源是非合作的，脉冲发射时刻 t_2 和 t_1 是未知的，因此必须从接收站截获的信号来求解。

由双基地系统信号处理理论可知，在借助模糊函数来处理直达波和目标回波时，可以有效地估计出目标回波信号相对于直达波的延时 τ 和多普勒频移 f_d，即可以估计出

$$\begin{aligned}\tau&=\left(t_2+\frac{L}{c}\right)-\left(t_1+\frac{R_t+R_r}{c}\right)\\&=(t_2-t_1)-\left(\frac{R_t+R_r}{c}-\frac{L}{c}\right)\end{aligned} \tag{2.38}$$

下面我们假设

$$\Delta\tau=\frac{R_t+R_r}{c}-\frac{L}{c} \tag{2.39}$$

其物理意义是信号经由双基地距离和 R_t+R_r 相对于基线距离 L 的传播延迟。假设 $R_t+R_r-L=90\text{km}$ ，易知 $\Delta\tau=300\mu\text{s}$ ，而一般导航雷达的转速为 21 转/分，其对应的扫描周期约为 $3\,\text{s}$ ，由此可以估计出 2.6.1 节用 τ 来估计 t_2-t_1 引入的理论测角误差为

$$\Delta\theta_t=\frac{360°}{T_S}\Delta\tau\approx 3.6°\times 10^{-2} \tag{2.40}$$

由式（2.40）可知，相比于一般雷达系统（精密跟踪测控雷达除外）目前所能达到的测角精度，本节利用 τ 来估计 t_2-t_1 引入的理论测角误差，对整个系统来说是可以接受的。另

外，还要说明的是，利用后面计算得到的结果均是目标在 $t_1 + R_r/c$ 时刻相对于接收站的距离和方位，因为即使目标以两倍音速飞行，在 1ms 内目标运动的距离也仅为 7m，对整个系统来说也是可以接受的。

2.6.3 基线距离未知时双基地三角形的解

基线长 L 未知时，通过比较辐射源天线旁瓣发射的直达波信号与从辐射源到目标再到接收机的目标反射回波的时差 τ，由式（2.36）可以估计出夹角 θ_t，利用接收站自身的高精度测角传感器，就可以测得的目标回波信号的到达方向角 θ_r。

由图 2.10 所示的双基地系统的几何关系，利用正弦定理，可得

$$\frac{L}{\sin(\theta_r - \theta_t)} = \frac{R_{t\perp}}{\sin\theta_r} = \frac{R_{r\perp}}{\sin\theta_t} \tag{2.41}$$

又由图 2.10，有

$$R_r = \frac{R_{r\perp}}{\cos\phi_r} \Rightarrow R_{r\perp} = R_r\cos\phi_r \tag{2.42}$$

$$H = R_{r\perp}\tan\phi_r = R_r\cos\phi_r\tan\phi_r = R_r\sin\phi_r \tag{2.43}$$

$$R_{t\perp}^2 + H^2 = R_t^2 \tag{2.44}$$

$$\cos\theta_R = \cos\phi_r\cos\theta_r \tag{2.45}$$

$$L = \frac{R_r\cos\phi_r}{\sin\theta_t}\sin(\theta_r - \theta_t) \tag{2.46}$$

于是有

$$R_{t\perp} = \frac{R_r\cos\phi_r\sin\theta_r}{\sin\theta_t} \tag{2.47}$$

$$R_t = c\tau + \frac{R_r\cos\phi_r}{\sin\theta_t}\sin(\theta_r - \theta_t) - R_r \tag{2.48}$$

$$H = R_r\sin\phi_r \tag{2.49}$$

将式（2.47）～式（2.49）代入式（2.44）得

$$\left[\frac{R_r\cos\phi_r\sin\theta_r}{\sin\theta_t}\right]^2 + [R_r\sin\phi_r]^2 = \left[c\tau + \frac{R_r\cos\phi_r}{\sin\theta_t}\sin(\theta_r - \theta_t) - R_r\right]^2 \tag{2.50}$$

解式（2.50），可得目标的斜距为

$$R_{\mathrm{r}} = c\tau \frac{\left[1-\dfrac{\cos\phi_{\mathrm{r}}}{\sin\theta_{\mathrm{t}}}\sin(\theta_{\mathrm{r}}-\theta_{\mathrm{t}})\right]+\sqrt{\sin^2\phi_{\mathrm{r}}+\left(\dfrac{\cos\phi_{\mathrm{r}}\sin\theta_{\mathrm{r}}}{\sin\theta_{\mathrm{t}}}\right)^2}}{\left[\dfrac{\cos\phi_{\mathrm{r}}}{\sin\theta_{\mathrm{t}}}\sin(\theta_{\mathrm{r}}-\theta_{\mathrm{t}})-1\right]^2-\sin^2\phi_{\mathrm{r}}-\left(\dfrac{\cos\phi_{\mathrm{r}}\sin\theta_{\mathrm{r}}}{\sin\theta_{\mathrm{t}}}\right)^2} \tag{2.51}$$

同时可得目标高度为

$$H = c\tau \frac{\left\{\left[1-\dfrac{\cos\phi_{\mathrm{r}}}{\sin\theta_{\mathrm{t}}}\sin(\theta_{\mathrm{r}}-\theta_{\mathrm{t}})\right]+\sqrt{\sin^2\phi_{\mathrm{r}}+\left(\dfrac{\cos\phi_{\mathrm{r}}\sin\theta_{\mathrm{r}}}{\sin\theta_{\mathrm{t}}}\right)^2}\right\}}{\left[\dfrac{\cos\phi_{\mathrm{r}}}{\sin\theta_{\mathrm{t}}}\sin(\theta_{\mathrm{r}}-\theta_{\mathrm{t}})-1\right]^2-\sin^2\phi_{\mathrm{r}}-\left(\dfrac{\cos\phi_{\mathrm{r}}\sin\theta_{\mathrm{r}}}{\sin\theta_{\mathrm{t}}}\right)^2}\sin\phi_{\mathrm{r}} \tag{2.52}$$

由此可见，非合作双基地雷达还具有潜在的测高能力。

2.6.4　基线距离已知时的目标距离计算

基线长 L 已知时，利用辐射源旁瓣辐射的信号，通过比较直达波与目标反射回波的时差 τ 来计算目标距离，从辐射源到目标再到接收机路径距离为 $R_{\mathrm{t}}+R_{\mathrm{r}}$ 的目标反射回波如图 2.10 所示。

由于 τ 正比于信号从辐射源到目标再到接收机的距离与基线距离的差，又已知光速 c 和基线距离 L，则总散射路径长度 R_{Σ} 为

$$R_{\Sigma} = R_{\mathrm{t}} + R_{\mathrm{r}} = c\tau + L \tag{2.53}$$

这个方程对应的是以辐射源与接收机分别为焦点、以总长度 R_{Σ} 为常数的椭圆，即目标可能位置的轨迹是椭圆。

由余弦定理可得

$$R_{\mathrm{t}}^2 = R_{\mathrm{r}}^2 + L^2 - 2R_{\mathrm{r}}L\cos(180° - \theta_{\mathrm{R}}) \tag{2.54}$$

将式（2.53）代入式（2.54），可得

$$R_{\mathrm{r}} = c\tau\frac{c\tau + 2L}{2(c\tau + L) + 2L\cos\theta_{\mathrm{R}}} \tag{2.55}$$

又由式（2.45）可得接收站到目标的距离 R_{r} 为

$$R_{\mathrm{r}} = c\tau\frac{c\tau + 2L}{2(c\tau + L) + 2L\cos\phi_{\mathrm{r}}\cos\theta_{\mathrm{r}}} \tag{2.56}$$

可得目标高度 H 为

$$H = c\tau\frac{c\tau + 2L}{2(c\tau + L) + 2L\cos\phi_{\mathrm{r}}\cos\theta_{\mathrm{r}}}\sin\phi_{\mathrm{r}} \tag{2.57}$$

2.7 目标的可观测性分析

由文献[41]至[44]可知，有两种方法可以分析机动目标航迹的可观测性：一种是直接证明跟踪方程解的唯一性，另一种是利用一组非线性观测方程来分析可观测性矩阵。考虑到本系统所能得到的双基地时延 TDOA 和多普勒频移可以通过计算直达波信号与目标回波信号间的互模糊函数结果来估计，是关于目标状态的非线性方程，且不能变换为线性方程直接求解，因此将借助可观测性矩阵来分析目标的可观测性，进而为非合作双基地探测系统的观测定位提供理论依据。实际上，即使是三维运动目标，单一静止观测站对匀速运动目标的观测，也可以完全限制在由运动航迹和观测站组成的平面上来描述[43]，所以这里只讨论二维平面上的问题。假设非合作双基地探测系统的平面几何关系如图 2.12 所示，以接收机位置为笛卡儿坐标系的原点，辐射源和目标的位置分别为$[x_{\mathrm{T}},0]$和$[x_{\mathrm{tgt}},y_{\mathrm{tgt}}]$，同时假设方位角的逆时针方向为正。

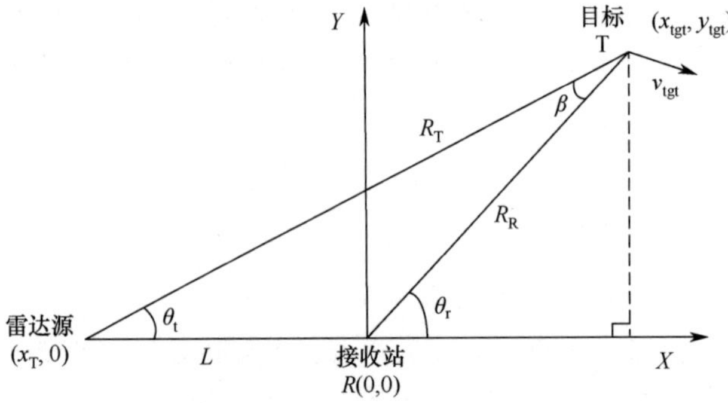

图 2.12 非合作双基地探测系统的平面几何关系

假设匀速运动目标的状态参数矢量为 $X=[x_0 y_0 v_x v_y]^{\mathrm{T}}$，此时对应的目标状态方程是线性的，即

$$\boldsymbol{X}_k=\boldsymbol{\Phi}_k\boldsymbol{X}_0 \tag{2.58}$$

式中，

$$\boldsymbol{\Phi}_k=\begin{bmatrix}1 & 0 & k\mathrm{d}t & 0\\ 0 & 1 & 0 & k\mathrm{d}t\\ 0 & 0 & 1 & 0\\ 0 & 0 & 0 & 1\end{bmatrix}$$

即

$$x_{\mathrm{tgt}}(k)=x_0+k\mathrm{d}tv_x,\qquad y_{\mathrm{tgt}}(k)=y_0+k\mathrm{d}tv_x \tag{2.59}$$

为便于推导，假设雷达辐射源所在的平台是静止的，则 k 时刻对应的双基地时延 τ_k 为

$$\tau_k = \frac{R_{\mathrm{T}}(k) + R_{\mathrm{R}}(k) - L}{c} \tag{2.60}$$

式中，c 为光速；$R_{\mathrm{T}}(k)$、$R_{\mathrm{R}}(k)$ 分别为目标到辐射源、目标到接收机的距离，

$$R_{\mathrm{T}} = \sqrt{(x_{\mathrm{tgt}} - x_{\mathrm{T}})^2 + (y_{\mathrm{tgt}} - y_{\mathrm{T}})^2}, \qquad R_{\mathrm{R}} = \sqrt{x_{\mathrm{tgt}}^2 + y_{\mathrm{tgt}}^2}$$

在不混淆的前提下，为方便表示，将 $R_{\mathrm{T}}(k)$ 和 $R_{\mathrm{R}}(k)$ 分别简记为 R_{T}、R_{R}，而 L 为基线距离。

考虑观测序列 $\boldsymbol{Z}_1 = [\tau_1\ \tau_2\ \tau_3\ \tau_4]$，其可观测矩阵为 $\boldsymbol{\Gamma}(1,4) = \left[\left.\dfrac{\partial \tau_k}{\partial X}\right|_{X=X_k}\right]$。Gramer 矩阵 $\boldsymbol{\Gamma}^{\mathrm{T}}\boldsymbol{\Gamma}$ 的特征值和特征矢量是对系统可观测性的完整描述，可以反映系统可观测性的强弱程度，但是不容易获得其解析解。由于 $|\det(\Gamma)|^2$ 是状态不确定超椭球体积倒数的量度，在高斯条件下也是最大似然估计的准确性量度，因此可将系统的可观测度定义为 $\rho = \det(\Gamma)$，然后根据行列式是否为零来判断系统的可观测性[44]。

首先分别对 τ_k 关于目标的状态分量求偏导，得到

$$\begin{aligned}\frac{\partial \tau_k}{\partial x_0} &= \frac{1}{c}\left(\frac{x_{\mathrm{tgt}} - x_{\mathrm{T}}}{R_{\mathrm{T}}} + \frac{x_{\mathrm{tgt}}}{R_{\mathrm{R}}}\right) = \frac{1}{c}(\cos\theta_{\mathrm{t}}(k) + \cos\theta_{\mathrm{r}}(k)) \\ &= \frac{2}{c}\cos\alpha(k)\cos\beta(k) = \alpha_k\end{aligned} \tag{2.61}$$

$$\begin{aligned}\frac{\partial \tau_k}{\partial x_0} &= \frac{1}{c}\left(\frac{y_{\mathrm{tgt}}}{R_{\mathrm{T}}} + \frac{y_{\mathrm{tgt}}}{R_{\mathrm{R}}}\right) = \frac{1}{c}(\sin\theta_{\mathrm{t}}(k) + \sin\theta_{\mathrm{r}}(k)) \\ &= \frac{2}{c}\sin\alpha(k)\cos\beta(k) = b_k\end{aligned} \tag{2.62}$$

$$\frac{\partial \tau_k}{\partial v_x} = \frac{\partial \tau_k}{\partial x_0}\frac{\partial x_0}{\partial v_x} = -a_k k\mathrm{d}t, \qquad \frac{\partial \tau_k}{\partial v_y} = \frac{\partial \tau_k}{\partial y_0}\frac{\partial y_0}{\partial v_y} = -b_k k\mathrm{d}t \tag{2.63}$$

式中，

$$\alpha(k) = \frac{\theta_{\mathrm{t}}(k) + \theta_{\mathrm{r}}(k)}{2}, \qquad \beta_k = \frac{\theta_{\mathrm{t}}(k) - \theta_{\mathrm{r}}(k)}{2}$$

$\mathrm{d}t$ 为观测时间间隔。

然后，可得 Γ 对应的行列式为

$$\det(\Gamma) = \begin{vmatrix} a_1 & b_1 & -a_1\mathrm{d}t & -b_1\mathrm{d}t \\ a_2 & b_2 & -a_2\mathrm{d}t & -b_2\mathrm{d}t \\ a_3 & b_3 & -3a_3\mathrm{d}t & -3b_3\mathrm{d}t \\ a_4 & b_4 & -4a_4\mathrm{d}t & -4b_4\mathrm{d}t \end{vmatrix} \tag{2.64}$$

化简得

$$\det(\Gamma) = -\frac{16(\mathrm{d}t)^2}{c^4}\Lambda \tag{2.65}$$

式中，

$$\begin{aligned}\Lambda = &\cos\beta(1)\cos\beta(2)\cos\beta(3)\cos\beta(4)\cdot \\ &\left[\sin(\alpha(3)-\alpha(2))\sin(\alpha(4)-\alpha(1)) + 3\sin(\alpha(3)-\alpha(4))\sin(\alpha(2)-\alpha(1))\right]\end{aligned}$$

由式（2.65）可以看出：

（1）当 $\beta(k) \neq -\pi/2$ 但 $\theta_{\mathrm{t}}(k) = \theta_{\mathrm{r}}(k) + \pi$ 时，$\det(\Gamma) = 0$。此时，目标在基线上，系统是不可观测的。

（2）当 $\beta(k) \neq -\pi/2$ 但 $\alpha(i) = \alpha(j) = 0, i, j = 1,2,3,4, i \neq j$ 时，$\det(\Gamma) = 0$。此时，目标在基线延长上，系统是不可观测的。

（3）当 $\beta(k) \neq -\pi/2$ 但 $\alpha(i) = \alpha(j) \neq 0, i, j = 1,2,3,4, i \neq j$ 时，$\det(\Gamma) = 0$。事实上，若排除辐射源和接收机在同一基站且目标静止的情况，要满足该条件，目标必须在以辐射源和接收站为焦点的双曲线间往返运动，系统才是不可观测的。实际情况下，可以不考虑此类目标。

因此，系统的可观测条件为

$$\begin{cases}\theta_{\mathrm{t}}(k) \neq \theta_{\mathrm{r}}(k) = \pi \\ \theta_{\mathrm{t}}(k) + \theta_{\mathrm{r}}(k) \neq \theta_{\mathrm{t}}(k+n) + \theta_{\mathrm{r}}(k+n), \qquad n = 1,2,3\end{cases} \tag{2.66}$$

为比较分析，下面推导基于多普勒频移的可观测性性能。由文献[45]可知，目标的双基地多普勒频率可以表示为

$$\begin{aligned}f_{\mathrm{d}}(k) &= \frac{1}{\lambda}\left[\frac{\mathrm{d}R_{\mathrm{T}}(k)}{\mathrm{d}t} + \frac{\mathrm{d}R_{\mathrm{R}}(k)}{\mathrm{d}t}\right] \\ &= \frac{1}{\lambda}\left[\frac{x_{\mathrm{tgt}} - x_{\mathrm{T}}}{R_{\mathrm{T}}}\frac{\mathrm{d}x_{\mathrm{tgt}}}{\mathrm{d}t} + \frac{y_{\mathrm{tgt}}}{R_{\mathrm{T}}}\frac{\mathrm{d}y_{\mathrm{tgt}}}{\mathrm{d}t} + \frac{x_{\mathrm{tgt}}}{R_{\mathrm{R}}}\frac{\mathrm{d}x_{\mathrm{tgt}}}{\mathrm{d}t} + \frac{y_{\mathrm{tgt}}}{R_{\mathrm{R}}}\frac{\mathrm{d}y_{\mathrm{tgt}}}{\mathrm{d}t}\right] \\ &= \frac{k}{\lambda}\left[v_x\cos\theta_{\mathrm{t}}(k) + v_y\sin\theta_{\mathrm{t}}(k) + v_x\cos\theta_{\mathrm{r}}(k) + v_y\sin\theta_{\mathrm{r}}(k)\right]\end{aligned} \tag{2.67}$$

考虑多普勒频率观测序列 $\boldsymbol{Z}_2 = \left[f_{\mathrm{d}}(1) f_{\mathrm{d}}(2) f_{\mathrm{d}}(3) f_{\mathrm{d}}(4)\right]$，此时对应的可观测矩阵为 $\boldsymbol{H}(1,4) = \left[\frac{\partial f_{\mathrm{d}}(k)}{\partial \boldsymbol{X}}\Big|_{X=X_k}\right]$。对 $f_{\mathrm{d}}(k)$ 关于目标的状态分量分别求偏导，可得

$$\begin{aligned}\frac{\partial f_{\mathrm{d}}(k)}{\partial v_x} &= \frac{1}{\lambda}(\cos\theta_{\mathrm{t}}(k) + \cos\theta_{\mathrm{r}}(k)) \\ &= \frac{1}{\lambda}\cos\alpha(k)\cos\beta(k) \\ &= c_k\end{aligned} \tag{2.68}$$

$$\begin{aligned}\frac{\partial f_{\mathrm{d}}(k)}{\partial v_y}&=\frac{1}{\lambda}(\sin\theta_{\mathrm{t}}(k)+\sin\theta_{\mathrm{r}}(k))\\&=\frac{1}{\lambda}\sin\alpha(k)\sin\beta(k)\\&=d_k\end{aligned}\tag{2.69}$$

$$\begin{aligned}\frac{\partial f_{\mathrm{d}}(k)}{\partial x_0}&=\frac{\partial f_{\mathrm{d}}(k)}{\partial v_x}\frac{\partial v_x}{\partial x_0}=-\frac{c_k}{k\mathrm{d}t}\\\frac{\partial f_{\mathrm{d}}(k)}{\partial y_0}&=\frac{\partial f_{\mathrm{d}}(k)}{\partial v_y}\frac{\partial v_y}{\partial y_0}=-\frac{\mathrm{d}k}{k\mathrm{d}t}\end{aligned}\tag{2.70}$$

然后，可得 $\boldsymbol{H}$ 对应的行列式为

$$\det(H)=\begin{vmatrix}-\dfrac{c_1}{\mathrm{d}t} & -\dfrac{d_1}{\mathrm{d}t} & c_1 & d_1\\ -\dfrac{c_2}{2\mathrm{d}t} & -\dfrac{d_2}{2\mathrm{d}t} & c_2 & d_2\\ -\dfrac{c_3}{3\mathrm{d}t} & -\dfrac{d_3}{3\mathrm{d}t} & c_3 & d_3\\ -\dfrac{c_4}{4\mathrm{d}t} & -\dfrac{d_4}{4\mathrm{d}t} & c_4 & d_4\end{vmatrix}\tag{2.71}$$

化简式（2.71），可得

$$\det(H)=-\frac{\Lambda}{24\lambda^4(\mathrm{d}t)^2}\tag{2.72}$$

比较式（2.72）与式（2.65），可以发现利用多普勒频率观测信息的分析结果与基于到达时差 TDOA 的可观测性分析结果相同，均可对目标的位置和速度大小进行观测，不同的是，它们的可观测性强弱不同。这与一般雷达分别利用多普勒频率信息和到达时差 TDOA 被动定位时得到的可观测性结论一致[44]。又由式（2.65）与式（2.72）可知，在信号频率和观测时间间隔一定的情况下，两者间的可观测性强弱取决于 Λ 的符号，即与发射视角和接收视角有关。

2.8　小结

本章提出了 PCL 雷达信号相干原理的数学模型，为接收机的双通道、共用本振、同步采样设计提供了理论依据。给出的雷达方程从数学角度讨论了 PCL 体系上信号、干扰、杂波三者之间的能量关系，并以此为基础设计、完善了 PCL 系统总体结构，其中着重研究了接收机的瞬时动态范围、镜频干扰抑制、对消、通道均衡，以及信号处理中的干扰、积累时间、目标特性等问题，这些问题的解决为 PCL 雷达研制提供了重要保障。提出的对消模型

很好地解释了对消的一些必要步骤，同时对一些影响因素进行了评估。手动对消的实验室数据和外场试验结果表明，可以基本保证系统的前期联试工作。

本章建立了 PCL 系统的工作环境，给出了基线距离未知和已知条件下的定位算法，得到了系统的双基地几何模型，对发射天线扫描间不同时刻的方位角角度差进行了近似估计，分析了利用接收信号的时延来估计不同方位角间扫描的时差的性能，推导了基线距离未知时求解目标距离的方法，得到了目标可观测的条件，论证了 PCL 探测系统的可行性。

参考文献

[1] Peebles Jr, P Z. *Radar principles* [M]. John Wiley & Sons, New York, 1998: 153-156, 95.

[2] Baugh K W, Lodwig R, Benner R. *Passive Coherent Location System, and Method* [P]. Patent No.6522295.

[3] Barton D K, Leonov S A. *Radar Technology Encyclopedia* [M]. Artech House, Inc. Boston, 1997: 153.

[4] 军用地面雷达抗地杂波性能测试方法[S]. 中华人民共和国国家军用标准. GJB 887-90, 1991.4: 4, 12.

[5] Zoeller C L, Budge M C, Moody M J. *Passive coherent location radar demonstration* [J]. In: Proceedings of the Thirty-Fourth Southeastern Symposium on System Theory. 2002: 358-362.

[6] Stephen J E. 接收系统设计[M]. 北京：宇航出版社，1991:120.

[7] 徐永元. 非协同目标连续波雷达测量技术[J]. 电光系统, 1997, (4). 1-12.

[8] 丁士杰. 伪码调相连续波雷达泄漏对消方法研究[J]. 无线电工程, 1990, (2). 4-11.

[9] 赵洪立,保诤,王俊. 连续 FM 信号体制下的固定目标相消及其动目标检测[J]. 西安电子科技大学学报（自然科学版），2001, 28（增刊）：25-28.

[10] 任晞. 旁瓣对消（SLC）系统的理论研究与实现[D]. 成都：电子科技大学，2002.3.

[11] 朱维杰, 孙进才. 消除反射干扰的新方法及其性能分析[J]. 数据采集与处理，2002, 17(1): 63-68.

[12] Kabutz M H, Langman A, Inggs M R. *Hardware cancellation of the direct coupling in a stepped CW ground penetrating radar* [C]. In: the Proceedings of Geoscience and Remote Sensing Symposium, IGARSS '94: 2505-2507.

[13] Fante R L. *Cancellation of specular and diffuse jammer multipath using a hybrid adaptive array* [J]. IEEE Trans. AES. 27(5): 823-837.

[14] 希尔曼 Я Д，曼若斯 B H. 干扰背景下雷达信息处理的理论与技术[M]. 北京：科学出版社，1987: 30-32.

[15] 孙建平. 通道均衡原理与实现[J]. 零八一科技，2002, (1): 40-43.

[16] 傅有光，唐纬等. 通道间幅相差异对旁瓣相消性能的影响与解决方法[J]. 现代雷达, 2000, 22(6): 50-55.

[17] 吴洹，张玉洪. 用于阵列处理的自适应均衡器的研究[J]. 现代雷达, 1994, 16(1): 49-56.

[18] Dmochowski P A, Mclane P J. *Frequency domain equalization for high data rate multipath channels* [C]. In: Proceedings of IEEE Pacific Rim Conference. 2001: 534-537.

[19] Farina A. *Antenna based signal processing techniques for radar systems* [M]. Boston, London. Artech House. 1992. 孔作霖等译. 南京，1995, 60-61.

[20] 藤本共荣，詹姆斯 J R. 移动天线系统手册[M]. 北京：人民邮电出版社，1997: 127-128.

[21] 杰里 • L. 伊伏斯. 现代雷达原理[M]. 北京：电子工业出版社，1991: 416, 424.

[22] 蔡希尧. 雷达系统概论[M]. 北京：科学出版社，1983: 45.

[23] Sahr J D. *The Manastash Ridge radar: A passive bistatic radar for upper atmospheric radaio science* [J]. Radio Science, 1997, 32(6): 2345-2358.

[24] Saini R, Cherniakov M, Lenive V. *Direct path interference suppression in bistatic system: DTV Based Radar* [A]. In: Proceedings of International Conference on Radar, Adelaide, Australia, 2003: 309-314.

[25] 杨振起，张永顺，骆永军. 双（多）基地雷达系统[M]. 北京：国防工业出版社，1998:119-130, 160-161.

[26] 穆虹，等. 防空导弹雷达导引头设计[M]. 北京：宇航出版社，1996.

[27] Volker Koch, Robert Westphal. *A new approach to a multistatic passive radar sensor for air defense* [A]. In: Proceedings of IEEE International Radar Conference. 1995: 22-28.

[28] Walker B C, Callahan M W. *A bistatic pulse-Doppler intruder-detection radar* [A]. In: Proceedings of IEEE International Radar Conference. 1985: 130-134.

[29] 郑恒，王俊，伍小保，等. 外辐射源雷达[M]. 北京：国防工业出版社，2017.12.

[30] J. M. Hawkins. *An opportunity bistatic radar*[C]. IEE Radar Conference. 1997: 318-322.

[31] S. R. Dooley and A. K. Nandi. *Adaptive time delay and Doppler shift estimation for narrowband signals* [J]. IEE Proc. radar, Sonar Navig. 1999: 146(5): 1345-1354.

[32] Tremblay R. J. *Analysis and Simulation of Time Delay Estimation with Compensation for Source/Receiver Relative Motion* [R]. Naval underwater system center new London CT Lab. ADA144961.

[33] Stuller John A. *Maximum-Likelihood Estimation of Time-Varying Delay* [R]. Naval underwater system center new London CT Lab. ADA171818.

[34] Hippenstiel Ralph D, Haney Timothy, Ha Tri T. *Improvement of the Time Difference of Arrival (TDOA) Estimation of GSM Signals Using Wavelets* [R]. Naval postgraduate school montery CA dept. of electronical and computer engineering radio communication. ADA380368.

[35] Carter G Clifford. *Time Delay Estimation* [R]. Naval underwater system center new London CT Lab. ADA025408.

[36] Hero A O, Schwartz S C. *Topics in Time Delay Estimation* [R]. Princeton Univ. NJ dept. of electronical and computer engineering science. ADA152231.

[37] Spooner Chad M, Gardner William A. *Exploitation of Higher-Order Cyclostationarity for Weak-Signal Detection and Time-Delay Estimation* [R]. Satistical signal processing in Yountville CA Electricity and Magnetism. OCT 92. ADA290359.

[38] Gardner William A. *A Study of Cyclostationarity-Exploiting Algorithms for Emitter Location* [R]. Satistical signal processing in Yountville CA. Sep 91. ADA244103.

[39] Pakula L, Kay S. *Detection Performance of the Circular Correlation Coefficient Receiver* [D]. Rhode Island univ. kingdom dept. of mathmatics. Sep 85. ADA160352.

[40] David A Streight. *Maximum-Likelihood Estimators for the Time and Frequency Differences of Arrival of Cyclostationary Digital Communications Signals* [D]. Naval postgraduate school montery CA dept. JUN 1999. ADA371749.

[41] Li W C, Wei P and Xiao X C. *TDOA and T2/R radar based target location method and performance analysis* [J]. IEE Proc. Radar, Sonar and Navigation, 2005, 152(3): 219-223.

[42] 孙仲康，周一宇，何黎星. 单多基地有源无源定位技术[M]. 北京：国防工业出版社，1996: 199-225.

[43] 孙仲康，郭福成，冯道旺，等. 单站无源定位跟踪技术[M]. 北京：国防工业出版社，2008: 206-208.

[44] 周一宇，孙仲康. 雷达被动探测定位的可观测性[J]. 电子学报, 1994: 22(3): 51-57.

[45] Willis N J. *Bistatic radar, chap.25 in Skolnik M I (ed.): Radar Handbook* [M]. McGraw-Hill Book Company, New York, 1970: 25.19.

第 3 章　PCL 源信号的低空传播特性

3.1　引言

广播电视信号发射大多采用全向天线，集中在 VHF、UHF 等较低频段，且是语音、数据等非周期时变信号调制的连续波，这给 PCL 系统的直达波和多径信号的抑制带来了很大的困难。首先，低频使运动目标回波谱线无法远离调制信号谱区，如果利用载频附近的间隙，那么载频边带噪声的干扰也会非常严重；其次，由于通信信号是连续波，直达波及杂波干扰分布在整个距离范围内，对信号处理的动态范围要求极高；最后，发射站采用方位全向天线，不可能利用发射方向的空域杂波处理，只剩下路径和接收端的空域处理。接收端的空域处理包括高增益天线、自适应零陷、主辅天线信号对消，路径上的空域措施包括增大收发台站之间的距离、地形遮挡，如 MRR 雷达[1]的接收站离发射站一百多千米远，还借助喀斯喀特山来衰减直射信号。然而，在多数应用环境下很难寻找到合适的地形衰减措施，将接收天线设置在视距外的地区不失为一种有效的办法，但是直达波参考信号的接收不太容易。当然，可以架高天线，或者接收相位稳定的散射信号来代替直达波，如 Griffths 等提出的通过接收近距离固定杂波，利用其相位来控制本振的同步方案[2]。

在视距以外，需引起注意的是参考信号的接收受到地面绕射、多路径反射、大气折射、散射等传播的影响。由于路径传播的模型分析往往比较复杂，而且与实际运用有些差距，为了弄清传播效应对无源相干定位系统的接收配置的影响，我们首先对一些传播基本模型进行估算，然后从测量着手，对江苏经济文艺台的信号在南京以北地区沿高速公路每 10km 进行一次信号场强的测量，对测量曲线进行对比分析，尤其对超视距区段的增强覆盖进行深入分析。

3.2　低空传播模型及衰减分析

3.2.1　光滑球面超视距接收绕射波的衰减

D. E. Kerr 给出了绕射衰减损失比的计算公式[3]：

$$L = \frac{1}{V(x)u(z_1)u(z_2)} \tag{3.1}$$

式中，$V(x)$ 为衰减系数；$u(z_1)$ 和 $u(z_2)$ 为高度增益因子；x, z_1, z_2 分别表示目标距离、天线高度和目标高度。需要注意的是，这里忽略了天线本身方向图的影响，也就是说，无论是接收天线还是发射天线，都假定是全向的，而且地形为光滑的球面。距离 $R = K_1/f^{2/3}$，f 是单位为 MHz 的雷达工作频率，R 的单位是 km；$K_1 = 102.7 \times 1.852 \approx 190.2$。高度 $H = K_2/f^{2/3}$，其单位是 m；常数 $K_2 = 6988 \times 0.3043 \approx 2126.45$。距离和高度分别为

$$x = R/L, \quad z_2 = h_1/H, \quad z_3 = h_2/H \tag{3.2}$$

衰减系数 $V(x) = 2\sqrt{\pi x}\,\mathrm{e}^{-2.02x}$，以分贝表示为

$$V_{\mathrm{dB}} = 10.99 + 10\lg x - 17.55x \tag{3.3}$$

$u(z)$ 的计算比较复杂，Kerr 给出了求解 $u(z)$ 的曲线。Blake 则用一些经验公式去拟合这条曲线，这些公式给出了 $u(z)$ 的分贝值（$u_{\mathrm{dB}} \approx 20\lg u$），即

$$u_{\mathrm{dB}} = \begin{cases} 20\lg z, & z \leqslant 0.6 \\ -4.3 + 51.04\left[\lg(z/0.6)\right]^{1.4}, & 0.6 < z < 1 \\ 19.85(z^{0.47} - 0.9), & z \geqslant 1 \end{cases} \tag{3.4}$$

以上公式对水平极化和标准大气折射率下的 4/3 地球半径大气模型是成立的。在 100MHz 以上且 $z \geqslant 1$ 时，水平极化和垂直极化 $u(z)$ 的差别可以忽略不计。最终传播衰减损失为

$$(L)_{\mathrm{dB}} = -V_{\mathrm{dB}} - (u_1)_{\mathrm{dB}} - (u_2)_{\mathrm{dB}} \tag{3.5}$$

根据上述模型，我们计算了超视距接收衰减损失比，97.5MHz 广播信号在光滑球形地面上的超视距绕射衰减如图 3.1 所示。

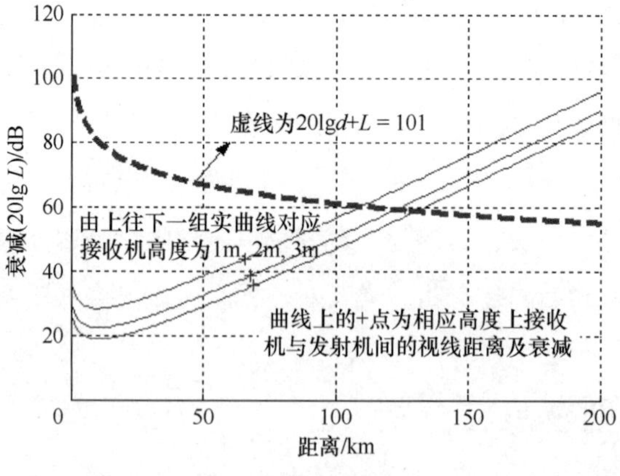

图 3.1 97.5MHz 广播信号在光滑球形地面上的超视距绕射衰减

利用该模型，对 FM 广播进行超视距接收估算，根据收音机的接收灵敏度，窄带接收机带宽取值为 250kHz，灵敏度可由 $kTB = -114 + 10\lg 0.25 = -117\mathrm{dBm}$、噪声系数及所需信噪比 10dB 和 12dB 算出，接收机的灵敏度由下式确定：

$$S_{\min} = kTB + N_{\mathrm{F}} + \mathrm{SNR} = -117\mathrm{dBm} + 10\mathrm{dB} + 12\mathrm{dB} = -95\mathrm{dBm} \tag{3.6}$$

距离方程为

$$P_R = P_T + G_T - 32 - 20\lg f + G_R - 20\lg d - L_{dB} \tag{3.7}$$

式中，$P_T = 10\text{kW}$ 即 70dBm。假定接收机天线增益 $G_R = 2\text{dB}$，高度 2m，发射天线 $G_T = 6\text{dB}$，$f = 100\text{MHz}$，计算在 120km 远的距离上的信号功率，由图 3.1 可得绕射衰减为 60dB，则

$$P_R = 70 + 6 - 32 - 20\lg 100 + 2 - 20\lg 200 - 60 = -100\text{dBm} \tag{3.8}$$

可知 $P_R < S_{min}$，因此在 120km 距离上将无法检测出信号。反过来，令 $P_R > S_{min}$ 来计算作用距离，即

$$70 + 6 - 32 - 20\lg 100 + 2 - 20\lg d - L_{dB} > -95 \tag{3.9}$$

上式可化简为 $20\lg d + L_{dB} > 101$，对应图 3.1 中虚线上半区域，虚线与实线的交点对应于可收到信号的临界距离，对不同高度的接收距离都在 110km 附近。然而，在外场实际测量过程中，用数字调谐收音机在距离发射台 120km 的位置能收听到很强的信号，数字调谐收音机在距离发射台 146km 的位置才无法收听到信号，而使用 12dB 增益天线，频谱仪仍能观察到 −97dBm 的微弱信号，在没有考虑起伏地面的遮挡效应时的衰减量就已经大于实际测量效果，可见模型存在较大误差，需要进行进一步测量。

3.2.2 跨过平面刀口障碍的绕射效应

无线电波在地面低角度传播中经常发生绕射。山与山脊将电波绕射到它的阴影区，使阴影区内的接收机天线受到较强的干扰。现有的刀刃及各种曲率半径的圆柱面障碍物对波绕射的解，可以用于预测无线电波的绕射传播。

在 PCL 接收机选址的时候，一般来说，精确估计绕射损耗是不可能的，实际估计为理论近似加上必要的经验修正。菲涅尔－基尔霍夫绕射传播模型和平面波均匀绕射模型可以较好地给出绕射损耗的数量级[9]。

1. 场畸变估算与菲涅尔区说明[5]

假想在发射机和接收机之间放置一个上面有小孔的平面吸收屏，通过确定小孔的大小和场畸变的关系求出波穿过区域的大小，如图 3.2 所示，以接收机和发射机连线为中心的圆来描述波传播穿过区域的大小。

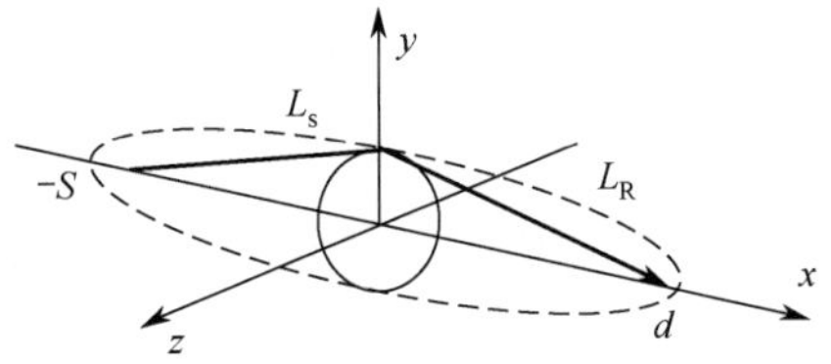

图 3.2　以接收机和发射机连线为中心的圆来描述波传播穿过区域的大小

假定源位于$(-s, 0, 0)$，接收点位于$(d, 0, 0)$，则接收场强由 Bertoni 在文献[6]的式（5.9）中给出：

$$E(d,0,0)=\left[\mathrm{ZIf}(\theta,\varphi)\frac{\mathrm{e}^{-\mathrm{j}k(s+d)}}{sd}\right]\frac{1}{1-\mathrm{j}\dfrac{2sd}{kr^2(s+d)}} \tag{3.10}$$

括号内的第一项给出将发射屏放到$x=0$平面中时到达接收点的场强，括号后面的项给出由于屏而造成的场畸变。如果小孔的半径r较大，其值就小。定义误差ε为

$$\varepsilon\equiv\frac{2sd}{kr^2(s+d)}=\frac{\lambda sd}{\pi r^2(s+d)} \tag{3.11}$$

对小的ε，畸变近似为$1+\mathrm{j}\varepsilon$。因此，相位畸变是$\arctan\varepsilon$，幅度畸变是$\sqrt{1+\varepsilon^2}\approx1+\varepsilon^2/2$。例如，如果$\varepsilon=0.1$，那么相位畸变约为5.71°，幅度畸变约为0.5%。

对于固定的ε，半径r给出了场传播从发射机到接收机穿过空间局部区域的截面：

$$r=\sqrt{\frac{\lambda sd}{\pi\varepsilon(s+d)}} \tag{3.12}$$

当$s+d$固定时，r对应为固定椭球的横截面半径，并且当$s=d$时，r最大，等于椭球的短半轴。

从发射机到接收机的波传播受到区域的影响，该区域定义为菲涅尔区，即一个围绕从发射体到接收机的直线的旋转椭球体，椭球体的焦点是发射机和接收点。对第n个菲涅尔区，存在一点到接收机和发射机的距离分别L_{s}和L_{R}，有

$$(L_{\mathrm{s}}+L_{\mathrm{R}})-(s+d)=n\frac{\lambda}{2} \tag{3.13}$$

通过路径差形成的不同相位差信号的和来计算绕射损耗。令$r_{\mathrm{F}n}$表示该点的第n个Fresnel半径，得到[6]

$$r_{\mathrm{F}n}=\sqrt{n\frac{\lambda sd}{s+d}} \tag{3.14}$$

比较式(3.12)和式(3.14)，如果取$r_{\mathrm{F}n}$为透射屏上的小孔的半径，那么场畸变为$\varepsilon=1/n\pi$，对$n=1$，相位误差约为17.66°，单幅度误差仅为10%。位于菲涅尔区外的物体对接收点总电场产生的反射和散射只引起原始波的小畸变，但是位于第一菲涅尔区内的物体对直达波产生一个明显的扰动。由式（3.14）可知，菲涅尔区的半径不仅对频率敏感，对阻挡物的位置也敏感，越靠近发射或接收站，半径就越小。发射源与接收机的间距越大，被地面阻挡的菲涅尔区就越多，接收信号随距离的衰减就越快。如果一个物体完全阻挡了第一菲涅尔区，那么它将阻止直射波到达接收点。

对直达波地形衰减而言，首先我们要远离发射机，利用接收机附近的遮挡地形，即考虑 $d \ll s$ 的情况。由式（3.14）可以看出，第一级菲涅尔区的直径是 $2r_{\mathrm{F}n} = 2\sqrt{\lambda d}$ 。例如，对于 97.5MHz 的广播台，主天线设置在 100km 外的位置，如果 $d = 50\mathrm{m}$ ，那么 $2r_{\mathrm{F1}} = 24.5\mathrm{m}$ ，也就是说，在接收机端的菲涅尔区具有约一栋居民楼的面积，其造成的衰减可达-16dB。

对直达波接收而言，当物体不阻挡第一菲涅尔区时，绕射损失最小，绕射影响可以忽略不计。根据视距微波链路的设计经验，只要 55%的第一菲涅尔区保持无阻挡，其他菲涅尔区的情况基本上不影响绕射损耗。

2. 平面波衍射的均匀理论模型

为使阴影边界的场计算满足连续性，在衍射几何理论基础上引入过渡函数[7]：

$$F(S) = \sqrt{2\pi S}\left[f\left(\sqrt{2S/\pi}\right) + \mathrm{j}g\left(\sqrt{2S/\pi}\right)\right] \tag{3.15}$$

式中，

$$S = \frac{k\rho y^2}{2x^2} = \frac{k\rho}{2}\tan^2\theta\text{，}\quad k = \frac{2\pi}{\lambda} \tag{3.16}$$

(x, y) 和 (ρ,θ) 分别是接收点的直角坐标和极坐标，吸收半平面对入射平面波的衍射效应如图 3.3 所示。

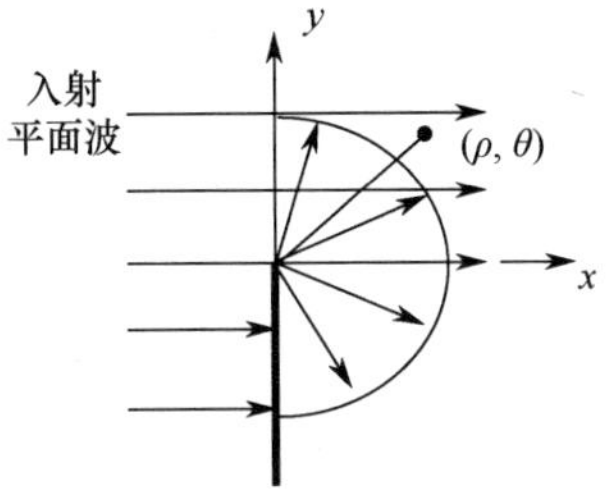

图 3.3　吸收半平面对入射平面波的衍射效应

函数 $f(\xi)$ 和 $g(\xi)$ 同菲涅尔积分有关，且对所有的正 ξ 值，可用如下近似公式：

$$f(\xi) = \frac{1+0.926\xi}{2+1.792\xi+3.104\xi^2} \tag{3.17}$$

$$g(\xi) = \frac{1}{2+4.142\xi+3.492\xi^2+6.670\xi^3} \tag{3.18}$$

均匀理论的衍射系数（UTD）为

$$D_{\mathrm{T}}(\theta) = D(\theta)F(S) \tag{3.19}$$

$$D(\theta) = -\frac{1}{\sqrt{2\pi k}}\cdot\frac{1+\cos(\theta)}{2\sin(\theta)} \tag{3.20}$$

阴影边界附近过渡区域内的总场为

$$\left.\begin{matrix} E_z(x,y,0) \\ H_z(x,y,0) \end{matrix}\right\} = A_0 e^{-jkx} U(y) + A_0 e^{-j\pi/4} \frac{e^{-jk\rho}}{\sqrt{\rho}} D_T(\theta) \tag{3.21}$$

距离山堆等吸收半平面 100m 处的接收场强随相对高度的变化曲线如图 3.4 所示。由文献[6]对过渡区宽度的近似定义 $|y| = \sqrt{\lambda x}$，可以发现它与长路径终端处的菲涅尔半径的近似计算式相同。考虑过渡区边界上的一个接收点。图 3.5 中显示了过渡区和接收点的菲涅尔区的关系，给出了该点的菲涅尔区，并且可以看出边缘位于边界上。如果将该边缘移入菲涅尔区，那么接收点将位于边缘的过渡区内，造成直接照射波的畸变。在过渡区下边界的接收点上，该边缘刚好阻挡菲涅尔区，因此整个直达波完全消失。例如，对 $\lambda = 3$m 的广播发射信号，$x = 100$m，过渡区的边界在 $y = \pm\sqrt{\lambda x} = \pm 17.3$m，由图 3.4 可以看出它们刚好对应曲线上的第一个峰值点和阴影内的−16dB 点。

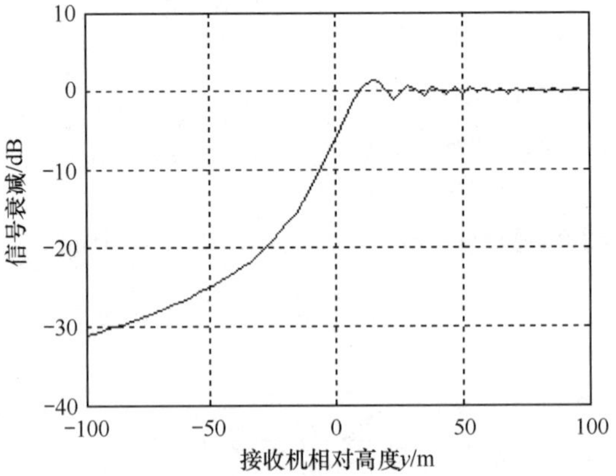

图 3.4　FM 平面波总场随接收机相对高度的变化（$x = 100$m，$\lambda = 3$m）

在实际环境中，水平入射毕竟是少数，往往倾斜入射居多，平面波衍射的均匀理论需要做图 3.6 所示的倾斜入射波的均匀衍射近似，接收机高度零点定为倾斜入射线和铅垂线的交点，菲涅尔区和过渡区也相应地倾斜近似。

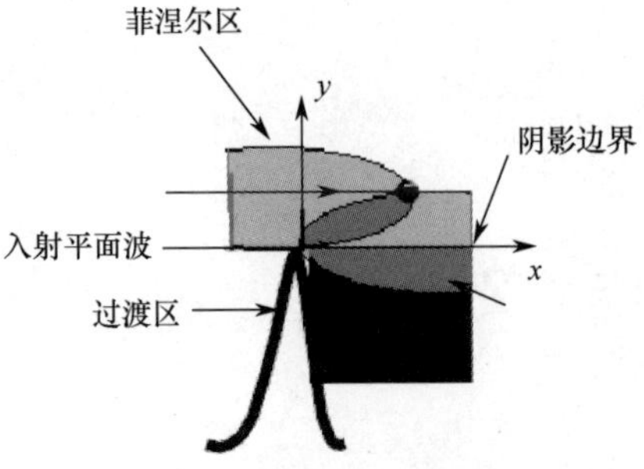

图 3.5　过渡区和接收点的菲涅尔区的关系

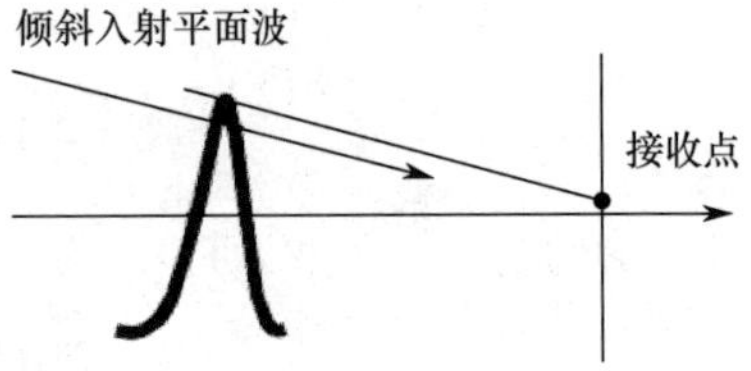

图 3.6　倾斜入射波的均匀衍射近似

3. 菲涅尔－基尔霍夫模型[9]

当遮掩由单个物体如山或山脉引起时，可以将阻挡体视为绕射刃形边缘来估计绕射损耗。在这种情况下，可以采用经典菲涅尔方法。发射机与接收机不在同一高度时的刃形绕射几何特性，请参阅文献[5]中的图 3.10(b)。考虑 R 为接收机，它位于阴影区（也称绕射区）。于是，R 点场强为刃形上所有二次惠更斯源的场强矢量和，刃形绕射波场强 E_d 有如下关系：

$$\frac{E_d}{E_0}=F(\upsilon)=\frac{(1+j)}{2}\int_{\upsilon}^{\infty}\frac{\exp(-j\pi t^2)}{2}dt \tag{3.22}$$

式中，E_0 为没有地面和刃形的自由空间场强；$F(\upsilon)$ 为菲涅尔数；菲涅尔－基尔霍夫绕射参数 $\upsilon=\alpha\sqrt{\dfrac{2d_1d_2}{\lambda(d_1+d_2)}}$；$\alpha$ 的单位是弧度。如图 3.7 所示，为减去最小高度的等效刃形，直射和绕射路径的相应相位差为 $\phi=\dfrac{\pi}{2}\upsilon^2$。

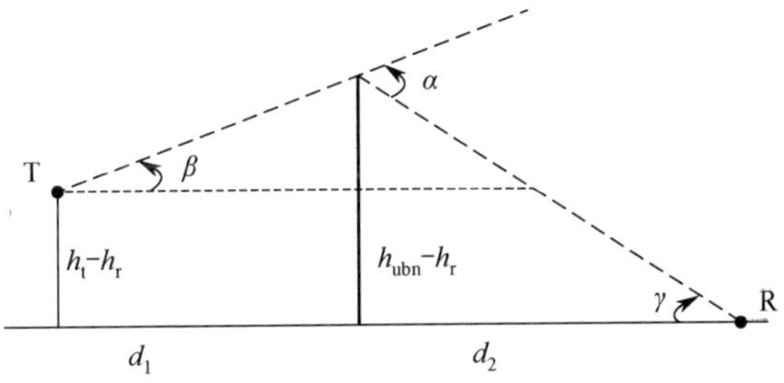

图 3.7　减去最小高度的等效刃形

相比自由空间，由刃形引起的绕射增益为

$$G_d(\text{dB})=20\lg|F(\upsilon)| \tag{3.23}$$

其近似解由 Lee[7]给出如下：

$$G_d(\text{dB})=0，\quad \upsilon\leqslant -1 \tag{3.24}$$

$$G_d(\text{dB})=20\lg(0.5-0.6\upsilon)，\quad -1\leqslant\upsilon\leqslant 0 \tag{3.25}$$

$$G_d(\text{dB})=20\lg\left(0.5\exp(-0.95\upsilon)\right)，\quad 0\leqslant\upsilon\leqslant 1 \tag{3.26}$$

$$G_d(\text{dB})=20\lg\left(0.4-\sqrt{0.1184-(0.38-0.1\upsilon)^2}\right)，\quad 1\leqslant\upsilon\leqslant 2.4 \tag{3.27}$$

$$G_d(\text{dB})=20\lg\left(\frac{0.225}{\upsilon}\right)，\quad \upsilon>2.4 \tag{3.28}$$

3.2.3　山堆横截面对绕射波的衰减

假定刀口模型中的障碍物为完全导体，入射波是水平极化的，为保证发射天线、接收天线及障碍物所在的刀刃平面模型的成立，障碍物的宽边大于第一菲涅尔区的宽度

$$r_1=\sqrt{\frac{\lambda d_1d_2}{d_1+d_2}} \tag{3.29}$$

图 3.8 所示为山体与发射接收机的纵剖面位置关系，图中给出了参数d_1和d_2，对 97.5MHz、300MHz 和 1GHz 的第一菲涅尔区的最大宽度分别为 152m、87m 和 47m。然而，Assis[10]将山堆等障碍物对绕射波的横截面衰减模型近似为横截面上 n 个独立的矩形刀口的绕射场矢量和。山堆的横截面矩形拟合如图 3.9 所示，要求 $x_{n+1}-x_1 \gg \max(y_i)$，于是山堆横截面对绕射波的整体衰减为

$$L = E_0(R)/E(R) = \frac{2}{\mathrm{e}^{-\mathrm{j}kd}\left[1-\mathrm{j}\sum\limits_{X_iY_i}\int_{X_i}^{X_{i+1}}\mathrm{e}^{-\mathrm{j}\pi t^2/2}\mathrm{d}t\int_0^{Y_i}\mathrm{e}^{-\mathrm{j}\pi u^2/2}\mathrm{d}u\right]} \tag{3.30}$$

式中，$X_i = 2^{1/2}x_i/R$；$Y_i = 2^{1/2}y_i/R$；第一菲涅尔区半径$R=\sqrt{\lambda d_1 d_2/d}$。

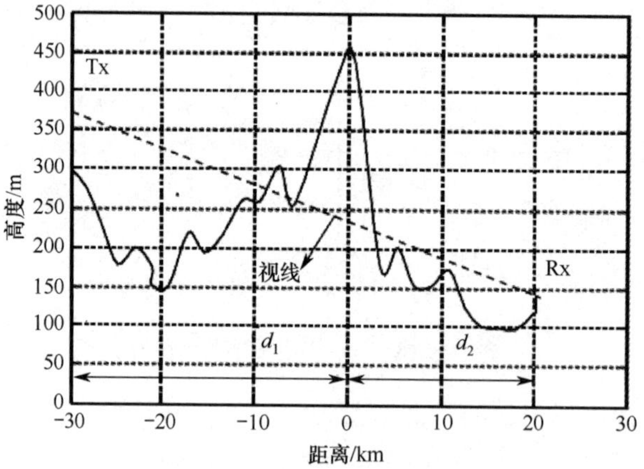

图 3.8　山体与发射接收机的纵剖面位置关系

图 3.10 所示为山堆的横向衰减。由图可知，对于离发射机 30km 且相对视线高为 155m 的山堆横截面，13km 以内的接收机的衰减的波动较大，随着距离的增大整体成增长趋势，超过 13km 后，波动趋于平缓，整体成缓慢下降趋势。另外，山体横截面的变化对波动区域影响较大。

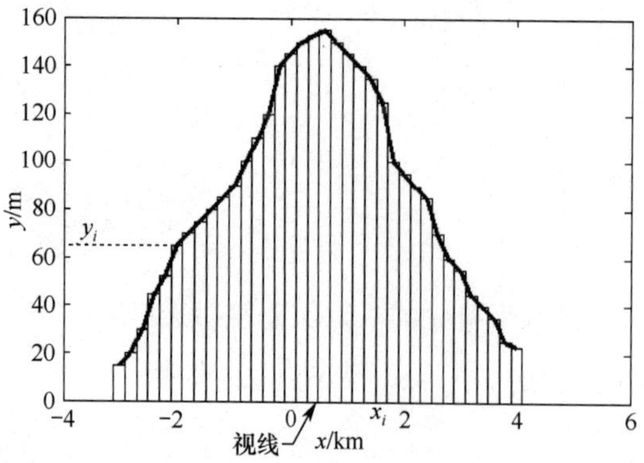

图 3.9　山堆的横截面矩形拟合

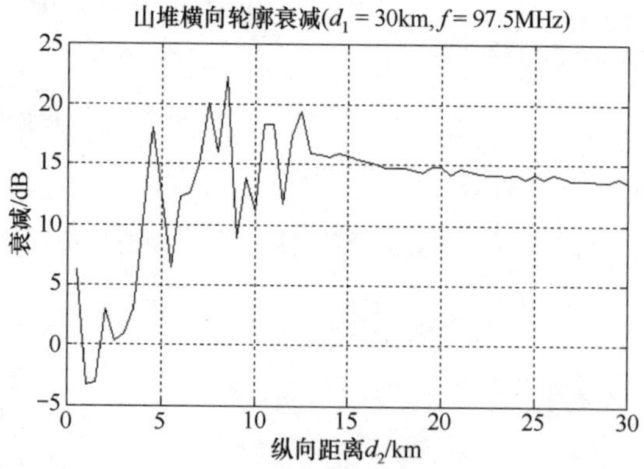

图 3.10　山堆的横向衰减

3.2.4 视距传播的粗糙面反射

当电磁波在低角度传播时，直达波与地面反射的各种波相结合，接收天线处于复杂波前的照射之下。从地面到接收机的一部分相位是杂乱的（漫散射），其余是强烈相关的（相关散射）。对于漫散射，由于其组成信号是由杂乱相位相加的，它的合成场强远小于直达波及相关散射波，在许多情况下，漫散射对角跟踪雷达的精度有影响，但对雷达的方向图传播因子及目标检测影响较小。另一方面，由地形自然特点产生的相关散射的场强能与直达波相当，事实上，如果地形类似一个球面，将反射波聚焦成一点，那么这一点上的反射波会比直达波强得多[4]。

由菲涅尔反射理论可知，镜面反射是由光滑的菲涅尔椭球面上产生的反射，它是单方向的，并且各点发射的波到接收点的相位几乎相等，振幅起伏较小。漫散射的方向性很弱，是在比第一菲涅尔区大得多的面积上发生的，相位是不相关的，振幅起伏较大。

现在已建立了一个简单模型来计算不规则地面的镜面反射系数 R_s，其均方根值为

$$(R_s)_{RMS} = (\rho_s)_{RMS}\Gamma \tag{3.31}$$

式中，ρ_s 是镜面散射系数，Γ 是光滑平地的反射系数。

按 Bechmann[4]定义的高斯粗糙表面，有

$$\rho_s = e^{-(\Delta\varphi)^2/2} \tag{3.32}$$

式中，

$$\Delta\varphi = \frac{4\pi\Delta h \sin\psi}{\lambda} \tag{3.33}$$

这个粗糙面的模型由单一参数 Δh 规定。Δh 是距一定平面正态分布高度的标准离差，ψ 是擦地角，与发射天线高度 h_1 和距离 d_1 的关系为 $\tan\psi = h_1/d_1$；λ 是波长，$\Delta\varphi$ 等于不平整面上两条射线的相位差：一条射线从平均平面上反射，另一条射线从该平面上隆起高度为 Δh 的顶上反射。

图 3.11 所示为 100m 发射天线高的广播信号在不同距离上的地面反射系数 ρ_s，其中假定接收机就架在地面上，不考虑它的高度。可以看出，接收机离发射机的距离越远，擦地角 ψ 就越小，$\Delta\varphi$ 也由于因子 $\sin\psi$ 的作用而变小，接收机位置的地面镜面反射随之增大，在 60km 的距离上，广播信号即使在起伏地形上也会产生较强的相关反射，而对于标准高度为 150m 的山地，视距以内几乎形不成相关反射，当然在视距以外就更难形成相关反射。

光滑平地的反射系数 Γ 还与地面电特性有关，地面电特性表述为

$$Q = \frac{\varepsilon_r}{60\sigma\lambda} \tag{3.34}$$

式中，ε_r为相对介电常数；σ为电导率。在米波波段，对于海水有$60\lambda\sigma \gg \varepsilon_r$，都表现出良导体特性，对一般的地面导体性能会差一些，因此地面米波雷达天线对着开阔地，尤其在面对大片水域的岸边，天线方向图的镜像特性非常显著，因此可以获得更大的作用距离。

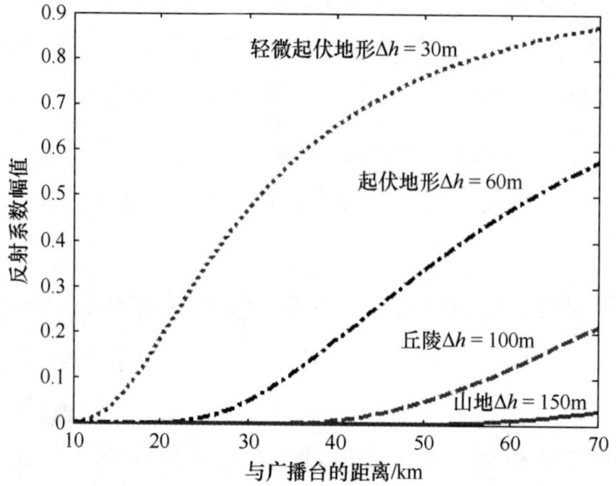

图 3.11　广播信号在不同距离上的地面反射系数

3.2.5　森林植被的吸收衰减

为了消除低擦地角情况下由地形引起的相干反射，我们还考虑了植被的吸收作用。LaGrone 等发表了天线高度为 9m 的测量报告，认为在 UHF 电视频率上，树及较高的草会吸收大量的信号，足够厚的森林能阻挡电视信号，而在 VHF 的低频段，影响则要弱得多。图 3.12 所示为不同森林深度对波长为 2m 和 6m 信号的衰减测量结果及其拟合曲线，3m 波长线为粗略估计的衰减。由此分析得出结论：当将接收天线设在森林中时，由地形引起的广播信号的相关反射及散射较容易达到 20dB 的衰减。

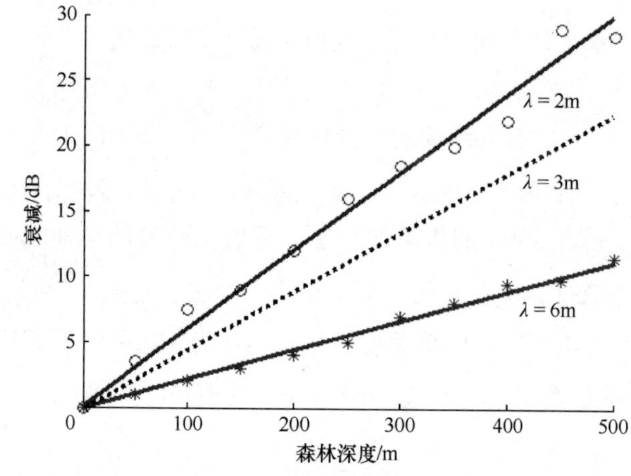

图 3.12　不同森林深度对波长为 2m 和 6m 信号的衰减测量结果及其拟合曲线

3.3　参考信号的测量及分析

3.3.1　测量条件、设备及现象

选择的 FM 广播发射天线架高两百多米，工作频点为 97.5MHz，极化方式为水平极化。测量区域为广播台正北方向东西偏移 30°、距离发射台 20km 到 150km 的范围，测试沿两条公路进行，一条公路的方向为北偏西，另一条公路的方向为北偏东。在该测量区域内，地势平坦，分布着一些零散的小丘陵，其中海拔为 100～200m 以上的山只有 4 座，其余都在几十米高度，而且都比较分散。

测试的主要设备是车载八木天线（六元阵子，增益约为 12dB，零深约为 30dB）、VHF 和 UHF 频段场强仪、放大器、频谱仪。在各点进行测量时，天线架高约为 3m，旋转一周记下天线不同指向时的若干信号强度值，同时记下转角，每圈 20 格。图中纵坐标场强数据单位换算为 dBm 时应减去 111。测量路线上的最大值和最小值曲线如图 3.13 和图 3.14 所示。

根据两次测量试验的数据及所得曲线的对比分析，可以得到如下结论。

（1）由图 3.13 可见，第二次试验测量的最大值和最小值曲线，在 110km 之前随距离远离发射站呈下降趋势，其中 70km 左右往前的下降趋势要快一些，在 120km 附近信号明显增强，最高处相对高出近 20dB 以上，过 140km 后又恢复至原来的趋势，在最大线和最小线之间的差值曲线随距离变小，穿越 30dB 的天线零陷线。

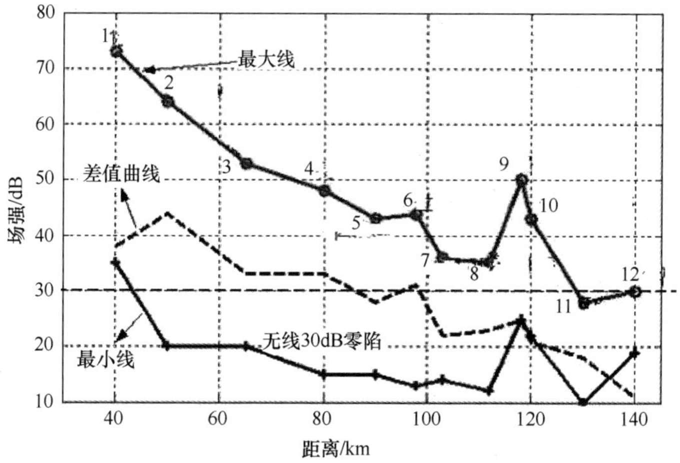

图 3.13　第二次试验测量数据分析曲线

（2）由图 3.14 所示的两次测量的对比分析可知，两条不同的测试路线在 110km 之前得到的曲线相当吻合，且都在 120km 附近明显增强，第一次测量比第二次测量增强的值要高出 10dB 以上。

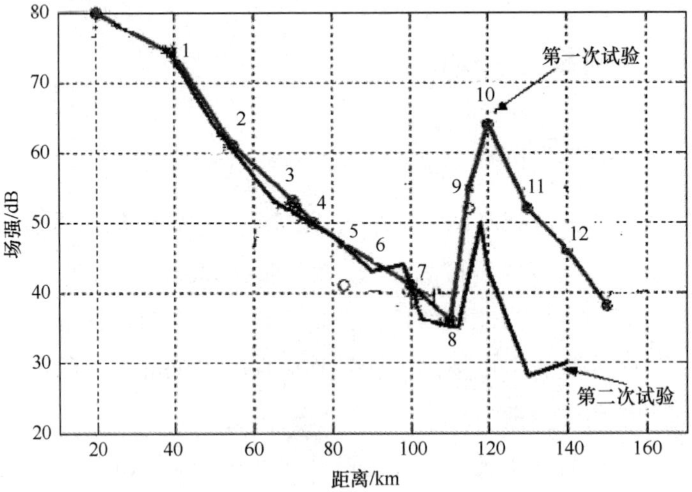

图 3.14　两次测量数据结果对比

在上述曲线表现出的信号随距离变化的规律中，120km 处的异常增强难以找到合理的解释。于是，先后提出了五种假设：①测点附近城镇相邻频点的广播台干扰；②测点地势高度及地面绕射和多径干扰；③测点处于大气波导口；④对流层大气反射；⑤对流层的散射作用。

针对五种假设，我们采取了进一步的测量，并且进行了一系列数据记录及理论分析。

3.3.2　验证性测量及数据分析

1. 测点附近城镇相邻频点的广播台干扰

考虑到旋钮模拟调谐场强仪的串台测试可能导致 110～130km 上的异常增强，我们选用高灵敏度的数字收音机，仔细比对输出的音频广播信号。另外，还采用频谱仪对 97.5MHz 周围的信号进行监视，发现在 98MHz 附近存在一当地电台信号，但是它们的谱间距大于 300kHz，根据 FM 的带宽分配，不会影响到 97.5MHz 的信号强度，因此排除了邻近台的干扰因素。

另外，如果测点附近有相邻频点的广播台，那么会表现在测点信号的方向性曲线上。为此，选择 120km 和 40km 附近的两个典型测点，得到数据曲线如图 3.15 所示，两个测点的多边形除了大小外，基本一致。该多边形取决于天线方向图和测点周围的信号环境。在自由空间中，两个多边形除大小不同外，应该完全相似。假设在 120km 附近，水平空间中存在相邻频点的干扰，那么两个多边形的方向图就不应该相似。因此，通过数据曲线的比对分析，同样可以排除相邻频点的干扰。

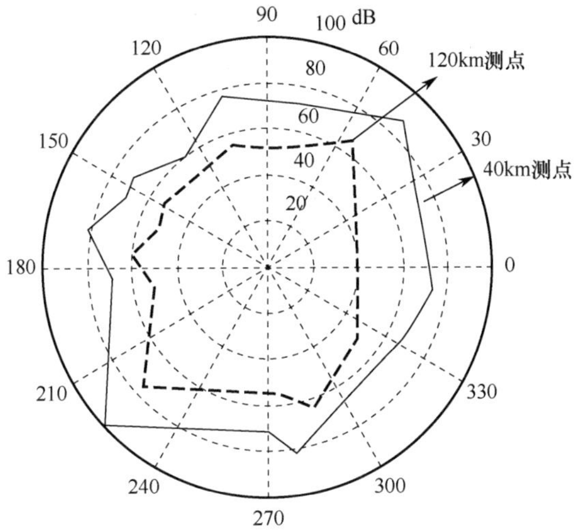

图 3.15 120km 和 40km 附近的两个典型测点的信号方向性比较

2. 测点地势高度及地面绕射和多径干扰

考虑大气折射，射线以曲率半径 r 折向折射指数较高的区域，采用 4 / 3 有效地球半径，视距计算公式为

$$r_0 = 4.12(\sqrt{h_1} + \sqrt{h_2}) \tag{3.35}$$

当 $h_1 = 225\,\text{m}$，$h_2 = 4\,\text{m}$ 时，视距 $r_0 = 70.04\,\text{km}$。由图 3.13 发现，恰好在视距的临界点附近，曲线出现拐点。而在 120km 的地方，已完全处在视距之外，要求天线架高 $h_2 = 200\,\text{m}$ 才能形成视距传播。在视距内，预测是否有明显的相关反射的发生时，可以采用式（3.31）至式（3.33）中由 Bechmann[4]定义的高斯粗糙表面的镜面反射模型。对于 1°以下的擦地角，该理论模型与实测结果相当吻合。擦地角与离发射塔的距离 R 的关系为 $\tan\psi = 225/R$，固定 ρ_s，得到高斯模型假定下形成镜面反射的两个因素——地面起伏高度及到发射台距离的组合区域。

由图 3.16 可知，由于视距内各测点的平均海拔都在 60m 以下，而整体地势比较平缓，因此两条测试路线在整个视距内形成的反射更多的是镜面反射。由图 3.13 可知，差值曲线在视距内是高于 30dB 的零陷线，低擦地角的镜面反射造成天线接收更强的参考信号，零陷作用更显著。超出视距后，差值曲线进一步变小，并且穿越 30dB 的天线零陷线，说明直射波受周围信号的影响越来越大，天线的方向性对信号的空间选择能力也在变差；而由图 3.16 中测点周围的平均海拔分析可知，在两次测量中，120km 附近的测点的地势都偏低，因此排除了地形高度对突然增强的影响。此外，信号测试点周围没有高山，不构成水平面内的多径反射，由图 3.15 中信号强度的方向性分析上也可排除水平面内的多径影响。

图 3.17 所示为两次测量中各测点的平均海拔对比。

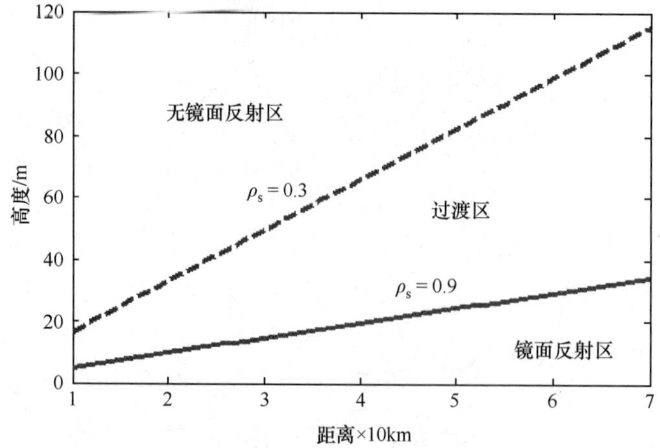

图 3.16 Δh 和 R 的关系曲线

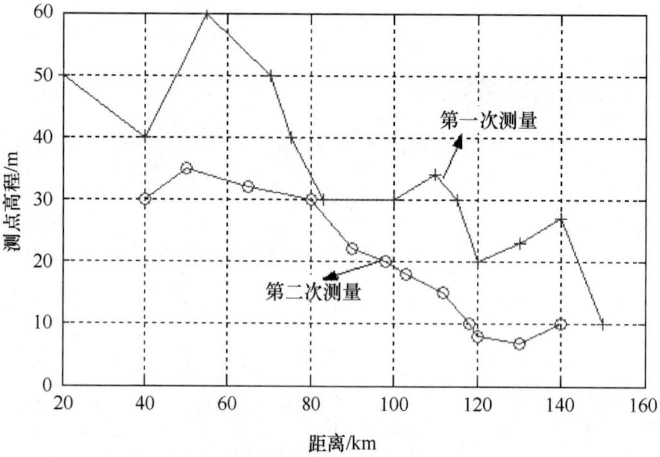

图 3.17 两次测量中各测点的平均海拔对比

3.4 对流层传播的影响

至此，在地面上无法找到在 120km 处信号突然增强的根本原因，只能将注意力转向空中。对流层对无线电波的传播产生的主要影响[12]有吸收、折射、反射和散射。除吸收外，其他几种影响都有可能。我们知道，对流层散射经常引起超视距通信干扰，而当通信频率低于 1GHz 时，大气结构的部分反射也会引起干扰，当频率高于 lGHz 时，波导传播就成为干扰的主要原因。

1. 测点处于大气波导口

如果存在低空的拱形波导，波导口刚好落在视距外的 110～130km 位置，则会造成图 3.14 所示的突然增强的效果。

波导出现的首要条件是折射指数梯度大于或等于-157N/km。这种情况使得射线在超过正常视距以外的地方仍然靠近地球表面。第二个必要条件是在多个波长的高度范围上保持这样的梯度。自然波导也像金属波导那样有截止波长，但是由于大气波导厚度 t 无明确的界限，截止波长 $\lambda_{\max}$（单位为米）是不确定的，一般可以描述为[11]

$$\lambda_{\max} = 2.5\times10^{-3}t^{3/2}\sqrt{\frac{\delta N}{t}-0.157} \tag{3.36}$$

式中，δN 是折射指数在波导横向上的变化。例如，厚度为 25m 的近地波导，折射指数变化 10N 单位（即梯度是-400N/km），截止波长为 0.15m，而同样梯度的波导必须把厚度加到 280m 左右才能传送波长为 3m 的波。一般的波导厚度能够完全捕获的只是超高频信号，仅在个别情况下波导才能捕获甚高频信号。另外，从气象条件来说，波导形成需要折射指数在大块水平区域上随高度急剧下降，如水汽随高度异常迅速地下降，或者温度随高度升高，无线电波才会被捕获并传播到很远的距离而损耗很小，这种现象在十月的南京北部地带极少出现。基于这两点，在 120km 位置的信号增强一般不可能是波导传播。

2. 对流层反射

在两气团的水平边界上，折射指数梯度与波长相比足够陡，可能会引起无线电信号能量的部分反射。在 1～2km 的高度上，这种边界层在水平方向上能延伸数十千米，在 30～50m 的厚度内，折射指数变化 20～30N 单位。这种梯度的垂直厚度可能不足以引起较长波长的波导传播，但是折射指数的变化足以引起反射。因此，在 500MHz 以下，反射的可能性要远高于波导。

当两气团之间的折射指数突然不同时，通过边界的能量一般会被折射，在边界上有一部分能量被反射，反射系数的大小由菲涅尔公式确定：

$$|\rho_0| = \frac{\alpha-(\alpha^2-2\Delta n)^{1/2}}{\alpha+(\alpha^2-2\Delta n)^{1/2}} \tag{3.37}$$

式中，α 为小角度，有 $\alpha \approx \sin\alpha$。反射系数会因“形状函数” F_{p} 而减小，因为 F_{p} 的大小与 $\Delta h/\lambda$ 成反比[11]，所以在超高频以上，层反射的意义不大。然而，在甚高频段，它会对超视距路径引起相当大的干扰，对视距电路会引起多径干扰。因此信号在 120km 附近明显增强的重要原因之一是对流层反射。

3. 对流层散射

对流层散射信号电平随距离而显著变化，根据湍流理论，如图 3.18 所示，一般湍流不均匀体的尺寸要比工作波长大很多，此时散射传播具有前向散射的特性。在光滑地面上，当通信距离小于 60～90km 时，绕射场的成分通常起显著影响[13]，同时此距离内的对流层散射也在加强。因此，图 3.14 中 70km 以后信号衰减变缓是绕射和散射综合作用的结果。

当距离增加到 120km 附近时，在 70～80km 附近的较低高度上，存在较大有效面积的散射体，接收点也恰好处在散射方向图的最大值方向，从而形成很强的散射。随着距离增至130km，散射角θ增大，接收点偏离散射方向图的最大值方向，散射体离地面的高度增加使得散射点的介电常数的不均匀性下降，于是有效散射面积随之减小，从而使散射场强进一步减弱。当然，随着距离的增加，收发两天线波束形成的共同体积也相应地增大，散射情况与距离的关系如图 3.18 所示，V_2大于V_1，虽然有助于增大散射信号的场强，但是其效果不如前述两个因素的影响来得显著。因此，距离进一步增加时，总效果会使得信号电平迅速减弱。

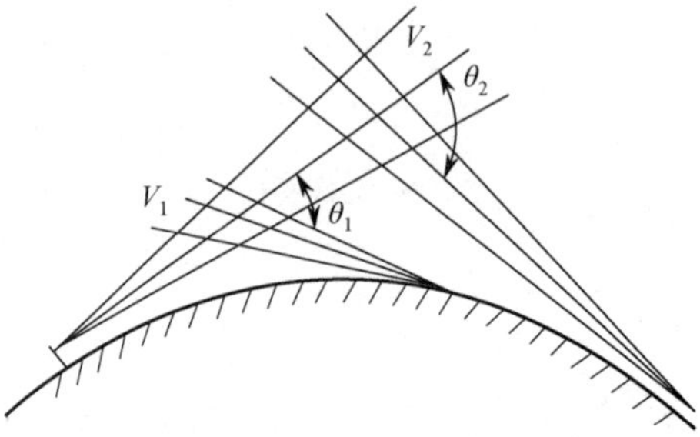

图 3.18　散射情况与距离的关系

3.5　小结

本章对六类低空传播模型和三种对流层传播方式进行了深入研究，对 FM 广播信号的直达波地面传输特性进行了系统分析，对路径形成的衰减量进行了详细的估算，同时还与实地测量的数据进行了对比分析，得到了直达波信号场强沿传播距离的变化关系。从 20km 到 110km 的地面传播，衰减大于 40dB。因此，增大接收距离可以获得对直达波的足够衰减。对流层散射和反射造成 115km 距离上信号有近 20dB 的起伏；此外，对流层散射和反射还会引起参考信号的快衰落及空间衰落，快衰落影响信号积累时长的选择，空间衰落影响主副天线的对消性能，是确定主副天线放置间距的重要因素。本章的研究结果对无源相干定位系统在超视距配置情况下的相关研究有着重要的参考价值。

参考文献

[1] Sahr J D. *The Manastash Ridge radar: A passive bistatic radar for upper atmospheric radaio science* [J]. Radio Science, 1997, 32(6): 2345-2358.

[2] Griffiths H D. Carter S M. *Provision of moving target indication in an independent bistatic radar receiver* [J]. The Radio and Electronic Engineer. Aug, 1984. 54: 336-342.

[3] 杨振起，张永顺，骆永军. 双（多）基地雷达系统[M]. 北京：国防工业出版社，1998: 119-130, 160-161.

[4] Bechmann P, Spizzichino A. *The scattering of electromagnetic wave from rough surfaces* [M]. Oxford:

Pergammon Press, Ltd, 1963.

[5] Theodore S. Rappaport. 无线通信原理与应用[M]. 蔡涛等译. 北京：电子工业出版社，1996.

[6] Bertoni H L. 现代无线通信系统电波传播[M]. 顾金星等译. 北京：电子工业出版社，2000.

[7] Vogler L E. *Radio wave diffraction by a rounded obstacle* [J]. Radio Science. 1985, 20(3): 582-590.

[8] Lee W C Y. *Mobile communications engineering* [M]. McGraw Hill Publications. New York, 1985.

[9] Whitteker J H. *Fresnel-Kirchhoff theory applied to terrain diffraction problems* [J]. Radio Science, 1990, 25(5): 837-851.

[10] Assis M S. *Effect of lateral profile on diffraction by natural obstacles* [J]. Radio Science, 1982, 17(5): 1051-1054.

[11] Meek M L. *Radar propagation at low altitudes* [J]. 空军第二研究所译. 雷达与电子战，1988. 45(4).

[12] 霍尔 M P M. 对流层传播与无线电通信[M]. 北京：国防工业出版社，1984.

[13] 刘圣民，熊兆飞. 对流层散射通信技术[M]. 北京：国防工业出版社，1982.

第 4 章　FM 广播信号分析

4.1　引言

FM 广播台遍布全球，信号体制全球统一，而电视信号在不同的国家体制不完全相同；FM 广播仍会继续发展下去，而电视逐渐转向有线电视和数字电视；一般来说，FM 广播台的数量远多于电视台。另外，信号频率越低，同样功率下的覆盖区越大，甚至远超视距。考虑到这些因素，本章选择 FM 广播信号作为发射信号进行 PCL 应用分析。

4.2　FM 信号的结构及导频信号的谱分析

FM 广播的工作频段是从 88MHz 到 108MHz，发射的典型功率值是 10kW，由于是连续信号，占空比为 100%，因此平均功率相对于普通连续波雷达而言相当大。表 4.1 中给出了与 PCL 相关的 FM 发射信号的性能参数。

表 4.1　与 PCL 相关的 FM 发射信号的性能参数

项目＼技术指标＼运行等级	甲　级
音频频率范围 f_m	0.04～15kHz
载频频率允许偏差	< 3000Hz
载波输出功率允许偏差	±10%
最大频偏 Δf	±75kHz
信噪比	≥58dB
谐波失真（最大频偏）	≤1.0%
振幅频率特性	≤±0.5dB
寄生调幅噪声	≤-55dB
导频频偏	±7.5kHz
导频频率	19000Hz±2Hz
副载波抑制度	≤-45dB
占用带宽	$2(f_{m\max}+\Delta f)$

4.2.1　基带信号结构

在调制前，立体声信号的左、右声道音频信号 L、R 的频率范围是 10～15kHz，经编码

形成 $(L+R)$，为主信道，频宽是从 40Hz 到 15kHz，可直接用于单声道接收机。产生 19kHz 的导频信号，经倍频形成 38kHz 的副载波，$(L-R)$ 对 38kHz 进行抑制副载波调幅，形成副信道。导频制复合立体声基带信号的谱结构及解调后的时域波形如图 4.1 所示。

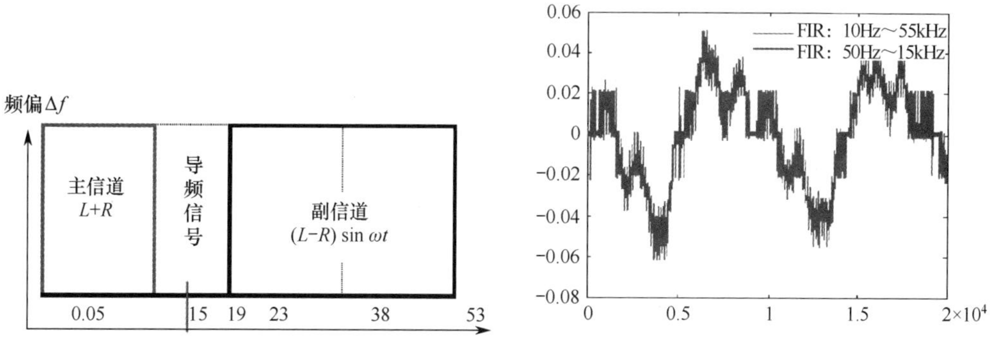

图 4.1　导频制复合立体声基带信号的谱结构及解调后的时域波形

在接收端，超外差混频后鉴频，采集的 FM 信号被解调并经过不同滤波器后的频谱如图 4.2 所示，19kHz 处有一个窄而强的尖峰，由窄带滤波器很容易取出该导频信号，通过滤波器可以将主副信道分离开来，导频倍频后产生 38kHz 副载波，解调出 $(L-R)$ 信号。而后，$(L+R)$ 和 $(L-R)$ 经过矩阵电路，取出 L 和 R 信号。利用单声道接收机接收立体声调制信号时，受限于接收机解调器带宽，输出只有 $(L+R)$ 信号[11]。由于导频信号稳定度很高，文献[1]利用城区各调频广播台导频信号的相对相位和频率漂移，为移动用户提供了一种类似于 GPS 的定位方案。

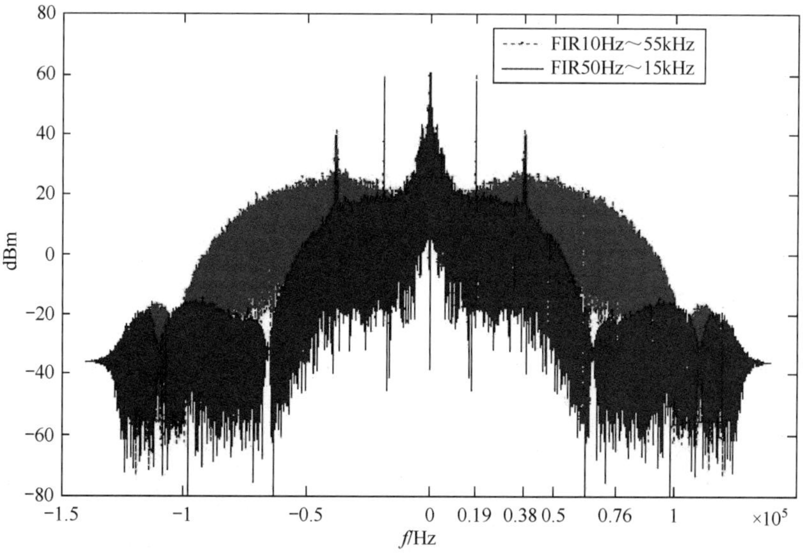

图 4.2　采集的 FM 信号被解调并经过不同滤波器后的频谱

4.2.2 FM 射频及零中频信号特点

复合立体声信号 $s(t)$ 对主载波 f_0 调频，得到射频信号

$$x_c(t)=\cos\left(2\pi f_0 t+\alpha\int_{-\infty}^{t}s(t')\mathrm{d}t'\right) \tag{4.1}$$

形成等幅频率调制波形，参数 α 调节 $x_c(t)$ 的带宽。非线性调制使得射频信号的带宽远大于复合信号 $s(t)$ 的带宽。射频信号包含载波的成分及在载波频率两旁的以调制信号频率分量的整数倍分布的无数多边带。利用 Carson 公式，FM 信号传输功率中 98%的 RF 带宽估计为

$$B=2(m+1)f_m \tag{4.2}$$

式中，f_m 为调制信号频率分量，m 为调制指数。对于导频信号调制，频偏为 7.5kHz，于是导频调制后的射频带宽估计为

$$B_{\text{pilot}}=2\times\left(\frac{7.5}{19}+1\right)\times 19=53\,\text{kHz} \tag{4.3}$$

下面考虑两种特殊情况下的 FM 广播带宽。

（1）对于单声道广播，因为 $L=R$ 两路的输出都是相同的单声道信号，仅有 $R+L$ 信号，而 $R-L=0$，因此最大射频带宽为

$$B_{R+L}=2\times\left(\frac{67.5}{15}+1\right)\times 15=165\,\text{kHz} \tag{4.4}$$

这就是处理单声道所需中频滤波器的最低带宽，也就是说，这是使用立体声接收机兼容接收单声道广播时所需的带宽。

假定是 $R-L$ 信号，则占用的最大射频带宽为

$$B_{R-L}=2\times\left(\frac{67.5}{53}+1\right)\times 53=241\,\text{kHz} \tag{4.5}$$

因此，要得到 $R-L$ 信号，就需要接收机的 IF 滤波器带宽比仅处理 $R+L$ 时的带宽高很多。音乐信号多为双声道采集的立体声场信号，$R-L$ 信号所占的比重较大，调频后的 RF 带宽比新闻等语音广播宽得多，而不只是因为音乐信号本身的带宽宽。这从根本上解释了音乐信号更适用于目标探测的原因。综合 FM 信号带宽因素，要求台与台之间分配的频率间隔大于 250kHz；设计接收系统时，中频滤波器带宽采用 250kHz 就能满足要求，实际中我们采用 300kHz。

不同时刻采集的 FM 中频信号频谱如图 4.3 所示。不同时刻的频谱结构差别较大，在中频左右 70kHz 之内能量比较集中，这与 67.5kHz 的频偏比较吻合。通过频谱仪还捕获了 FM 广播信号的单一导频调制谱，近距离采集的 FM 信号的频谱（无声间隙的导频信号谱）如图 4.4(a)

所示。频谱仪的 SWT 为 100ms，在一般节目中经常出现零点几秒的无声间隙，而在实际谈话节目中甚至更长。因此，能够捕获这些无声间隙，得到较纯的正弦波调制的射频信号谱；图 4.4(b) 显示了语音调制的射频信号谱。

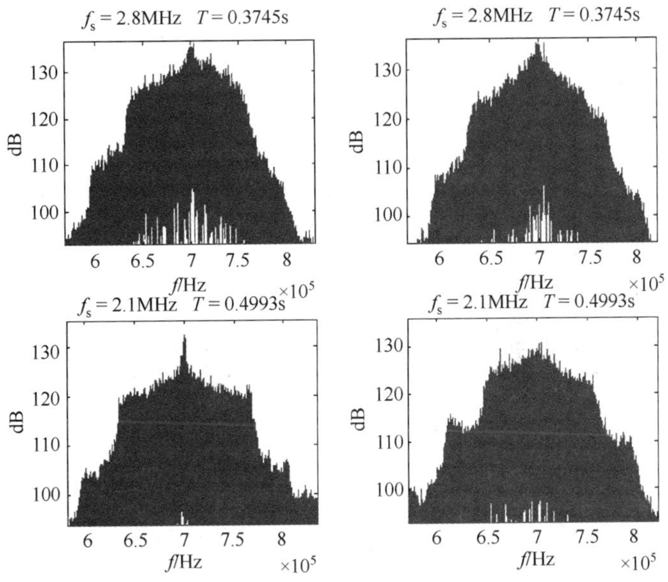

图 4.3　不同时刻采集的 FM 中频信号频谱

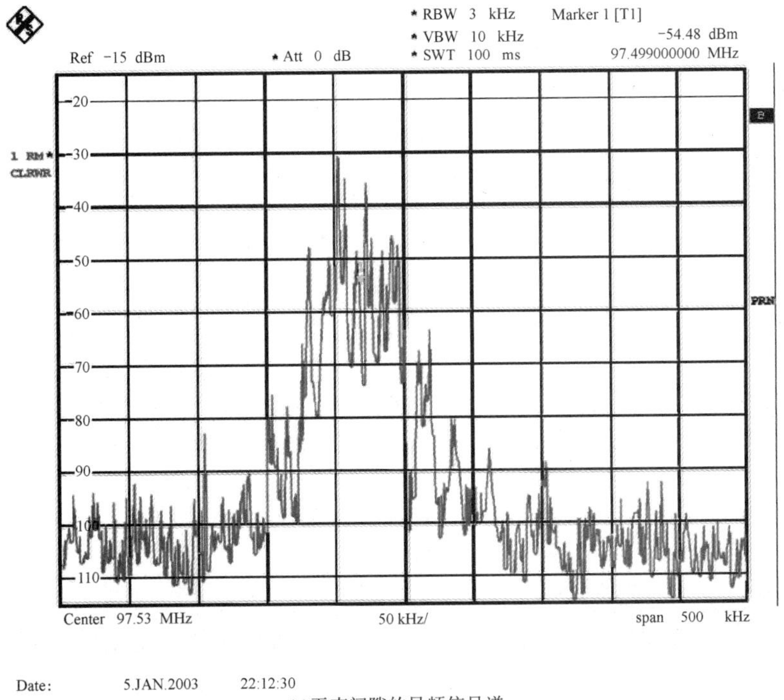

(a)无声间隙的导频信号谱

图 4.4　近距离采集的 FM 信号的频谱

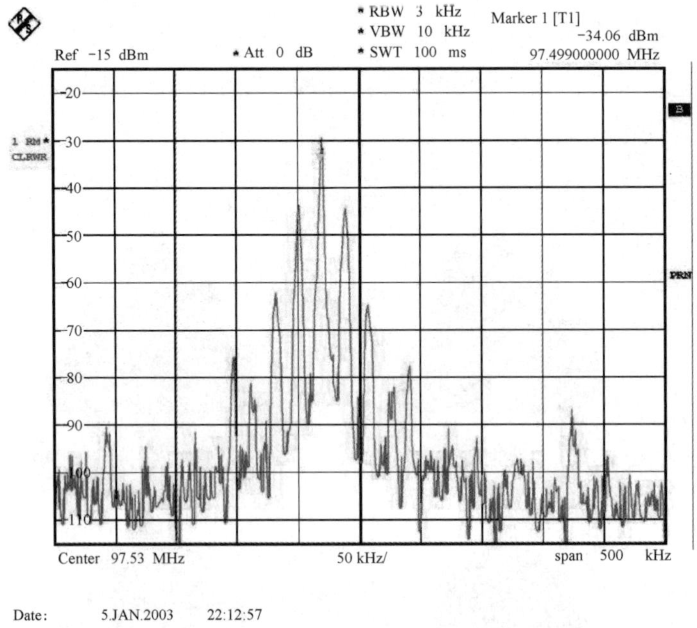

(b)语音调制的射频信号谱

图 4.4　近距离采集的 FM 信号的频谱（续）

直达波的 IQ 矢量如图 4.5(a)所示。由于 FM 信号是等幅的，因此 IQ 矢量应是一个圆环。圆环的宽度是由杂波和量化噪声引起的，圆环的中心偏移表明数字零中频信号中存在直流分量，在相干处理后将增加零多普勒单元的能量，圆环变为对称椭圆，表明 I 和 Q 支路存在幅度不平衡，会出现镜频干扰，进而混淆目标的方向；如果变成倾斜椭圆，那么同样会出现镜频干扰。这几种情况都会使目标的实际多普勒单元能量出现损失[2]。因此可以通过观察 IQ 信号图来分析多径干扰等杂波情况，以及 IQ 支路的幅度、相位一致性。

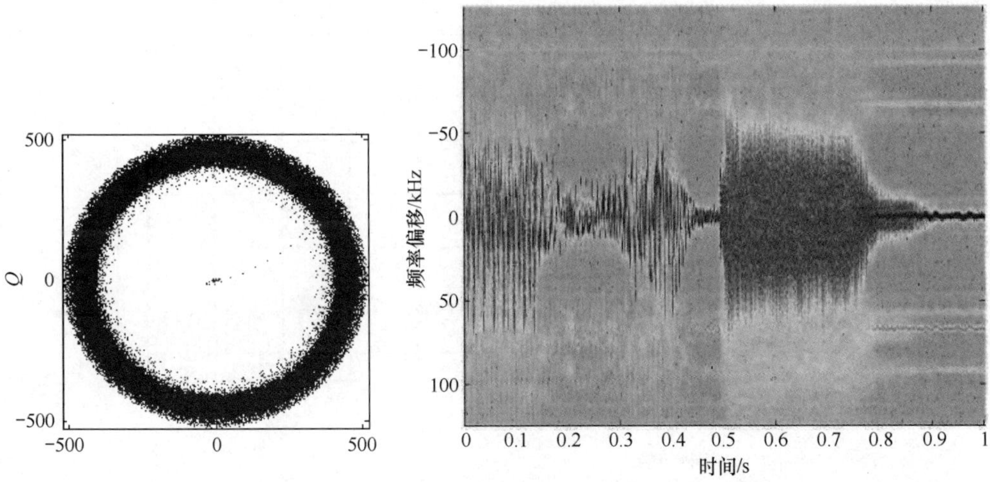

(a)直达波的 IQ 矢量　　(b)12 位 A/D 获取的直达波接收机数据的时频图

图 4.5　FM 信号特性

图 4.5(b)所示为 12 位 A/D 获取的直达波接收机数据的时频图。由图可以清楚地看出，不同时间点上的频谱宽度是不一样的，这与图 4.3 中的现象类似。信号的特征谱宽度与其自相关函数的宽度成反比，而自相关函数的宽度决定着该信号用于目标探测时的测距分辨率和精度。因此，我们在第 2 章的系统设计中，考虑对直达波信号的均方根（Root Mean Square，RMS）带宽进行监测，根据时变的 RMS 带宽[3, 4]来计算模糊函数时延估计精度（方差）。

4.2.3　FM 基带和零中频信号在 PCL 应用中的差别

前两节讨论了 FM 信号的基带、射频及零中频信号特征，作为 PCL 应用，关注的是检波前的射频及零中频信号，而不首先考虑解调 RF（或 IF），然后对解调后的基带信号进行相关。这是因为在 PCL 应用中，这样做会导致潜在精度的损失[5]。

（1）在低 SNR 下，检波器会略微降低 SNR，在采用 FM 解调时要比 AM 更明显。对于一般的 PCL 条件，RF 信噪比远低于 1，因此因素会更显著。

（2）如果在互模糊函数处理中，任何一路接收信号存在多路径干扰，那么解调信号在两个接收机中存在不同的失真，进而导致相关的较强衰减。比较而言，检波前处理可以很好地分离和区别多个模糊峰。对于 PCL 应用的连续波通信信号，这个问题更突出。对于某些利用脉冲前沿进行时差定位的被动雷达系统，脉冲或低占空比周期波形检波后相关处理衰减小一些，可以接受检波后处理。

（3）信号的检波后处理将完全消除载波频移。消除 DFO 测量，就不可能利用多普勒差信息分开多个模糊峰。对 PCL 应用来说，这是绝对不允许的。

因此，PCL 相关处理是对来自同一辐射源的 RF 或 IF 信号在直达波和目标回波两个版本中的匹配（匹配到一个恒定相位内），且完全独立于基带信号内容。从这个角度来说，谈话节目和爵士音乐的相关没有差别，有关的带宽和 SNR 参数描述的是解调前的信号。

4.2.4　FM 广播中的导频信号

在 FM 广播中，19kHz 导频信号参与立体声信号的编码和解码，目的是在较低信噪比条件下，利用调频的积累增益恢复较纯的副载波。当广播处于无声的间隙，除了背景噪声，和信号与差信号基本为零。因此，该段信号表现为 19kHz 的导频信号对载波进行正弦调频的谱特征，根据正弦波调频的理论分析，97.5MHz 中心频率两边对称分布着间隔 19kHz 的谐波，各谐波能量关系服从第一类贝塞尔函数关系，具体描述为

$$\begin{aligned}\frac{x(t)}{A_x} = {} & \mathrm{J}_0(\mu)+2\,\mathrm{J}_1(\mu)\cos(2\pi f_\mathrm{m}t)-2\,\mathrm{J}_2(\mu)\cos 2(2\pi f_\mathrm{m}t)-2\,\mathrm{J}_3(\mu)\cos 3(2\pi f_\mathrm{m}t)+\\ & 2\,\mathrm{J}_4(\mu)\cos 4(2\pi f_\mathrm{m}t)+2\,\mathrm{J}_5(\mu)\cos 5(2\pi f_\mathrm{m}t)-2\,\mathrm{J}_6(\mu)\cos 6(2\pi f_\mathrm{m}t)-\\ & 2\,\mathrm{J}_7(\mu)\cos 7(2\pi f_\mathrm{m}t)+\cdots\end{aligned} \tag{4.6}$$

式中，$J_n(\mu)$ 为 n 阶第一类贝塞尔函数，它定义为

$$J_n(\mu)=\sum_{k=0}^{\infty}\frac{(-1)^k}{k!(n+k)!}\left(\frac{\mu}{2}\right)^{n+2k} \tag{4.7}$$

式中，调制指数 $\mu=\Delta f/f_{\mathrm{m}}$。对于 FM 广播导频调制 $\mu=7.5\mathrm{kHz}/19\mathrm{kHz}=0.3947$，对于音频信号，$f_{\mathrm{m}}$ 的变化范围是 0.05～15kHz，当 $R=L$ 且满偏电压时，$\Delta f=67.5\mathrm{kHz}$，此时 μ 是变化的。能量主要集中在前三次谐波上。仿真数据获得的正弦信号调频的谱结构如图 4.6 所示，图中标出了前五次谐波的峰值；在频谱仪上捕获的结果如图 4.4(a)所示，峰值为−29.5dBm、−44.5dBm、−64.5dBm、−78.0dBm 和−83.0dBm。表 4.2 中给出了计算、正弦调频仿真、频谱仪观察的各相邻谐波之间的相对幅度。前三个谐波之间较为吻合，从第四个谐波起，数学计算与仿真及测量的偏差较大。

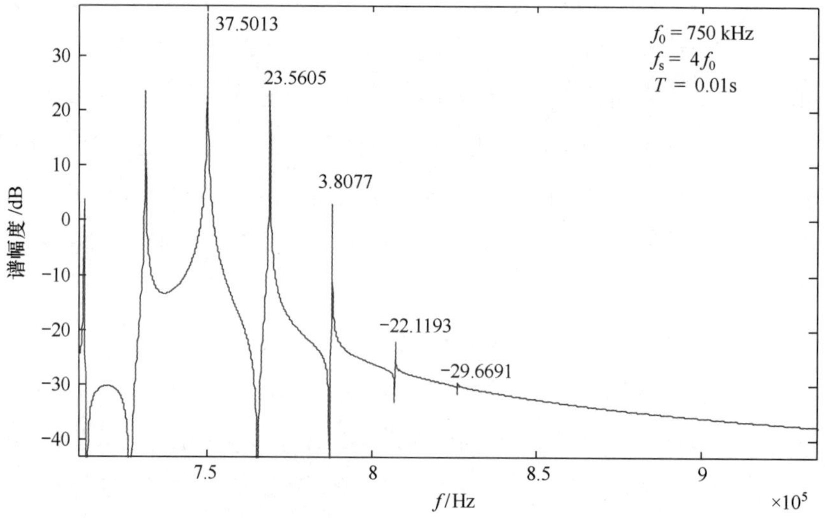

图 4.6　正弦信号调频的谱结构

表 4.2　数学计算、正弦调频仿真、频谱仪观察的各相邻谐波之间的相对幅度（dBm）

谐波之间的相对幅度	1～2	2～3	3～4	4～5	备　注
数学计算	13.9225	20.0583	23.6085	26.1187	
正弦调频仿真	13.9408	19.6528	18.3116	7.5498	
频谱仪观察	15.0	20.0	18.5	-5.0	精确到 1dBm

4.3　FM 广播导频信号的 PCL 应用

4.3.1　导频目标回波和直达波的差拍特性

对于仅有导频的正弦调制，直达波信号作为参考本振信号，与目标回波信号混频输

出的差拍信号也是一个调制周期与发射调制周期相同的新调频信号。新调频信号的载频是 0 或 f_d，其调制指数与发射信号的调制指数 $\Delta f/(2f_m)$ 和延迟时间 T_d 的函数 $\sin(\pi f_m T_d)$ 的乘积成比例。忽略文献[2]内式（3.15）中目标反射时的固定相移 a，得到差拍信号的频谱为

$$
\begin{aligned}
\frac{y(t)}{A_y} = {} & \mathrm{J}_0(\mu)\cos(2\pi f_d t-\phi_0)+2\,\mathrm{J}_1(\mu)\sin(2\pi f_d t-\phi_0)\cos(2\pi f_m t-\phi_m)- \\
& 2\,\mathrm{J}_2(\mu)\cos(2\pi f_d t-\phi_0)\cos 2(2\pi f_m t-\phi_m)-2\,\mathrm{J}_3(\mu)\sin(2\pi f_d t-\phi_0)\cos 3(2\pi f_m t-\phi_m)+ \\
& 2\,\mathrm{J}_4(\mu)\cos(2\pi f_d t-\phi_0)\cos 4(2\pi f_m t-\phi_m)+2\,\mathrm{J}_5(\mu)\sin(2\pi f_d t-\phi_0)\cos 5(2\pi f_m t-\phi_m)- \\
& 2\,\mathrm{J}_6(\mu)\cos(2\pi f_d t-\phi_0)\cos 6(2\pi f_m t-\phi_m)-2\,\mathrm{J}_7(\mu)\sin(2\pi f_d t-\phi_0)\cos 7(2\pi f_m t-\phi_m)+ \\
& \cdots
\end{aligned}
\tag{4.8}
$$

式中，$\mu=\dfrac{2\Delta f}{f_m}\sin\pi f_m T_d=\dfrac{2\Delta f}{f_m}\sin\pi f_m R/c$；$R=T_d c$ 为相干检测的双基地距离差；c 为光速；多普勒偏移 $f_d=\dfrac{\dot{R}}{c}f_0$；$\phi_0=2\pi f_0 T_d=2\pi f_0 R/c$；$\phi_m=\pi f_m T_d=\pi f_m R/c$。因此，$\mathrm{J}_n(\mu)$ 是距离的函数[6]，直达波与目标回波差拍信号谐波幅度与距离的关系曲线如图 4.7 所示。由图可以发现，差拍信号二次和三次谐波能量在距离上存在高达 60dB 以上的零陷。因此，如果多径干扰源与直达波的距离差刚好处在这些位置，而目标又处在平坦的高值处，那么杂波抑制效果在二次谐波上约为 40dB，在三次谐波上约为 60dB。因此，利用差拍信号高次谐波能量在距离上的分布特性，可以获得一定条件下的杂波抑制。

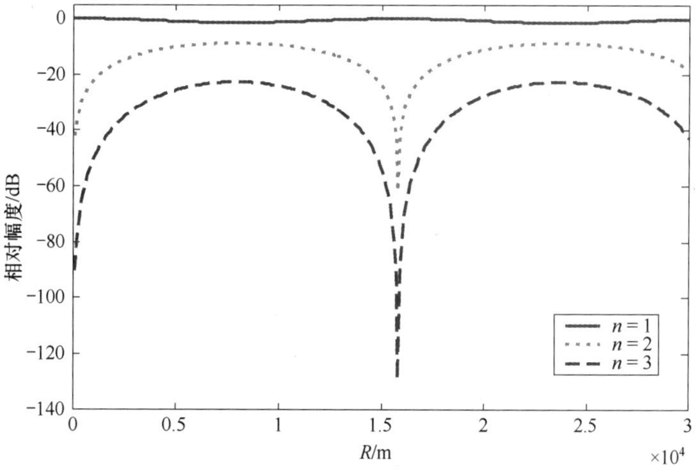

图 4.7　直达波与目标回波差拍信号谐波幅度与距离的关系曲线

目标回波信号和直达波信号直接差拍，即零拍接收或零中频接收存在的主要缺点是灵敏度差。由于来自雷达内部的电子器件闪烁噪声随频率的倒数变化，因此，在低多普勒频率上，闪烁噪声非常强，并且在低频放大器中与多普勒信号一起被放大。为此，采用超外

差式接收机，即在高频上放大接收信号，闪烁噪声可以忽略不计，而后经差拍降为低频率信号。

4.3.2 FM 广播信号与其导频的模糊函数图比较

评价机会信号的可利用性时，主要的依据之一是信号的模糊函数图特性。机会信号的模糊图分析方式通常有两种：一是整体分析，如 Ringer[7]等在特定参数条件下分析了 FM 广播和电视信号的模糊图以评估目标探测性能；二是部分分析，对通信信号中感兴趣的信号分量进行抽取分析，如文献[9]中运用矩形脉冲分析方法给出了电视信号中“同步加白”信号的模糊函数表达式。这里，我们采用部分分析，定义复导频信号 $x(t)$ 的自模糊函数为

$$\chi(\tau,\upsilon)=\frac{1}{T}\int_0^T x(t)x^*(t+\tau)\mathrm{e}^{-\mathrm{j}2\pi\upsilon t}\mathrm{d}t \tag{4.9}$$

计算得到的复导频信号的模糊函数图如图 4.8 所示，模糊图的 z 轴是经过归一化的幅度平方值（后续模糊函数图的 z 轴的表示都是这样的），距离上存在约 15km 的模糊，速度上可以达到 10Hz 的分辨率，与处理时间有关。该导频模糊图是 RF 信号经解调检波后获得的，时延可通过导频相位获取，但是频移信息被破坏。实际上，我们是由 RF 差拍后的载频获得目标回波频移 f_d 的；另外，采用类似雷达高度表正弦调频信号测高方法，也可从平均频率得到运动目标的延时信息。

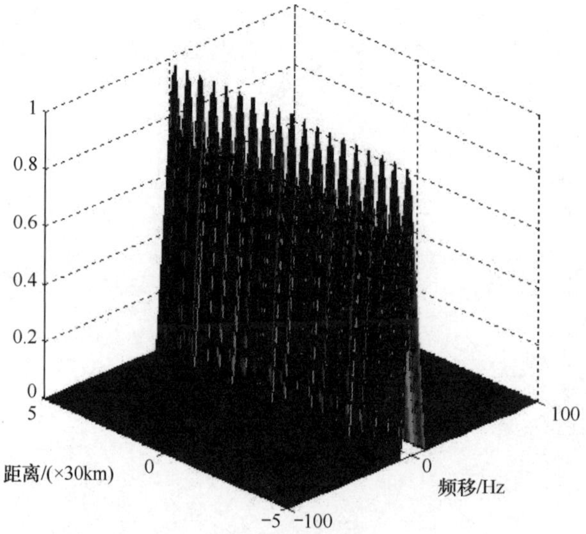

图 4.8　计算得到的复导频信号的模糊函数图

采用导频方法探测目标时，局限性很大，首先取决于无声的空隙时间。在低 SNR 情况

下，检波 SNR 损失非常大，很难满足要求。因此，实际工作中仍将 FM 视为类噪声信号，直接在零中频对直达波和目标回波进行相关，求模糊函数。在图 4.9 所示的不同时长 FM 广播信号的自模糊函数图中，信号时长是从 14.6ms 到 36.5ms，主峰明显锐化，主峰周围基底显著下降，基底的相对值由 $10\lg\left(\frac{1}{TB}\right)$ 估算，下降近 4dB。同时，随着积累的信号加长，模糊图表面得到进一步平滑，由图 4.10 所示的不同时长 FM 广播信号模糊函数沿时延轴的切面，可以发现模糊函数沿时延轴切面上的主峰略微展宽，副瓣区在整体下降近 5dB 的同时，起伏明显趋缓；然而，在图 4.11 所示的不同时长 FM 广播信号模糊图沿频移轴的切面，可以发现沿频移轴切面，主峰明显变窄，在−4dB 处的宽度为 $1/T$，因此从 68Hz 下降为 27.4Hz。有关模糊函数的详细研究，将在第 5 章介绍。

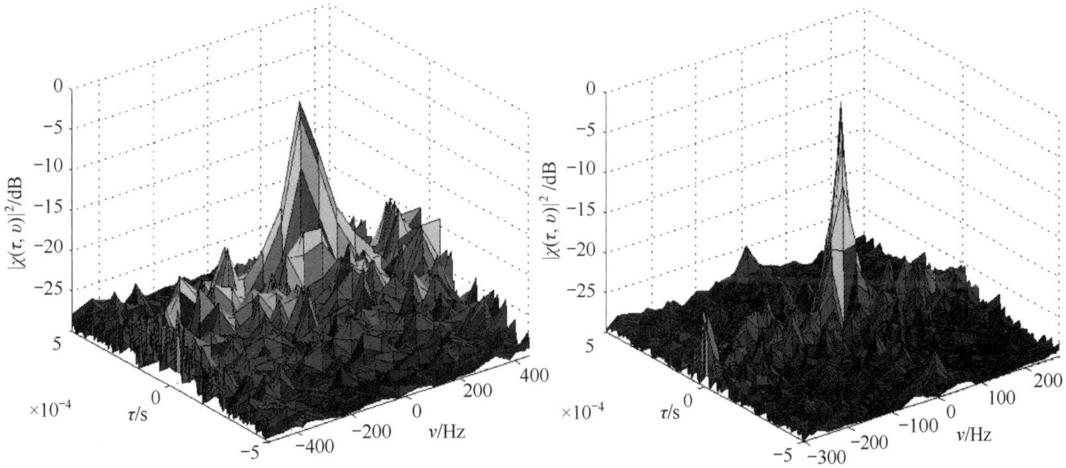

(a) 14.6ms　(b) 36.5ms

图 4.9　不同时长 FM 广播信号的自模糊函数图

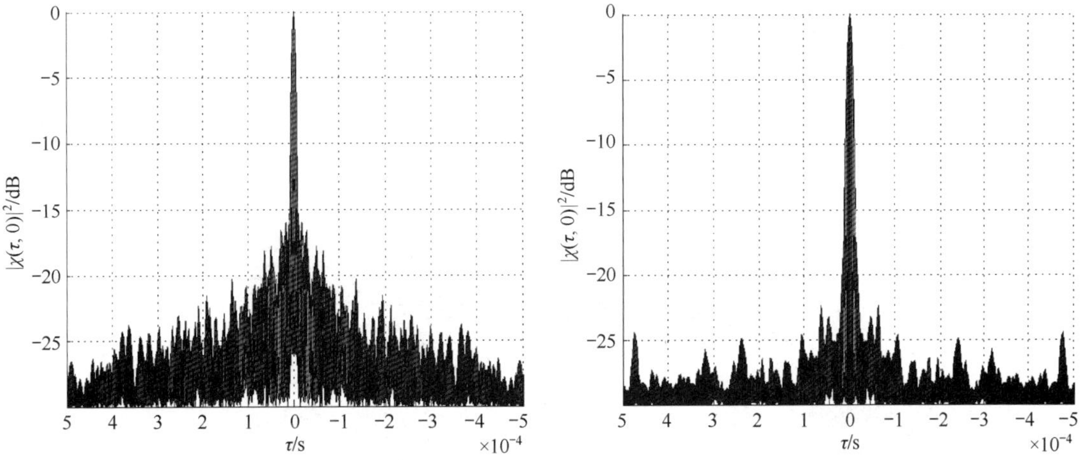

(a) 14.6ms　(b) 36.5ms

图 4.10　不同时长 FM 广播信号模糊函数沿时延轴的切面

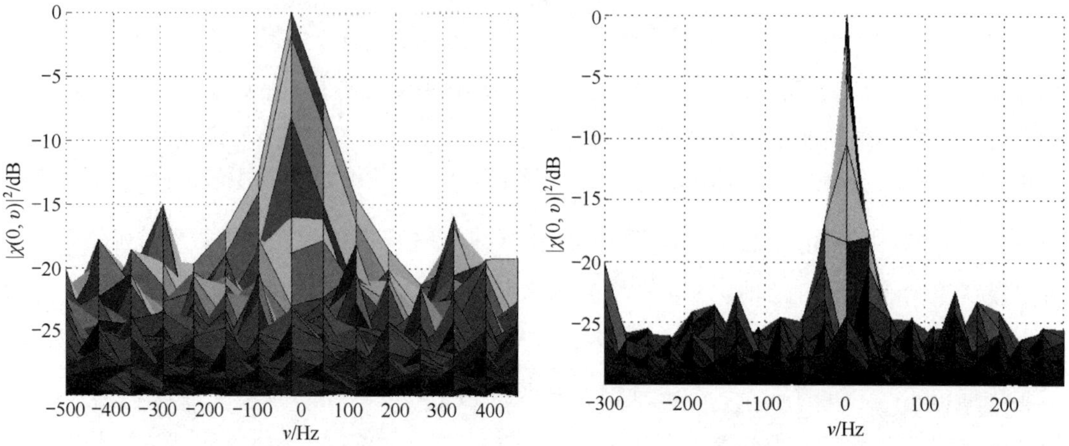

(a) 14.6ms (b) 36.5ms

图 4.11 不同时长 FM 广播信号模糊图沿频移轴的切面

4.4 实测 FM 直达波信号的谱及应用问题

图 4.12 所示为离发射台 110km 附近八木天线从最强开始旋转半周的测量结果。对比不同天线增益条件下收到的信号频谱，利用图 4.12(a)和(c)，可以粗略地估计出主副瓣比为 $(-76.83)-(-87.35)=10.52\text{dB}$ 。在图 4.12(b)中，天线零陷对着直达波方向，信号强度为 -92.44 dBm，因此天线方向性获得增益（对直达波衰减）为 $(-76.83)-(-92.44)=15.61\text{dB}$ 。对于阵列天线，获得的空域滤波增益高达 25～30dB。图 4.12(f)中出现了毛刺干扰，这是来自摩托车和汽车发动机打火产生的干扰。这些干扰毛刺出现的位置不固定，在谱域上来回跳变。

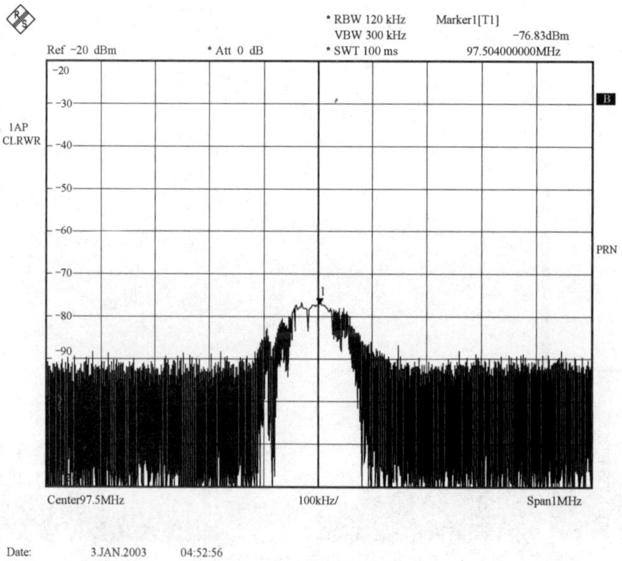

(a)主瓣方向收到的信号频谱

图 4.12 八木天线从最强开始旋转半周的测量结果。RBW 表示分辨带宽；VBW 表示视频带宽；SWT 表示扫描时长；AP 表示自动峰值跟踪

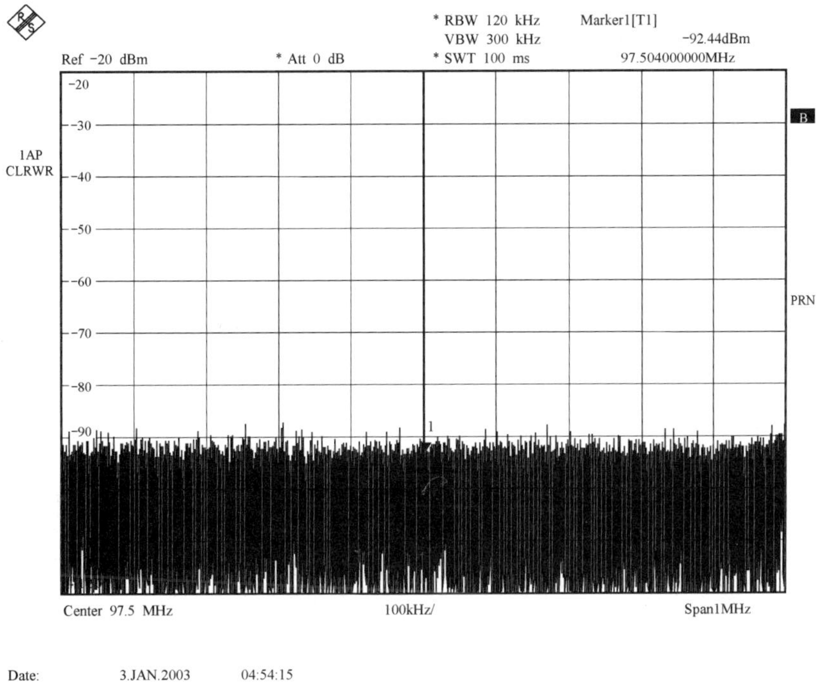

(b)天线零陷对着直达波方向收到的信号频谱

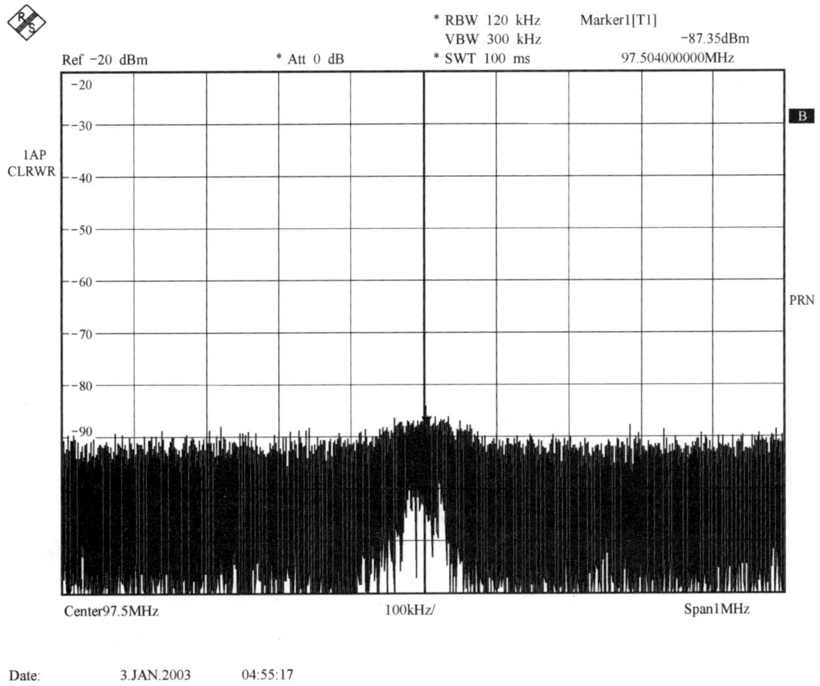

(c)不同副瓣方向收到的信号频谱

图 4.12 八木天线从最强开始旋转半周的测量结果。RBW 表示分辨带宽；VBW 表示视频带宽；SWT 表示扫描时长；AP 表示自动峰值跟踪（续）

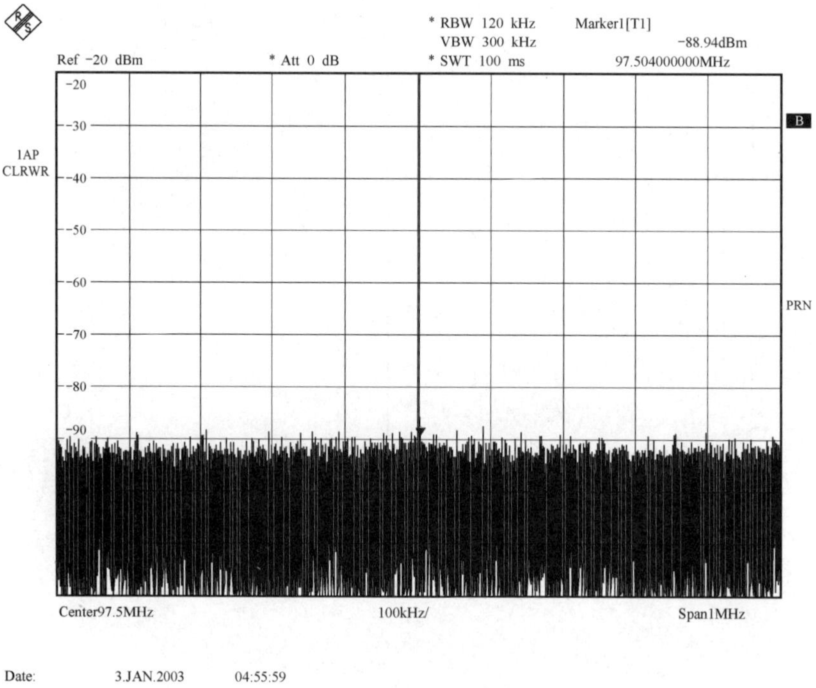

(d)不同副瓣方向收到的信号频谱

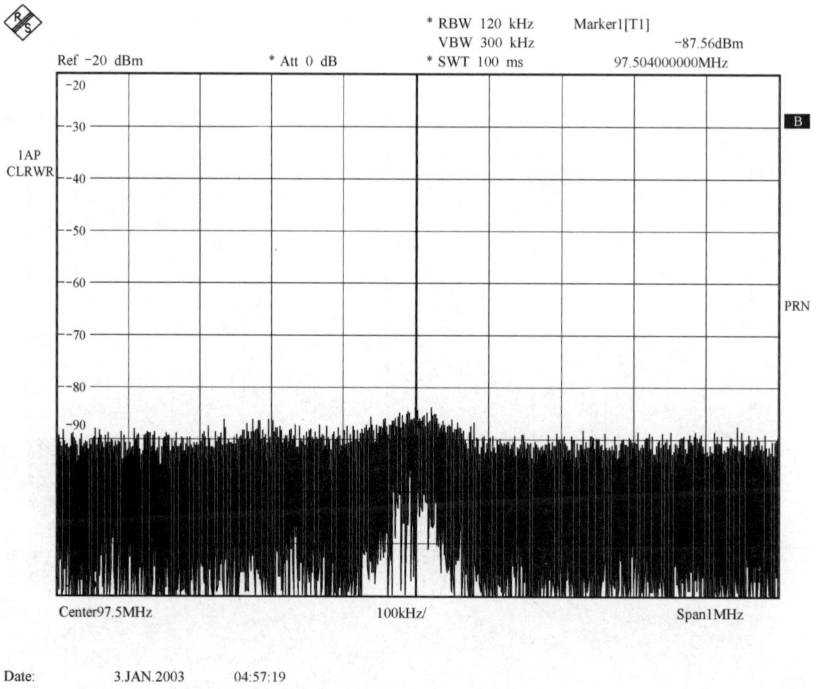

(e)不同副瓣方向收到的信号频谱

图 4.12 八木天线从最强开始旋转半周的测量结果。RBW 表示分辨带宽；VBW 表示视频带宽；SWT 表示扫描时长；AP 表示自动峰值跟踪（续）

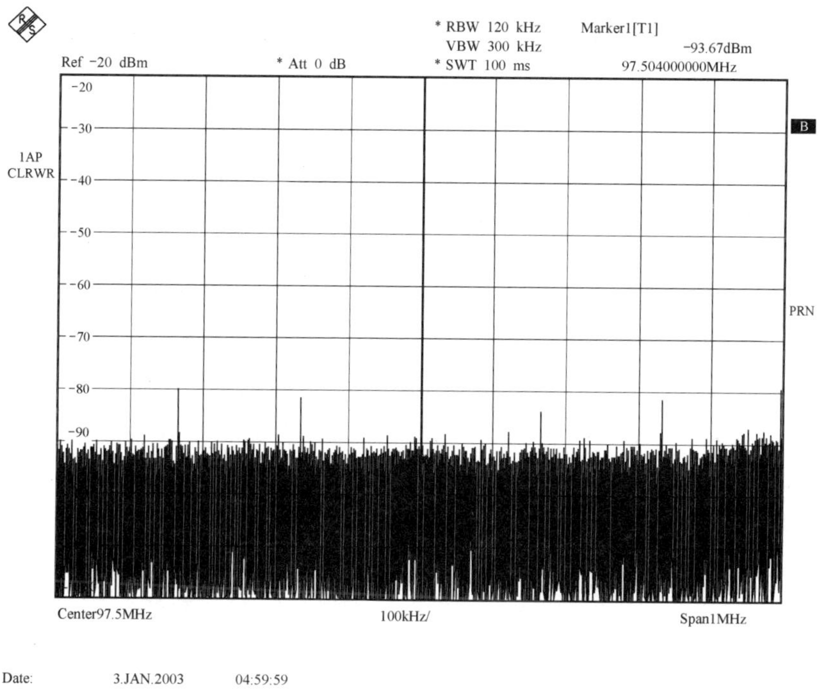

(f)副瓣方向收到的毛刺干扰

图 4.12　八木天线从最强开始旋转半周的测量结果。RBW 表示分辨带宽；VBW 表示视频带宽；SWT 表示扫描时长；AP 表示自动峰值跟踪（续）

4.5　小结

本章详细分析、研究了 FM 广播信号的基带、射频及零中频结构，其中用于增加额外信道的导频信号可以按正弦波调频方式工作，最大不模糊距离为 15km。目标回波频移的测量需要采用谐波跟踪方式，谐波能量在距离上的凹陷分布区可以获得一定的杂波抑制能力。对实测数据检波前的零中频信号进行了模糊函数处理与分析，结果显示了较好的目标探测性能。采用 Carson 公式，对 FM 信号的 RF 带宽进行了计算，计算结果表明 FM 广播信号射频及零中频带宽是时变的，在 PCL 应用中要求对直达波信号的 RMS 带宽进行监测，并且以此作为衡量模糊函数时延估计精度的指标。另外，本章还解释了音乐信号更适用于目标探测的根本原因——不是音乐信号本身的带宽宽，而是立体声音乐信号增加了更多的 $R-L$ 信道能量，使调频后的 RF 带宽比新闻等语音广播的宽得多。

参考文献

[1]　毛华. 利用 FM 广播台对移动体定位的研究[D]. 大连：大连海事大学，1997.4.

[2] Scheer J. *Coherent Radar Design Challenges and Performance* [C]. In: Tutorial C of International Conference on Radar, Virginia, USA, 2000.

[3] Fowler M L. *Exploiting RMS time-frequency structure for data compression in emitter location systems* [C]. In: Proceedings of the IEEE National Aerospace and Electronics Conference. Dayton, OH, 2000: 227-234.

[4] Couch L W. *Digital and analog communication systems* [M]. Prentice Hall, INC, 2001:101-110, 425-427.

[5] Stein S. *Algorithms for ambiguity function processing* [J]. IEEE Trans. On ASSP, 1981, 29: 591-592.

[6] Skolnik M L. 雷达系统导论[M]. 林茂庸译. 北京：国防工业出版社，1992.

[7] Ringer M A, Frazer G J, Anderson S J. *Waveform analysis of transmitters of opportunity for passive radar*. ADA367500, 1999.

[8] Lindstrom C D. *An investigation into the passive detection of point targets using FM broadcasts or white noise*. ADA350698, 1998.

[9] 郭强，陶然，等. 双基地雷达低空目标信号建模与电视“同步加白”信号的模糊函数研究[J]. 兵工学报. Vol.24(1), 1993.2.

第 5 章　PCL 信号处理与参数估计

5.1　引言

时延差（Differential Time Offset，DTO）估计的经典方法是广义互相关（Generalization Cross-Correlation，GCC）[1]。广播电视信号是近似图钉形的模糊函数，要确定相关尖峰，就要切割频率轴并且在时间轴上进行搜索。如果目标多普勒频率差不为零，就必须首先补偿由多普勒频移引起的相位，否则会使得相关处理的信号幅度减小，宽度增加，进而影响目标检测能力和距离分辨。另外，存在直达波等干扰时，每种干扰都会在互相关函数中产生自己的峰值，这将导致两个问题：一是分辨率，要求各个信号时延差之间的差别大于互相关函数的宽度，才能正常分辨峰值；二是每个峰和相应信号间的互联问题。两个问题的根源都是 GCC 方法对信号不具有选择性，它们对所有信号产生峰值，因此需要很多的预处理，如第 2 章讨论的那样，这时可以利用它们的空间可分性，通过天线零陷及对消滤波处理。

在一些典型的 PCL 系统中，目标与接收机之间的相对运动引起的多普勒信息被视为最可靠的目标信息之一，因此本章利用目标回波频域上的选择特性，在 GCC 处理中增加频移滤波处理，抑制干扰，提高时延估计性能，同时获得目标速度信息。另外，为抑制噪声，还采用了一些加窗技术。为进一步提高 DFO 的跟踪精度，还运用 Stein[4]给出的模糊函数处理算法，针对基于 FM 信号的 PCL 信号处理，进行了深入分析和计算。

5.2　扩展广义互相关方法

5.2.1　信号模型

在两个分立的接收站中，或者在同一个接收站的两个接收通道中，接收的直达波检波前复包络信号 $x(t)$ 和目标回波检波前复包络信号 $y(t)$ 分别为

$$x(t) = s(t) + e_x(t) \tag{5.1}$$

$$y(t) = As(t-\tau_0)\mathrm{e}^{\mathrm{j}2\pi f_\mathrm{d}(t-\tau_0)} + e_y(t) \tag{5.2}$$

它们是带有噪声的任意（未知）连续波形 $s(t)$ 的两个样本。假定以直达波接收站时间为坐标的 $s(t)$ 是复的、零均值和宽平稳（WSS）随机过程，$e_x(t)$ 和 $e_y(t)$ 是实的、零均值、互不相关噪声，$t_\mathrm{p} \leqslant t \leqslant t_\mathrm{p}+T$，$\tau_0$ 为研究信号/感兴趣信号（SOI）的待估计时延参数，A 为复

数，它定义两个接收通道间的相对幅度及失配相位。由于终端间相对运动形成的多普勒频移，或者接收机本振偏移都会形成信号两个样本间的频移，因此定义 $f_{\rm d}$ 为两个通道的 SOI 间的多普勒频移（DFO），而接收机共用同一个高稳定度本振（稳定度可达 10^{-4} ppm），且因本振引起的频移可以忽略。

另外，目标天线实际接收的信号是 $y'(t)=As(t-\tau_0){\rm e}^{{\rm j}2\pi f_{\rm d}(t-\tau_0)}+Bs(t)+e_y(t)$，这里假定直达波分量 $Bs(t)$ 因在进入目标通道前采用了空间滤波（对准天线零陷）、微波对消、中频对消等措施，剩余很小。

为了估计 τ_0，定义时延变量 τ 的目标函数为

$$\begin{aligned}J(\tau)&={\rm E}\left[\left|by(t+\tau)-ax(t)\right|^2\right]\\&=a^2{\rm E}\left[\left|x(t)\right|^2\right]+b^2{\rm E}\left[\left|y(t+\tau)\right|^2\right]-2\left|ab\right|\left|R_{xy}(\tau)\right|\end{aligned}\tag{5.3}$$

式中，

$$R_{xy}(\tau)={\rm E}\left[x(t)y^*(t+\tau)\right]\tag{5.4}$$

是统计互相关函数。改变 τ 直到 $J(\tau)$ 最小，将形成最小 $J(\tau)$ 的 τ 值记为 $\hat{\tau}$，称之为 τ 的最小二乘估计。由于 $s(t)$ 假定为零均值 WSS 随机过程，式（5.3）的前两项为常数，最小化 $J(\tau)$ 等价于最大化互相关函数的模 $\left|R_{xy}(\tau)\right|$，因此一旦定位互相关函数的峰值 $\left|R_{xy}(\hat{\tau})\right|$，就可以估计出两个通道信号的时延 $\hat{\tau}$。$\left|R_{xy}(\tau)\right|$ 的对称性和峰值的唯一性由 $s(t)$ 的模糊函数特性决定。

若 WSS 信号 $x(t)$ 和 $y(t)$ 是各态历经的，则式（5.4）中的互相关函数在信号采集时段 $t_{\rm p}\leqslant t\leqslant t_{\rm p}+T$ 可以近似为

$$\hat{R}_{xy}(\tau)=\int_{t_{\rm p}}^{t_{\rm p}+T}x(t)y^*(t+\tau){\rm d}t\tag{5.5}$$

这里隐含假定 $x(t)$ 和 $y(t)$ 的采集时长都是 T，且 T 非常长，有关时长 T 的选取问题已在第 2 章分析。时延参数 τ 的估计可通过频域和时域实现，在早期的声呐探测和辐射源定位中，延迟估计往往采用调整延迟线相关求和的时域估计方法，后来随着数字化延迟的实现，时域技术得到进一步发展。在进行相关之前，分别对 $x(t)$ 和 $y(t)$ 进行预滤波以减少各种干扰，比如减少通道失真引起的符号间干扰的均衡处理、减少进入目标通道的直达波干扰的零多普勒对消处理[5]，以及经典的加窗技术，都属于基本的预滤波技术，这里要求滤波函数具有同等相位谱，以防滤波引入延时误差。这种增加预滤波的相关技术被称为广义互相关（Generalized Cross-Correlation，GCC）技术[2]，而由于目标频移存在而考虑频移补偿的 GCC 方法被称为扩展的广义互相关（Extended Generalized Cross-Correlation，EGCC）方法。利用 FFT 快速算法，EGCC 可在频域中快速实现，当然，预滤波也要统一到频域中完成。

5.2.2　EGCC 方法的频域实现——重叠保留算法

假定长为 Q 和 P 的两段离散信号的相关可以通过求线性卷积得到，只要在线性卷积之前先进行一个信号的时间翻转即可。循环卷积可以通过 FFT 计算，因此相关可以直接利用 FFT 来实现，即所谓的快速相关。需要注意的是，中间还存在一个必要环节，即从线性卷积到循环卷积。与线性卷积不同的是，循环卷积存在混叠，为了消除混叠，需要对两段数据分别补零来将点数增加至 $Q+P-1$。于是，等长的两段信号分别经过 $Q+P-1$ 点 FFT，得到等长的谱，然后相乘并做 IFFT，仍然得到 $Q+P-1$ 点的时间序列，与直接相关后的长度吻合。模型描述如下。

式（5.5）的数字化形式为

$$\hat{R}_{xy}(m)=\sum_{n=0}^{N-1}x(n)y^*(n+m), N=T/T_s, m=0,1,\cdots,N-1 \tag{5.6}$$

式中，T_s 为采样信号的抽样时间间隔，1:1 抽样时 T_s 为采样间隔。通过检测 $\hat{R}(m)$ 的峰值位置 $\hat{m}=\lfloor \hat{D}/T_s \rfloor$，可以获得采样间隔整数倍的时延估计，$\lfloor z \rfloor$ 表示不大于 z 的最大整数，$\lceil z \rceil$ 表示不小于 z 的最小整数。N 点周期序列 $x(n)$ 和 $y(n)$ 的互相关公式（5.6）可以直接表示为线性卷积[6]：

$$\hat{R}_{xy}(m)=\sum_{n=0}^{N-1}x(n)y^*(n+m)=x(-m)*y^*(m), N=T/T_s, m=0,1,\cdots,N-1 \tag{5.7}$$

对于广播信号，$s(t)$ 是非周期信号，$x(n)$ 和 $y(n)$ 是非周期序列，式（5.6）定义为线性卷积。运用离散傅里叶变换的循环卷积特性，需要先将序列 $x(n)$ 和 $y(n)$ 补零至长度为 $L \geqslant N+N-1$ 的序列，为了构造循环卷积式，工程上 L 一般取 2 的幂次，同时为利用 DFT 的循环相关性质[6]，对式（5.7）做等价调整：

$$\hat{R}_{xy}(m)=\sum_{n=m}^{L+m-1}y(n)x^*(n-m)=y(m)*x^*(-m), m=0,1,\cdots,N-1 \tag{5.8}$$

于是有

$$\hat{R}_{xy}(m)=\frac{1}{L}\sum_{n=1}^{L-1}Y(k)X^*(k)\mathrm{e}^{\mathrm{j}2\pi km/L},\ m=0,1,\cdots,L-1 \tag{5.9}$$

式中，$Y(k)=\sum_{n=0}^{L-1}y(n)\mathrm{e}^{-\mathrm{j}2\pi kn/L}$，$X(k)=\sum_{n=0}^{L-1}x(n)\mathrm{e}^{-\mathrm{j}2\pi kn/L}$ 分别是补零后 L 点 $x(n)$ 和 $y(n)$ 的离散傅里叶变换。

一般来说，信号越长，处理效果就越好，但是计算量很大，而且延时很长，因此要采用块卷积方法，将目标信号分割成长度为 N 的信号段，然后将让每段信号与一段等长的参考信号卷积，并且采用适当方法将卷积后的信号段连接到一起。根据连接方法中重叠是发生在卷积后还是发生在卷积前，分为重叠相加法和重叠保留法[7]，这里采用重叠保留法。

处理流程如下：先对一段长为 N 的直达波通道信号进行末端补零，构成 $2N$ 长的相关参考基准，类似于数字脉压处理中的存储波形，目标通道的采样序列按 $2N$ 长分段，相邻段之间重叠 N 个样本。然后分别进行 $2N$ 点 FFT，之后相乘（内积），最后做 $2N$ 点 IFFT 得到输出段，由于 $2N$ 点输出的前 N 点是混叠结果，因此后面的 N 点是有效的相关输出，加以保留，从而完成一个距离单元的频域相关处理。然后，对目标通道信号序列重复操作，完成整个距离单元的相关搜索，频域 EGCC 及模糊函数跟踪方法的分步实现如图 5.1 所示。

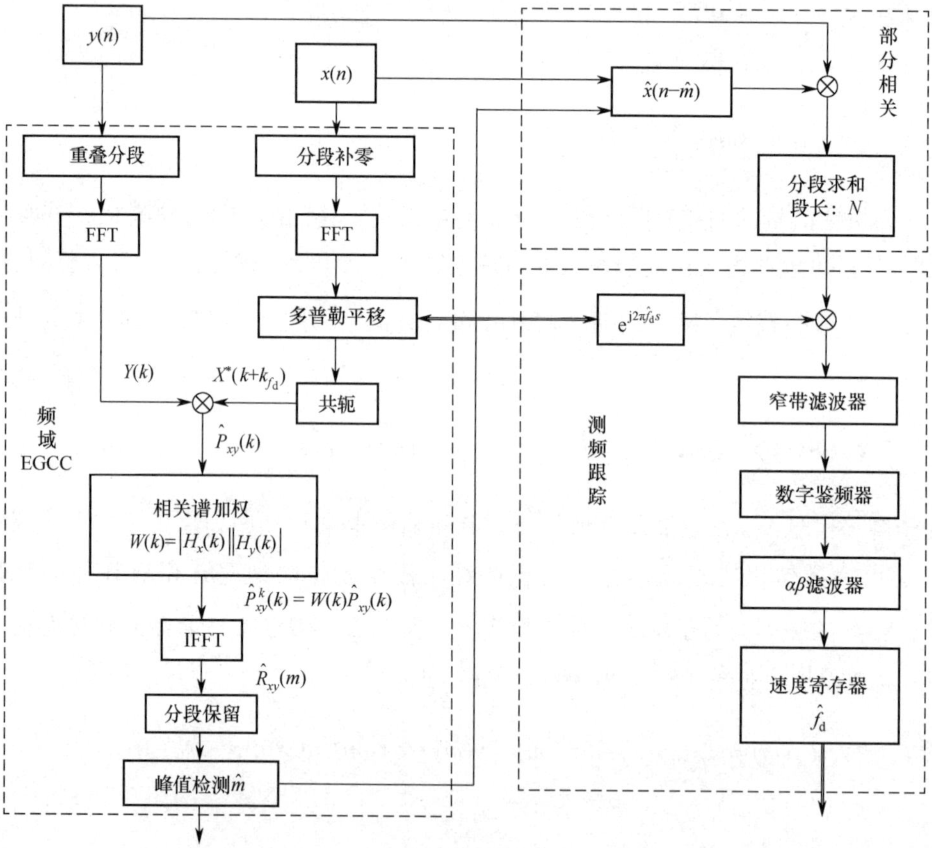

图 5.1 频域 EGCC 及模糊函数跟踪方法的分步实现

由于目标通道和直达波通道采样信号之间存在多普勒频移 f_d，因此增加频移处理的 GCC 方法，即 EGCC 方法，它描述为

$$\begin{aligned}\hat{R}_S(qN+m;\upsilon) &= \sum_{n=SN}^{SN+N-1} y(n)x^*(n-qN-m)\exp\left(-\mathrm{j}2\pi\frac{n\upsilon}{N}\right)\\ &= \sum_{k=0}^{2N-1} Y(k;S)X^*(k+\upsilon;S-q)\exp\left(\mathrm{j}2\pi\frac{mk}{N}\right),\quad m=0,\cdots,N\end{aligned} \tag{5.10}$$

EGCC 组合来自 y 的第 S 个数据段和来自 x 的第 $S-q$ 个数据段，计算 $\hat{R}_S$ 的延迟为 $\tau=(qN+m)T_s$，T_s 是复包络数据的采样间隔，对于 1.25MHz 的复采样率，用于卷积的 $2N=2048$ 点 FFT 对应的数据长为 819.2 μs，q 的引入是为了表示延迟在(0, 819.2) μs 之外的某个范围，即目标的双基地距离为 245.76km；$X(k;S)$ 和 $Y(k;S)$ 是第 S 个 FFT 数据段，y 包含 $2N$ 点（50%的重叠），然而 x 包含 N 点（另外补 N 个零）；$\exp(-\mathrm{j}2\pi n\upsilon/N)$ 是速度补偿项，υ 是最接近 f_d 的整数，在频域处理中表现为对 $X(k;S)$ 的 υ 次循环移位操作，即 $X(k+\upsilon;S)$。当 $T=819.2$ μs 时，计算 $\hat{R}_S$ 的频率为 $f=\upsilon/2T=610\nu$ Hz。q 和 υ 被认为是定值(即对每个 q 和 υ，它们是分开的计算集)。对应于给定的 q 和 υ，互谱积的 FFT 计算将给出对应所有 m 值的 $\hat{R}_S$（从 0 到 N）。需要注意的是，时延 $\hat{m}$ 反映在互相关函数 $\hat{R}_S(m)$ 的幅度和相位上，然而对于目标回波来说，$\hat{R}_S(m)$ 的相位对时延非常敏感，DTO 的微小改变会引起很大的相位波动，因此 $\hat{R}_S(m)$ 的相位极不稳定，一般不用于时延估计，而 $\hat{R}_S(m)$ 的幅度变化不受 DTO 的微小变化的影响。因此，搜索的是 $\hat{R}(m)$ 的幅度最高值。最后，$\hat{R}_S$ 值可在多达 256 组 S 长的数据段上采用同一套参数计算，并且对幅度平方进行平均。平均值将在噪声和信号估计的基础上与预设门限进行比较，以便确定是否出现相关峰值。搜索开始于最有可能的值 q 和 υ，并且继续下去，直到发现峰值或者所有感兴趣的值搜索完毕。

第一步需要积累相当长的时间，才能提供足够的处理 SNR，确保可靠的峰值检测，而从计算量的角度来看，时间短一些更方便，并且只需要很少的多普勒单元用于搜索。对于 $T=819.2$ μs 的时长，频移补偿的最小宽度为 610Hz。如果原始的多普勒不确定范围大于±610Hz，补偿将在值为 610Hz 的整数倍上计算（和 FFT 谱线间隔一致）。此外，时延差将在所有等价复采样率的整数倍上搜索。如果原始时延差的不确定范围大于 819.2 μs，那么就需要搜索许多这样长的数据段。

在 VHF 甚至 UHF 频段上，610Hz 的补偿间隔对于民航飞机目标形成的多普勒频移范围是相当大的，因此选择时长时需要慎重，频移补偿带来的效果究竟有多大，反过来说不补偿的损失有多大，这些问题将在 5.3 节中阐述。

5.2.3　EGCC 加窗方法

加窗技术广泛应用在数字滤波和谱分析等诸多工程领域。为改善互相关函数的形状，在 EGCC 算法的频域实现式（5.9）中引入窗函数：

$$\hat{R}_{xy}(m)=\frac{1}{L}\sum_{n=1}^{L-1}W(k)Y(k)X^*(k)\mathrm{e}^{\mathrm{j}2\pi km/L}\quad,\ m=0,1,\cdots,L-1 \tag{5.11}$$

窗函数 $W(k)=|H_x(k)||H_y(k)|$ 的不同选择，对应于不同的方法，如 ROTH、SCOT、PHAT。Hassab[9]讨论了几种通用加窗函数的优缺点，表 5.1 中总结了几类窗函数及其作用。

表 5.1　几类窗函数及其作用[2]

方　法	窗 函 数	加 窗 作 用
互相关	1	
ROTH 脉冲响应	$\dfrac{1}{P_{xx}(k)}$	未知 SOI 先验信息时的最佳选择窗，抑制 x 通道的 SOI 谱区域噪声
SCOT	$\dfrac{1}{\sqrt{P_{xx}(k)P_{yy}(k)}}$	抑制双通道的 SOI 谱区域噪声，通过白化 $\hat{P}_{xy}(k)$ 来弱化 $s(t)$ 带宽的影响
PHAT	$\dfrac{1}{\lvert P_{xy}(k)\rvert}$	纯粹的技术探讨
ECKART	$\dfrac{P_{ss}(k)}{\left[P_{n_xn_x}(k)P_{n_yn_y}(k)\right]}$	普通相关器输出，使信号和纯噪声两种情况下的差别最大化
ML 极大似然估计	$\dfrac{1}{P_{ss}(k)}\left[\dfrac{\lvert\gamma_{xy}(k)\rvert^2}{1-\lvert\gamma_{xy}(k)\rvert^2}\right]$ $\gamma_{xy}(k)=\dfrac{P_{xy}(k)}{\sqrt{P_{xx}(k)P_{yy}(k)}}$	已知 $y(t)$ 和 $x(t)$ 的谱密度，$s(t)$、$n_x(t)$和 $n_y(t)$高斯分布且互不相关，并且互谱密度 $\hat{P}_{xy}(k)$ 由平均周期图方法得到，则最小化 DTO 估计方差，也称 ML 估计

在基于广播信号的 EGCC 算法中，我们采用 ROTH 方法进行加窗，FM 直达波信号功率谱密度及 EGCC 采用的频域窗如图 5.2 所示。采用频域窗的 EGCC 结果与采用矩形窗的结果比较如图 5.3 所示，3dB 主瓣宽从 16μs 降为 1.5μs，对应的分辨率提高了近 10 倍，第一副瓣从−13.4dB 上升为−6.7dB，发生在 3.6μs DTO 处，对应的目标与基线距离差 1080m，最高副瓣上升为−3.1dB，出现在 36μs DTO 处，对应的目标与直达距离差约为 10km，大于 1ms 延迟的远离主瓣区的副瓣峰值下降近 20dB。这样，对于长为 100km 的基线，与发射台相反方向的 100km 处的目标，比起矩形窗，采用该窗将获得近 20dB 的直达波抑制效果。EGCC 通过频域加窗改善相关域分析，与时域加窗改善谱分析的基本原理类似，对存在强干扰情况下的宽带信号，若干扰瓣靠近信号相关主瓣，则选用主瓣附近旁瓣幅度小、衰减速度快的窗函数，若离开主瓣较远，则可选用渐近线衰减速度比较快的窗函数，如前面例子中分析的由直达波谱密度倒数构成的窗就属于渐近衰减速度快的一类。

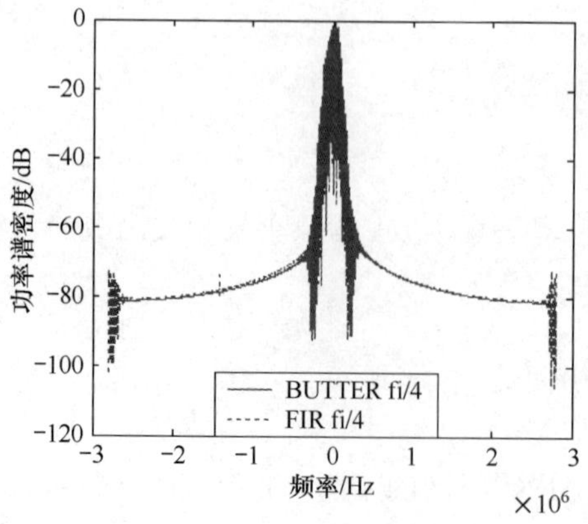

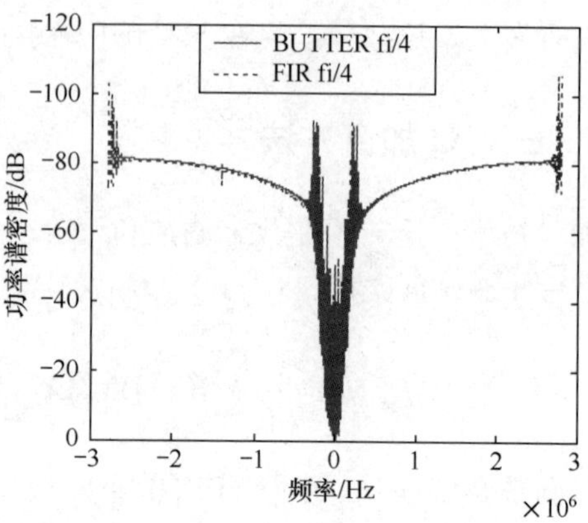

图 5.2　FM 直达波信号功率谱密度及 EGCC 采用的频域窗

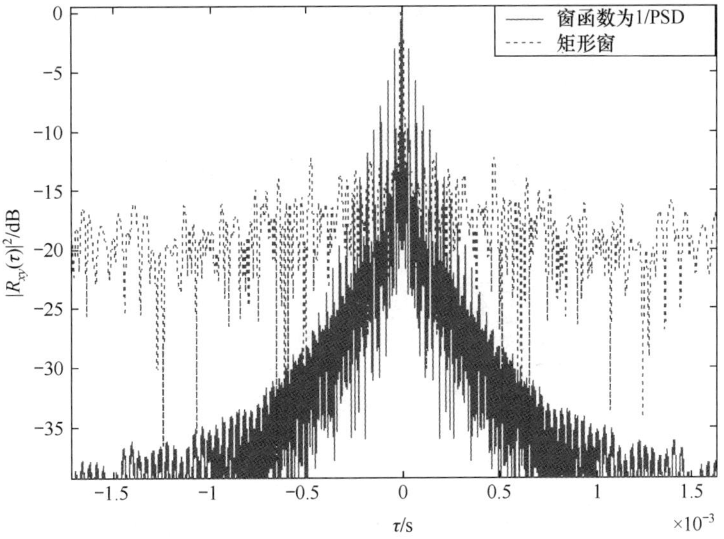

图 5.3　采用频域窗的 EGCC 结果与采用矩形窗的结果比较

在 EGCC 频域分析中为减少能量旁瓣泄漏带来的误差，应选择旁瓣峰值小且衰减快的窗函数，但是，如果仅要求分辨率高，能够精确读出主瓣频率而不考虑幅值精度，那么可以选用主瓣宽度比较窄的便于分辨的矩形窗函数。总之，如果选窗针对的是滤波，那么着重考虑提高阻带衰耗，减小通带衰耗；如果选窗针对的是谱分析，那么主要考虑提高频率分辨率。

5.3　EGCC 多普勒补偿及频率跟踪算法

在上述 EGCC 处理中，直达波 $x(n)$ 和目标回波 $y(n)$ 间未知多普勒频移的存在，导致相关输出峰值降低，因此有必要在相关处理前或处理中进行补偿。对于类似的辐射源时差定位的多普勒补偿问题，Matthiesen[9]进行了专门的讨论，他定义了多普勒去相关损失（DDL）因子。本节将 DDL 因子应用于 PCL，并且依据该因子比较了几种多普勒补偿方法，分析了信号去相关时间和相关积累时间对 DDL 因子的影响，并且在实际系统中为了进一步减少补偿计算量，在多普勒分段补偿中引入了 FFT 剪枝算法[6]。

5.3.1　EGCC 中的频移损失

PCL 采用基本结构如图 5.4 所示的基于多普勒补偿的互相关器。直达波信号通道和目标回波通道分别对应于两个接收机或者一个接收机的两个通道，其信号复包络的时间采样分别为

$$x(n) = s(n - \bar{m}_x) + e_x(n) \tag{5.12}$$

$$y(n)=(gs(n-\bar{m}_y)+e_y(n))\cdot \mathrm{e}^{\mathrm{j}\omega_{\mathrm{d}}\frac{n-\bar{m}_y}{F_{\mathrm{s}}}},\quad n=1,2,\cdots,N \tag{5.13}$$

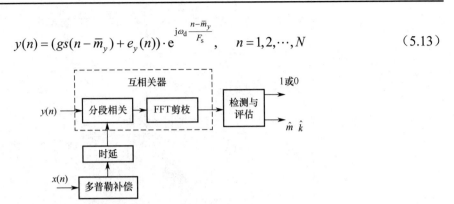

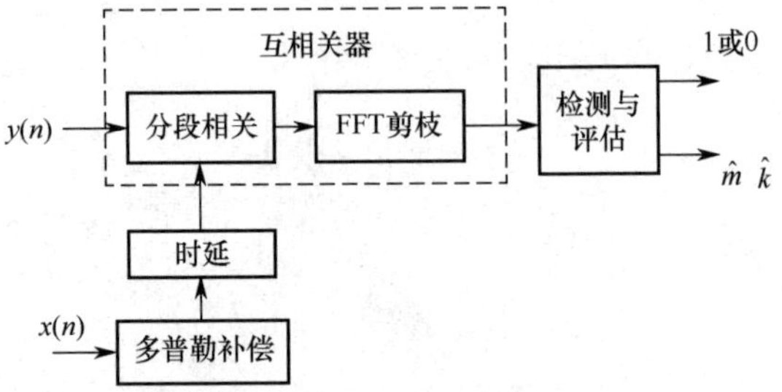

图 5.4 基于多普勒补偿的互相关器

设 $x(n)$ 和 $y(n)$ 是等长的两段信号，$s(n)$ 是原信号，$x(n)$ 是 $s(n)$ 延迟 $\bar{m}_x$ 的样本，g 是增益匹配因子，$\bar{m}_x \approx L/c$，$\bar{m}_y \approx \dfrac{R_{\mathrm{ts}}+R_{\mathrm{sr}}}{c}$，$R_{\mathrm{td}}=R_{\mathrm{tr}}=L$，$R_{\mathrm{ts}}$ 和 R_{sr} 的定义如图 2.1 所示，$e_x(n)$和$e_y(n)$ 是噪声项。多普勒频率 ω_{d} 为

$$\omega_{\mathrm{d}}=\frac{-\omega_0\dot{R}}{c},\qquad R=R_{\mathrm{ts}}+R_{\mathrm{sr}} \tag{5.14}$$

假定相对延迟为 $\hat{m}$ 时，归一化离散互相关函数是

$$R_{xy}(\hat{m})=\frac{1}{N}\sum_{n=0}^{N-1}x(n)y^*(n+\hat{m}) \tag{5.15}$$

作为检测统计量，要求信号交叠时要足够长，且信号满足平稳特性。由于目标散射信号滞后于直达波信号，因此可以认为 $N>\hat{m}>0$，互相关输出信噪比由参考文献[9]中式（10）给出：

$$\gamma(\hat{m})=\frac{\mathrm{E}\left[\left|R_{xy}(\hat{m})\right|^2/H_1\right]}{\mathrm{E}\left[\left|R_{xy}(\hat{m})\right|^2/H_0\right]}-1=T(\hat{m})W\left(\frac{\gamma_1}{1+\gamma_1}\right)\left(\frac{\gamma_2}{1+\gamma_2}\right) \tag{5.16}$$

式中，H_0 表示目标通道信号与另一通道的直达波信号不相关，此时目标通道中要么只有噪声，即 $y(n)=e_y(n)$，要么来自目标的散射信号与直达波信号相差时延大于去相关时间；H_1 表示目标通道的目标散射信号与直达波信号相关，时延小于去相关时间。

$T(\hat{m})=(N-\hat{m})\Delta t$ 是延迟为 $\hat{m}$ 时的交叠时长，γ_1和γ_2 是两路通道的输入信噪比，因此，由于特定多普勒频移 ω_{d} 的存在而导致的互相关输出信噪比损失（多普勒去相关损失因子，DDL）表示为

$$L_{\mathrm{d}}(\hat{m},\omega_{\mathrm{d}})=\frac{\gamma(\hat{m},\omega_{\mathrm{d}})}{\gamma(\hat{m},\omega_{\mathrm{d}}=0)}=\frac{\mathrm{E}\left[\left|R_{xy}(\hat{m})\right|^2/H_1,\omega_{\mathrm{d}}\right]-\mathrm{E}\left[\left|R_{xy}(\hat{m})\right|^2/H_0\right]}{\mathrm{E}\left[\left|R_{xy}(\hat{m})\right|^2/H_1,\omega_{\mathrm{d}}=0\right]-\mathrm{E}\left[\left|R_{xy}(\hat{m})\right|^2/H_0\right]} \tag{5.17}$$

ω_{d} 越接近于零，损失越小，即 $L_{\mathrm{d}}(\hat{m},\omega_{\mathrm{d}})$ 趋近于 1。为此，我们可以对未知的 ω_{d} 补偿 ω_{c}，从

而使 DDL 减少至 $L_{\rm d}(\hat{m}, \omega_{\rm d} - \omega_{\rm c})$。

5.3.2 频移补偿及 DDL 因子分析

如果多普勒频移 $\omega_{\rm d}$ 可以直接由目标回波 $y(n)$ 测得，那么可以直接用测量值 $\omega_{\rm m}$ 进行补偿。例如，基于电视的双基地雷达使用已知的稳定载波与回波进行混频相关处理来获取多普勒频移，这种多普勒补偿方法简单且直接。

如果不能直接得到多普勒频移 $\omega_{\rm d}$，且不具备先验信息，那么可通过多普勒补偿滤波器组将 DDL 降至最低，第 k 个多普勒滤波单元完成对特定多普勒频移的 $k\Delta\omega$ 补偿，补偿后的归一化采样互相关函数为

$$\begin{aligned}R(m,k) &= \frac{1}{N}\sum_{n=0}^{N-1} y(n)x^*(n-\hat{m})\mathrm{e}^{-\mathrm{j}k\Delta\omega n} \\ &= \frac{1}{N}\sum_{n=0}^{N-1}(s(n-\bar{m}_y)+e_y(n))\cdot \mathrm{e}^{\mathrm{j}\omega_{\rm d}\frac{n-\bar{m}_y}{F_{\rm s}}}(s^*(n-\bar{m}_x-\hat{m})+e_x^*(n))\mathrm{e}^{-\mathrm{j}k\Delta\omega n} \\ &= \frac{1}{N}\mathrm{e}^{-\mathrm{j}2\pi f_{\rm d}\frac{\bar{m}_y}{F_{\rm s}}}\sum_{n=1}^{N} s(n-\bar{m}_y)s^*(n-\bar{m}_x-\hat{m})\cdot \mathrm{e}^{-\mathrm{j}2\pi n\left(-\frac{f_{\rm d}}{F_{\rm s}}+\frac{k}{N}\right)}\end{aligned} \quad (5.18)$$

假定 $\bar{m}_y = \bar{m}_x + \hat{m}$，即 $\hat{m} = \bar{m}_y - \bar{m}_x$，当 $-\frac{f_{\rm d}}{F_{\rm s}} + \frac{k}{N} = 0$ 时，多普勒滤波单元满足 $k = \frac{f_{\rm d}N}{F_{\rm s}}$，信号相关积同相相加，互相关器有最大输出。实际上，该式就是信号 $x(n)$ 和 $y(n)$ 相关积的离散傅里叶变换，也可理解为在不同的预设频移单元上进行相关，如果预设的频移单元等于两个通道的相对频移，那么相关输出最大。EGCC 按 5.2.2 节那样在频域中实现时，频移补偿表现对 $X(k;S)$ 的预设循环移位操作，只是由于 EGCC 在搜索目标阶段的积累时间一般选得较短，因此补偿意义不明显，但是在图 5.1 右边所示的跟踪阶段，尤其是对混合积的积累处理阶段，频移损失将作为时长选择的一个重要依据。

上述方法在未知多普勒信息的基础上实现多普勒补偿，与此同时获得多普勒频移信息，因此需要在频域上进行搜索，计算量大，实时处理需要几千 GOPS（10 亿次操作每秒）。考虑到式（5.18）的运算由两个信号在时间序列上求积后进行相应的 FFT 变换完成，我们将讨论 FFT 剪枝算法及分级相关跟踪算法。

抽取算法是在时域中减少计算量的方法，抽取将改变信号的去相关时间[10]，因此，我们将分析不同去相关时间的信号的 DDL 性能。图 5.5 所示为三类信号的 DDL 曲线和 DDL 下限的比较。

窄带噪声信号的 DDL 因子曲线与 DDL 下限比较吻合，具有 1ms 相关时间的语音信号的损失因子曲线较大地偏离了下限，对其进行等间隔抽样后的信号序列，其 DDL 曲线有所改善。这表明信号的去相关时间影响多普勒频移损失，去相关时间越长，多普勒频移造成的损失就越不明显，表现在 DDL 曲线主峰变钝，而且 DDL 曲线出现很大的起伏，这些起伏容

易使频移补偿模糊，也不利于后续的测频。运用此性质，有助于我们选择利用那些去相关时间短的外辐射源信号。当然，我们在给定外辐射源信号时，可以采用抽样等办法来减少相关性，然而，如果直接增大抽样间隔，在同样信号时长的条件下，信号处理增益势必线性下降，而采用局部相关后进行 FFT 补偿的两级积累方式，既可以减少局部相关性改善多普勒补偿，又可以提高处理增益，同时还能减少 FFT 的计算点数。

采用两级积累，通过局部相关后进行补偿时，为减少相关性，我们希望分段的局部长度大一些，然而随着局部处理时长的增加，会面临一些新的问题。图 5.6 中给出了不同局部积累时间的多普勒补偿损失。随着局部时长的增加，多普勒频移对相关输出信噪比损失变大，而人们希望在局部相关时，多普勒频移造成的局部相关损失要尽量小，因此这里要求一个折中的局部处理时间。如图 5.6 所示，对于广播信号，如果 0～600Hz 多普勒频移的目标可以容许 3dB 的频移损失，那么 1ms 的局部相关时间就能很好地满足要求，而 2ms 对大于 400Hz 左右的频移目标不能满足相关要求。

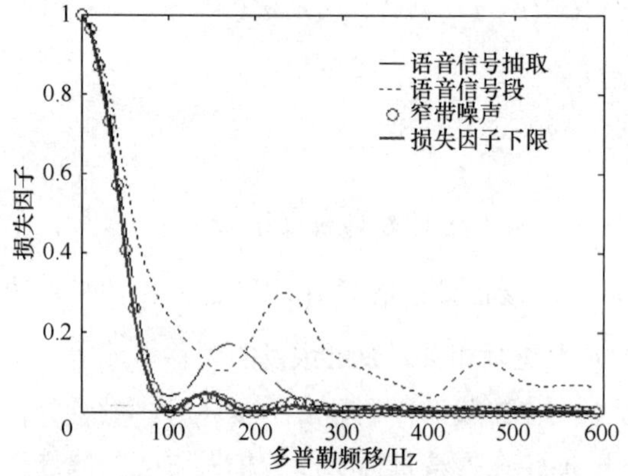

图 5.5　三类信号的 DDL 曲线和 DDL 下限的比较

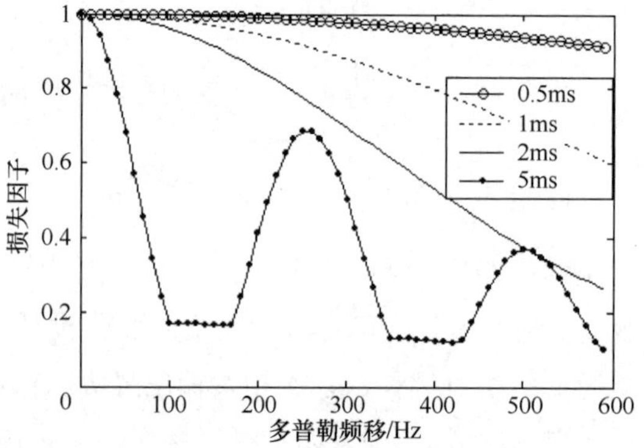

图 5.6　不同局部积累时间的多普勒补偿损失

相关信号时长 1s，采用 1ms 的局部相关时间，然后进行 1024 点 FFT 变换，对于 100Hz 多普勒频移的目标回波，基于 FM 语音信号的两级处理结果如图 5.7 所示。

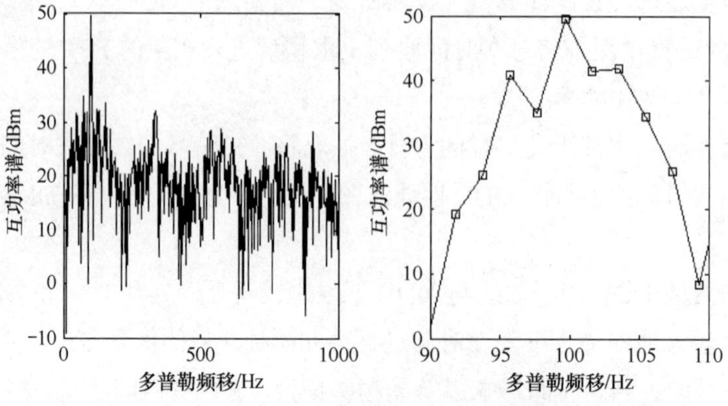

图 5.7　基于 FM 语音信号的两级处理结果

5.3.3　FFT 剪枝算法

多普勒盲补偿方法采用全频域补偿，需要相当大的计算量，虽然通过分级相关积累的抽取办法减少了 FFT 的点数，但是要达到足够小的频域分辨单元和较高的目标多谱勒频移，FFT 的计算开销依然很大。考虑到目标的多普勒频移往往在特定的频段上，空中目标的速度范围通常为 100～400m/s，如果相关接收的输出结果按最大频移 $f_d = 2\upsilon/\lambda$，$\lambda = 1\text{m}$ 计算，范围为 200～800Hz，那么这一频段的输出是我们所关心的，对于双基地配置下的频移特性，下限会更低一些。另外，在知道目标运动的部分先验信息后，目标频移范围会进一步缩小。为此，采用 FFT 剪枝算法，只考虑特定范围的输出，以节省其余大部分输出的计算。也就是说，频域分段补偿方法等效于频域分段搜索，这种方法依据目标先验信息，逐渐缩小分区进行补偿，并且同时完成测频，最理想的情况是对几个频率分辨单元进行 FFT。

下面以 $N = 8$ 反序输入、正序输出为例简述 DIF-FFT 的剪枝算法。图 5.8 所示为反序输入 DIF-FFT 剪枝算法流程图，如果需要计算 $X(0)$和 $X(1)$，那么只有第一级需要进行常规的全部蝶算，第二级和第三级都只有加法运算，省去了乘法和减法。一般情况下，设输入序列数量是 $N = 2^r$，所需的输出序列数量是 $N_F = 2^F$，采用 DIF-FFT 剪枝算法后，乘法次数减少的比例为

$$S_r = \frac{r \cdot 2^{r-1} - \sum_{k=1}^{F} 2^{r-k}}{r \cdot 2^{r-1}} \tag{5.19}$$

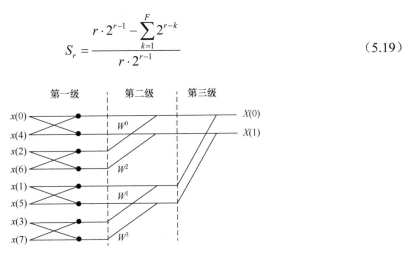

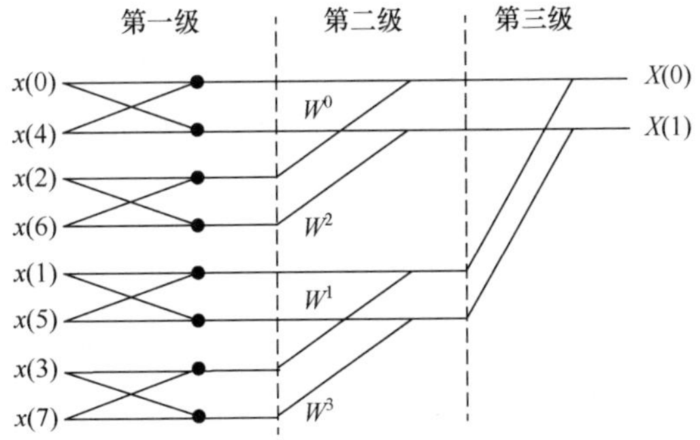

图 5.8　反序输入 DIF-FFT 剪枝算法流程图

上述讨论只针对低序号的 $X(k)$，计算的是 $X(k_1)$到 $X(k_2)$一段频谱。于是，根据频移性质，首先将这段频谱搬移到低序号段，然后采用剪枝算法。相关信号时长 1s，对于 1024 点 FFT，每个频率单元的宽度都为 1Hz，要求输出为三个频点，于是计算量减少 82.5%，以三点中的峰值点作为补偿点，并且频移损失曲线的主瓣的 3dB 带宽小于两个频率单元。图 5.9 中显示了频移损失曲线主瓣的 3dB 带宽，平均频移损失为

$$L_{\mathrm{d}} \geqslant \frac{N\Delta t}{0.443}\int_{-\frac{0.443}{N\Delta t}}^{\frac{0.443}{N\Delta t}}\left[\frac{\sin(N\pi f_{\mathrm{d}}\Delta t)}{N\sin(\pi f_{\mathrm{d}}\Delta t)}\right]^2 \mathrm{d}f_{\mathrm{d}} \xlongequal[N\Delta t=1]{N=1024} 0.796 \tag{5.20}$$

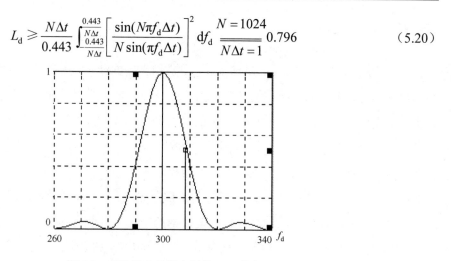

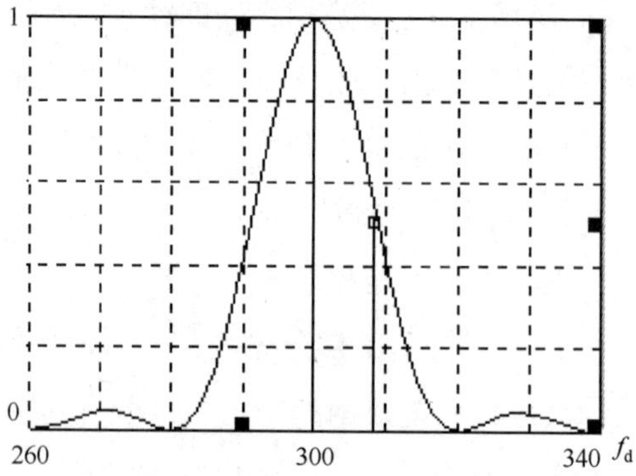

图 5.9 频移损失曲线主瓣的 3dB 带宽

FFT 剪枝算法通过减少输出点数来简化 FFT 计算，同时完成频率跟踪。然而，这种处理方法是在确定的信号时长情况下进行的，FFT 分辨率并未提高。因此，EGCC 方法主要完成时延峰值搜索，同时兼顾了粗略的频移处理。要获得精确的频移并跟踪，就需要尽量提高信号的积累时长，但是点数增加势必大大增加 EGCC 处理的复杂度。因此，我们采用如图 5.1 右侧所示的部分相关和速度跟踪的两级处理办法，有关两级处理在频移损失方面的问题，前面已进行了一些讨论。下面从模糊函数的角度出发对两级处理进行原理性分析。

5.4 模糊函数处理算法

EGCC 方法主要完成搜索功能，缩小并初始化 (τ,υ) 跟踪区域，通常积累时间较短，利用 FFT 快速卷积技术，覆盖 τ 和 ν 的较宽区域。模糊函数处理完成跟踪功能，长积累时间使得 DTO 和 DFO 估计有很好的精度，参数的初始估计来自 EGCC，EGCC 搜索到的时延参数用于启动图 5.1 中的部分相关模块。而后，使用分段求和或其他 FIR 构成的层叠滤波器进行最小化处理，输出参数进入频移跟踪环，并且自维持，仅当因数据中断而需要恢复时才重新初始化，估计的频移还反馈给 EGCC 用于预补偿，如图 5.1 中指向左边的空心粗线所示。

对于 DTO/DFO 联合估计，相关处理自然推广为复模糊函数[4]：

$$\chi(\tau,\upsilon) = \int_0^T x(t)y^*(t+\tau)\exp(-\mathrm{j}2\pi\upsilon t)\mathrm{d}t \tag{5.21}$$

同时在 τ 和 υ 两维参数上的搜索可以使 $|\chi(\tau,\upsilon)|$ 达到峰值。对于 $\upsilon=0$，复模糊函数简化为传统的 GCC 函数。对于 $\upsilon\neq 0$，式（5.21）的计算被视为对 $x(t)$ 的谱频移 υ 之后的相关，在 ν 值恰好补偿掉 $y(t)$ 中相应部分的频移时，形成峰值，即 EGCC 方法。

对于给定的输入信噪比和带宽，积累时间 T 确定了 DTO 或 DFO 的测量精度。当 $x(t)$ 和

$y(t)$ 来自两个通道时，式（5.21）处理的是互模糊函数，叠加在其上的通道噪声一般是相互独立的，并且在任何 τ 和 ν 上都是不相关的。式（5.21）提供的是信号分量的模糊峰值特征，由于相伴而来的叠加随机分量，限制了主峰值对应的 τ 和 υ 的估计精度。采用单天线单通道进行 PCL 处理时，处理的是自模糊函数，代表单一接收通道的输出，直达波信号和噪声分量都在 $\tau=0,\upsilon=0$ 的位置产生峰值。直达波和目标信号的相关峰远离原点，这与信号传播中的多路径分离的自模糊函数研究方法相似，即看 $|\chi(\tau,\upsilon)|$ 是否在原点以外的一些地方存在峰值。

5.4.1　模糊函数处理的混合积滤波解释

考虑的直达波 $x(t)$ 和目标回波 $y(t)$ 是复信号 $s(t)$ 的两个不同 DTO 和 DFO 的复信号样本，即

$$x(t)=s(t)\exp\left[\mathrm{j}2\pi f_1 t\right]+n_1(t) \tag{5.22}$$

$$y(t)=s(t-\tau_0)\exp\left[\mathrm{j}2\pi f_2(t-\tau_0)\right]+n_2(t) \tag{5.23}$$

对每个 τ，模糊函数计算被视为对来自同一信号源的两个样本信号波形的混合积：

$$r(t;\tau)=x(t)y^*(t+\tau) \tag{5.24}$$

$r(t;\tau)$ 是一个复包络信号，由 $x(t)$ 和 $y(t)$ 表示的复带通信号下变频至零中频，然后进入混频器相乘。在混合积中，感兴趣的项是

$$s(t)s^*(t+\tau-\tau_0)\exp\left[\mathrm{j}2\pi(f_1-f_2)t\right]\exp\left[-\mathrm{j}2\pi f_2(\tau-\tau_0)\right] \tag{5.25}$$

理想条件下，假定 f_1-f_2 就是待估计的 DFO，即 f_d。当 $f_1-f_2\neq 0$ 时，积中的直流分量被 f_1-f_2 的差频正弦分量代替。对混合积的模糊函数处理 $\frac{1}{T}\int_0^T\left[r(t;\tau)\right]\exp(-\mathrm{j}2\pi\upsilon t)\mathrm{d}t$ 对应于中心频率为 υ 的带通滤波，或者等价于 $r(t;\tau)$ 通过外差下变频一个 υ，后接低通滤波器。该滤波器是一个带通或低通积累转储滤波器[4]。当 f_1-f_2 在 ν 周围的 $1/T$ 范围内时，滤波器有明显输出，峰值在 $\upsilon=f_1-f_2$ 上。当信号带宽 B 远大于模糊计算的最后滤波带宽 $1/T$ 时，数字处理可以通过分层连续窄化滤波器来实现，连续滤波输出是频率为 $\upsilon-(f_1-f_2)$ 的正弦波信号的复采样，数据率在各滤波阶段相应地减小。然而，任何采样率的减小都必须避免任何非零谱分量的混叠。剩下的频移由数字鉴频器来估计，测量相继采样之间的相位差，测得正弦信号的频率。如果 f_d 是缓慢变化的，那么该方法与内插方法相比要更加简单且精确。

注意，此时，对于不包含隐性周期分量的波形，τ 应该落在延迟差 τ_0 周围信号带宽倒数 $1/T$ 范围内，以使混合积本身具有较强的幅度，峰值在 $\tau=\tau_0$ 处。τ 的离散取值按输入采样间隔计算，根据奈奎斯特采样定理可确保至少 τ 的三个等间隔值恰好落在相关瓣的宽度内，从这些点上可内插完成更加精确的 DTO 估计。

5.4.2 模糊函数的分步简化处理

Stein 在文献[3]中给出了模糊函数分步简化处理流程，我们基于 FM 广播信号的 PCL 雷达的信号处理设计参数，分析、设计并实现模糊函数信号处理。

基于 FM 的 PCL 雷达参数如下。信号带宽 $B = 50\text{kHz}$，由于 FM 信号 RMS 带宽是变化的，因此取均衡处理后的恒定带宽，此时对应的距离分辨率为 300/B（MHz）= 6000m；信号的复采样率为 $f_s = 250\text{kHz}$（T_s = 4μs）时延量化间隔为 4μs，对应的双基地距离步长为 1200m；最大的多普勒频移（DFO）不定范围为±200Hz，对应的双基地距离变化率为 600m/s；精度要求：时延差 DTO，0.1μs；DFO，0.1Hz；积累时间：$T \approx 1\,\text{s}$。

1．步骤 1：压缩带宽的部分相关

两输入复包络信号 $x(t)$ 和 $y(t)$ 在时间 $t = nT_s$ 采样，形成数据流 $\{x(n)\}$ 和 $\{y(n)\}$。两路信号共用同一个本振源，实现同步采样，以便不出现损失。模糊函数计算定义为

$$\chi_S(m,p) = \sum_{n=SN}^{SN+N-1} x(n)y^*(n+m)\exp\left(-\mathrm{j}2\pi\frac{np}{Q}\right) \tag{5.26}$$

模糊函数在离散延迟时间 $\tau = mT_s$ 和频移 $\nu = \dfrac{p}{QT_s}$ 上计算。χ_S 表示从最初记录的第 S 个相连数据段计算。对于该例，每个数据段的长度都为 $N = 2.5\times10^5$。为了最终能够内插到 0.1Hz，采用 1Hz 的频率间隔。这意味着 $Q = 250000 \approx 2^{18}$。显然，对于这么大点数的 FFT 处理，用于直接搜索 f 域是不可能的，即使采用剪枝算法也不现实。与采样率相比，由于 DFO 的不定范围很小，因此对混合积

$$r_1(n;m) = x(n)y^*(n+m) \tag{5.27}$$

采用最简单的低通滤波，即没有加权的（I&D）滤波器：

$$r_2(k;m) = \sum_{n=kN_1}^{kN_1+N_1-1} r_1(n;m) \tag{5.28}$$

式中，$N_1 = 256$，k 是输出序列 r_2 的索引；$r_2(k;m)$ 是每隔 $T_1 = T_s \times N_1 = 4\times256 = 1.024\text{ms}$ 的采样，因此该滤波器具有约 976Hz 的输出数据率。滤波器的第一组零点在±976Hz 处，−4dB 带宽为 976±488Hz。$r_2(k;m)$ 包含零频附近±200Hz 内的差频分量，对不大于±100Hz 的差频，通过的损失低于 0.2dB，在±200Hz 边界上的损失也仅为 0.6dB。由于输出采样率低于有效的奈奎斯特采样率，如果采样序列进一步滤波，信号谱就会发生混叠。然而，折叠进感兴趣的频域部分（从−200kHz 到+200kHz）主要来自±976Hz 的整数倍区域，这些地方恰好是 I&D 的零点位置。折叠能量被 $[\sin x/x]^2$ 加权，增加的噪声分量可以忽略，混合积的宽带能量的自有噪声比信号低 15dB。低通 I&D 滤波器的特性如图 5.10 所示，阴影带描述±976Hz 的整数

倍区域，频域跨度为 200Hz。对于该 τ 的任何进一步的模糊函数处理，所采用的数据都仅限于 976Hz 采样率，存储和处理需求降为原来速度 250kHz 的 1/256。

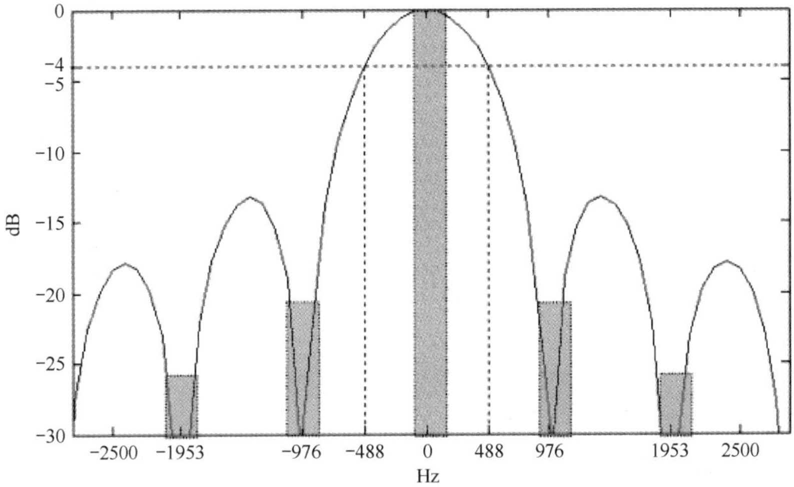

图 5.10　低通 I&D 滤波器的特性

在处理过程中，需要注意两个重要指标：一是 I&D 滤波器在 DFO 不定范围内的损失；二是输出信号与混合积宽带能量的自有噪声之比。

2．步骤 2：模糊函数的层叠简化处理

剩下的模糊函数计算

$$\chi_S(m,\upsilon)=\sum_{k=SK}^{SK+K-1} r_2(k;m)\exp\left(-\mathrm{j}2\pi\upsilon kT_s'\right) \tag{5.29}$$

对于选定的 υ 值，这里 $T_s'=1.024\text{ms}$，k 表示 976Hz 的采样。每个 υ 值都被视为 I&D 带通滤波器的中心频率。如果选择 $K=2^9=512$，那么得到的积累时间为 $T=KT_s'=0.524\text{s}$，$f_0=1/T\approx1.9\text{Hz}$。为了进一步得到0.1Hz的精度，可将三角系数的个数K增加到2048或4096，保持同样的数据段长度，得到的滤波器间隔分别为 0.5Hz 和 0.25Hz，但是基本的分辨率不变。虽然简化了内插估计，但是增加了在 3kHz 上的滤波计算（对应于 3 个 τ 值）。另一个方案是，在整个 1024 点的数据段上进行 FFT，给出 1kHz 区域内间隔 0.95Hz 的所有滤波器，采用剪枝算法获得超过 5 个这样的滤波，然后利用最后的内插。

另一种方法等效于放大 FFT 处理，假定 DFO 的跟踪范围在±1Hz 内。这时，我们可以定义一组带通 I&D 滤波器，中心频率间隔为 1Hz，带宽为 10～20Hz，实现滤波器的中心频率逼近上次已知的 DFO 估计。处理简化为

$$r_3(q,\upsilon;m)=\sum_{k=qK}^{qK+K-1} r_2(k;m)\exp\left(-\mathrm{j}2\pi\upsilon kT_s'\right) \tag{5.30}$$

$\{r_3\}$是中心频率为ν的滤波器输出的复包络值。一个简单的取值是$K=64$，−4dB 滤波带宽为 15.3Hz，输出采样率也是 15.3Hz，对应于 65.5ms 的实际时间积累。按此计算，当ν的离散取值为$\nu=\zeta/8KT_s'$时，间隔为 2Hz。ζ代表这些频率中的一个，它最逼近于估计的 DFO。计算结果为

$$r_3(q,\zeta;m)=\sum_{k=qK}^{qK+K-1} r_2(k;m)\exp\left(-\mathrm{j}2\pi\frac{\zeta k}{8K}\right) \tag{5.31}$$

式中，$K=64$；q 定义滤波输出复包络的连续采样。这样，模糊表面将对 15.3Hz 的序列$\{r_3(q,\zeta;m)\}$进行更窄的滤波处理。至此，就消除了ζ对r_3的影响。$T_s''=65.5\text{ms}$是在该速率上的采样间隔，有

$$\chi_S(m,\upsilon)=\sum_{q=SQ}^{SQ+Q-1} r_3(q;m)\exp\left(-\mathrm{j}2\pi\upsilon qT_s''\right) \tag{5.32}$$

式中，$Q=16$，因此有$QT_s''=1.048\text{s}$。选择$\upsilon=\xi/\alpha QT_s''$，整数值$\xi$定义间隔略低于 0.5Hz 的滤波器，且整数$\alpha$越大，就对应间隔越小（间隔越精确）的滤波器。对于$\xi$，模糊函数计算变为

$$\chi_S(m,\xi)=\sum_{q=SQ}^{SQ+Q-1} r_3(q;m)\exp\left(-\mathrm{j}2\pi\frac{\xi q}{\alpha Q}\right) \tag{5.33}$$

综上，对于给定参数下的模糊函数计算，实际频率为

$$\nu=\xi/\alpha QT_s''+\zeta/8KT_s'\ \text{Hz} \tag{5.34}$$

5.4.3 参数提取与内插估计

先由 EGCC 发现时延峰值，并在该时延上形成混合积。为了得到 DFO 的精确估计，进入模糊函数的层叠滤波处理，中间数据包括滤波处理过程中的某个时延 m、最可能的ζ和ξ值的混合积，以及对应的复值χ_S表示的滤波输出序列。

假定需要的精度低于模糊面上格子点之间的间隔，需要计算的是最接近理想的先验估计$(\hat{\tau},\hat{\upsilon})$的点$(m,\xi)$，还假定这些参数的变化范围很小，离开上次的估计值小于一格。因此，在由 m、$m\pm1$ 和ξ、$\xi\pm1$组合的 9 对参数点上计算χ_S。这些离散的τ和υ值已经足够精确，因此选择对应$|\chi_S|$最大幅度的坐标作为参数估计。如果在连续的估计过程中，选择的 m 和ξ值不同于前一次估计，那么下次计算将以新值点为中心展开。

更加精确的格子数据则需要模糊函数值的内插，然而模糊函数表面在τ和υ上是不同的。在τ维上，波瓣宽度由信号带宽倒数决定，由于T_s远小于信号带宽倒数，在$\pm T_s$范围内，峰值很明显。再者，由于模糊函数在τ和υ上的峰值附近具有抛物线特性（导数为零），简

单地利用三点抛物线拟合效果就不错，对于更高的精度，则需要更高阶的内插。在υ方向上，主瓣由积累形成，且主瓣中心落在一个特定的滤波器上，邻近滤波器在该主瓣中心位置的值接近零（$\sin x/x$滤波响应的零点）。因此，在υ方向上，使用相邻的值是可取的，确保在三个相邻的滤波器通道中一定有一个最大值。然后，通过相继的模糊函数计算出的相位变化（鉴频）去估计 DFO，类似于气象雷达中常用的 PPP（脉冲对处理）方法，在(m,ξ)上第S和$S+1$间隔计算的模糊函数为$\chi_S(m,\xi)$和$\chi_{S+1}(m,\xi)$，其中$T\approx 100\text{ms}$。假定一段数据到另一段数据间隔m和ξ值的改变不超过一个增量单元，那么从ξ定义的频移估计为

$$\hat{f}_{\mathrm{d}}=\frac{1}{2\pi}\frac{\arg\chi_{S+1}(m,\xi)-\arg\chi_S(m,\xi)}{T} \tag{5.35}$$

5.4.4　变参数下的跟踪问题

上述模糊函数处理都假定 DTO 和 DFO 在整个积累时间内保持恒定。在一个参数估计序列中，对于变化的 DTO 和 DFO，需要跟踪环来提供更加精确的估计。

首先，当延迟变化时，在步骤 1 中，m将不再固定，而从一段数据到另一段数据之间改变，改变时间间隔是对应的数据段长 1.024ms，m在每个数据段内恒定。对于更快的时间延迟，应该选择更短的时间数据段，或者在m之间进行内插得到r_2值。

对于变化的 DFO，如基于 FM 97.5MHz 的 PCL 系统，在基线一端的延伸线上的 3g 加速度的目标，引起最大的 DFO 变化率为 20Hz/s。因此在步骤 2 中就引入恒定的加速度a，用加速度滤波器代替多普勒滤波：

$$\chi_S(m,\upsilon)=\sum_{k=SK}^{SK+K-1} r_2(k;m)\exp\left(-\mathrm{j}2\pi\upsilon kT_{\mathrm{s}}'\right)\exp\left(-\mathrm{j}a\pi(kT_{\mathrm{s}}')^2\right) \tag{5.36}$$

由于步骤 1 的降采样大大地减少了计算量，多步模糊函数计算方法即使考虑加速度滤波处理，也不会给系统处理计算量引入过高的增量。使用加速度滤波器，相继模糊函数值之间由平均频率差积累的总相位差可用来更新频率估计。

利用加速度滤波进行变 DFO 跟踪，是一种扩维拟合办法。在实际工程中，往往采用频移跟踪环，如图 5.1 中所示的频移跟踪框，即采用速度门跟踪特定的多普勒频率分量，其特性曲线仅受跟踪环路的带宽限制。起始时，采用滤波器组（FFT 盲处理），目标频移出现在某个多普勒通道；或者通过递增频移的程序性搜索，一旦差频进入如图 5.11 所示的数字鉴频器的小跟踪范围，就获得估计，进入闭环跟踪。进入搜索时，递增频移还反馈回测距通道，用于相关前的频移补偿。对整个跟踪系统，偏置频移υ_0、FFT 点数及α,β参数决定变 DFO 的跟踪效果。另外，递增频移的程序性搜索要防止速度门锁定在泄漏信号或杂波信号的频率上。对地面系统来说，只需在搜索电压上加上固定范围的停止信号，而对具有频率变化的杂波信号的舰载、机载或弹载系统而言，则需要更多的解决方法[8]，比如速度补偿模块通过估

计杂波频谱的中心，然后实时调整搜索范围。

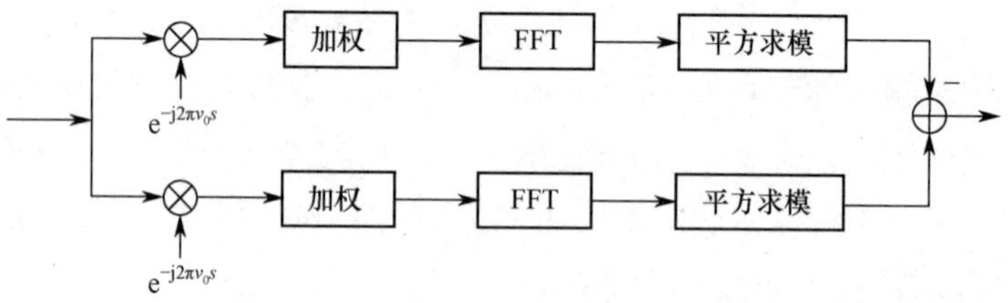

图 5.11　数字鉴频器

5.5　信噪比与估计方差

5.5.1　基本模型

对于每个τ和υ，模糊函数的输出结果包括目标信号乘以直达波信号项，以及输出噪声，包括直达波信号乘以直达波信号、噪声乘以信号、噪声乘以噪声。为了唯一地识别主瓣峰值，要求输出 SNR 高于 10dB，在这一限制中，定位主瓣峰值的误差是由于输出噪声干扰，而直达波干扰即 SDR 由于和目标时延及频移都相差明显，因此可以在 EGCC 的时域和频域处理之后区分开，当然，在频移补偿比较粗略时，因为 SDR 而存在的信号检测损失，可以用折叠损耗[3]来定义。因此，我们仅考虑 SNR。参数估计的精度（标准差）为

$$\sigma_{\mathrm{DTO}}=\frac{1}{\beta}\frac{1}{\sqrt{BT\gamma}} \tag{5.37}$$

$$\sigma_{\mathrm{DFO}}=\frac{1}{T_{\mathrm{e}}}\frac{1}{\sqrt{BT\gamma}} \tag{5.38}$$

式中，B 为接收机输入的噪声带宽，假定两路接收机相同；β 为接收信号谱的 RMS 频宽，单位为弧度；T_{e} 为 RMS 积累时间；γ 为有效的输入信噪比。

定义

$$\beta=2\pi\left[\frac{\int_{-\infty}^{\infty}f^2W_{\mathrm{s}}(f)\mathrm{d}f}{\int_{-\infty}^{\infty}W_{\mathrm{s}}(f)\mathrm{d}f}\right]^{1/2} \tag{5.39}$$

式中，$W_{\mathrm{s}}(f)$ 为信号功率密度谱，谱形受接收机影响，定义为以零为中心，并且

$$T_{\mathrm{e}}=2\pi\left[\frac{\int_{-\infty}^{\infty}t^2\left|u(t)\right|^2\mathrm{d}t}{\int_{-\infty}^{\infty}\left|u(t)\right|^2\mathrm{d}t}\right]^{1/2} \tag{5.40}$$

式中，$\left|u(t)\right|^2$ 也定义为以零为中心。例如，对于矩形谱有

$$\beta = \frac{\pi}{\sqrt{3}} B_s \approx 1.8 B_s \tag{5.41}$$

式中，B_s 为信号 RF 带宽。因此有

$$\sigma_{\text{DTO}} = \frac{0.55}{B_s} \frac{1}{\sqrt{BT\gamma}} \tag{5.42}$$

类似地，对于模糊函数处理的一段时间 T 上的恒定能量信号，有

$$T_e = 1.8T \tag{5.43}$$

$$\sigma_{\text{DFO}} = \frac{0.55}{T} \frac{1}{\sqrt{BT\gamma}} \tag{5.44}$$

有效的输入信噪比 SNR 定义为

$$\frac{1}{\gamma} = \frac{1}{2}\left[\frac{1}{\gamma_x} + \frac{1}{\gamma_y} + \frac{1}{\gamma_x \gamma_y}\right] \tag{5.45}$$

式中，γ_x 和 γ_y 分别是两个接收通道在噪声带宽 B 中的 SNR。注意，γ 出现在精度公式中时，总与 B 相乘，因此无论 B 代表的是由信号定义的等价噪声带宽，还是某个更大的带宽，只要 γ 总指带宽 B 中的信噪比即可。$BT\gamma$ 被视为模糊函数处理的有效输出 SNR，γ 为经过积累增益 BT 改善之后的信噪比。如前面提到的最低 SNR 要求，公式的限制条件是无论多小的 γ 值，$BT\gamma$ 远大于 1。公式的推导是基于输入仅受叠加高斯噪声干扰条件的假定，由于较大程度的平滑，这个结果在其他独立加性干扰下同样适用。然而，事实上，上述结果是标准偏差的下界，在重复试验中，它们会合理地达到这个下界，即使 γ 值远低于 0dB。在实际的无源相干定位应用中，γ_y 远小于 γ_x，有效的 γ 比 γ_y 高 3dB（即 $\gamma = 2\gamma_y$，当 $\gamma_y \ll \gamma_x$ 且 $\gamma_x \gg 1$ 时），这可用于信号处理前的等效信噪比估算。

5.5.2 计算实例和物理解释

下面计算两个特殊的例子。

（1）$\gamma = 0\text{dB}$，$T = 1\text{ms}$，$B = B_s = 4\text{MHz}$（电视信号近似），$\sigma_{\text{DTO}} = 2.17\text{ns}$，$\sigma_{\text{DFO}} = 8.7\text{Hz}$。

（2）$\gamma = 0\text{dB}$，$T = 1\text{s}$，$B = B_s = 50\text{kHz}$（FM 广播信号近似），$\sigma_{\text{DTO}} = 49.2\text{ns}$，$\sigma_{\text{DFO}} = 2.46 \times 10^{-3}\,\text{Hz}$。

为达到同样的 σ_{DTO}，窄带情况需要非常长的积累时间，同时要使 σ_{DFO} 非常小。当信噪比降低时，$\gamma_x \gg \gamma_y = -23\,\text{dB}$，对应的 $\gamma = -20\,\text{dB}$，情况（1）的性能恶化 10dB，即 $\sigma_{\text{DTO}} = 21.7\text{ns}$，$\sigma_{\text{DFO}} = 87\text{Hz}$。对于宽带情况，$\sigma_{\text{DTO}}$ 精度在较小的 T 下易满足，而 σ_{DFO} 不行；当 $T = 1\text{ms}$ 时，$BT\gamma = 14\,\text{dB}$ 处于起伏的临界，更有效的 SNR 应选为 $T = 4\text{ms}$，得到 $BT\gamma = 20\,\text{dB}$。这时 σ_{DTO} 约为 10.8ns，σ_{DFO} 为 10.9Hz，要使 σ_{DFO} 降为 1Hz，需要近 20ms 的积累时间。

信号的时间带宽积是通过相干积累改善信噪比的理想处理增益，要达到理想处理增益，要求同时满足带宽和积累时间两方面的要求：在积累时间和带宽内保持相干。混合积 $r(t;\tau)$ 为目标回波的带噪声估计，它随时间的变化要比发射信号 $s(t)$ 慢得多，可以理解为连续波或相干脉冲串信号，保持相干（相位具有严格的同步关系）的时间大于信号的相关时间（信号带宽的倒数）。因此混合积序列可以先求平均积累，即 I&D 滤波，要求相干积累时间不超过预期的目标带宽，确保因目标速度引起的扩谱了的目标信号能够顺利通过。该 I&D 操作大大地减少了后续信号处理的数据流，而且在很大程度上抑制了杂波功率。就像脉压操作，对 LFM 回波进行相关去斜后的信号 $r(t;\tau)$ 要比脉内调制信号 $s(t)$ 的变化慢得多，理想的是零频或单频点信号，然后经过 FFT 处理得到理想的 DFO 估计。

由于目标信号相关时间大于延迟分辨精度，因此可以对相邻时延估计进行平均，以减少与杂波相关的统计偏差。例如，FM 波形的相关时间约为 10μs（带宽 100kHz），目标的相关时间（对于点目标，单一连续波经目标反射回波的展宽谱的倒数，与目标的速度有很大的关系，速度改变了信号相位变化）一般都在 1ms 以上，因此可以平均 100 个相邻时延估计以减少不确定性。对于该类目标，非相干平均可增加约 10dB 的信杂比。

5.6 基于 FM 信号的 EGCC 及模糊函数处理结果

图 5.12 所示为长时段 EGCC 副瓣受信号处理长度的影响，从 $T = 14.6\text{ms}$ 到 $10T = 146\text{ms}$，直达波副瓣可以降低 5dB。主瓣由信号相干积累形成，积累增益增加了 10 倍，副瓣由于两信号错开，因此由非相干积累形成，积累增益为 $\sqrt{10}$。因此，主副瓣比增加 $10\lg 10/\sqrt{10} = 5\ \text{dB}$。但是，当信号进一步加长到 50 倍时，主瓣展宽，原有的副瓣区被平滑，离中心更远的副瓣下降近 10dB，再远的副瓣出现较大的起伏。

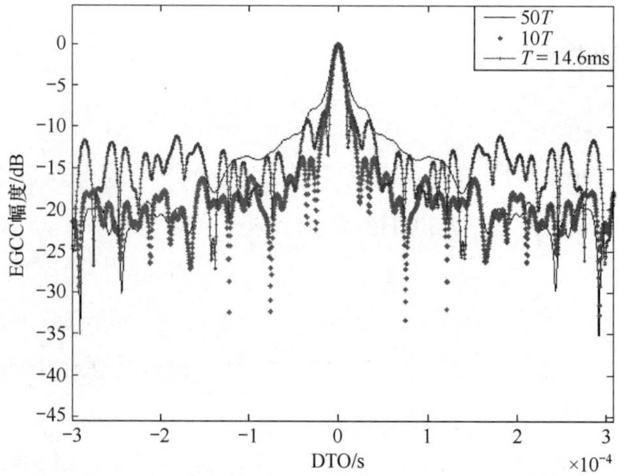

图 5.12 长时段 EGCC 副瓣受信号处理长度的影响

估计目标的位置时，双基地距离和与发射接收的直视距离的差值 ΔR（m）对应于直达波副瓣位置 $\Delta\tau$（μs），有 $\Delta R = \Delta\tau \times 300\text{m}$。因此，最好根据目标位置估计来选择信号处理长度。如果目标 $\Delta R =$ 60km，那么考虑的是 $\Delta\tau =$ 200 μs 的副瓣情况，信号长度可以取为 $50 \times 14.6 = 730\text{ms}$。图 5.13 所示为短时段 EGCC 副瓣受信号处理长度的影响。由图 5.13 可以估计出直达波副瓣影响改善了十多 dB，但是数据量增加了 1000 倍，同时主瓣展宽也相当严重。

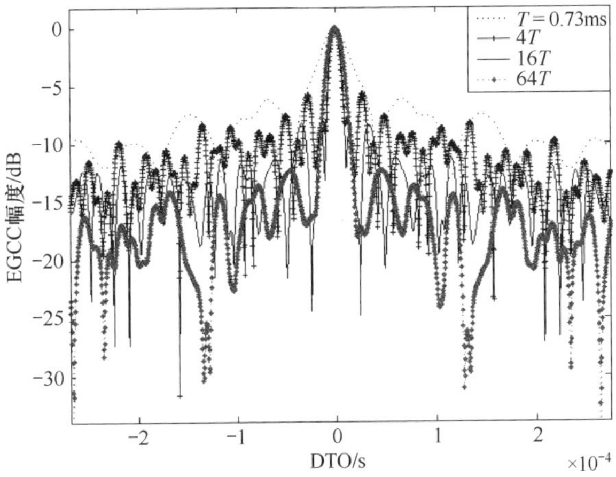

图 5.13　短时段 EGCC 副瓣受信号处理长度的影响

对试验记录的目标数据，进行了模糊函数的跟踪处理。某次试验记录数据的处理结果如图 5.14 所示，图中横轴表示距离，两点之间的距离为 1km，纵轴表示多普勒频率向。由于处理过程中进行了多普勒频率搬移，因此 64 点为零速度。飞机的速度为 250m/s，图 5.14(a) 所示为处理的直接结果，表明雷达的探测距离可达 250km；图 5.14(b)所示为用连线画出的航迹。图 5.15 所示为记录数据形成的航迹。

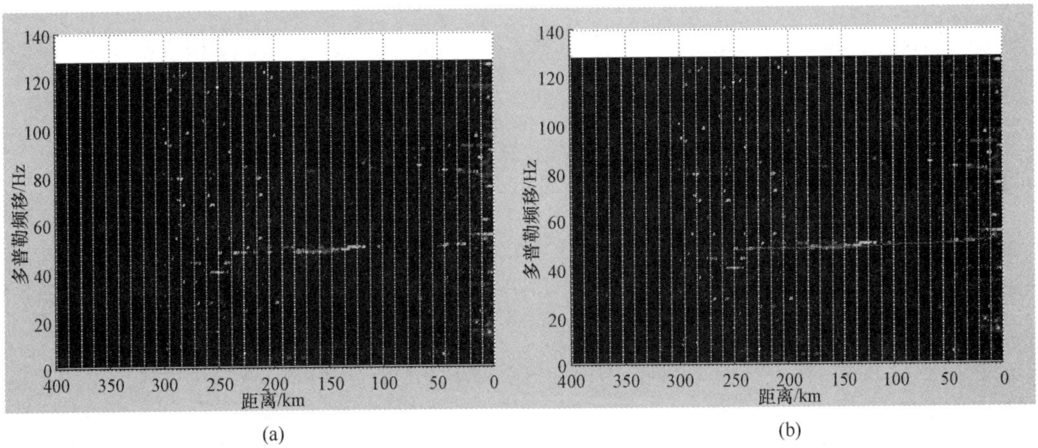

图 5.14　某次试验记录数据的处理结果

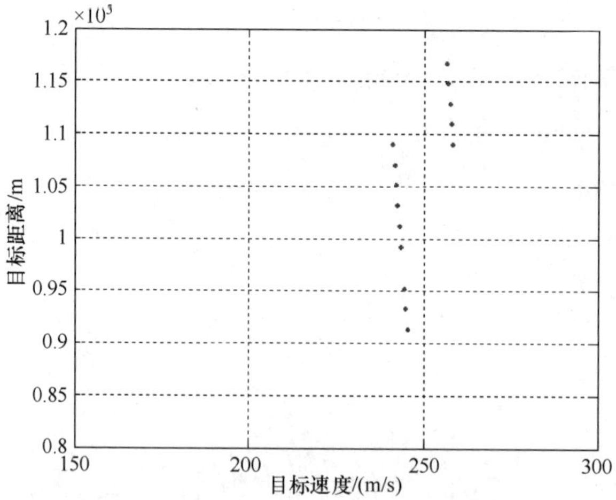

图 5.15 记录数据形成的航迹

5.7 小结

本章在 GCC 方法基础上使用改进的 EGCC 算法解决了 DTO 的快速搜索问题，同时兼顾了运动目标的 DFO 粗测与补偿。重叠保留算法使得 EGCC 方法得以在频域快速实现，DDL 因子分析给出了信号不同相关时间及时长条件下，存在多普勒频移对相关输出信噪比的影响，同时部分地解释了模糊函数处理采用层叠滤波的合理性。

将 EGCC 用于 PCL 时，受限于数据处理点数，要提高跟踪精度，需要长积累时间的大数据量处理。模糊函数层叠滤波及跟踪处理实现 DTO，尤其是 DFO 的精确估计，针对基于 FM 信号的 PCL 系统信号处理，完成了模糊函数处理各环节的参数设计及计算。另外，还通过内插估计改善了参数提取，研究的 PPP 测频方法及频移跟踪环可以直接用于工程实践。最后，给出了信噪比改善及跟踪估计方差的计算结果，用于评估算法性能。模糊函数处理采用逐层递减采样方案后，在缓变参数及数据处理允许停顿的情况下，一旦采用多通道并行处理，就可以使整个通道接近实时[12]。

参考文献

[1] Hassab C, Bouncher R E. *Optimum estimation of time delay by a generalized correlator* [J]. IEEE Trans. On ASSP-27, 1979: 373-380.

[2] Knapp C H, Carter G C. *The generalized correlation method for estimation of time delay* [J]. IEEE Trans. On ASSP, 1976, 24: 320-327.

[3] Stein S. *Differential delay/Doppler ML estimation with unknown signals* [J]. IEEE Trans. On SP, 1993, 41: 2717-2719.

[4] Stein S. *Algorithms for ambiguity function processing* [J]. IEEE Trans. On ASSP, 1981, 29:588-599.

[5] Fowler M L, Czarnecki S V. *Multipath and co-channel signal preprocessor* [P]. US Patent #5604503. Issued 1997.2.

[6] 吴湘淇. 信号、系统与信号处理（下）[M]. 北京：电子工业出版社，1996.

[7] Oppenheim A V, Willsky A S. 信号与系统[M]. 刘树棠译. 西安：西安交通大学出版社，1998.

[8] 穆虹等. 防空导弹雷达导引头设计[M]. 北京：宇航出版社，1996.

[9] Matthiesen D J, Miller G D. *Data transfer minimization for coherent passive location systems*. ADA104087, 1981.

[10] Fowler M L. *Decimation vs. quantization for data compression in TDOA systems* [C]. In: Proceedings of SPIE 4122 San Diego, 2000: 56-67.

[11] Fowler M L. *Method and apparatus for demodulating digital FM signals* [P]. US Patent #6031418. Issued, 2000. 2.

[12] Fowler M L. *Coarse quantization for data compression in coherent location systems* [J]. IEEE Trans. on AES, 2000, 36(4): 1269-1278.

第 6 章　基于 PN 和 OFDM 编码信号的 PCL 应用

6.1　引言

通信与雷达是电子领域的两个重要分支，由于各自不同的特点，它们在两个相对独立的领域中发展。一直以来，通信技术的发展主要集中在信号编码等信号形式上，从模拟到数字，从时分、频分到码分，而雷达技术在信号形式上似乎不太注重翻新，仍然集中于几类屈指可数的信号形式，追求的是信号的超带宽、时宽及波束的空间指向性。为适应容量的扩展及辐射源定位服务的需求，通信也采用了一些先进的雷达技术[1-17]，典型的如智能天线及空间分集信号处理。与此同时，雷达也在尝试一些通信领域的处理技术，包括通信辐射源定位、基于通信信号的雷达探测、将 Rake 接收等多路径处理技术用于低空探测等。随着底层技术的逐步共性化，通信与雷达正在进一步融合，如何站在较高的层次上去发现二者的融合规律，对把握雷达发展方向很有意义。

无源相干定位（PCL）属于雷达与通信交叉领域内的一个新热点，PCL 可利用的信号除了调频广播，还有电视、手机基站、卫星、导航信标以及地面数字电视等通信信号。GPS 卫星、使用 CDMA 技术的联通手机发射站的大量分布，使得 PN 信号的无源相干定位系统具有相当的研究价值。而 PN 信号又是美国 20 世纪 80 年代地面及海上雷达使用较多的一种信号体制，如海岸监视 FALCON（猎鹰）雷达[18]，因此该技术用于 PCL 具有较高的可行性。而电视，尤其是地面传统无线电视，正逐渐发展为有线和地面数字电视。地面数字电视较多地采用正交频分复用（Orthogonal Frequency Division Multiplexing，OFDM）调制体制，对这种体制的信号进行 PCL 处理时，有一些比较特殊的数字处理方法。本章从导频原理出发，研究两种典型导频信号的 PCL 应用：CDMA 系统中的 PN 码序列信号和 OFDM 系统中以 Costas 序列编码的信号，并且研究地面数字电视信号的 PCL 应用。

6.2　通信导频信号的 PCL 应用

6.2.1　雷达与通信间的关联性

PCL 作为一种新的雷达体制，直接将调制后的通信信号用于雷达探测。人们不禁要问，通信信号为何可以用作雷达信号？它们之间有什么样的内在联系？张直中[19]从信息角度给出了二者的本质差别：通信的全部信息在发射信号内，而雷达的发射信号毫无信息，它只是信息的运载工具，当雷达发射信号碰到目标时，目标的全部信息就包含在目标回波信号中。

如果我们单从作为运载工具的角度出发，不难发现二者之间还是有一些共性的。通信是指发射端将信息调制为某种信号形式，经传播，由接收端解调出原始的调制信息，为确保接收端的正确接收，调制信号中有一部分扮演运载工具的角色，如导频信号、同步信号等。雷达的发射端直接调制出“运载工具”，“装载”目标信息（信号经目标反射产生附加调制），从返回的回波信号中解调出反映目标空间位置信息的信号到达角、信号到达时间，以及反映目标运动状态和属性的信号特征。对接收端而言，必须准确知道运载工具的形式和参数，并以此作为参考获取回波信号在各个域上的相对位置，如时延、频移等，位置参数估计的精度和分辨率取决于时宽、带宽，以及各个域上的主副瓣比等信号参数。

因此，从这个意义上理解，雷达可视为收发系统与目标间的通信，雷达与通信间的关联性如图 6.1 所示。合作式两主体（雷达与目标）之间的点对点双向通信完成二次雷达的功能。非合作式两主体（ESM 辐射源目标）之间的单向通信完成 ESM（电子支援措施）功能。合作式三主体间（合作雷达发射、接收和目标）收发点对点通信以及收发和目标间的单向通信完成双基地雷达功能。非合作式三主体收发对的单向通信类似于 ESM，收发和目标间的单向通信类似于双基地雷达，综合起来完成 PCL 功能。PCL 体制因其非合作、多主体及单向的原因，接收端的信号处理相当复杂，技术上兼有 ESM 和双基地特点，其中测频测向方法直接来源于 ESM，但是需要增加对直达波等相干源的干扰抑制。相干测距法源自双基地连续波测距，只是参考信号不确定，需要采用收发间的通信实时地获取参考信号。

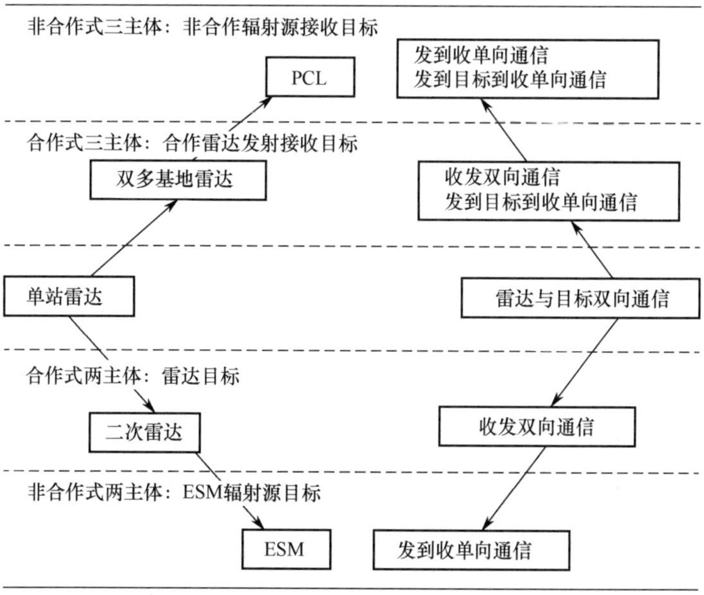

图 6.1　雷达与通信间的关联性

雷达与通信之间本质上的关联性，使得通信中的很多信号处理技术可用于雷达，如对抗干扰的扩谱通信 CDMA、克服信道衰落的 OFDM 技术。首先，这些技术会进一步丰富一/二次雷达的信号组成，如扩谱等 CDMA 技术可作为 LPI（低截获概率）雷达[20, 21]的技术发展方向，OFDM 可作为复杂战场环境下单频点多雷达协同技术的解决办法。多频还可以作为特殊信道中工作的雷达（如超视距雷达）对付衰落的有效手段，另外其频谱利用率很高，对单频点干扰的自适应凹口技术、多频点对信道的补偿技术，典型的如 GPS 中双频点的电离层路径效应的消除[16]，都可以用于改善雷达系统的探测。

6.2.2 通信导频信号的 PCL 特点

雷达可理解为通信，反过来，通信也可以服务于雷达。通信中一切需要对通信点的定位以及对所经反射点的探测，就属于 ESM 或雷达的研究范畴。因此，基于民用广播等通信信号的 PCL 定位系统，虽然可理解为一类复杂的通信模式，但是一直以来是作为雷达来研究的。无源相干定位系统利用通信信号中能“装载”目标运动状态的信号分量，通过双多基地的配置模式，运用无源相干定位技术获取目标信息。

只是这样就要面临未知而时变的信号，而不像工作信号完全已知的主动雷达那样，可以实现良好的全相参，能在完成精确测距的同时进行测速。庆幸的是，通信信号并不是所有信号参数完全未知的，一般来说，为了解调出未知的调制信息，人们在信号中有意地加了很多确定的辅助信号，这是通信双方预先设定的一些信号参数，如最简单的双方共知的载频频点、用于同步的调制信号以及用于基站识别的编码信道。这些信号参数由于对接收来说是已知的，因此可以视其性能直接用于目标探测。其中，有一类特殊的确定信号被直接加到通信信号中，用以提高对恶劣信道的适应性，这就是导频信号。导频信号参与信号编码，便于被捕获，用于同步解码。导频信号往往直接针对信道，因此对从发射到目标反射再到接收的特殊信道，导频信号同样能起较好的信道估计作用，该信道估计实际上等价于目标回波参数提取。同样，导频信号的目标信道估计性能实际上反映了基于通信信号导频的 PCL 探测性能。

评价通信信号的可利用性，一项主要的依据是信号的自模糊函数图特性。目前，数字通信采用单频多站工作，越来越多地考虑多站导频编码在同一信道工作时的互模糊图特性。这项特性同时为 PCL 雷达探测提供了直达波干扰抑制和多辐射源环境下的工作能力。在 PCL 接收机接收的目标通道中，除了目标回波，还包括直达波信号、多路径反射信号以及其他同频干扰及噪声。因此导频信号的互模糊图特性可以很好地反映利用导频参考信号从混合信号中相关检测出目标信号的能力。导频参考信号的复包络 $x(t)$ 与混合信号的复包

络 $y(t)$ 的互模糊函数采用式（5.21），实现采用了第 5 章研究的 EGCC 和层叠滤波简化模糊函数处理等方法。

6.3　基于 PN 信号的 PCL 分析

在 CDMA 系统前向链路中，专门开设有一条大功率连续发送的导频信道，它为信息调制后的载波接收提供相干的参考相位，而每个前向链路信道的码片定时和载波相位是完全同步的。导频信号很容易被移动台捕获，因为它不被数据调制，只被已知的正交 PN 码调制。导频正交 PN 码的码片速率为 1.2288Mcps（码片/秒），码长为 15 阶移位寄存器产生的 M 序列，经修正得到一帧 32768 个码片，对应的时长为 26.66ms。各个基站间通过 64 个码片整数倍的偏置来区分[20]。

6.3.1　PN 序列信号模型及谱特征

周期为 P 的 PN 序列 a 与定义在 $\{+1,-1\}$ 上的对应序列 A 定义的 PN 码波形表示为

$$y_a(t)=\sum_{k=-\infty}^{\infty}A_k\varphi_a(t-kT_\mathrm{c}),\qquad A_k\in\{+1,-1\} \tag{6.1}$$

式中，$\varphi_a(t)$ 是用于这个特定序列的一个基本波形，它在$(0, T_\mathrm{c})$外为零。$y_a(t)$ 的周期为 PT_c，其傅里叶变换记为 $\mathcal{F}\{y_a(t)\}$，有

$$\begin{aligned}\mathcal{F}\{y_a(t)\}&=\sum_{k=-\infty}^{\infty}A_k\mathcal{F}\{\varphi_a(t-kT_\mathrm{c})\}\\&=\mathcal{F}\{\varphi_a(t)\}\sum_{k=-\infty}^{\infty}A_k\mathrm{e}^{-\mathrm{j}\omega kT_\mathrm{c}}\\&=\mathcal{F}\{\varphi_a(t)\}\cdot\mathcal{F}\left\{\sum_{k=-\infty}^{\infty}A_k\delta(t-kT_\mathrm{c})\right\}\end{aligned} \tag{6.2}$$

二进制编码波形的频谱就是基本码元波形的频谱和正负二进制脉冲序列的频谱的乘积。考虑正负脉冲串，设 $x(t)$ 为

$$x(t)=\sum_{k=-\infty}^{\infty}A_k\delta(t-kT_\mathrm{c}) \tag{6.3}$$

式中，$\{A_k\}$ 是一个 ±1 二进制序列，其周期为 P。因为 $x(t)$ 的周期为 PT_c，于是 $x(t)$ 的自相关函数为

$$
\begin{aligned}
R(\tau) &= \frac{1}{PT_{\mathrm{c}}}\int_0^{PT_{\mathrm{c}}} x(t)x(t-\tau)\mathrm{d}t \\
&= \frac{1}{PT_{\mathrm{c}}}\sum_{k=-\infty}^{\infty} R_a(k)R_\delta(\tau-kT_{\mathrm{c}}) \\
&= \frac{1}{PT_{\mathrm{c}}}\sum_{k=-\infty}^{\infty} R_a(k)\delta(\tau-kT_{\mathrm{c}})
\end{aligned} \tag{6.4}
$$

$x(t)$ 的频谱 $S_x(f)$ 是自相关函数的傅里叶变换。时域上经周期二进制序列调制后的脉冲序列的频谱，是一系列被周期为二进制序列自相关函数的离散傅里叶变换所调制的脉冲序列[20]，即

$$
S_x(f) = \left(\frac{1}{PT_{\mathrm{c}}}\right)^2 \sum_{k=-\infty}^{\infty} \mathrm{DFT}_{R_a}(k)\delta\left(f-\frac{k}{PT_{\mathrm{c}}}\right) \tag{6.5}
$$

式中，$\sum\limits_{k=-\infty}^{\infty}\mathrm{DFT}_{R_a}(k)$ 是周期序列 $R_a(l)$ 的离散傅里叶变换。对应 PN 序列有 $R_a(0)=P$，$R_a(l)=-1,\ l\neq 0$，于是有

$$
\mathrm{DFT}_{R_a}(k) = \sum_{l=0}^{P-1} R_a(l)\mathrm{e}^{-\mathrm{j}2\pi kl/P} = P-\sum_{l=0}^{P-1} R_a(l)\mathrm{e}^{-\mathrm{j}2\pi kl/P} = \begin{cases} 1, & k \bmod P = 0 \\ P+1, & k \bmod P \neq 0 \end{cases} \tag{6.6}
$$

则 PN 序列的频谱表述为

$$
\begin{aligned}
S_{y_a}(f) &= \left|\mathcal{F}\{\varphi_a(t)\}\right|^2 \frac{1}{(PT_{\mathrm{c}})^2}\sum_{k=-\infty}^{\infty}\mathrm{DFT}_{R_a}(k)\delta\left(f-\frac{k}{PT_{\mathrm{c}}}\right) \\
&= \frac{1}{P^2}\mathrm{sinc}^2(T_{\mathrm{c}}f)\sum_{k=-\infty}^{\infty}\mathrm{DFT}_{R_a}(k)\delta\left(f-\frac{k}{PT_{\mathrm{c}}}\right)
\end{aligned} \tag{6.7}
$$

这里假定 PN 序列信号的码片波形为矩形脉冲。在 PN 序列扩谱通信系统中，为使符号间干扰最小化，减少信道间干扰，窄带传输的信号基本波形与矩形脉冲有很大的差别。将式（6.6）代入式（6.7），则 PN 信号的功率谱为

$$
\begin{aligned}
S_{y_a}(f) &= \frac{1}{P^2}\delta(f) + \frac{P+1}{P^2}\sum_{\substack{k=-\infty \\ k\neq 0}}^{\infty}\mathrm{sinc}^2(T_{\mathrm{c}}f)\delta\left(f-\frac{k}{PT_{\mathrm{c}}}\right) \\
&= \frac{1}{P^2}\delta(f) + \sum_{\substack{k=-\infty \\ k\neq 0}}^{\infty}\left(\frac{P+1}{P^2}\right)\mathrm{sinc}^2\left(\frac{k}{P}\right)\delta\left(f-\frac{k}{PT_{\mathrm{c}}}\right)
\end{aligned} \tag{6.8}
$$

采用矩形码元的 PN 信号的功率谱如图 6.2 所示，这里 PN 序列长 $P=1023$，采样时间 $T_{\mathrm{s}}=1\mu\mathrm{s}$，矩形脉冲码元宽度为 $T_{\mathrm{c}}=8T_{\mathrm{s}}$，因此 PN 信号的功率谱的第一个零点出现在 $f=1/(8T_{\mathrm{s}})=1.25\times10^5\,\mathrm{Hz}$ 处。在 $f=0$ 点处，功率谱值为 $10\lg(1/P^2)=-20\lg1023\approx-60\,\mathrm{dB}$，因此在靠近零多

普勒轴的狭窄条内，模糊函数平面的响应仅为 $-60\,\text{dB}$，在脉冲压缩期间可以将模糊平面的杂波响应移至该区域，从而获得较好的杂波抑制[24]。

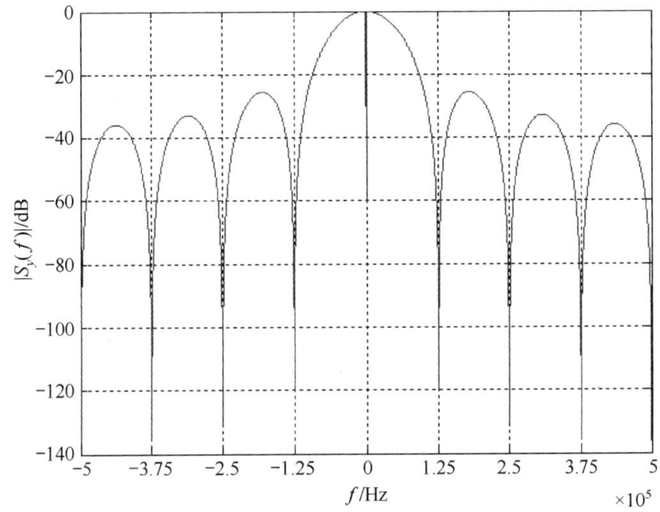

图 6.2　采用矩形码元的 PN 信号的功率谱

6.3.2　PN 信号的互模糊函数及多普勒容限分析

CDMA 系统发射的基本波形为 PN 相位编码信号，重写式（6.1）有

$$y_a(t)=\sum_{k=-\infty}^{\infty}A_k\varphi_a(t-kT_{\rm c}),\ \ A_k\in\{+1,-1\} \tag{6.9}$$

考虑运动目标速度及时延的回波信号为

$$y_b(t)=\sum_{l=-\infty}^{\infty}B_l\varphi_a(t-lT_{\rm c}-\tau)\exp({\rm j}2\pi f_{\rm d}(t-\tau))+e(t),\ \ A_k\in\{+1,-1\} \tag{6.10}$$

式中，$f_{\rm d}$ 为多普勒频率；$|B_l|$ 为回波幅度。不妨假定取 $B_l=\pm1$，略去 $e(t)$。一个 PN 周期的积累时间的互模糊函数为

$$R_{ab}(\tau,f_{\rm d})=\frac{1}{PT_{\rm c}}\sum_{l=-\infty}^{\infty}R_a(l,f_{\rm d})R_{\varphi_a}(\tau-lT_{\rm c},f_{\rm d}) \tag{6.11}$$

式中，$R_a(l,f_{\rm d})$ 为周期序列的模糊函数；$R_{\varphi_a}(\tau-lT_{\rm c},f_{\rm d})$ 是非周期基本波形的模糊函数，该式的证明如下：

$$\begin{aligned}R_{ab}(\tau,f_{\rm d})&=\frac{1}{PT_{\rm c}}\int_0^{PT_{\rm c}}y_a(t)y_b(t){\rm d}t\\&=\frac{1}{PT_{\rm c}}\int_0^{PT_{\rm c}}\sum_{k=-\infty}^{\infty}A_k\varphi_a(t-kT_{\rm c})\sum_{l=-\infty}^{\infty}B_l\varphi_a(t-lT_{\rm c}-\tau)\exp\big({\rm j}2\pi f_{\rm d}(t-\tau)\big){\rm d}t\end{aligned} \tag{6.12}$$

因为 $\exp\big({\rm j}2\pi f_{\rm d}(t-\tau)\big)=\exp\big({\rm j}2\pi f_{\rm d}lT_{\rm c}\big)\exp\big({\rm j}2\pi f_{\rm d}(t-lT_{\rm c}-\tau)\big)$，所以有

$$R_{ab}(\tau,f_{\mathrm{d}})=\frac{1}{PT_{\mathrm{c}}}\sum_{k=-\infty}^{\infty}A_k\sum_{l=-\infty}^{\infty}B_l\exp(\mathrm{j}2\pi f_{\mathrm{d}}lT_{\mathrm{c}})\cdot \int_0^{PT_{\mathrm{c}}}\varphi_a(t-kT_{\mathrm{c}})\varphi_a(t-lT_{\mathrm{c}}-\tau)\exp(\mathrm{j}2\pi f_{\mathrm{d}}(t-lT_{\mathrm{c}}-\tau))\mathrm{d}t \tag{6.13}$$

式中，在$(0,PT_{\mathrm{c}})$内，$\varphi_a(t-kT_{\mathrm{c}})$只在$kT_{\mathrm{c}}\leqslant t\leqslant(k+1)T_{\mathrm{c}}$时非零，于是有

$$R_{ab}(\tau,f_{\mathrm{d}})=\frac{1}{PT_{\mathrm{c}}}\sum_{k=0}^{P-1}A_k\sum_{l=-\infty}^{\infty}B_l\exp(\mathrm{j}2\pi f_{\mathrm{d}}lT_{\mathrm{c}})\cdot \int_{kT_{\mathrm{c}}}^{(k+1)T_{\mathrm{c}}}\varphi_a(t-kT_{\mathrm{c}})\varphi_a(t-lT_{\mathrm{c}}-\tau)\exp(\mathrm{j}2\pi f_{\mathrm{d}}(t-lT_{\mathrm{c}}-\tau))\mathrm{d}t \tag{6.14}$$

变换积分变量，得

$$R_{ab}(\tau,f_{\mathrm{d}})=\frac{1}{PT_{\mathrm{c}}}\sum_{k=0}^{P-1}A_k\sum_{l=-\infty}^{\infty}B_l\exp(\mathrm{j}2\pi f_{\mathrm{d}}lT_{\mathrm{c}})\cdot \int_0^{T_{\mathrm{c}}}\varphi_a(t)\varphi_a[t-\tau-(l-k)T_{\mathrm{c}}]\exp\left(\mathrm{j}2\pi f_{\mathrm{d}}\left[t-\tau-(l-k)T_{\mathrm{c}}\right]\right)\mathrm{d}t \tag{6.15}$$

由$l\to l+k$，得

$$R_{ab}(\tau,f_{\mathrm{d}})=\frac{1}{PT_{\mathrm{c}}}\sum_{k=0}^{P-1}A_k\sum_{l=-\infty}^{\infty}B_{l+k}\exp\left(\mathrm{j}2\pi f_{\mathrm{d}}\left(l+k\right)T_{\mathrm{c}}\right)\cdot \int_0^{T_{\mathrm{c}}}\varphi_a(t)\varphi_a[t-\tau-lT_{\mathrm{c}}]\exp\left[\mathrm{j}2\pi f_{\mathrm{d}}\left(t-\tau-lT_{\mathrm{c}}\right)\right]\mathrm{d}t \tag{6.16}$$

当$t<0$和$t>T_{\mathrm{c}}$时，$\varphi_a(t)=0$，于是有

$$\begin{aligned}&\int_0^{T_{\mathrm{c}}}\varphi_a(t)\varphi_a[t-\tau-lT_{\mathrm{c}}]\exp\left[\mathrm{j}2\pi f_{\mathrm{d}}\left(t-\tau-lT_{\mathrm{c}}\right)\right]\mathrm{d}t\\&=\int_{-\infty}^{\infty}\varphi_a(t)\varphi_a\left(t-\tau-lT_{\mathrm{c}}\right)\exp\left[\mathrm{j}2\pi f_{\mathrm{d}}\left(t-\tau-lT_{\mathrm{c}}\right)\right]\mathrm{d}t\\&=R_{\varphi_a}\left(\tau+lT_{\mathrm{c}},f_{\mathrm{d}}\right)\end{aligned} \tag{6.17}$$

因此，模糊函数的最终表达式为

$$\begin{aligned}R_{ab}(\tau,f_{\mathrm{d}})&=\frac{1}{PT_{\mathrm{c}}}\sum_{k=0}^{P-1}A_k\sum_{l=-\infty}^{\infty}B_{l+k}\exp\left(\mathrm{j}2\pi f_{\mathrm{d}}\left(l+k\right)T_{\mathrm{c}}\right)\cdot\\&\quad\int_0^{T_{\mathrm{c}}}\varphi_a(t)\varphi_a(t-\tau-lT_{\mathrm{c}})\exp\left[\mathrm{j}2\pi f_{\mathrm{d}}\left(t-\tau-lT_{\mathrm{c}}\right)\right]\mathrm{d}t\\&=\frac{1}{PT_{\mathrm{c}}}\sum_{l=-\infty}^{\infty}\left(\sum_{k=0}^{P-1}A_kB_{l+k}\exp\left(\mathrm{j}2\pi f_{\mathrm{d}}\left(l+k\right)T_{\mathrm{c}}\right)\right)\cdot\\&\quad\int_0^{T_{\mathrm{c}}}\varphi_a(t)\varphi_a(t-\tau-lT_{\mathrm{c}})\exp\left[\mathrm{j}2\pi f_{\mathrm{d}}\left(t-\tau-lT_{\mathrm{c}}\right)\right]\mathrm{d}t\\&=\frac{1}{PT_{\mathrm{c}}}\sum_{l=-\infty}^{\infty}R_a(-l,f_{\mathrm{d}})R_{\varphi_a}(\tau+lT_{\mathrm{c}},f_{\mathrm{d}})\\&=\frac{1}{PT_{\mathrm{c}}}\sum_{l=-\infty}^{\infty}R_a(l,f_{\mathrm{d}})R_{\varphi_a}(\tau-lT_{\mathrm{c}},f_{\mathrm{d}})\quad（用-l代替l）\end{aligned} \tag{6.18}$$

式（6.11）中的$R_{\varphi_a}(\tau-lT_{\mathrm{c}},f_{\mathrm{d}})$表示为

$$R_{\varphi_a}(\tau - lT_c, f_d) = \int_0^{T_c} \varphi_a(t)\varphi_a(t - \tau + lT_c)\exp\left[j2\pi f_d\left(t - \tau + lT_c\right)\right]dt \tag{6.19}$$

由于$0 \leqslant \tau - lT_c \leqslant T_c$，$f_d$在一个基本码元时间的积累效果是非常小的。因为多普勒频移实际上形成的是连续相移。比如说 10kHz 的多普勒频率就是每微秒相移3.6°，如果雷达脉冲宽度长达 50μs，那么脉内相移本身就有180°，使脉冲压缩“同相相加”无法保证，脉压性能就随频移增大而变差。因此，我们的多普勒效应主要关注式（6.11）中的$R_a(l, f_d)$，其表达式为

$$R_a(l, f_d) = \sum_{k=0}^{P-1} A_k B_{k-l} \exp\left(j2\pi f_d (k - l) T_c\right) \tag{6.20}$$

当回波信号具有多普勒频率f_d时，相关接收时匹配序列之间增加相移$2\pi f_d(k-l)T_c$，假定$l = 0$的理想情况，$A_k B_k = 1$，相关输出信号为

$$R_a(0, f_d) = \sum_{k=0}^{P-1} \exp\left(j2\pi f_d k T_c\right) = \frac{1 - \exp\left(j2\pi f_d P T_c\right)}{1 - \exp\left(j2\pi f_d T_c\right)} \tag{6.21}$$

显然，若$f_d = 0$时，则$R_a(0, f_d)$最大，随着目标速度的变大，相关输出的幅值随之起伏下降，在不同的工作频点，不同目标回波的频移损失如图 6.3 所示，当f_d为码长PT_c倒数的整数倍时，输出还产生零点，所以称二相编码信号为多普勒低容限信号。针对多普勒容限问题，一方面可以通过让多普勒频移小一些来回避，另一方面可以减少编码信号的宽度，但会牺牲压缩比。如果采用减小多普勒频移的办法，那么从图 6.3 上可以发现，雷达选择较低的工作频点有利于扩展二相编码信号对目标的适应性。但是，当目标多普勒频移较窄时，目标回波容易淹没在地物或海杂波的边缘，增大 MTI（动目标指示）处理难度，这种情况在机载预警雷达、双基地雷达和半主动导引系统中是应尽量避免的。我们希望 PN 编码信号在多普勒频率较宽时仍能得到好的压缩效果，因此需要采用“多普勒调谐”等频移补偿办法。

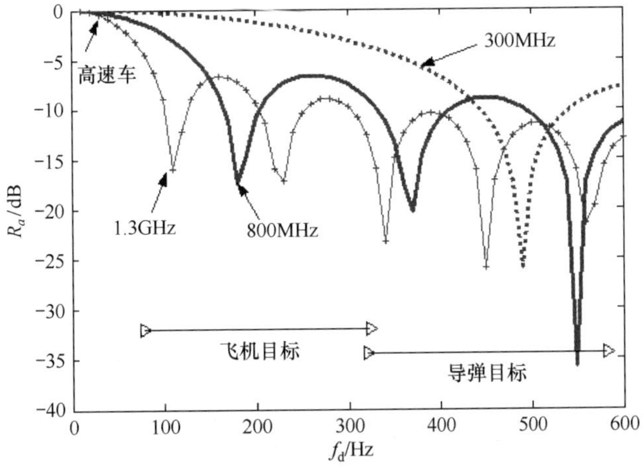

图 6.3　在不同的工作频点，不同目标回波的频移损失

6.3.3 相位加权和循环移位解决 PN 码多普勒容限

基于 PN 信号的 PCL 和通道信号处理结构如图 6.4 所示，和通道接收机中的同相分量 I 和正交分量 Q 的视频通道经 9 位（8 位）A/D 转换，将 $M \times PT_c$（M 为周期数，P 为 PN 序列码长，这里将 1023 扩展一位取 1024）秒的回波信号数字化并存储在一个阵列存储器中。接着，对间隔为 PT_c 的 128 次取样值，即取同一距离单元（子码单元）信号组，做 128 点 FFT，幅度加权减少多普勒旁瓣，获得的分辨率为 $1/128PT_c$、最大范围为 $1/PT_c$ 的多普勒滤波器。

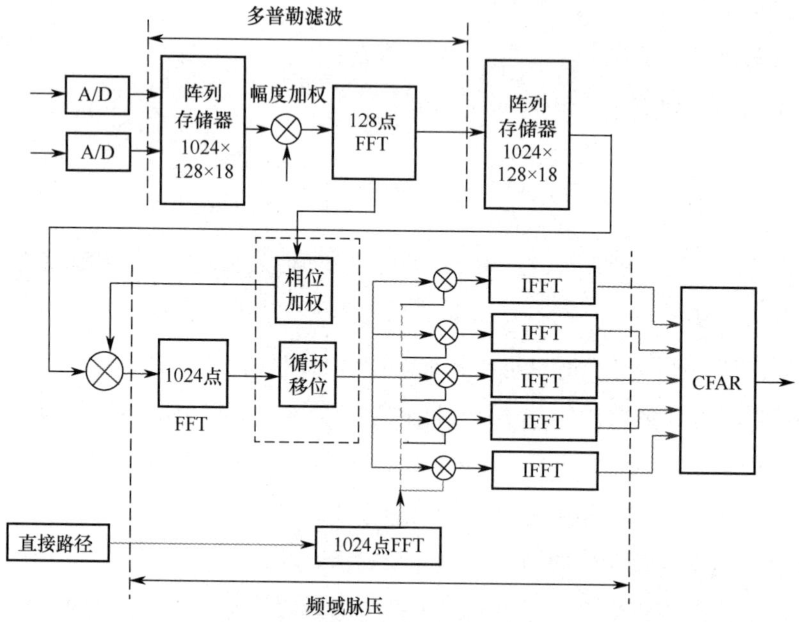

图 6.4 基于 PN 信号的 PCL 和通道信号处理结构

设第 k 个重复周期的第 i 个距离单元信号采样为

$$y(k,i) = B_{k,i}\varphi_a\left[t-(k\times P+i)T_c\right]\exp\left[\mathrm{j}2\pi f_d\left((k\times P+i)T_c\right)\right] \tag{6.22}$$

式中，$0 \leqslant i \leqslant P$，$0 \leqslant k \leqslant M$。做 M 点 FFT 后，得到的频率序列为

$$Y(i,m) = \sum_{k=0}^{M-1} y(k,i)\exp(-\mathrm{j}2\pi mk/M) \tag{6.23}$$

式中，m 是 FFT 后的频率通道号，m 取 0 到 $M-1$ 之间的整数。

f_d 的离散形式为

$$f_d = \frac{\zeta}{PT_c} + \frac{\xi}{MPT_c} \qquad (\zeta,\xi \in Z, M \geqslant \xi \geqslant 0) \tag{6.24}$$

式中，第一项表示 $f_d > \dfrac{1}{PT_c}$ 时的模糊值，第二项表示 FFT 后第 ξ 通道处的频率输出。将

式（6.24）代入式（6.22），忽略 $t-(k\times P+i)$ 时间内的多普勒频移，有

$$y(k,i)=B_{k,i}\varphi_a(t-(k\times P+i)T_{\rm c})\exp\left(\mathrm{j}2\pi\left(\frac{\zeta}{PT_{\rm c}}+\frac{\xi}{MPT_{\rm c}}\right)(k\times P+i)T_{\rm c}\right) \tag{6.25}$$

任取距离单元 i，假定 $B_{k,i}\varphi_a(t-(k\times P+i)T_{\rm c})=B_i$，则 M 点 FFT 后第 m 通道的序列为

$$\begin{aligned}Y(i,m)&=\sum_{k=0}^{M-1}B_i\exp\left(\mathrm{j}2\pi\frac{k\xi}{M}\right)\exp\left(\mathrm{j}2\pi f_{\rm d}iT_{\rm c}\right)\exp\left(-\mathrm{j}2\pi\frac{mk}{M}\right)\\&=B_i\exp\left(\mathrm{j}2\pi f_{\rm d}iT_{\rm c}\right)\sum_{k=0}^{M-1}\exp\left(-\mathrm{j}2\pi\frac{(m-\xi)k}{M}\right)\end{aligned} \tag{6.26}$$

当 $m=\xi$ 时，$Y(i,\xi)=MB_i\exp\left(\mathrm{j}2\pi f_{\rm d}iT_{\rm c}\right),0\leqslant i<P$，输出为一个二相编码序列，附加有 $f_{\rm d}$ 引起的相移。

当 $m\neq\xi$ 时，$Y(i,m)=0$，由于此时从 P 组滤波器的第 ξ 个通道的输出组成序列

$$Y(i,\xi)=MB_i\exp\left(\mathrm{j}2\pi f_{\rm d}iT_{\rm c}\right),0\leqslant i<P \tag{6.27}$$

经过 M 点 FFT 后，ξ 可以检测到，于是由式（6.24）就可以先对 $f_{\rm d}$ 的第二项进行补偿。具体做法是将第 ξ 通道的输出序列乘以 $\exp\left(-\mathrm{j}2\pi\frac{\xi i}{MP}\right)$，结果为

$$Y'(i,\xi)=F(i,\xi)\exp\left(-\mathrm{j}2\pi\frac{\xi i}{MP}\right)=MB_i\exp\left(\mathrm{j}2\pi\frac{\zeta i}{P}\right) \tag{6.28}$$

部分补偿后的该序列仍剩下频移 $\frac{\zeta}{PT_{\rm c}}$，下面进行进一步补偿。对 $Y'(i,\xi)$ 做 P 点 FFT，得到

$$\begin{aligned}\varGamma(k,\xi)&=\sum_{i=0}^{P-1}MB_i\exp\left(\mathrm{j}2\pi\frac{\zeta i}{P}\right)\exp\left(-\mathrm{j}2\pi\frac{ki}{P}\right)\\&=\sum_{i=0}^{P-1}MB_i\exp\left(-\mathrm{j}2\pi\frac{(k-\zeta)i}{P}\right)\end{aligned} \tag{6.29}$$

当 $\zeta=0$ 时，即无多普勒频率模糊时，

$$\varGamma_0(k,\xi)=\sum_{i=0}^{P-1}MB_i\exp\left(-\mathrm{j}2\pi\frac{ki}{P}\right) \tag{6.30}$$

当 $\zeta\neq0$ 时，即存在多普勒频率模糊时，

$$\varGamma(k,\xi)=\sum_{i=0}^{P-1}MB_i\exp\left(-\mathrm{j}2\pi\frac{(k-\zeta)i}{P}\right)=\varGamma_0(k-\zeta,\xi) \tag{6.31}$$

所以 $\varGamma_0(k,\xi)=\varGamma(k+\zeta,\xi)$ 对不同 ζ 值的通道，所得值循环左移 ζ 位就能补偿 $f_{\rm d}$ 的第一项

$\frac{\zeta}{PT_c}$，消除多普勒频移模糊，使各通道都得到 $\Gamma_0(k)$，ζ 值的选取可由目标的多普勒频移范围决定。通过相位加权和循环移位，基本解决了多普勒频率对脉冲压缩的影响，即多普勒容限问题。进一步分析发现，循环移位刚好是采用了离散傅里叶变换的频率循环移位性质，对于 ξ 通道，若

$$Y'(i) \xleftrightarrow[P点]{\text{DFT}} \Gamma(k)$$

则有

$$Y'(i,\xi)\exp\left(-\mathrm{j}2\pi\frac{\xi i}{P}\right) \xleftrightarrow[P点]{\text{DFT}} \Gamma(k+\xi,(\operatorname{mod} P)) = \Gamma_0(k) \tag{6.32}$$

线性相位加权则是对一定范围（$1/PT_c$）内的频移进行时域补偿。

在第 5 章中，首先进行分段相关（类似于脉压处理），然后进行多普勒滤波；这里首先对连续回波的不同周期上的同一码元位置进行 FFT 处理，然后将得到的频移参数用于相关脉压处理时的相位补偿。这样做的原因是，在线性系统中叠加可以交换次序，由于周期序列信号多普勒滤波和脉压都采用 FFT 来处理，因此能够减少硬件设备和计算量。

6.4 基于 OFDM 信号的 PCL 分析

高清晰度电视信号的数字化传输技术已相当成熟，并且逐渐取代模拟电视信号。一种新的数字地面传输体制[9, 11, 14-15]的最大特点是，可以利用 COFDM 多载波波形防止多路径干扰，这种多载波波形不仅成为第四代通信的主流技术，而且已用于雷达探测[22]。基于该信号波形的双多基地外辐射源雷达系统是可行的，而且具有广阔的应用前景。最近，人们对用微波信道做数字传输方面的研究已经证明多载波调制能够有效地运用到多路径回波中。在经典的单载波方法中，每一传输的基本信息均占满最小时间间隔上可支配的整个带宽。多载波方法（OFDM）正好相反，它允许将重要时间间隔上的一小部分有用频带分配给每一基本信息。

6.4.1 OFDM 信号特征

在 OFDM 系统中，要求子信道（子载波所在的信道）在一个 OFDM 码元期间为整数个载波周期，表现为码长 T_c 和频率间隔 Δf 之间满足 $\Delta f = n/T_c$，当 n 为 1 时，频率间隔最小，一般作为相邻载波间隔，可以避免子载波间的串扰（ICI），这也是载波信道之间正交的概念。为了减少信道衰落对信号传输的影响，OFDM 系统中加入导频用于信道估计，一般有两种方法来实现：第一种方法是在发送数据前，在每个载波中发送长训练导频符号，完成所有对子载波信道频率响应的估算；第二种方法是采用分散导频，导频符号分布到数据符号中间，形

成时间和频率的二维栅格图，OFDM 系统导频信号的一种排列如图 6.5 所示。通过这些分散导频的信道频响，运用一维和二维滤波技术，通过内插估计相邻子载波的信道频率响应[2]。分配分散导频的 OFDM 信号，不仅易于对通道响应进行均衡，而且易于用傅里叶变换进行操作。

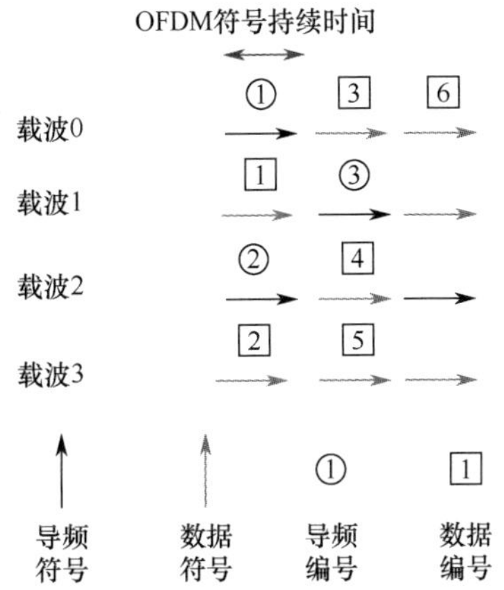

图 6.5　OFDM 系统导频信号的一种排列

将分散的导频作为一种特殊的跳频编码信号，用于雷达探测，希望它具有理想的图钉形模糊图，按 Costas 阵列跳频的信号就具有这样的特性。反过来，如果导频按 Costas 阵列（见表 6.1）分布在 OFDM 信道中，那么可以作为一种良好的雷达探测信号。

表 6.1　一个 Costas 信号时频阵列（$N=7$）

f_c+f_6			*					
f_c+f_5					*			
f_c+f_4						*		
f_c+f_3	*							
f_c+f_2								*
f_c+f_1							*	
f_c				*				
f/t	t_0		t_1	t_2	t_3	t_4	t_5	t_6

OFDM 波形的潜在优势是，使得雷达接收机更有效地检测到可能的目标回波。它对正交载波加权后，形成的调制信号为

$$s(t)=\sum_{k=0}^{M-1} c_k \exp\left(\mathrm{j}n\pi k\Delta f t\right) \tag{6.33}$$

式中，系数 c_k 是复数。该信号周期性变化，周期为 $T_\mathrm{m}=1/\Delta f$，这就允许考虑在接收时对 N 个周期积分时间通过匹配滤波做常规处理。

在此双基地结构中，这样一种匹配滤波可对距离差 R（发射机到目标的距离 + 接收机到目标的距离 − 发射机到接收机的距离）和双基地目标速度 $\dot{R}$ 进行估计。对接收到的 N 个信号进行周期的相干积累是必要的，一方面可以增加积累能量，另一方面可对目标多普勒频移获得足够的分辨率。此外，该积累时间受到目标的有效雷达反射截面（RCS）的临时起伏特性和其最大速度的限制，最大速度限制等效于接收到的信号是窄带的这一假设（带宽远小于工作频率），这个假设目标在不同子载波上的多普勒频移近似相等。换句话说，在相干积累期间，目标的距离变化对接收机的距离分辨率而言很小，其表达式为

$$N < c / M\dot{R}, \qquad NT_{\mathrm{m}}\dot{R} < cT_{\mathrm{m}}/M \tag{6.34}$$

式中，c 为光速，$\dot{R}$ 为目标速度。根据对高斯白噪声的假设，最佳接收机对接收到的 NT_{m} 长信号进行相关，当取样频率 $f_0 = M\Delta f$ 时，可得

$$u_{k,m}(t) = s(t - \tau_k)\mathrm{e}^{\mathrm{j}2\pi f_{\mathrm{m}} t} \tag{6.35}$$

对于多普勒及距离间隔的采样对 (τ_k, f_{m}) 来说，在归一化后要搜索一个或多个目标回波幅度的最大值。由接收信号的模糊函数可以推出，最大不模糊距离 $R_{\max}$ 为 cT_{m} 或 $c/\Delta f$ ；模糊速度 $\dot{R}_{\max}$ 为 $c\Delta f/f_0$， f_0 为信号载波。同样，与可达到的估计精度相兼容的距离/多普勒分辨率如下：距离单元宽度 R_{bin} 为 cT_{m}/M （假设有 M 个距离单元），多普勒单元宽度 $\dot{R}_{\mathrm{bin}}$ 为 $c\Delta f/Nf_0$（假设有 N 个多普勒单元）。例如，对 512 个载波而言，如果总频带为 1.5MHz，高频载波为 600MHz，那么处理结果为 $R_{\max} = 102.4\mathrm{km}$ ， $\dot{R}_{\max} = 1465\mathrm{m/s}$ ， $R_{\mathrm{bin}} = 200\mathrm{m}$ ， $\dot{R}_{\mathrm{bin}} = 2.86\mathrm{m/s}$ 。

6.4.2 针对 COFDM 的信号处理结构及直达波数字对消

针对 COFDM 的距离/多普勒处理结构如图 6.6 所示，它可成功地完成多普勒(N 点 FFT）处理和距离（M 点 FFT）处理。该处理方案与图 6.4 中的处理方案都是先进行多普勒滤波后进行脉压。只是这里 N 个多普勒通道并行工作，提供较宽的多普勒覆盖。该方案采用频域脉压，一个通道的脉压获得 M 个距离单元的输出，c_k 为来自发射机的直达波信号，经过 FFT 变换形成的脉压系数，需要加窗以便兼顾模糊函数主瓣宽度和副瓣电平，最终得到模糊函数平面上的 $M \times N$ 个离散值，然后对这些离散值进行平滑、搜索等操作，完成参数提取及估计。

PCL 接收机设计的一个重要限制是，要求能够处理很大的信号动态范围（确切地说，应称之为瞬时动态范围，见 2.3.1 节）。由于直接路径信号进入目标通道，即使采用低副瓣天线，功率仍然较高，扩展到非零速度多普勒滤波器输出单元，过载情况下的混频也会产生非零多普勒单元的输出，在两个信号之间存在近 100dB 的功率差，进而产生大量虚警。因此，接收机不仅要处理微弱的目标散射信号，而且要能对直接路径信号（参考通道）做很好的对消处

理，第 2 章中给出了对消模型，并且做了模拟对消实验。这里介绍一种数字对消措施，即从所接收到的采样中重新提取零速多普勒处理输出单元的平均值。

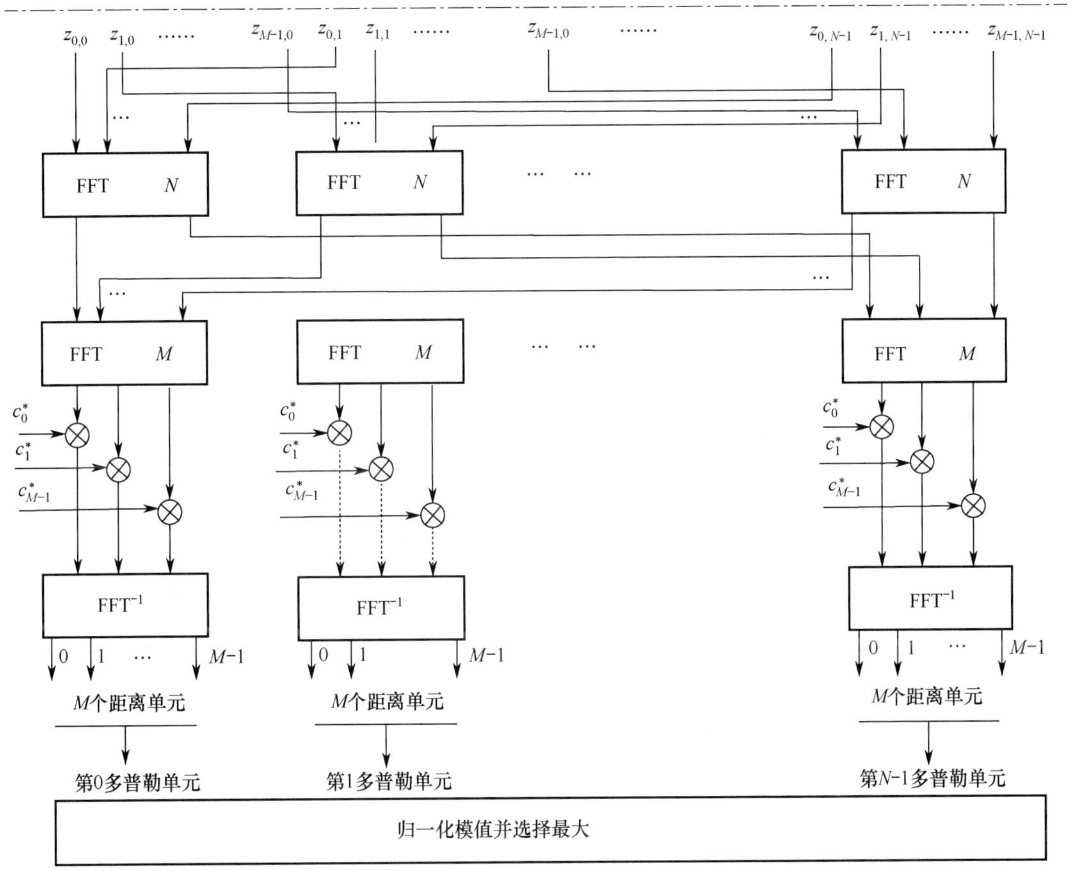

图 6.6　针对 COFDM 的距离/多普勒处理结构

图 6.7 所示为零多普勒通道对消及同步通道构成，给出了同步和直接路径滤波前端信号处理设计方案，该方案使目标信号处理的信号降低至一个适当的动态范围。同步通道的信号处理与图 6.6 中第 0 多普勒单元那一组完成的工作基本相似，中间的平均功率取出，用以对消目标通道的部分直达波信号，进而减少动态范围和副瓣干扰。

发射信号的频率不稳定影响接收系统的动目标检测，而接收系统的相参性表现在接收机的本振频率上（用于高频解调和取样），因此要实现相干处理，就要求接收本振与发射的直达波信号同步。发射载波的数字恢复通过对同步通道的补偿处理完成，变换和取样频率获取通过系数 c_k 的相位旋转来完善。因此，应用图 6.7 中的 M 点 FFT 输出端，通过与系数 c_k 的乘积处理，产生本振控制信号。该原理类似于 GPS 信号中提取载波的同步技术[16, 17]。

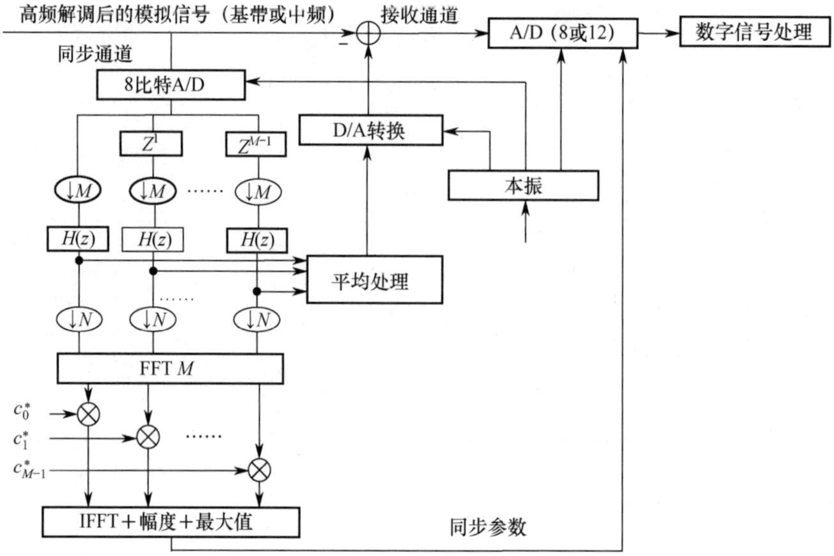

图 6.7　零多普勒通道对消及同步通道构成

6.5　仿真结果

6.5.1　CDMA 系统导频信号仿真

利用导频信号来探测目标时，目标的分辨率主要取决于码片的速率，我们可以通过单个码元的宽度来估算。这样，时延分辨率大约为 0.8 μs，在 PCL 系统中对应的距离分辨率约为 244m，测距的精度可以按十分之一估算[1]，即 24m。对于低于音速的飞行物体，在整个码长的积累时间内，移动距离小于 9m，而一般飞机的起伏相关时间为 30～300ms，因此 PCL 可以在一组甚至几组正交 PN 码上进行相干积累。

在测速性能方面，对于载频为 900MHz 的 CDMA 系统，音速目标回波对应的最大多普勒频移为 2040Hz，为了获得较高的速度分辨率，可以采用跨帧抽取的方法做 FFT，然后求平均，此时获得的较高分辨率的频移又可以反馈至相关的相移补偿。另外，为了获得较大的测速覆盖，可以采用图 6.4 所示的相移分路扩展处理。

为了进一步验证 PN 码的雷达探测性能，我们构造了 PN 码的 I 路 PSK 调制信号，并且计算了其自模糊图和互模糊图。码片速率为 100Hz，每个码片包括两个周期的载波，采用 $F_s = 800$Hz、码长为 10 阶的 M 序列，补零后得到 1024 个码片。图 6.8(a)所示为 PN 码 PSK 信号的自模糊图，图 6.8(b)所示为 PN 码 PSK 信号与另一相位偏移 PN 码信号的互模糊图，图 6.8(a)和(b)中的主峰都比较突出，基底都比较平坦，差别是图 6.8(b)中的主峰要比图 6.8(a)中的主峰略有展宽，并且主峰以外出现了较多的白斑，表明基底抬高、起伏变大。因此，在实际工作中，由于不同基站间的 PN 导频码仅以相位偏移区分，都会经目标反射，相关接收性能会有所下降。

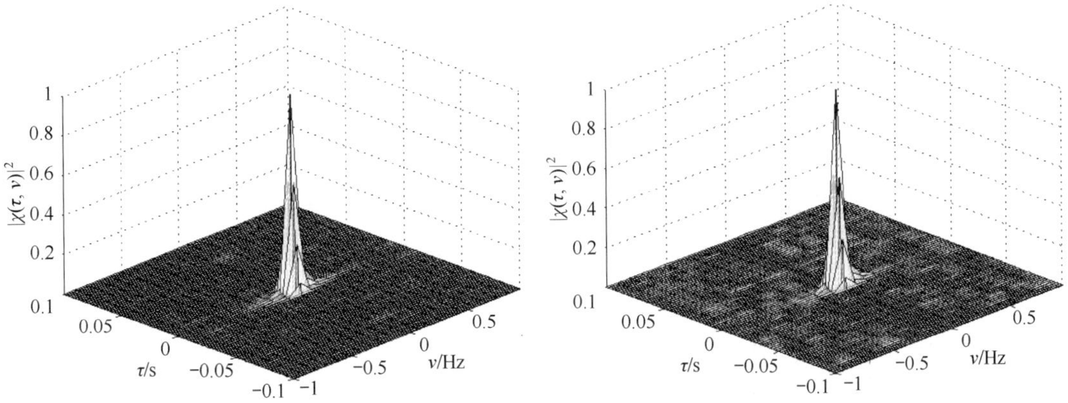

(a) PN 码 PSK 信号的自模糊图　　(b)PN 码 PSK 信号与另一相位偏移 PN 码信号的互模糊图

图 6.8　PN 码导频信号的模糊图特性

6.5.2 OFDM 系统导频信号仿真

为了直观地描述分布在 OFDM 信道中的 Costas 阵列的雷达探测性能，我们按表 6.1 所示的 Costas 阵列构造信号，并且计算其自模糊图和互模糊图。最初，$f_c = 1\text{kHz}$，$f_i = 100i\ \text{Hz}$，采样频率为 $F_s = 5\text{kHz}$，每个符号的时间间隔一致，即 $t_i = 0.01\text{s}$，总时长为 $T = 0.07\text{s}$。图 6.9(a)所示为表 6.1 中 Costas 阵列信号的自模糊图，主峰区有类似线性调频信号的条状倾斜分布，主峰比线性调频信号的峰值更尖锐，主峰区外存在成对出现的小峰。图 6.9(b)所示为表 6.1 中 Costas 阵列信号与包含该 Costas 导频信号的 OFDM 信号的互模糊图。图 6.9(b)不同于图 6.9(a)的地方如下：主峰区域不明显，小峰之间出现很多峰值，但是比主峰值低得多。因此，Costas 导频码用于提取 OFDM 回波中的目标信号是可行的，但是由于其他通信码的存在，对目标参数存在一些干扰，这些干扰由于是随机的，可以通过积累而消除。

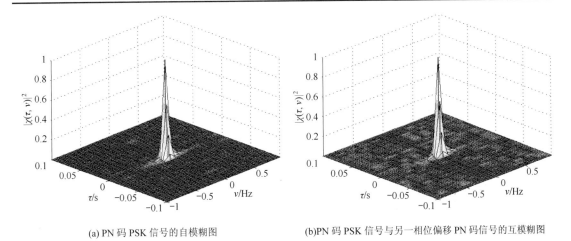

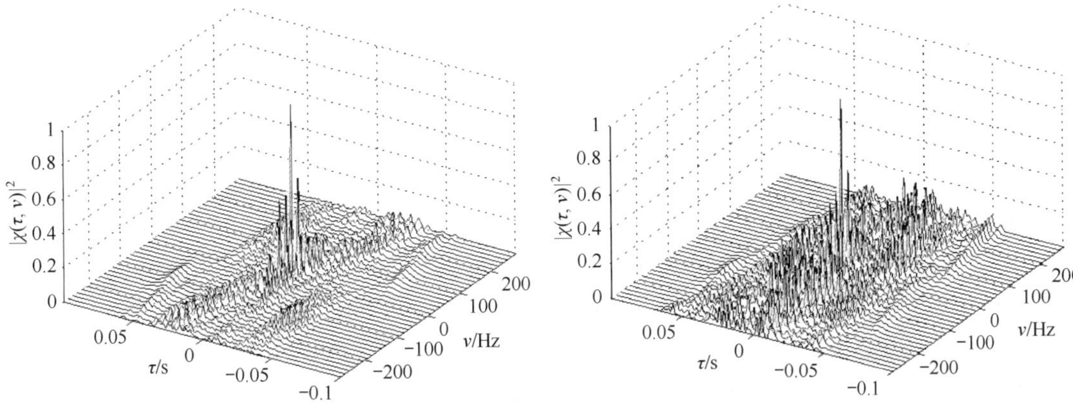

(a) Costas 导频 OFDM 信号自模糊图　　(b) Costas 导频与包含该导频的 OFDM 信号的互模糊图

图 6.9　正交 Costas 导频信号的模糊图特性

6.6 小结

通信与雷达关联性的论述，为 PCL 雷达系统的信号分析、选择及处理提供了理论依据。有关通信导频信号的模糊图仿真结果表明，导频信号的雷达探测能力，如距离分辨率、最大作用距离、距离旁瓣电平以及多普勒分辨率，不仅取决于导频信号的模糊图特性，而且取决于导频信号与完整通信信号的互模糊图特性。有别于 FM 广播和电视信号，CDMA 和 OFDM 系统中的导频信号由于直接面向信道估计，因此具有较好的互模糊图特性。PN 导频信号的处理由于 GPS 领域应用较成熟，因此实现起来较为容易，只是 CDMA 系统单个基站的发射信号功率有限，雷达覆盖区域较小，因此往往用于小区域监测。分布在 OFDM 信号中的 Costas 导频信号具有时频二维信道估计特性，信号相干积累时长，且该时间内的带宽都容易满足，并且可以通过正交空间投影方法提取存在频移的微弱目标信号[25]。另外，基于 OFDM 的接收处理通过使用与发射信号正交系数组 C_k 来获得对不同发射台信号的鉴别，进而可以获得单频雷达网的效益。

此外，在上述导频信号的探测性能分析基础上，针对 PN 导频信号，给出的有关多普勒补偿的详细数学描述和相关的信号处理方案，解决了相位编码的多普勒容限问题。深入分析了针对 COFDM 的信号处理结构，以及零多普勒数字对消和同步获取方案，这些结构和方案可直接被其他信号的 PCL 雷达系统采用。

参考文献

[1] 归琳，仇佩亮，王匡，董斌. 高清晰度电视传输系统中的均衡器[J]. 浙江大学学报，2002, 36(3).

[2] 束锋，罗琳，吴乐南. OFDM 通信系统中的一种通用的信道估计模型[J]. 电路与系统学报，2001, 6(2).

[3] 黄爱苹，胡荣. 基于导频和多项式模型的信道估计[J]. 电子学报，2002, 30(4).

[4] 董霄剑，蒋良成，尤肖虎. Rake 接收机中信道最大多普勒频移估计的一种新方法及其在信道估计中的应用[J]. 电路与系统学报，2000, 5(3). 1-5.

[5] 杨文华，宋力平，王其扬. 巴克码多普勒容限带宽的扩展[J]. 上海航天，1997(5): 3-8.

[6] 龙腾，毛二可. 调频步进雷达信号分析与处理[J]. 电子学报，1998, 26(12): 84-88.

[7] 万坚，胡捍英，等. 一种基于连续导频的相关捕捉门限的确定[J]. 无线通信技术，2001, 10(2): 10-14.

[8] 徐发强，益晓新. 无线 OFDM 系统中基于导频的信道估值器的比较分析[J]. 通信学报，2001, 22(5): 17-23.

[9] 单康，黄劲草，等. 数字清晰度电视地面广播 COFDM 传输方案[J]. 电子科技大学学报，1998, 27(4): 337-342.

[10] 杨刚，王匡，姚庆栋，仇佩亮. 数字 HDTV 地面广播传输方式 VSB 和 COFDM 的性能比较[J]. 浙江大学学报：工学版，2000, 34(2): 178-183.

[11] 姚庆栋，仇佩亮，王匡. 数字高清晰度电视地面广播传输[J]. 通信学报，1995, 16(5): 69-79.

[12] 黄海，朱修身，岳绪生. 多频段伪随机（PN）码扩频测距雷达发射源的研究[J]. 火控雷达技术，1996,

25(4): 42-47

[13] 沈福民，贾永康. 相位测距中的解模糊技术[J]. 西安电子科技大学学报，1997, 24(1): 52-57.

[14] 张文军，王匡，葛建华. 数字电视地面广播技术与传输标准[J]. 电视技术，2001, (1): 5-7, 29.

[15] 张文军，王匡，葛建华. 关于我国数字电视地面广播传输标准[J]. 世界广播电视，2001, 15(4): 42-44.

[16] 张守信. GPS 卫星测定定位理论与应用[M]. 长沙：国防科技大学出版社，1996.

[17] V. 伊罗拉，等. 无编码 GPS 定位方法和用于此种无编码定位的装置[P]. 中国专利号 CN1141437A, 1997.

[18] 王秀春. 世界地面雷达手册（第 2 版）[M]. 十四所情报信息中心，1992: 587-589.

[19] 张直中. 雷达信号的选择与处理[M]. 北京：国防工业出版社，1979.

[20] 黄春琳. 基于循环平稳特性的低截获概率信号的截获技术研究[D]. 国防科学技术大学，2001.10.

[21] Ong P G, Teng H K. *Digital LPI Radar Detector* [D]. ADA389889, 2001.

[22] Laxton M C. *Analysis and simulation of a new coded tracking loop for GPS multi-path mitigation* [D]. ADA319537.

[23] Lee J S, Miller L E. CDMA 系统工程手册[M]. 许希斌译. 北京：人民邮电出版社，2000: 212-213.

[24] Bailey J S, Gray G A. *Sanctuary signal processing requirements* [A]. In: Proceedings of IEEE EASCON-78. 310-315.

[25] Guner, Abdulkadir. *Ambiguity Function Analysis and Direct-Path Signal Filtering of the Digital Audio Broadcast (DAB) Waveform for Passive Coherent Location* [D]. Ohio, USA: Air Force Institute of Technology Graduate School of Engineering and Management (AFIT/EN), 2002.

第 7 章　基于脉冲雷达信号的 PCL 应用

扫一扫

查看本章彩图

为了分析基于脉冲雷达信号的 PCL 系统的探测性能，我们开展了相关外场实验。实验观测背景选在烟台市区及其相关海域，机会雷达辐射源发射机位于烟台市某山山顶，接收机位于某综合实验楼楼顶，并以海面上的各种船只为目标，利用其 AIS 位置信息进行探测性能验证。机会辐射源信号的载频、脉冲重复频率（Pulse Repetition Frequency，PRF）、波形样式等信息未知，需要利用直达波脉冲信号来实现频率、时间和相位同步。本章主要阐述基于脉冲雷达信号的 PCL 实验中涉及的直达波脉冲信号参数的测量、天线扫描特性分析和信号相参性分析、无源相干检测和显示校正等方面的问题。

7.1　实验场景的基本情况

PCL 系统采用的辐射源是某 L 波段远程对海监视雷达，系统周边的探测环境与相对位置关系如图 7.1 所示。实验中发现机会辐射源天线副瓣电平较高，比主瓣低 10～15dB，因此在接收目标回波信号时，定向接收天线可以在机会辐射源辐射信号的整个扇区内收到直达脉冲信号，不需要专用直达波参考天线来接收直达波信号，但是为了实现对目标的检测和定位，需要通过分析直达信号来测量天线的扫描时间和发射信号的 PRF 等参数。

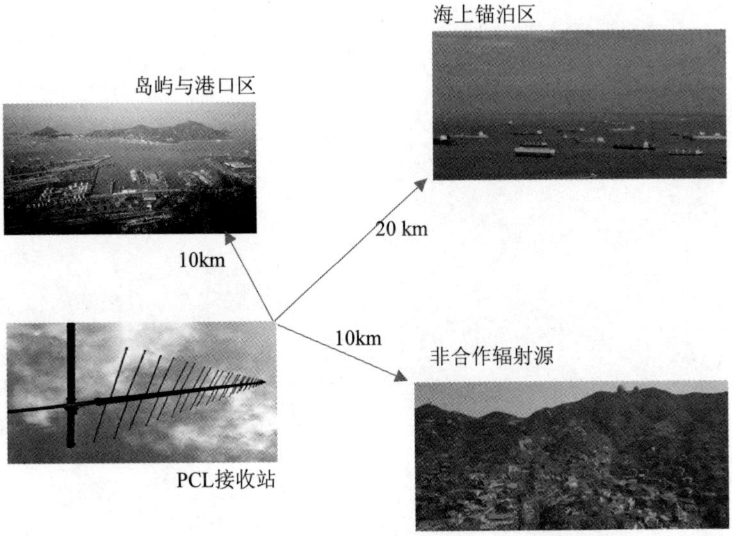

图 7.1　系统周边的探测环境与相对位置关系

7.2　直达波脉冲信号分析

在 PCL 系统中，为了确定机会辐射源发射天线扫描角度和发射波形，需要利用直达信号来进行精确的时间同步和相位同步。为了实现各种相参处理，对相位同步的精度要求通常要比对时间同步的精度要求高。

在本实验中，时间同步的更新时间 T_u 由机会辐射源发射天线的扫描周期 T_s 决定。由于机会辐射源是远程对海监视雷达，采用的是固定的低 PRF，因此在直达信号脉冲到达之前很可能存在仅有噪声的时段。当直达信号脉冲可检测时，可用于时间同步。将发射波束第一次扫过接收机站点时测量得到的直达脉冲信号作为时间同步的基准，通过将采样点除以采样频率 F_s 即可获得每个信号的采样时刻：

$$t_s(\mathrm{s}) = \frac{n}{F_s} \tag{7.1}$$

相邻直达波脉冲信号之间的时间间隔就是脉冲重复间隔 T_r，即脉冲重复频率 f_r 的倒数：

$$T_r = \frac{1}{f_r} \tag{7.2}$$

完成 PRF 同步后，双基地距离等于直达波脉冲与目标回波信号间的时差 Δt_{TR} 乘以光速 c，即

$$R_T + R_R - L = c\Delta t_{TR} \tag{7.3}$$

因此，双基地距离的最大无模糊距离等于直达脉冲信号的脉冲重复间隔 T_r 与光速 c 的乘积，而直达波脉冲信号的到达时刻对应的双基地距离 $R_T + R_R - L = 0$。

实际中，在发射机和接收机之间没有直视距离的条件下，可以使用发射信号的衍射或多径分量来进行同步，但是在整个扫描周期内，可能无法获得稳定的杂波，进而无法实现脉冲间的相位同步。若有一部分扫描时间不存在直达信号或稳定的杂波，时间同步、频率同步和相位同步就只能在天线扫描间实现，因此对时钟稳定性的要求更高，但是可以减小杂波干扰和直达波对目标回波信号的遮挡。

7.2.1　天线扫描特性分析

由于接收天线波束宽度较大，角分辨率较差，因此无法利用接收天线波束的指向特性在双基地等距离线上精确定位目标。机会辐射源发射天线的半功率波束宽度较窄，因此与波束指向的同步可以提高目标的定位精度。然而，与单基地雷达目标探测过程中的双程传播效应相比，PCL 系统中发射波束的方向性仅体现在单程照射上，导致双基地角分辨率较低。当雷达辐射源扫描周期稳定且位置已知时，其发射天线波束指向的方位角位置可以通过扫描中最

强的直达脉冲信号对应时刻来确定，即 T_X 的发射波束与 R_X 接收波束对准的时刻，此时发射天线对应的方位角 A_T 为

$$A_{\mathrm{T}}(°) = A_{\mathrm{TR}} + 360° \cdot \frac{\Delta t}{T_{\mathrm{s}}(\mathrm{s})} \tag{7.4}$$

式中，A_{TR} 是以真北为参考时，发射天线波束对准接收天线时所对应的方位角；Δt 为相对直达波脉冲信号峰值时刻的时延；T_{s} 为天线扫描周期，即

$$T_{\mathrm{s}}(\mathrm{s}) = \frac{N}{F_{\mathrm{s}}} \tag{7.5}$$

式中，N 为相邻直达波脉冲信号峰值之间的采样点数。图 7.2 所示为机会辐射源相邻扫描周期内的信号波形，峰值对应的是机会辐射源发射天线与 PCL 系统天线对准时接收到的直达波。相邻峰值之间对应的是一个天线扫描周期内的采样，已知采样间隔 Δt 为 500ns，相邻峰值间的采样点数 N 为 2×10^7，所以天线的扫描周期为

$$T_{\mathrm{s}} = N\Delta t = 10\mathrm{s}$$

即机会辐射源发射天线的转速为 6r/min。因此，利用直达波脉冲采样可以分析机会辐射源发射天线的扫描特性。

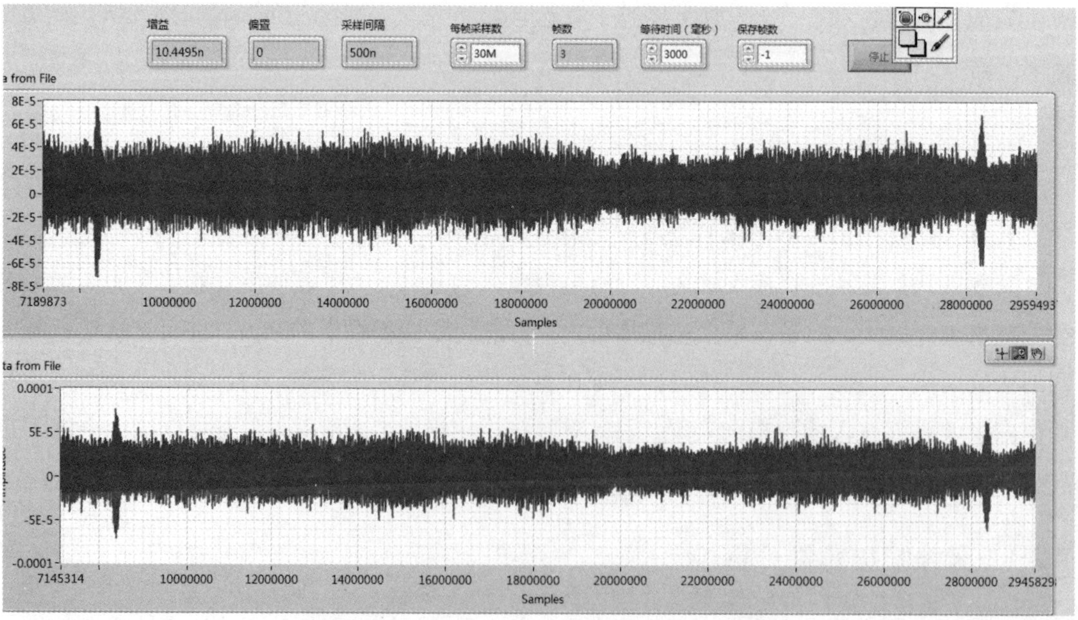

图 7.2　机会辐射源相邻扫描周期内的信号波形

估计得到非合作辐射源天线扫描周期后，就可通过测量发射波束扫过接收天线对应的脉冲串信号幅度变化，来确定发射天线的方位波束宽度，进而确定其方位角分辨率。将图 7.3 中的峰值局部放大后，得到了图 7.4 所示的发射波束宽度内对应的脉冲串信号，可以发现当

发射波束扫过 PCL 接收天线时，来自发射机的水平天线方向图具有 sinc 函数的形式，已知峰值内的采样点数 N 为 2×10^5，于是发射天线主波束对应的扫描时间为

$$T_1 = N\Delta t = 0.10\text{s}$$

对应机会辐射源发射天线在方位上的半功率波束宽度 $\theta_{0.5}$ 为

$$\theta_{0.5} = \frac{T_1}{T_s}\times360°\times\frac{1}{2} = 1.8°$$

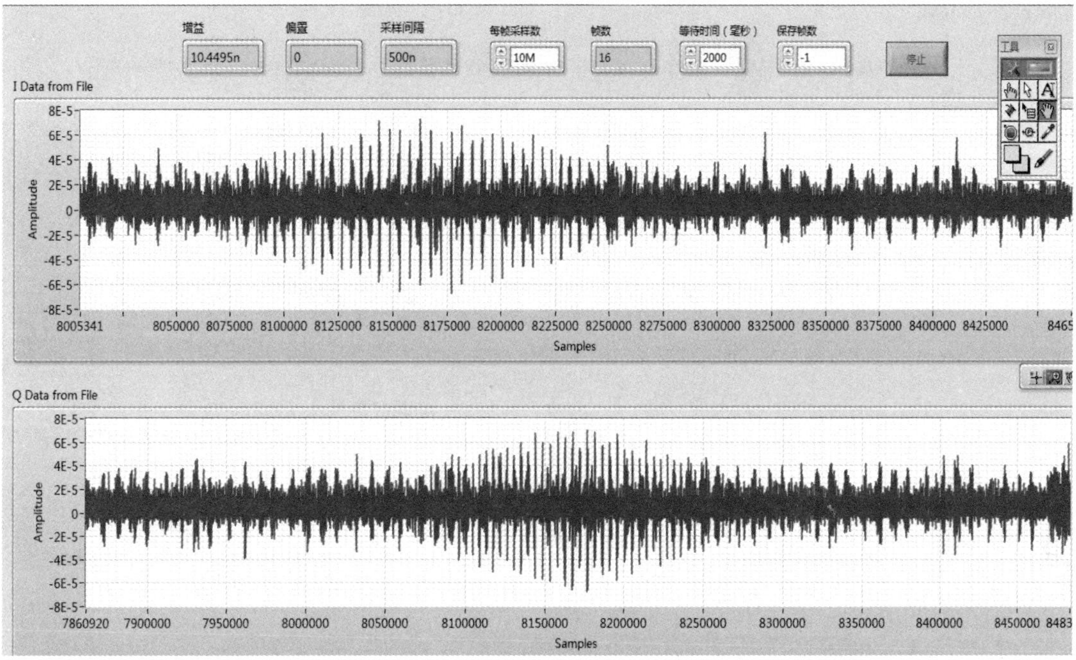

图 7.3　发射波束宽度内对应的脉冲串信号

7.2.2　直达波信号参数测量

为了分析机会辐射源信号参数，局部放大图 7.4 所示的直达波相邻脉冲串信号，得到如图 7.5 所示的相邻脉冲重复周期内的信号波形，相邻脉冲间信号对应的采样点数为 4750，可得机会辐射源信号的脉冲重复周期为

$$T_r = 4750\times0.5\mu\text{s} = 2.375\text{ms}$$

进一步局部放大图 7.5 所示的相邻脉冲重复周期内的信号波形，得到脉冲内部对应的采样点数为 483，可得信号的脉冲宽度为

$$\tau = 283\times0.5 = 141.5\mu\text{s}$$

因此，在测量期间，机会辐射源发射的是 PRF 稳定的 LFM 脉冲信号，信号脉冲宽度约为 141.5μs。

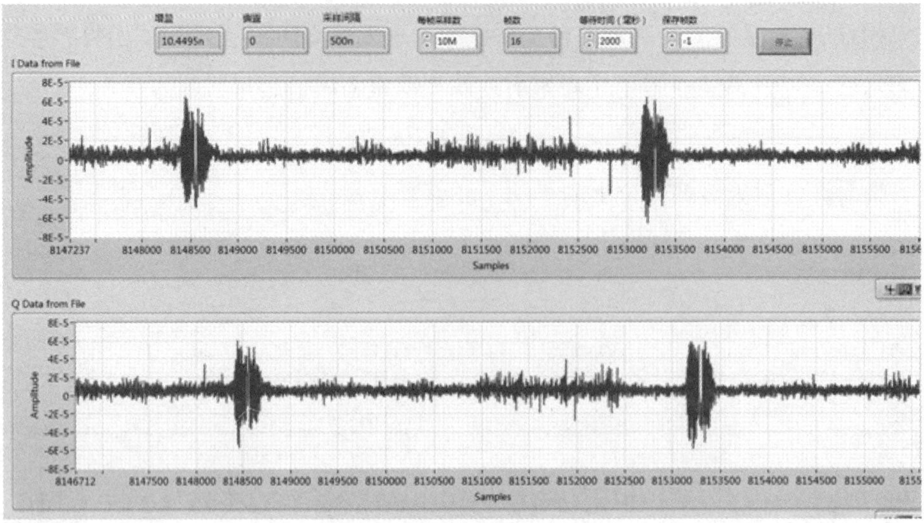

图 7.4 直达波相邻脉冲串信号

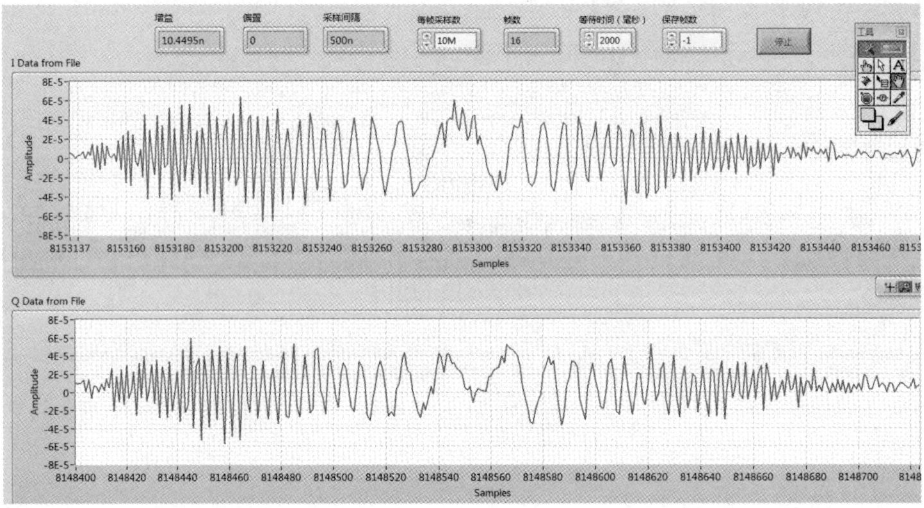

图 7.5 相邻脉冲重复周期内的信号波形

7.3 无源相干处理与实验结果

本节阐述 PCL 系统的相参处理过程。相参处理的前提是精确的相位同步，这是 PCL 系统需要解决的关键问题。在完成时间同步和相位同步后，将对实验测量的原始数据进行脉冲积累、PD 处理、CFAR 检测等处理。目标回波信号的处理流程如图 7.6 所示。

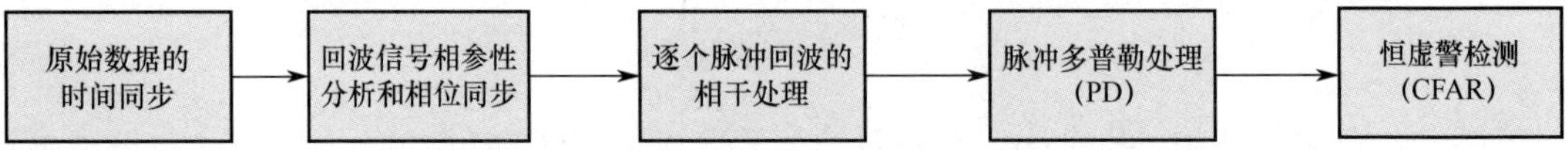

图 7.6 目标回波信号的处理流程

7.3.1　回波信号相参性分析与预处理

PCL 系统相参处理的前提是相位同步，而不同相位同步方法对时钟的稳定度要求是不同的：如果 PCL 接收系统能够实现脉冲间的相位同步，那么所需的时钟稳定度为 $\Delta\varphi/2f_c\Delta t_{TR}$，其中 $\Delta\varphi$ 是允许的相位误差，f_c 是载频，Δt_{TR} 是直达波和目标回波信号间的双基地时延。对于利用基于 GPS 守时的振荡器来间接同步的方法，所需的时钟稳定度为 $\Delta\varphi/2f_cT$，其中 T 为相参积累时间。对于仅能在发射天线周期扫描间开展的相位同步，所需的时钟稳定度将随着发射天线周期 T_s 的增加而增加。此外，相参处理除了要求高精度相位同步，还要求发射接收系统内部频率源的相位噪声低、稳定性高。

图 7.7 给出了当发射天线准确指向接收天线时，直达波信号脉冲串的相位和展开相位。分析每个直达脉冲信号的原始相位和展开相位信息，可以看出噪声回波信号的相位没有相参性，而直达脉冲串对应的相位是线性的。由于直达脉冲信号是没有任何多普勒频移的，因此图 7.7 所示的相位随脉冲数的变化斜率表明，信号接收时存在频率同步误差，目标回波相参处理前需要校正。因此，通过研究时间同步后的直达波脉冲间的相位，发现当发射波束扫过接收机时，整个脉冲串的相位是线性变化的。图 7.8 所示为原始目标回波信号脉冲串的相位和展开相位，噪声和杂波区对应的回波信号的相位没有相参性，目标回波对应的脉冲信号相位具有较好的连续性，但是需要开展相位补偿处理。相位补偿处理后回波脉冲串的相位和展开相位如图 7.9 所示，因此，虽然这种 PCL 系统可能还不是可靠的相参系统，但是图 7.9 所示的回波脉冲间的相参性表明可以进行相参处理，如动目标显示（Moving Target Indication，MTI）或脉冲多普勒（PD）处理，以抑制静止杂波；如果目标在脉冲间不起伏，那么可进行多脉冲相参积累，以提高检测性能。

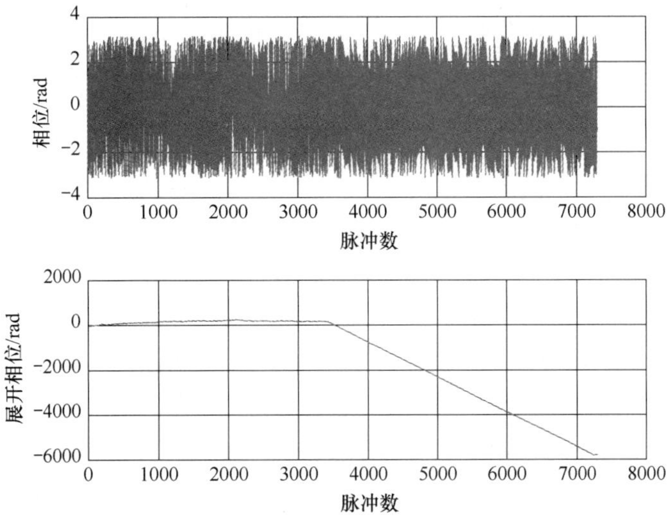

图 7.7　直达波信号脉冲串的相位和展开相位

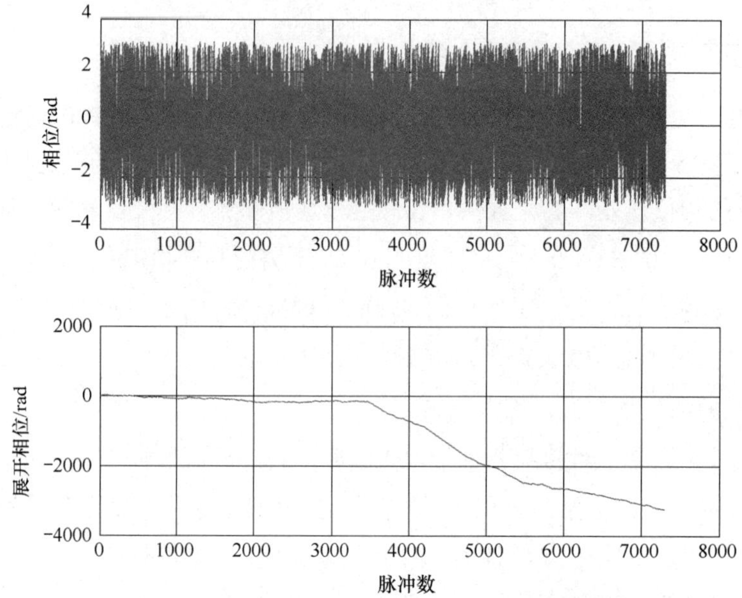

图 7.8 原始回波信号脉冲串的相位和展开相位

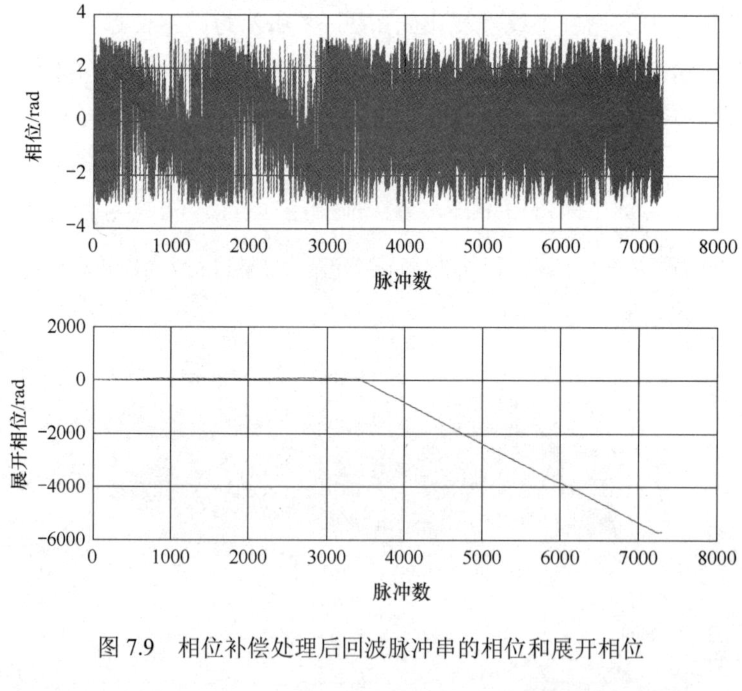

图 7.9 相位补偿处理后回波脉冲串的相位和展开相位

利用实验中采集的原始实测数据，得到一个完整天线扫描周期的原始目标回波如图 7.10 所示，完成相位同步后，不同距离和方位的数据无源相干处理结果如图 7.11 所示。

图 7.12 所示为部分方位距离上回波相干处理后的输出，可以看出直达波信号非常明显，对应的双基地距离为 0；杂波和目标所在的区域相对分离。进一步结合图 7.11 可以发现，机会辐射源在部分方位内发射信号，而在其他方位角保持电磁静默，只有噪声。

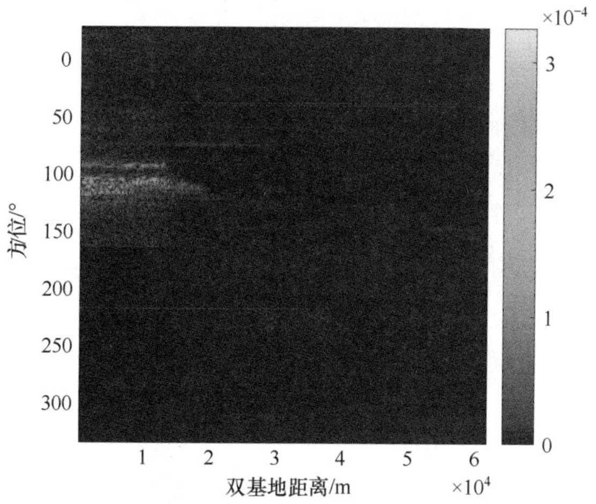

图 7.10 一个完整天线扫描周期的原始目标回波

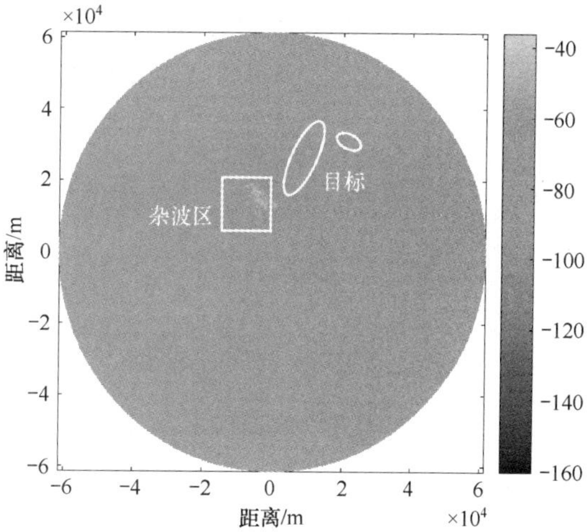

图 7.11 不同距离和方位的数据无源相干处理结果

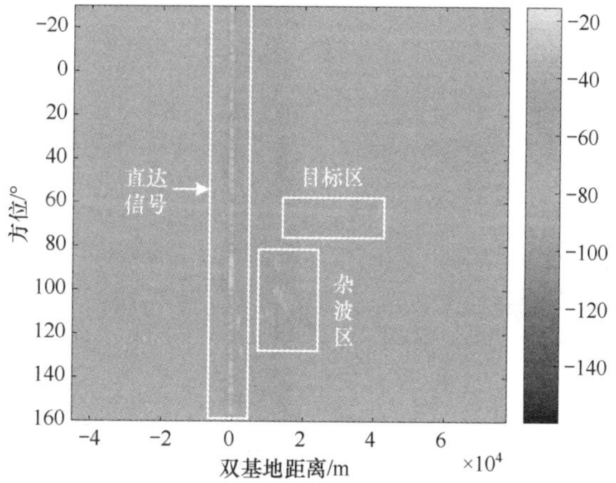

图 7.12 部分方位距离上回波相干处理后的输出

7.3.2 脉冲积累处理

脉冲积累是一种单基地雷达基于多个脉冲来实现目标检测的方法。当回波信号有了明确的相位关系时，常常采用相参积累。对于单基地雷达来说，可积累的脉冲数通常是在发射天线半功率波束宽度 $\Delta\theta_T$ 范围内扫描照射目标期间，接收系统接收到的脉冲数。目标在 $\Delta\theta_T$ 内的扫描时间通常称为驻留时间，即驻留时间就是发射天线扫过 $\Delta\theta_T$ 角度范围对应的时间。由于目标速度较快，与天线扫描周期相比，目标驻留时间相对较短。如果 $\Delta\theta_T$ 以度为单位，那么目标驻留时间是发射天线扫描周期乘以 $\Delta\theta_T$ 后除以 360，因此利用 PRF 信息，可以确定在目标驻留时间内的脉冲数为

$$N_d = \frac{T_s \Delta\theta_T f_r}{360} = \frac{10 \times 1.8 \times \dfrac{1}{2.764 \times 10^{-3}}}{360} = 18 \tag{7.6}$$

由于 PCL 接收天线的方向性和视角将影响目标驻留时间，因此这种确定可积累脉冲数 N_d 的方法与 PCL 系统不同。然而，由于本 PCL 系统中采用的是宽波束接收天线，因此在本实验中可积累脉冲数 $N_d=18$。处理数据时，取 239 个波束，每个波束内取 18 个脉冲，由于信号相参积累对相位有要求，因此需要在回波脉冲相参积累前进行相位补偿，补偿过程中需要注意相位展开后的情况进行积累。

首先开展非相参积累处理。定义非相参积累的输出为 χ_{nci}，

$$\chi_{nci}=\frac{1}{n_d}\sum_{k=1}^{N_d}|\chi_k| \tag{7.7}$$

图 7.13 所示为基于实测数据非相参积累后的结果，与图 7.11 所示的积累前的结果相比，非相参积累得到的是 N_d 个脉冲包络的均值，减小了不相关加性噪声的方差，目标更加清晰。目标非相参积累改善的信噪比是 P_D,P_{FA} 和 N_d 的函数，可以用 Albersheim 近似公式表示为

$$SNR=10\lg(A+0.12AB+1.7B) \tag{7.8}$$

式中，$A=\ln\frac{0.62}{P_{FA}}$，$B=\ln\frac{P_D}{1-P_D}$。

定义 χ_{ci} 为相参积累输出：

$$\chi_{ci}=\frac{1}{n_p}\sum_{k=1}^{N_d}\chi_k \tag{7.9}$$

利用 N_d 个脉冲进行相参积累是对回波信号进行复数相加，噪声功率可以降低 N_d 倍。当然，相参积累后，目标信噪比的改善程度取决于目标回波的相参性。如果能够实现精确的相位同步，那么 N_d 个脉冲积累后的信噪比可以提高 N_d 倍。图 7.14 所示为基于实测数据相参积累后的结果，与非相参积累仅积累幅度信息相比，相参积累更能提高信噪比。

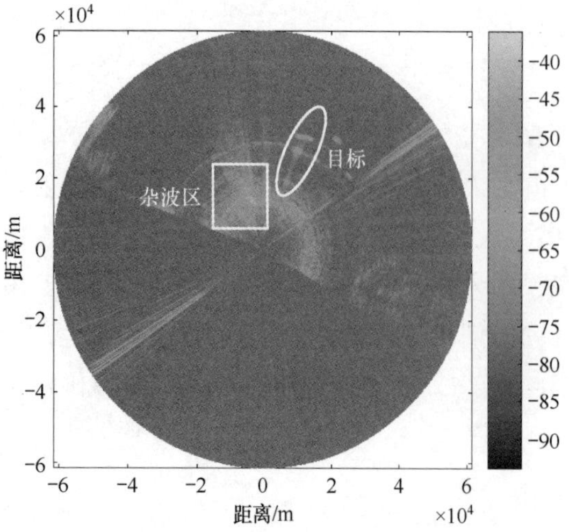

图 7.13 基于实测数据非相参积累后的结果

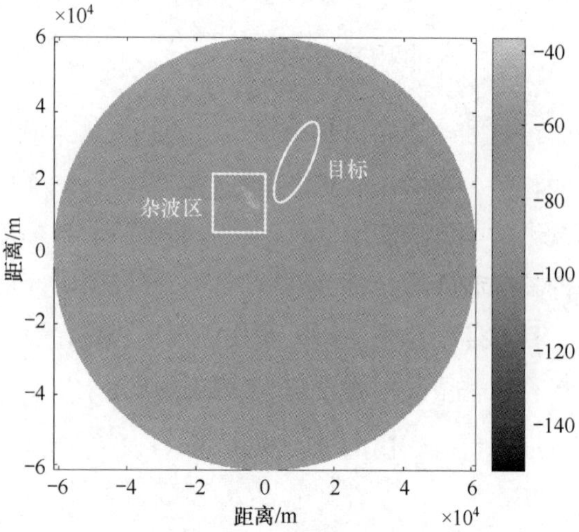

图 7.14 基于实测数据相参积累后的结果

为了比对分析非相参积累和相参积累的结果，首先对逐个脉冲相干处理后脉冲积累前的回波的噪声基底开展测量，利用完成相位同步和无源相干处理后的回波信号中只含噪声分量的采样点进行统计分析。图 7.15 所示为无源相干处理后噪声的幅度和相位分布，可以发现噪声的均方根电压幅度服从瑞利分布，相位在区间$[-\pi,\pi]$上服从均匀分布，符合白噪声的特性，均方根噪声电压约为 0.12mV，对应的功率电平约为-67dBm。

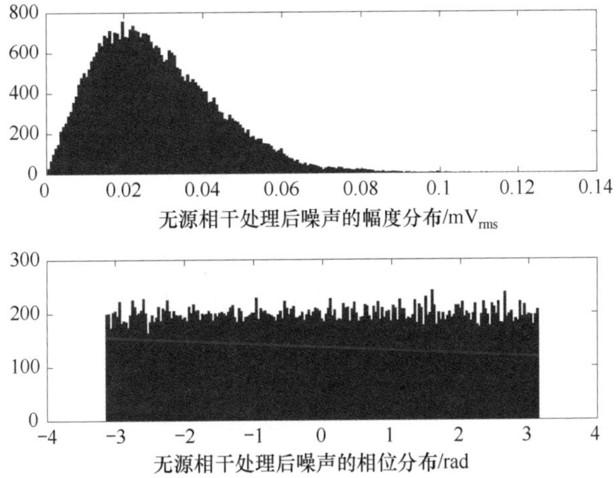

图 7.15　无源相干处理后噪声的幅度和相位分布

利用连续多个脉冲重复周期内都含有有效目标回波的数据，分别基于实测数据逐个脉冲相干处理输出结果、非相参积累后输出和相参积累后输出的数据矩阵，抽取 200×200 个噪声采样数据进行统计分析，得到如图 7.16 所示的噪声基底测量结果。当不采用脉冲积累时，其噪声电平可用于计算输出端的信噪比。图 7.16 所示为脉冲积累前后噪声电平的变化，可以看出非相参积累后噪声均值基本差不多，但是标准差减小了，而在相参积累后，噪声的均值和标准差都减小了。

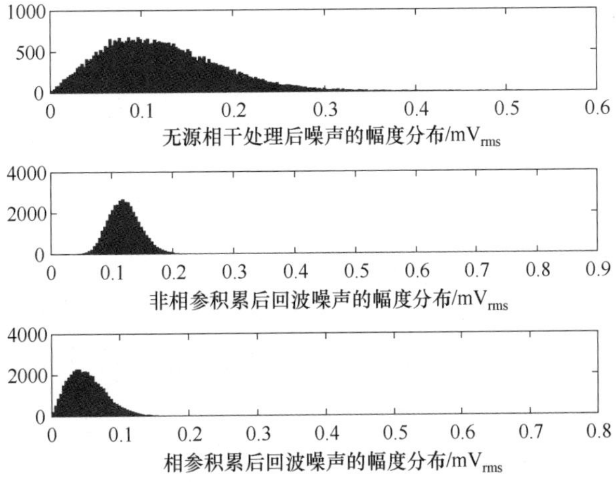

图 7.16　脉冲积累前后噪声电平的变化

图 7.17 所示为脉冲积累前后目标回波信噪比的变化，可以发现与未积累的噪声输出回波相比，非相参积累后噪声的抖动范围明显减小，而目标信号的峰值输出基本相同，但是与不积累的输出相比，非相参积累后输出的目标附近的副瓣降低了 3～4dB。

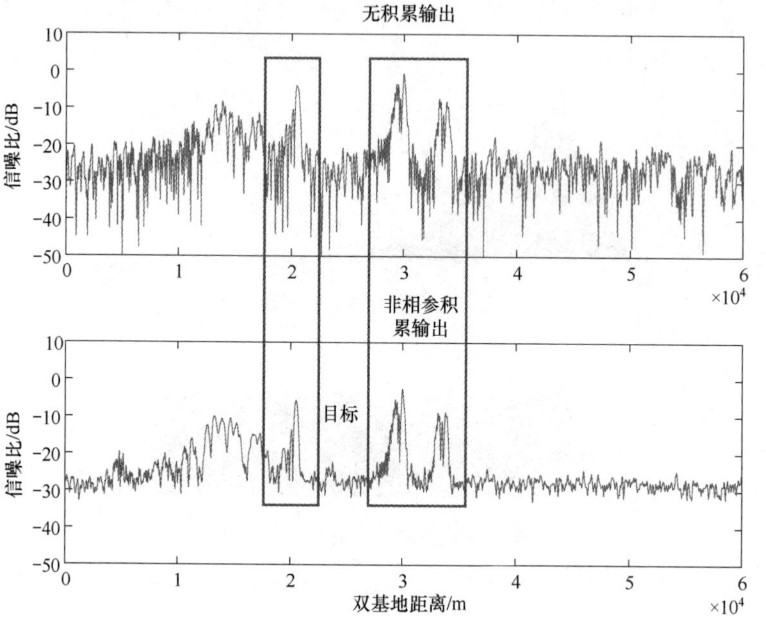

图 7.17　脉冲积累前后目标回波信噪比的变化

然而，在脉冲积累过程中，杂波也会积累。与单基地雷达类似，PCL 系统为了更好地抑制杂波，也需要采用动目标显示（MTI）、脉冲多普勒（PD）等具有杂波抑制性能的信号处理方法。例如，PD 处理从机理上可以实现相参积累，同时可以抑制静止杂波和慢速运动杂波。

7.3.3　脉冲多普勒处理

在 PCL 系统中，回波信号中多普勒频移的差异性可用于区分运动目标与静止杂波。为了实现 MTI 或脉冲多普勒处理，对相位同步的精度要求通常比对时间同步的精度要求更高。如果回波信号已完成相位补偿，那么可以进行脉冲多普勒处理。7.3.1 节的分析结果显示，在整个直达信号脉冲串内，相位的测量结果表明，直达波脉冲串具有较好的相参性，而目标回波信号需要经过相位补偿后才能进行杂波抑制等处理。

将 PRF 同步后的回波信号转换为时间－距离矩阵 χ 后，变换到频域，即计算 χ 的离散傅里叶变换（DFT），得到多普勒－距离矩阵为

$$\chi_{\mathrm{rd}}(m,n)=\sum_{k=1}^{N_{\mathrm{d}}}\chi(k,n)\mathrm{e}^{\left(-\frac{\mathrm{j}2\pi}{N}\right)(k-1)(m-1)} \tag{7.10}$$

式中，N_{d} 是目标驻留期间接收到回波信号脉冲数，即积累脉冲数。积累时间 T 与 N_{d} 间的关系为 $T = N_{\mathrm{d}}T_{\mathrm{r}}$。

相位同步可通过直接方法或间接方法实现。直接方法是指采用直接脉冲间相位同步，利用已知距离单元的强直达波脉冲信号采样的复共轭乘以所有距离单元，实现直接相位补偿，可表示为

$$\chi_{\mathrm{rd}}(m,n) = \sum_{k=1}^{N_{\mathrm{d}}} \chi(k,n) \mathrm{e}^{\left(-\frac{\mathrm{j}2\pi}{N}\right)(k-1)(m-1)} \chi^{*}(k,C) \tag{7.11}$$

式中，C 是直达波脉冲信号或照射导致的强杂波回波的固定距离单元的序数。对于间接相位同步，频率同步后存在的固定频率偏移会导致静止杂波被误认为是运动目标。本实验数据存在一个很小的频率偏移，但是因为频率偏移是常数，因此相位误差是线性的，无法收到直达波脉冲信号时，可以用线性函数 $y(k)$ 来补偿相位偏差。当 $y(k)$ 表示相位时，相位补偿所需的复共轭信号可以表示为 $\mathrm{e}^{-\mathrm{j}y(k)}$，因此相位补偿的具体实现过程可以表示为

$$\chi_{\mathrm{rd}}(m,n) = \sum_{k=1}^{N} \chi(k,n) \mathrm{e}^{\left(-\frac{\mathrm{j}2\pi}{N}\right)(k-1)(m-1)} \mathrm{e}^{-\mathrm{j}y(k)} \tag{7.12}$$

$y(k)$ 是利用如图 7.7 所示的直达信号脉冲的展开相位得到的，目标回波脉冲相位补偿后的结果如图 7.9 所示。

对实验测量中得到的回波信号进行 PD 处理的优势就是，在提高信噪比的同时实现了杂波抑制。图 7.18 所示为 PD 处理后的双基地距离－多普勒速度－幅度图，纵轴为多普勒速度，正负符号代表目标的运动方向。图 7.19 所示为 PD 处理后的双基地距离－多普勒速度二维图，可以清晰地看到 3 个运动目标的回波，目标 1 的双基地距离约为 16.79km，速度为 11.47m/s，约为 22 节，朝 PCL 接收系统方向运动；目标 2 和目标 3 是海上远离雷达方向的两艘船，目标 2 的双基地距离约为 20.43km，速度为−6.37m/s，约为 12.3 节，目标 3 的双基地距离约为 37.3km，速度为−8.49m/s，约为 16.5 节，与实际 AIS 实测数据基本吻合。

因此，PD 处理后，可以清晰区分静止杂波和运动目标。为了降低强目标回波和杂波在频率上的旁瓣，还可采用加窗技术。在实际运用中，由于 PRF 和波形参数由机会辐射源决定，PCL 系统设计者不可控，如果机会辐射源发射信号的 PRF 是常数，那么空中运动目标实际的多普勒频移可能会超过最大无模糊多普勒频移，导致测速模糊的问题，而模糊后的多普勒频移在频域可能混叠到“零多普勒速度区”附近。实际中，杂波区的频率分辨单元等于 Δf_{DB}，导致低 PRF 和积累时间 T（多普勒分辨率 Δf_{DB} 的倒数）增加目标多普勒频率混叠到杂波区中的概率。因此，从这个角度看，本 PCL 系统实验所采用的低 PRF 机会辐射源和短积累时间可能不是很适合于脉冲多普勒处理。

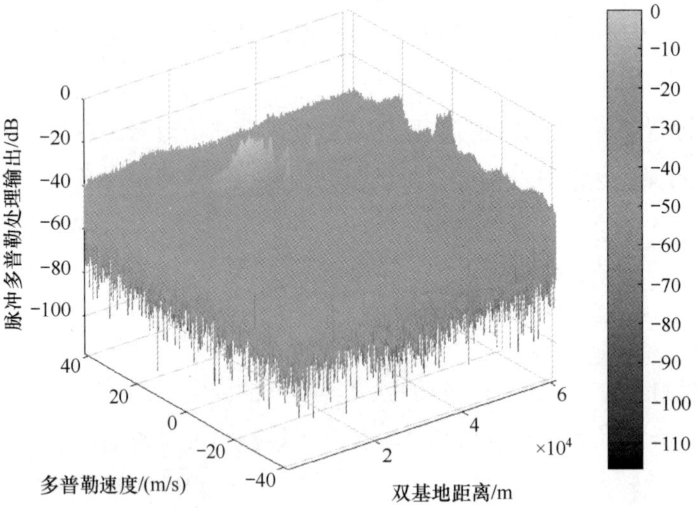

图 7.18 PD 处理后的双基地距离－多普勒速度－幅度图

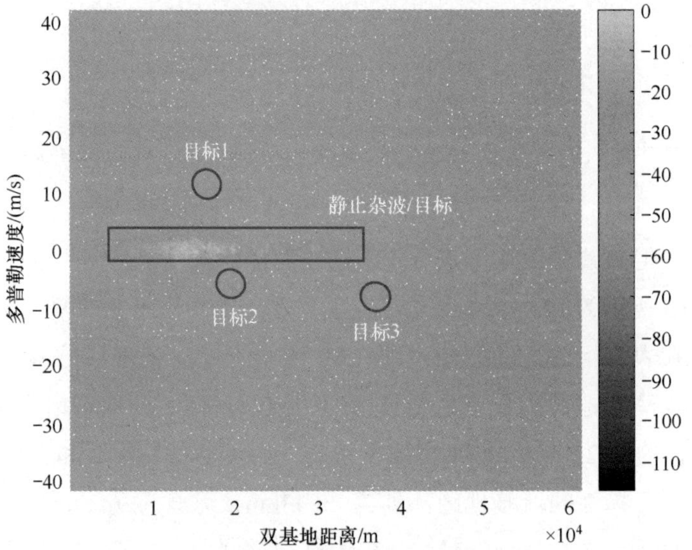

图 7.19 PD 处理后的双基地距离－多普勒速度二维图

然而，虽然某个目标可能会一直出现在某个 PCL 系统的多普勒等值线上，导致一直呈现多普勒盲速现象，但是增加一个不同几何位置的 PCL 接收站就有可能解决盲速问题。因此，如果能实现精确的相位同步，脉冲多普勒处理就可以抑制杂波并提高信噪比，改善 PCL 系统的探测性能。

7.3.4 MTI 处理

在雷达信号处理过程中，为了从固定目标中提取运动目标，除了采用脉冲多普勒处理，还常常采用消去固定杂波而保存运动目标信息的方法。这个相消过程就是动目标显示

（MTI）。在本实验中，考虑到海面目标速度较慢，因此也采用单基地雷达对海探测模式常用的 MTI 处理来分析其效果。

下面对完成无源相干处理后的逐个脉冲回波开展 MTI 对消处理。在对消过程中，首先采用一次对消处理方法，即利用相邻两个脉冲回波进行对消处理；然后采用二次对消处理方法，即对相邻的三个脉冲回波数据，使用第一个脉冲和第三个脉冲回波相加的结果减去第二个脉冲的 k 倍，k 一般取 2。MTI 一次对消处理的结果如图 7.20 所示，二次对消处理的结果如图 7.21 所示，可以发现，两种对消方法都可以减小杂波的强度，但是同时都有杂波对消剩余，二次对消处理后目标 3 的回波变得模糊，而且其他两个运动目标回波的强度也明显减弱。

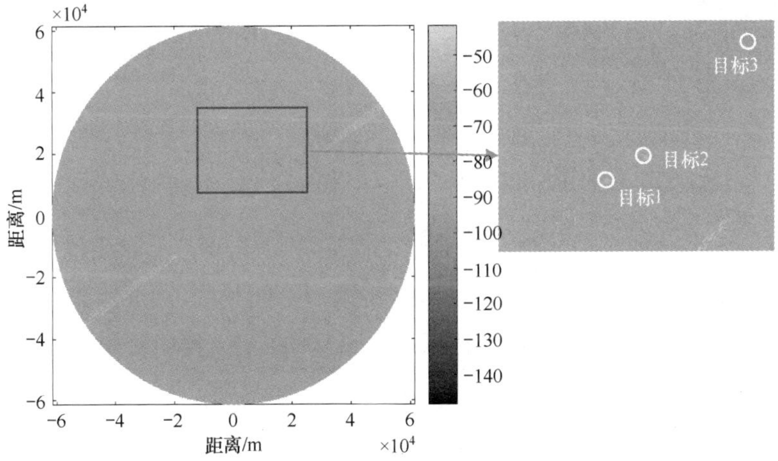

图 7.20　MTI 一次对消处理的结果

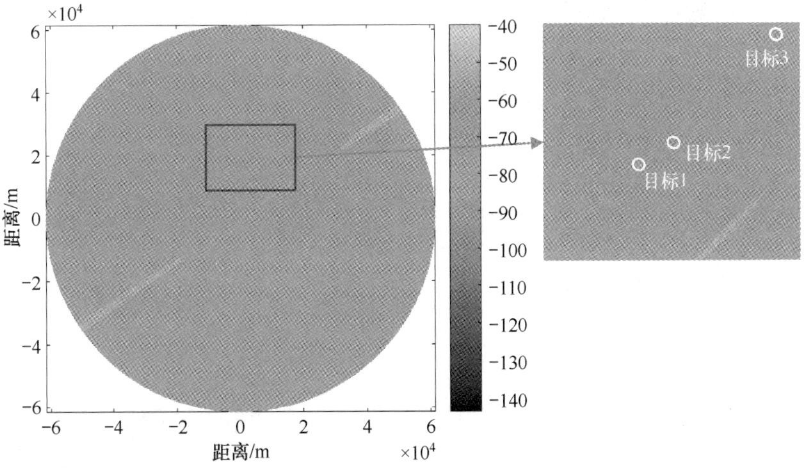

图 7.21　MTI 二次对消处理的结果

图 7.22 和图 7.23 分别是经 MTI 一次对消处理后，再次采用非相参/相参积累处理的结果，

从图中可以明显发现目标回波变得更加清晰，能发现 3 个运动目标，同时固定杂波对消剩余也部分积累起来了。

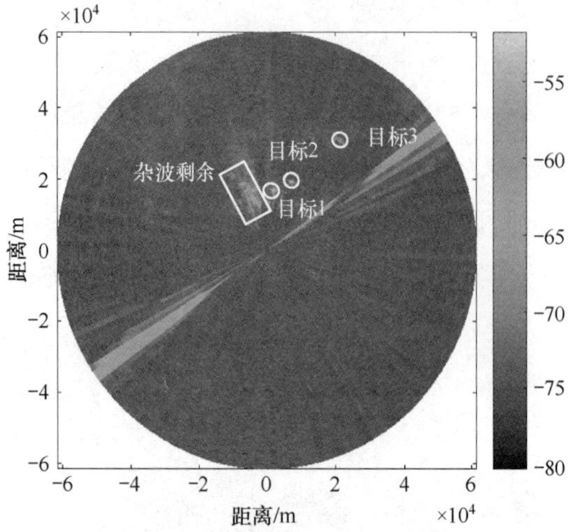

图 7.22　MTI 一次对消后的非相参积累结果

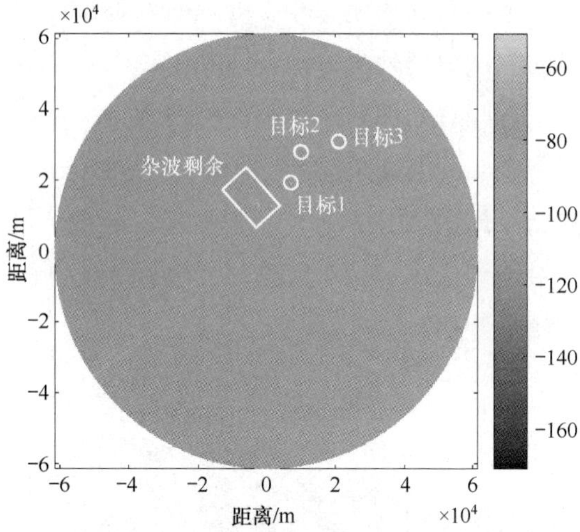

图 7.23　MTI 一次对消后的相参积累结果

图 7.24 和图 7.25 分别是经 MTI 二次对消处理后，再次采用非相参/相参积累处理的结果，从图中可以明显发现目标 1 和目标 2 的回波很清晰，但是目标 3 回波的非相参积累输出基本淹没在噪声背景下，相参积累输出结果能发现 3 个运动目标，同时固定杂波对消剩余也部分积累起来了。

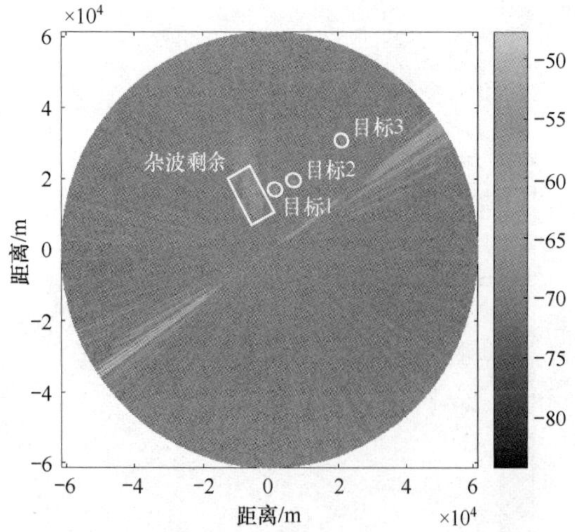

图 7.24　MTI 二次对消后的非相参积累结果

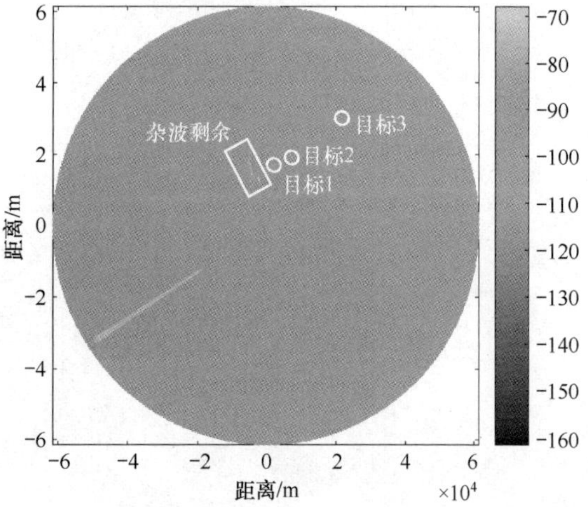

图 7.25　MTI 二次对消后的相参积累结果

因此，通过 MTI 抑制静止杂波后，分别进行相参/非相参积累，均可提高信噪比。相对于非相参积累，一次/二次 MTI 对消后的相参积累输出的噪声基底明显降低，效果较好，目标更加明显。对比分析图 7.23 和图 7.25 可以发现，与 MTI 一次对消后的相参积累结果相比，

MTI 二次对消后的相参积累结果的杂波剩余明显减小。然而，MTI 处理对于慢速运动的杂波对消效果较差，一次对消和二次对消都有杂波剩余，需要进一步处理。

7.3.5　恒虚警检测

由于回波信号中既包含目标回波信息，又包含背景噪声和杂波，为了准确地检测出目标信息，一个重要环节就是恒虚警处理（Constant False Alarm Rate，CFAR），首先给出方位和距离二维平面内的单元平均 CA-CFAR 处理结果，如图 7.26 所示。CA-CFAR 首先对检测单元两侧两个保护单元之外的 40 个参考单元取均值，作为检测器总杂波功率水平的估计，然后结合门限因子 T_n 设计虚警门限阈值，将过门限值的单元列入有目标的单元。从检测结果可以看出，3 个运动目标均可以检测出，但是同时约有 10 个杂波点也过了门限，根据统计结果可计算得到检测中的虚警概率为 5.34×10^{-6} 。

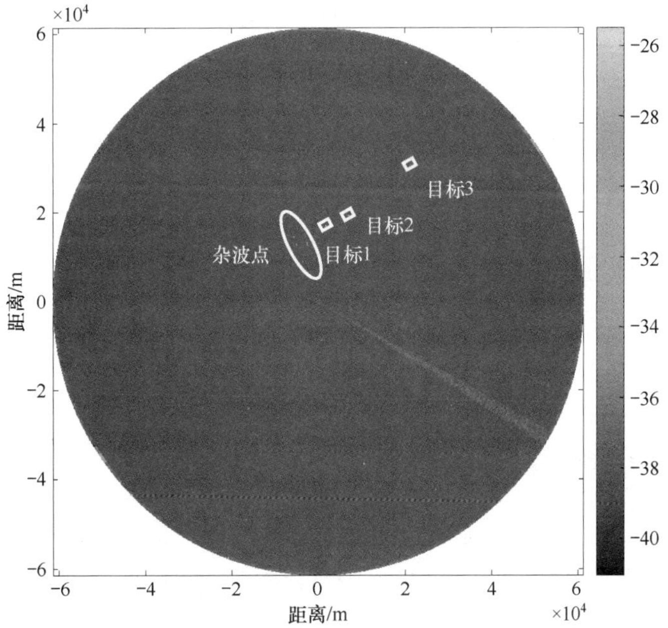

图 7.26　CA-CFAR 恒虚警处理结果

考虑到海面杂波环境较复杂，为了在杂波边缘环境保持好的虚警控制性能，实验选用针对杂波边缘设计的 GO-CFAR。GO-CFAR 首先对检测单元两侧两个保护单元之外的 40 个参考单元取均值，并选择其中的较大者作为检测器总杂波功率水平的估计，然后结合门限因子 T_n 设计虚警门限阈值，将过门限值的单元列入有目标的单元。在方位和距离二维平面内选择大 GO-CFAR 处理结果，如图 7.27 所示，3 个运动目标均可以检测出，但是同时还有 5 个杂波点也过了门限，根据统计结果可以计算得到检测中的虚警概率为 2.67×10^{-6} ，因此 GO-CFAR 处理结果在检测概率不变的情况下，减小了虚警概率。

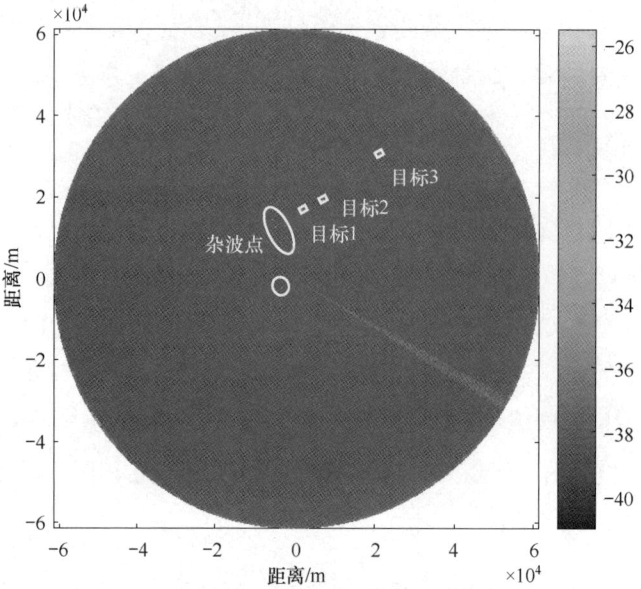

图 7.27 GO-CFAR 恒虚警处理结果

检测目标时，参考单元与保护单元的数量设置应当结合数据率和噪声背景综合考虑。当数据率较低时，设置过多的参考单元会使得杂波背景的参考范围过大，这样得到的杂波电平估计与实际不相符，因此会降低检测概率。本实验在 CFAR 检测中，通过尝试设置不同的参考单元和保护单元数量并对比处理结果，得到了合适的 CFAR 参数。最后折中设置了 40 个单边距离参考单元、2 个单边距离保护单元、4 个单边方位参考单元和 2 个单边方位保护单元。

7.3.6 双基地距离解算与显示校正

在 PCL 系统中，利用直达波脉冲信号实现精确时间同步和空间同步后，就可以计算目标的距离和角度。但是，到目前为止，目标检测处理都是在双基地距离－方位或多普勒－双基地距离维度，通过解双基地三角形，可以解算出目标相对于 PCL 系统或机会辐射源的距离，完成较准确的定位。

图 7.28 所示为逐个目标回波脉冲无源相干处理后的结果，它是将 PCL 系统中的双基地距离等效为单基地雷达的距离来显示的，可以看出，杂波和目标回波信号特征都非常清晰。但是，由于该结果未考虑 PCL 系统与机会辐射源之间的基线距离，因此目标相对于 PCL 系统或机会辐射源的距离需要校正。依据文献[1]给出的双基地距离解算公式，得到的校正结果如图 7.29 和图 7.30 所示。从显示结果可以看出，在图 7.29 和图 7.30 的中心区域都有一块空白区域，它们形成的原因是考虑 PCL 系统与机会辐射源之间的基线距离后，对双基地距离的校正导致的。

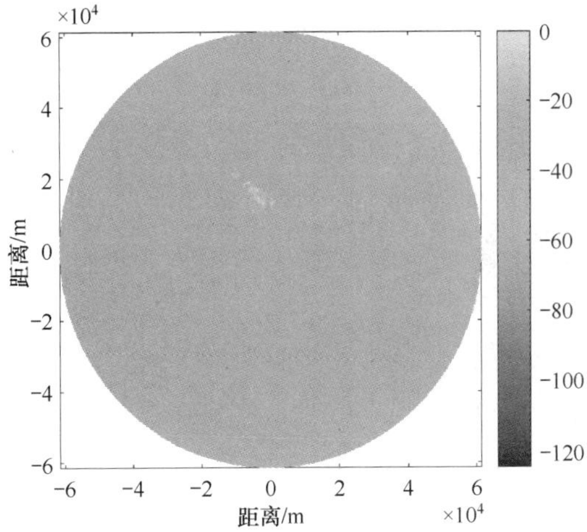

图 7.28　逐个目标回波脉冲无源相干处理后的结果

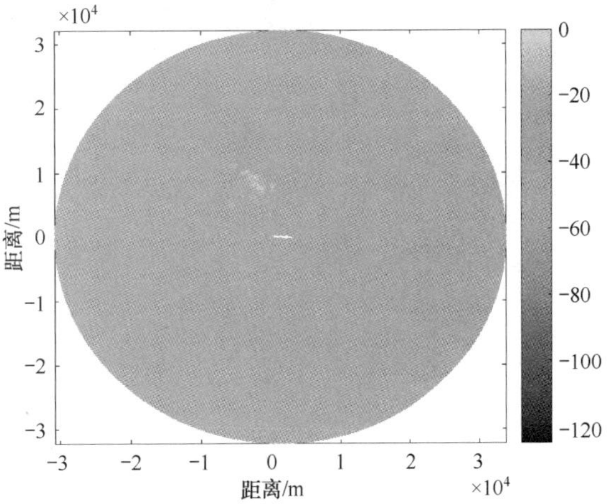

图 7.29　以机会辐射源为中心的 P 显图

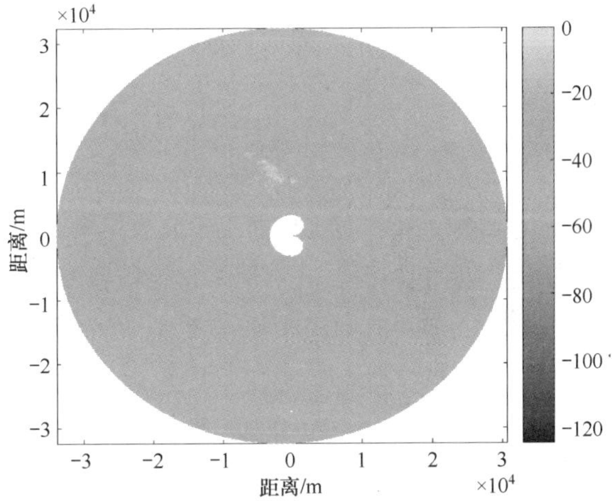

图 7.30　以 PCL 系统为中心的 P 显图

7.3.7　探测性能验证

本次实验借助 AIS 船舶自动识别系统获取的海上船舶信息作为验证的参考。已知 AIS 系统由岸基基站设备、船载设备等共同组成，配合 GPS 将船位、船速、航向及船名、呼号等信息结合起来，并且通过甚高频（VHF）向附近水域船舶及电台实时发出自身的经度、纬度、船首向、航迹向、航速等信息。

因此，在验证分析 PCL 探测性能时，涉及的海上运动目标信息是通过 AIS 船舶自动识别系统获取的，检验使用 PCL 系统测量得到的海面目标位置、速度信息是否准确，而周边环境由 AIS 系统自带的地图提供参考。图 7.31 所示为 PCL 系统探测信息与周边环境和 AIS 信息的关联情况，可以发现环境杂波和目标探测信息与实际探测背景比较吻合，验证了 PCL 系统目标探测的可行性。

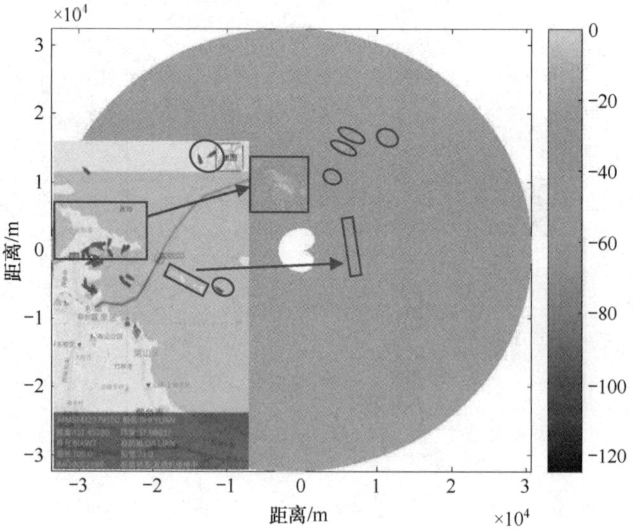

图 7.31 PCL 系统探测信息与周边环境和 AIS 信息的关联情况

7.4 讨论

7.3 节给出了 PCL 系统无源相干处理的过程和实验分析结果，验证了 PCL 系统目标探测的可行性。当 PCL 理论应用于实际装备时，还有诸多理论需要深入研究。

为了实现相参检测，需要独立解决时间同步和频率同步的问题。然而，实现时间同步的唯一方法是利用系统截获的直达波脉冲信号作为接收系统采样时钟的同步触发信号。文献[3]和[4]给出了即使是在直达波信号接收良好的情况下，直达波信号的信噪比影响 PRF 的估计精度后，采样时钟与接收信号不能精确同步时，脉冲间的相对采样时刻存在漂移对脉冲间相参积累检测性能的影响；文献[5]至[7]给出了信噪比起伏和多径效应等因素导致直达波信号相位紊乱，难以实现对发射信号频率的准确估计时，对检测和参数估计的影响。

针对发射天线在方位上做机械扫描时，其天线波瓣图调制效应可能导致直达波脉冲丢失和相位突变的现象，文献[8]和[9]推导了存在脉冲丢失或/和相位突变时，系统互模糊函数峰值输出的解析表达式，并借助信噪比损失和多普勒频率估计误差等参数来衡量脉冲丢失与相位突变的不利影响，给出了脉冲丢失或/和相位突变时的仿真结果，并与理论计算结果进行对比分析。对于脉冲重复周期 PRI 为常数的脉冲信号，若 PCL 系统能准确估计脉冲的 PRI，并且能准确预测丢失的脉冲总数和相位突变时刻，则可消除其带来的不利影响。文献[10]和[11]结合 PCL 系统的特点，讨论了发射天线扫描调制对系统相参处理可能带来的损耗，给出了发射天线扫描调制时系统接收信号的模型，分析了一般天线的方向图传播因子，通过分析由于不能直接获取发射信号波形，导致不能构建完美的匹配滤波器时，以理想匹配滤波输出信噪比为参考，讨论了直达波信噪比起伏对系统相参积累输出信噪比的影响，得到了三种工程等效近似天线方向图条件下的信噪比损失的解析表达式。

在 PCL 系统的目标检测理论方面，文献[12]至[14]研究了 PCL 系统发射信号的带宽未能准确估计而导致信号采样带宽失配时，广义相参检测器的构造思路，推导了适合目标检测通用的广义相参检测统计量，得到了其检测性能的解析表达式。

7.5 小结

本章主要介绍了基于脉冲雷达信号的 PCL 应用。首先，利用实测的直达波脉冲信号分析了机会辐射源天线扫描特性与信号参数，完成了与机会辐射源信号间的频率同步、时间同步和相位同步处理；然后，基于实测数据完成了直达波和目标回波信号的相参性分析和无源相干处理，测量了实际背景噪声功率，利用多脉冲开展了脉冲积累、脉冲多普勒处理和 MTI 等相参处理，完成了实测数据的双基地距离解算和显示校正；最后，基于 AIS 信息对本实验的处理结果进行了关联分析，验证了基于脉冲雷达信号的 PCL 系统目标探测的可行性。

参考文献

[1] Sindre Strømøy. *Hitchhiking Bistatic Radar* [D]. University of Oslo, Department of Physics. 2013: 22-23.

[2] Nadav Levanon. *Radar Principles*, 1988.

[3] He You, Zhang Caisheng, Tang Xiaoming. *The Impact of TSE on Passive Coherent Pulsed Radar System* [J]. Sci in China: Infor. Sci, 2010, 53(12): 2664-2674.

[4] 何友，张财生，唐小明. 无源相干脉冲雷达时间同步误差影响分析[J]. 中国科学：信息科学. 2011, 41(6): 749-760.

[5] 刘永，张财生，何友. 无源双基地脉冲雷达频率同步误差分析[J]. 舰船电子工程，2011, 31(10): 31-34.

[6] Zhang Caisheng, He You. *Analysis of Coherent Integration Loss Due to FSE in PBR* [J]. Electronics and Signal Processing, 2011, 97(2): 452-459.

[7] 葛先军，张财生，何友. 无源双基地雷达随机初相补偿及误差影响分析[J]. 系统工程与电子技术，2012(10): 2023-2027.

[8] He You, Zhang Caisheng, Tang Xiaoming. *Coherent Integration Loss Due to Pulses Loss and Phase Modulation in Passive Bistatic Radar* [J]. Digital Signal Processing, 2013, 23(4): 1265-1276.

[9] 张财生，唐小明，何友. 无源双基地雷达直达波脉冲丢失和相位反转影响分析[J]. 电子学报，2012(1): 66-72.

[10] Zhang Caisheng, He You. *Coherent Integration Loss Due to Transmit Antenna Scanning Modulation Effect on Passive Bistatic Radar* [J]. Advanced Electrical and Electronics Engineering, 2011, 87(2): 163-170.

[11] 张财生，何友，唐小明. 非合作双基地雷达发射天线扫描调制损失分析[J]. 系统工程与电子技术，2011(5): 1023-1026.

[12] Zhang Caisheng, He You. *An Improved Algorithm for Passive Bistatic Radar Detection and Parameters estimation* [A]. 2010 International Conference on Signal Processing, Beijing: 2303-2307, 2010. 10.25-10. 29.

[13] Zhang Cai-sheng, Chen Xiao-long, Zhang Hai. *Detection performance of passive bistatic radar based on NCAF* [A]. IEEE International Conference on Signal Information and Data Processing 2019, K2617.

[14] Zhang Caisheng, Zhang Hai, Chen Xiaolong. *Noncooperative Radar Illuminator Based Bistatic Receiving System* [A]. Lecture Notes in Electrical Engineering: Proceedings of the 8th International Conference on Communications. Signal Processing, and Systems, 2020: 588-595.

第 8 章　多基地 PCL 系统信号模型

利用多种不同类型的不同波段的辐射源进行无源探测的报道越来越多[1-6]，即多基地 PCL 系统或无源多基地雷达（Passive Multistatic Radar，PMR）。例如，Cassidian 样机使用 FM 广播和 UHF 波段的数字音频广播信号[6]。与单频带工作方式相比，多频带的工作方式增加了频率分集和几何分集，因此对目标检测和定位都有利。两种类型的分集均增加了雷达系统处理时目标反射特性的独立样本数，可用于解频率和角度相关，检测性能的改善称为分集增益[7]。几何分集同时还可以提高目标多普勒频率不被杂波干扰掩盖的概率，称为几何增益[8]。最后，几何分集额外提供的量测自由度使得我们可以在三维空间中直接进行目标定位[9-10]。

除了多频带无源工作方式，机载无源的工作方式也受到热捧[1-2, 11-13]，机载的工作方式将 PCL 系统的可行工作模式扩展到 SAR 成像和地面动目标显示（Ground Moving Target Indication，GMTI），同时由于杂波多普勒扩展导致检测问题复杂化。为评估机载无源雷达的特性，北约建立了一个国际任务组，以"全面深入研究机载无源雷达的现状，梳理出硬件系统和信号处理开发方面的挑战、终端用户的需求，并阐述操作实用性"[14]。除了采用 FM 广播作为辐射源的机载无源雷达已开展试验，DVB-T 信号也可作为候选辐射源应用于机载无源雷达。

虽然许多实验已经证明 PCL 系统具有很好的探测潜力，但是与有源双多基地雷达成熟的目标检测理论[27-28]相比，PCL 系统目标检测目前没有严谨的理论，特别是对无源多基地 PCL 系统，目前的研究主要集中在双基地和多基地的拓扑结构上。

本书接下来将介绍两种 PCL 系统的目标检测方法，并讨论其优缺点。第一种方法是有直达波参考信号的检测，是目前所有实验性 PCL 系统目标检测所采用的方法；第二种方法是无直达波参考信号的检测，适用于具有多个接收机的 PCL 系统。考虑到有参考信号的检测是目前最常用的目标检测方法，因此称其为传统方法，而称无参考信号的目标检测方法为新检测方法，两种方法将在第 9 章和第 10 章中分别讨论。本章首先给出多基地 PCL 系统的信号模型。

8.1　多基地 PCL 系统的拓扑结构和信号环境

8.1.1　拓扑结构

虽然 PCL 系统只有接收机系统，但是通常将 PCL 系统及其利用的非合作辐射源称为无源雷达网络。此类 PCL 系统网络的拓扑结构如图 8.1 所示，可描述为无源双基地或多基地雷达，具体取决于接收机站的数量和所用的非合作辐射源的数量。

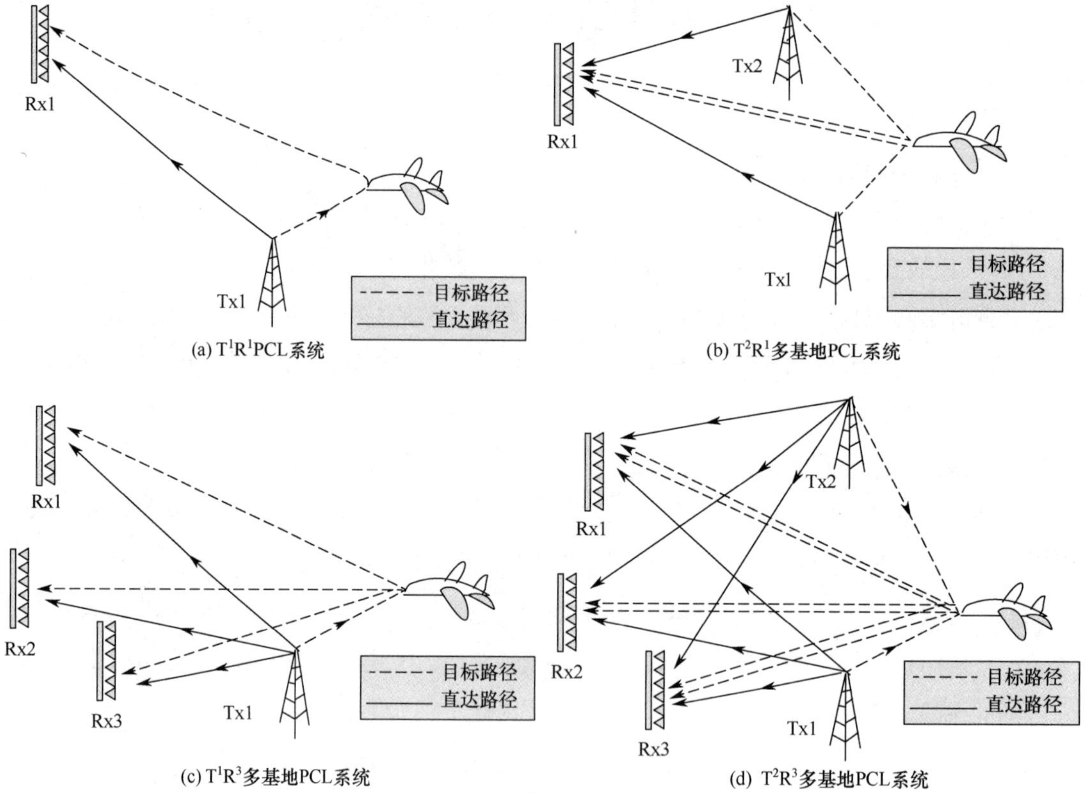

图 8.1 PCL 系统网络的拓扑结构

8.1.2 信号环境

在多基地 PCL 系统的信号环境中，直达波路径（发射机到接收机）和目标路径（发射机到目标到接收机）如图 8.1(d)所示。在多基地 PCL 系统网络中，每个发射机占据一个单独的频率范围。然而，一些商用类型的辐射源，如 DVB-T（Digital Video Broadcasting-Terrestrial）与 DAB（Digital Audio Broadcasting），可能存在多个位于不同地理位置的发射机，但是发射信号的工作频率相同，将作为单频网络工作。由于单频网络会引入测量时序的不确定性，即 PCL 接收机无法先验已知哪个检测信号与哪个发射机对应，导致检测和跟踪问题复杂化[13]，需要复杂算法来解决这种不确定性[15]。许多商用辐射源发射的是连续波或高占空比的信号，如广播、电视和手机发射基站，此类辐射源均为连续波辐射源。因此，将同时接收到直达波信号和目标回波信号。这就会引起直达波自干扰，而由于在 PCL 系统中直达波信号比目标回波信号的功率大很多，实际中可能超过 100dB，因此会降低检测性能[16]。

为了克服这个问题，PCL 系统接收机必须具有很大的动态范围，并采用一种或多种直达波干扰抑制技术[16]。常用的两种直达波干扰抑制技术包括：①自适应波束形成技术[17-19]，使其波束零点对准干扰方向；②自适应滤波[20-24]，即先估计干扰信号，后通过相减做对消。此外，杂波路径，即发射机－杂波－接收机路径的信号也会入射到接收机，杂波路径干扰带来的问题与直达波干扰基本相同，因此可以采用相同的技术抑制杂波。

8.2 基本假设

假设在整个 PCL 系统探测背景中，包括 N_{t} 个发射机、N_{r} 个接收机、1 个目标。第 ij 对发射机接收机的几何关系如图 8.2 所示，第 i 个发射机和第 j 个接收机组成第 ij 个发射机－接收机对，第 i 个发射机的位置和速度分别记为 $\boldsymbol{d}^i$ 和 $\dot{\boldsymbol{d}}^i$， $i=1,\cdots,N_{\mathrm{t}}$，第 j 个接收机的位置和速度分别记为 $\boldsymbol{r}^j$ 和 $\dot{\boldsymbol{r}}^j$， $j=1,\cdots,N_{\mathrm{r}}$，目标的位置和速度分别记为 $\boldsymbol{t}$ 和 $\dot{\boldsymbol{t}}$，以上参量都是时间的函数。一般情况下，发射机和接收机、目标都可能是运动的。定义 $R_0^{ij}(t)=\left\|\boldsymbol{r}^j-\boldsymbol{d}^i\right\|$ 为第 i 个发射机到第 j 个接收机的距离。类似地，令 $R_1^i(t)=\left\|\boldsymbol{t}-\boldsymbol{d}^i\right\|$ 和 $R_2^j(t)=\left\|\boldsymbol{r}^j-\boldsymbol{t}\right\|$ 分别表示第 i 个发射机到目标的距离和目标到第 j 个接收机的距离。

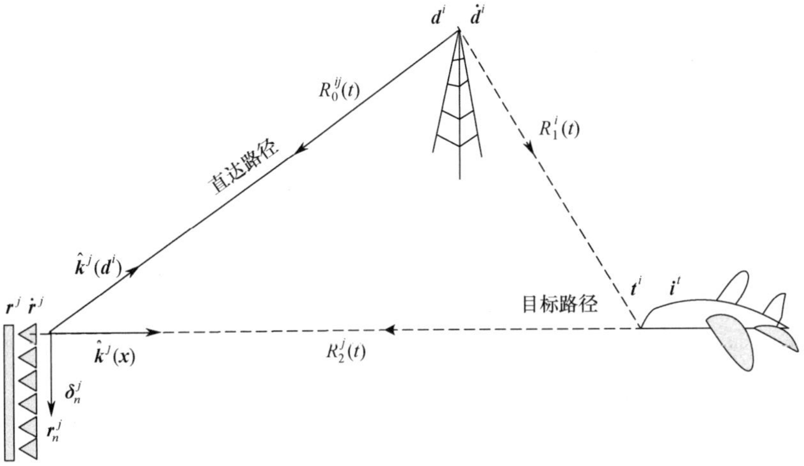

图 8.2　第 ij 对发射机接收机的几何关系

假设第 j 个接收机的阵列接收天线包括 N_{e}^j 个阵元，第 n 个阵元的位置为 $\boldsymbol{r}_n^j=\boldsymbol{r}_1^j+\boldsymbol{\delta}_n^j$，其中 $\boldsymbol{r}_1^j=\boldsymbol{r}^j$ 是参考阵元的位置，$\boldsymbol{\delta}_n^j$ 是第 n 个阵元相对参考阵元的指向偏移矢量，如图 8.2 所示，而 $\boldsymbol{\delta}_1^j=0$。为便于分析，假设所有阵列的阵元数都相同，即 $N_{\mathrm{e}}^j=N_{\mathrm{e}}, j=1,\cdots,N_r$。假设 $G_{\mathrm{e},n}^j(\boldsymbol{x})$ 为第 n 个阵元在 $\boldsymbol{x}$ 方向的阵元增益；同样，为简化分析，对给定的阵列，假设各阵元增益也是相同的，即对所有 n 有 $G_{\mathrm{e},n}^j(\boldsymbol{x})=G_{\mathrm{e}}^j(\boldsymbol{x})$。对于平面阵列内的均匀阵列阵元（如 GAMMA[25]），或者对于圆阵列在方位上各向同性的阵元（如 PaRaDe[26]），这种近似处理是成立的。最后，令 $\hat{\boldsymbol{k}}_n^j(\boldsymbol{x})$ 为第 j 个接收机第 n 个阵元到位置 $\boldsymbol{x}$ 的单位指向矢量，即

$$\hat{\boldsymbol{k}}_n^j(\boldsymbol{x}) = \frac{\boldsymbol{x} - \boldsymbol{r}_n^j}{\left\|\boldsymbol{x} - \boldsymbol{r}_n^j\right\|} \tag{8.1}$$

在远场，对于给定的 $\boldsymbol{x}$，有 $\hat{\boldsymbol{k}}_n^j(\boldsymbol{x}) \approx \hat{\boldsymbol{k}}_1^j(\boldsymbol{x}) \triangleq \hat{\boldsymbol{k}}^j(\boldsymbol{x})$，即从阵列阵元到远场某一位置的单位指向矢量近似相等。

假设第 i 个发射机发射的窄带连续波信号的解析表达式可以表示为

$$\tilde{u}^i(t) = u^i(t)\mathrm{e}^{\mathrm{j}\omega_{\mathrm{c}}^i t},\ t \in [0,T] \tag{8.2}$$

式中，ω_{c}^i 为载频；T 为相参处理间隔（CPI）；$u^i(t)$ 为复包络，频域表示为 $U^i(\omega)$；当 $|\omega| > \pi B^i$（B^i 为带宽）时，$U^i(\omega) \approx 0$。假设发射信号 $\left\{\tilde{u}^i(t): i = 1,\cdots,N_{\mathrm{t}}\right\}$ 在频域中没有重叠，可以在频域分开。复包络 $u^i(t)$ 的能量有限，因此 $\tilde{u}^i(t)$ 的能量可以表示为

$$E^i = \int_0^T \left|\tilde{u}^i(t)\right|^2 \mathrm{d}t = \int_0^T \left|u^i(t)\right|^2 \mathrm{d}t = T \tag{8.3}$$

式中，$\tilde{u}^i(t)$ 为第 i 个发射机对应的辐射信号。注意，这只对单位幅度信号成立，即 $\left|u^i(t)\right|^2 = 1$。

信号沿着直达路径和目标路径通道传播到第 j 个接收机，如图 8.2 所示。同时，也会通过多个杂波路径通道传到接收机。杂波路径干扰可通过自适应空时滤波来消除。因此，后面的分析中将忽略杂波的影响。在接收机带宽内，第 j 个接收机的第 n 个阵元接收到的信号，是来自所有发射机的直达波信号和目标回波及接收机噪声之和，即

$$\tilde{s}_n^j(t) = \sum_{i=1}^{N_{\mathrm{t}}} a_{\mathrm{d}}^{ij}(t)\tilde{u}^i\left(t - \tau_{\mathrm{d},n}^{ij}(t)\right) + \sum_{i=1}^{N_{\mathrm{t}}} \alpha^{ij} a_t^{ij}(t)\tilde{u}^i\left(t - \tau_{t,n}^{ij}(t)\right) + \tilde{n}_n^{ij}(t) \tag{8.4}$$

式中，$a_{\mathrm{d},n}^{ij}(t)$ 和 $a_{t,n}^{ij}(t)$ 分别为直达路径和目标路径通道的幅度系数；α^{ij} 为与第 ij 对双基地对应的目标复双基地反射系数；$\tau_{\mathrm{d},n}^{ij}(t)$ 和 $\tau_{\mathrm{t},n}^{ij}(t)$ 分别对应直达路径和目标路径通道的传播时延；$\tilde{n}_n^{ij}(t)$ 是功率谱密度为 $\tilde{P}_n^j(\omega) = N_0, \left|\omega - \omega_{\mathrm{c}}^j\right| \leqslant \pi B^j$ 的广义平稳带通高斯白噪声；B^j 为带宽；ω_{c}^j 为载频。通道系数 $a_{\mathrm{d},n}^{ij}(t)$ 和 $a_{\mathrm{t},n}^{ij}(t)$ 考虑了发射、传播及直达路径和目标路径通道的影响，定义为

$$a_{\mathrm{d}}^{ij}(t) = \sqrt{\frac{P_{\mathrm{erp}}^i(\boldsymbol{r}^j)\lambda^{i^2} G_{\mathrm{e}}^j(\boldsymbol{d}^i)}{(4\pi)^2 (R_0^{ij}(t))^2}} \tag{8.5}$$

$$a_{\mathrm{t}}^{ij}(t) = \sqrt{\frac{P_{\mathrm{erp}}^i(\boldsymbol{t})\lambda^{i^2} G_{\mathrm{e}}^j(\boldsymbol{t})}{(4\pi)^3 (R_1^i(t)R_2^j(t))^2}} \tag{8.6}$$

式中，P_{erp}^i 为第 i 个发射机指向 $\boldsymbol{x}$ 方向的有效辐射功率；$\lambda^i = c/f_{\mathrm{c}}^i$ 为第 i 个发射机发射信号对应的波长；c 为光速；$f_{\mathrm{c}}^i = 2\pi/\omega_{\mathrm{c}}^i$。在相参处理间隔 $[0,T]$ 内，$R_0^{ij}(t), R_1^i(t)$ 和 $R_2^j(t)$ 都不会有显著变化，因此有 $a_{\mathrm{d}}^{ij} \triangleq a_{\mathrm{d}}^{ij}(t)\big|_{t=0}$ 和 $a_{\mathrm{t}}^{ij} \triangleq a_{\mathrm{t}}^{ij}(t)\big|_{t=0}$。

信号 $\tilde{s}_n^j(t)$ 经下变频和频域信道化处理后，提取每个发射信号的复基带信号。记第 i 个通道的复基带信号为 s_n^{ij}，利用式（8.2）和式（8.4），可得

$$s_n^{ij}(t) = \mathrm{LPF}^i\left\{\tilde{s}_n^j(t)\mathrm{e}^{\mathrm{j}\left(\theta^j - p\omega_\mathrm{c}^i t\right)}\right\} \tag{8.7}$$

$$= a_\mathrm{d}^{ij}\mathrm{e}^{\mathrm{j}\left(\theta^j - \omega_\mathrm{c}^i\tau_{\mathrm{d},n}^{ij}(t)\right)}u^i\left(t-\tau_{\mathrm{d},n}^{ij}(t)\right) + \alpha^{ij}a_\mathrm{t}^{ij}\mathrm{e}^{\mathrm{j}\left(\theta^j - \omega_\mathrm{c}^i\tau_{\mathrm{t},n}^{ij}(t)\right)}u^i\left(t-\tau_{\mathrm{t},n}^{ij}(t)\right) + n_n^{ij}(t) \tag{8.8}$$

式中，θ_j 表示第 j 个接收机下变频处理时本振的未知相位；$\mathrm{LPF}^i\{\cdot\}$ 表示与第 i 个发射通道信号带宽匹配的低通滤波器；$\tilde{n}_n^{ij}(t)$ 是功率谱密度为 $\tilde{P}_n^{ij}(\omega) = N_0, |\omega| \leqslant \pi B^i$ 的广义平稳复基带高斯白噪声。式（8.7）中的未知相位 θ_j 表明，接收机是非相参的。实际中，要在广域分布的接收机间实现相参是很难的。然而，当实际中时间同步的精度好于 $1/B^i, i=1,\cdots,N_\mathrm{t}$ 时，就认为接收机间已实现时间同步。下面分别讨论直达波信号模型和目标回波信号模型。

8.2.1　直达波信号模型

令 $s_{\mathrm{d},n}^{ij}(t)$ 为式（8.8）中的直达波分量，

$$s_{\mathrm{d},n}^{ij}(t) = a_\mathrm{d}^{ij}\mathrm{e}^{\mathrm{j}\left(\theta^j - \omega_\mathrm{c}^i\tau_{\mathrm{d},n}^{ij}(t)\right)}u^i\left(t-\tau_{\mathrm{d},n}^{ij}(t)\right) \tag{8.9}$$

式中，$\tau_{\mathrm{d},n}^{ij}(t) = R_{0,n}^{ij}(t)/c$；$R_{0,n}^{ij}(t)$ 为第 i 个发射机到第 j 个接收机阵列的第 n 个阵元间的距离。直达路径距离可以展开为

$$R_{0,n}^{ij}(t) = R_0^{ij}(t) + \Delta R_n^{ij}(t;\boldsymbol{d}^i) \tag{8.10}$$

式中，$R_0^{ij}(t)$ 为第 i 个发射机到第 j 个接收机阵列参考阵元间的距离；$\Delta R_n^{ij}(t;\boldsymbol{d}^i)$ 是第 n 个阵元到参考阵元间的距离。对于远场的 $\boldsymbol{d}^i$，附录 A 证明了 $\Delta R_n^{ij}(t;\boldsymbol{d}^i)$ 的近似估计可以表示为

$$\Delta R_n^{ij}(t;\boldsymbol{d}^i) \approx -\hat{\boldsymbol{k}}^j(\boldsymbol{d}^i)\cdot\delta_n^j \tag{8.11}$$

注意，$\hat{\boldsymbol{k}}^j(\boldsymbol{d}^i)$ 在 $t\in[0,T]$ 内近似为常数。因此，$\Delta R_n^{ij}(\boldsymbol{d}^i) \triangleq \Delta R_n^{ij}(t;\boldsymbol{d}^i)\big|_{t=0}$。由式（8.10）可将传播延迟表示为

$$\tau_{\mathrm{d},n}^{ij}(t) = \tau_\mathrm{d}^{ij}(t) + \Delta\tau_n^{ij}(\boldsymbol{d}^i) \tag{8.12}$$

式中，$\tau_\mathrm{d}^{ij}(t) = R_0^{ij}(t)/c$；$\Delta\tau_n^{ij}(\boldsymbol{d}^i) = \Delta R_n^{ij}(\boldsymbol{d}^i)/c$。

将式（8.12）代入式（8.9），有

$$s_{\mathrm{d},n}^{ij}(t) = a_\mathrm{d}^{ij}\mathrm{e}^{\mathrm{j}\left(\theta^j - \omega_\mathrm{c}^i\Delta\tau_n^{ij}(\boldsymbol{d}^i)\right)}u^i\left(t-\tau_\mathrm{d}^{ij}(t)-\Delta\tau_n^{ij}(\boldsymbol{d}^i)\right)\mathrm{e}^{-\mathrm{j}\omega_\mathrm{c}^i\tau_\mathrm{d}^{ij}(t)} \tag{8.13}$$

复指数项 $\mathrm{e}^{\mathrm{j}-\omega_\mathrm{c}^i\Delta\tau_n^{ij}(\boldsymbol{d}^i)}$ 只与阵元下标 n 有关。令 $\vartheta_n^{ij}(\boldsymbol{d}^i)$ 为复指数项的相位，由式（8.11）有

$$\vartheta_n^{ij}(\boldsymbol{d}^i) \triangleq -\omega_\mathrm{c}^i\Delta\tau_n^{ij}(\boldsymbol{d}^i) \tag{8.14}$$

$$= -\left(\frac{\omega_{\mathrm{c}}^{i}}{c}\right)\Delta R_{n}^{ij}(\boldsymbol{d}^{i}) \tag{8.15}$$

$$\approx \left(\frac{2\pi}{\lambda^{i}}\right)\hat{\boldsymbol{k}}^{j}(\boldsymbol{d}^{i})\cdot\delta_{n}^{j} \tag{8.16}$$

对式（8.13）进行窄带近似，即信号复包络在整个阵列内都近似为常数[29]，则有

$$s_{\mathrm{d},n}^{ij}(t) \approx a_{\mathrm{d}}^{ij}\mathrm{e}^{\mathrm{j}\left(\theta^{j}+\vartheta_{n}^{ij}(\boldsymbol{d}^{i})\right)}u^{i}\left(t-\tau_{\mathrm{d}}^{ij}(t)\right)\mathrm{e}^{-\mathrm{j}\omega_{\mathrm{c}}^{i}\tau_{\mathrm{d}}^{ij}(t)} \tag{8.17}$$

在 $t=0$ 点对 $R_{0}^{ij}(t)$ 做一阶近似，有

$$R_{0}^{ij}(t) \approx R_{0}^{ij}(t)\Big|_{t=0} + \dot{R}_{0}^{ij}(t)\Big|_{t=0} t \triangleq R_{0}^{ij} + \dot{R}_{0}^{ij}t \tag{8.18}$$

然后，将 $\tau_{\mathrm{d}}^{ij}(t)=R_{0}^{ij}(t)/c$ 代入式（8.17）得

$$s_{\mathrm{d},n}^{ij}(t) = a_{\mathrm{d}}^{ij}\mathrm{e}^{\mathrm{j}\left(\theta^{j}+\vartheta_{n}^{ij}(\boldsymbol{d}^{i})\right)}u^{i}\left(t-R_{0}^{ij}(t)/c\right)\mathrm{e}^{-\mathrm{j}\omega_{\mathrm{c}}^{i}R_{0}^{ij}(t)/c} \tag{8.19}$$

$$\approx a_{\mathrm{d}}^{ij}\mathrm{e}^{\mathrm{j}(\theta^{j}+\vartheta_{n}^{ij}(\boldsymbol{d}^{i}))}u^{i}\left((1-\dot{R}_{0}^{ij}/c)t-R_{0}^{ij}/c\right)\mathrm{e}^{-\mathrm{j}\omega_{\mathrm{c}}^{i}(R_{0}^{ij}+\dot{R}_{0}^{ij}t)/c} \tag{8.20}$$

$$= a_{\mathrm{d}}^{ij}\mathrm{e}^{\mathrm{j}(\theta^{j}+\vartheta_{n}^{ij}(\boldsymbol{d}^{i}))}u^{i}(\alpha t-\tau_{\mathrm{d}}^{ij})\mathrm{e}^{-\mathrm{j}\omega_{\mathrm{c}}^{i}\tau_{\mathrm{d}}^{ij}}\mathrm{e}^{j\omega_{\mathrm{d}}^{ij}t} \tag{8.21}$$

式中，$\tau_{\mathrm{d}}^{ij}=R_{0}^{ij}/c$；$\alpha=1-\dot{R}_{0}^{ij}/c$ 为时间尺度因子；ω_{d}^{ij} 为多普勒频率，定义为

$$\omega_{\mathrm{d}}^{ij} \triangleq -\left(\frac{\omega_{\mathrm{c}}^{i}}{c}\right)\dot{R}_{0}^{ij} \tag{8.22}$$

$$= -\left(\frac{2\pi}{\lambda^{i}}\right)\frac{(\boldsymbol{r}^{j}-\boldsymbol{d}^{i})\cdot(\dot{\boldsymbol{r}}^{j}-\dot{\boldsymbol{d}}^{i})}{\left\|\boldsymbol{r}^{j}-\boldsymbol{d}^{i}\right\|}\Bigg|_{t=0} \tag{8.23}$$

此时，对于期望的 $\dot{R}_{0}^{ij}$，$\alpha=1-\dot{R}_{0}^{ij}/c\approx 1$，因此在后续处理时可以忽略。

第 j 个接收机的第 n 个阵元接收到的由第 i 个发射机发射的直达波信号经基带处理后，可以表示为

$$s_{\mathrm{d},n}^{ij}(t) = \underbrace{a_{\mathrm{d}}^{ij}}_{(\mathrm{a})}\underbrace{\mathrm{e}^{\mathrm{j}\theta^{j}}}_{(\mathrm{b})}\underbrace{\mathrm{e}^{\mathrm{j}\vartheta_{n}^{ij}(\boldsymbol{d}^{i})}}_{(\mathrm{c})}\underbrace{\mathrm{e}^{-\mathrm{j}\omega_{\mathrm{c}}^{i}\tau_{\mathrm{d}}^{ij}}}_{(\mathrm{d})}\underbrace{u^{i}(t-\tau_{\mathrm{d}}^{ij})}_{(\mathrm{e})}\underbrace{\mathrm{e}^{\mathrm{j}\omega_{\mathrm{d}}^{ij}t}}_{(\mathrm{f})} \tag{8.24}$$

式（8.24）由 6 个因子组成，其中(a)为幅度尺度因子，(b)为未知本振相位，(c)为载频相位微分因子，(d)为参考载频相位因子，(e)为延时后复基带发射信号，(f)为多普勒调制因子。为简化表示，式（8.24）可化简为

$$s_{\mathrm{d},n}^{ij}(t) = \gamma_{\mathrm{d}}^{ij}\mathrm{e}^{\mathrm{j}\vartheta_{n}^{ij}(\boldsymbol{d}^{i})}u^{i}(t-\tau_{\mathrm{d}}^{ij})\mathrm{e}^{\mathrm{j}\omega_{\mathrm{d}}^{ij}t} \tag{8.25}$$

式中，γ_{d}^{ij} 是第 ij 直达路径通道系数。利用式（8.5）和式（8.25）可将 γ_{d}^{ij} 定义为

$$\gamma_{\mathrm{d}}^{ij} \triangleq a_{\mathrm{d}}^{ij} \mathrm{e}^{\mathrm{j}\left(\theta^{j}-\omega_{\mathrm{c}}^{i} \tau_{\mathrm{d}}^{ij}\right)} \tag{8.26}$$

$$=\mathrm{e}^{\mathrm{j}(\theta^{j}-\omega_{\mathrm{c}}^{i} \tau_{\mathrm{d}}^{ij})} \sqrt{\frac{P_{\mathrm{erp}}^{i}(\boldsymbol{r}^{j}) \lambda^{i^{2}} G_{\mathrm{e}}^{j}(\boldsymbol{d}^{i})}{(4 \pi)^{2}(R_{0}^{ij})^{2}}} \tag{8.27}$$

8.2.2　目标回波信号模型

令 $s_{\mathrm{t},n}^{ij}(t)$ 为式（8.8）中的目标回波分量，

$$s_{\mathrm{t},n}^{ij}(t)=\alpha^{ij} a_{\mathrm{t}}^{ij} \mathrm{e}^{\mathrm{j}(\theta^{j}-\omega_{\mathrm{c}}^{i} \tau_{\mathrm{t},n}^{ij}(t))} u^{i}(t-\tau_{\mathrm{t},n}^{ij}(t)) \tag{8.28}$$

类似 8.2.1 节中直达波的处理方法，$s_{\mathrm{t},n}^{ij}(t)$ 可以近似为

$$s_{\mathrm{t},n}^{ij}(t) \approx \underbrace{\alpha^{ij} a_{\mathrm{t}}^{ij}}_{(\mathrm{a})} \underbrace{\mathrm{e}^{\mathrm{j}\theta^{j}}}_{(\mathrm{b})} \underbrace{\mathrm{e}^{\mathrm{j}\vartheta_{n}^{ij}(t)}}_{(\mathrm{c})} \underbrace{\mathrm{e}^{-\mathrm{j}\omega_{\mathrm{c}}^{i}\tau_{\mathrm{t}}^{ij}}}_{(\mathrm{d})} \underbrace{u^{i}(t-\tau_{\mathrm{t}}^{ij})}_{(\mathrm{e})} \underbrace{\mathrm{e}^{\mathrm{j}\omega_{\mathrm{t}}^{ij} t}}_{(\mathrm{f})} \tag{8.29}$$

式中，τ_{t}^{ij} 为从第 i 个发射机到目标到第 j 个接收机的双基地时间延迟，即

$$\tau_{\mathrm{t}}^{ij} \triangleq\left(\frac{1}{c}\right)(R_{1}^{i}+R_{2}^{j}) \tag{8.30}$$

$$=\left(\frac{1}{c}\right)\left(\left\|\boldsymbol{t}-\boldsymbol{d}^{i}\right\|+\left\|\boldsymbol{r}^{j}-\boldsymbol{t}\right\|\right)\Big|_{t=0} \tag{8.31}$$

$\vartheta_{n}^{ij}(\boldsymbol{t})$ 为第 n 个阵元相对参考阵元的载频差分相位，定义为

$$\vartheta_{n}^{ij}(\boldsymbol{t}) \triangleq -\omega_{\mathrm{c}}^{i} \Delta \tau_{n}^{ij}(\boldsymbol{t})=\boldsymbol{k}^{ij}(\boldsymbol{t}) \cdot \boldsymbol{\delta}_{n}^{j} \tag{8.32}$$

ω_{t}^{ij} 为目标路径双基地多普勒频移，

$$\omega_{\mathrm{t}}^{ij} \triangleq-\left(\frac{\omega_{\mathrm{c}}^{i}}{c}\right)(\dot{R}_{1}^{ij}+\dot{R}_{2}^{ij}) \tag{8.33}$$

$$=-\left(\frac{2 \pi}{\lambda^{i}}\right)\left[\frac{(\boldsymbol{t}-\boldsymbol{d}^{i}) \cdot(\dot{\boldsymbol{t}}-\dot{\boldsymbol{d}}^{i})}{\left\|\boldsymbol{t}-\boldsymbol{d}^{i}\right\|}+\frac{(\boldsymbol{r}^{j}-\boldsymbol{t}) \cdot(\dot{\boldsymbol{r}}^{j}-\dot{\boldsymbol{t}})}{\left\|\boldsymbol{r}^{j}-\boldsymbol{t}\right\|}\right]_{t=0} \tag{8.34}$$

类似于式（8.24），式（8.29）中的目标回波也由 6 个因子组成，其中(a)为幅度尺度因子，(b)为未知本振相位，(c)为载频相位微分因子，(d)参考载频相位因子，(e)延时后复基带发射信号，(f)多普勒调制因子。为简化表示，式（8.29）可化简为

$$s_{\mathrm{t},n}^{ij}(t)=\gamma_{\mathrm{t}}^{ij} \mathrm{e}^{\mathrm{j}\vartheta_{n}^{ij}(t)} u^{i}(t-\tau_{\mathrm{t}}^{ij}) \mathrm{e}^{\mathrm{j}\omega_{\mathrm{t}}^{ij} t} \tag{8.35}$$

式中，γ_{t}^{ij} 是第 ij 个目标路径通道系数。利用式（8.6）和式（8.35），可将 γ_{t}^{ij} 定义为

$$\gamma_{\mathrm{t}}^{ij} \triangleq \alpha^{ij} a_{\mathrm{t}}^{ij} \mathrm{e}^{\mathrm{j}(\theta^{j}-\omega_{\mathrm{c}}^{i} \tau_{\mathrm{t}}^{ij})} \tag{8.36}$$

$$=\alpha^{ij}\mathrm{e}^{\mathrm{j}(\theta^j-\omega_c^i\tau_t^{ij})}\sqrt{\frac{P_{\mathrm{erp}}^i(\boldsymbol{t})\lambda^{i^2}G_{\mathrm{e}}^j(\boldsymbol{t})}{(4\pi)^3(R_1^iR_2^j)^2}} \tag{8.37}$$

8.3 信号模型的离散形式

第 j 个接收机的第 n 个阵元接收到的由第 i 个发射机发射的基带信号，可以表示为

$$s_n^{ij}(t)=s_{\mathrm{d},n}^{ij}(t)+s_{\mathrm{t},n}^{ij}(t)+n_n^{ij}(t) \tag{8.38}$$

令式（8.38）以 $f_{\mathrm{s}}^i=1/T_{\mathrm{s}}^i=B^i$ 的采样频率量化，则有 $s_n^{ij}[l]=s_n^{ij}[lT_{\mathrm{s}}^i]$，可得离散信号形式为

$$s_n^{ij}[l]=s_{\mathrm{d},n}^{ij}[l]+s_{\mathrm{t},n}^{ij}[l]+n_n^{ij}[l],\ l=0,\cdots,L^i-1 \tag{8.39}$$

式中，$L^i=\lfloor Tf_{\mathrm{s}}^i\rfloor$ 为总采样点数，式（8.25）和式（8.35）分别对应的直达波和目标回波可以表示为

$$s_{\mathrm{d},n}^{ij}[l]=\gamma_{\mathrm{d}}^{ij}\mathrm{e}^{\mathrm{j}\vartheta_n^{ij}(\boldsymbol{d}^i)}u^i[l-\ell_{\mathrm{d}}^{ij}]\mathrm{e}^{\mathrm{j}\upsilon_{\mathrm{d}}^{ij}l} \tag{8.40}$$

$$s_{\mathrm{t},n}^{ij}[l]=\gamma_{\mathrm{t}}^{ij}\mathrm{e}^{\mathrm{j}\vartheta_n^{ij}(\boldsymbol{t})}u^i[l-\ell_{\mathrm{t}}^{ij}]\mathrm{e}^{\mathrm{j}\upsilon_{\mathrm{t}}^{ij}l} \tag{8.41}$$

式中，$\nu_{\mathrm{d}}^{ij}=\omega_{\mathrm{d}}^{ij}/f_{\mathrm{s}}^i,\nu_{\mathrm{t}}^{ij}=\omega_{\mathrm{t}}^{ij}/f_{\mathrm{s}}^i$ 分别为每个样本的归一化多普勒频率，单位为弧度；$\ell_{\mathrm{d}}^{ij}=\tau_{\mathrm{d}}^{ij}f_{\mathrm{s}}^i,\ell_{\mathrm{t}}^{ij}=\tau_{\mathrm{t}}^{ij}f_{\mathrm{s}}^i$，分别为每个样本的归一化时延。噪声序列 $n_n^{ij}[l]\sim CN(0,\sigma^2)$，$\sigma^2=N_0B^i$ 为平均噪声功率，$\mathrm{E}\{n_n^{ij}[l](n_n^{i'j'}[l])^*\}=\sigma^2\delta_{i-i'}\delta_{j-j'}\delta_{l-k}$，$\delta$ 为 Kronecker 符号。

令 $\boldsymbol{u}^i\in\mathbb{C}^{L^i\times1}$ 为发射信号波形矢量，第 l 个元素为 $[\boldsymbol{u}^i]_l=u^i(l)=u^i(lT_{\mathrm{s}}^i),l=0,\cdots,L^i-1$，利用式（8.3）和 $\|\boldsymbol{u}^i\|^2=L^i$，得

$$\|\boldsymbol{u}^i\|^2=\sum_{l=0}^{L^i-1}\left|u^i(lT_{\mathrm{s}}^i)\right|^2\approx\frac{1}{T_{\mathrm{s}}^i}\int_0^T\left|u^i(t)\right|^2\mathrm{d}t=f_{\mathrm{s}}^iT=L^i \tag{8.42}$$

令 $\boldsymbol{s}_n^{ij}$，$\boldsymbol{s}_{\mathrm{d},n}^{ij}$ 和 $\boldsymbol{s}_{\mathrm{t},n}^{ij}$ 的定义类似，即 $[\boldsymbol{s}_n^{ij}]_l=\boldsymbol{s}_n^{ij}[l],[\boldsymbol{s}_{\mathrm{d},n}^{ij}]_l=\boldsymbol{s}_{\mathrm{d},n}^{ij}[l],\ [\boldsymbol{s}_{\mathrm{t},n}^{ij}]_l=\boldsymbol{s}_{\mathrm{t},n}^{ij}[l],\ \ l=0,\cdots,L^i-1$，而且定义 $\boldsymbol{D}_L(x)\in\mathbb{C}^{L\times L}$，

$$\boldsymbol{D}_L(x)=\mathrm{diag}\left(\left[\mathrm{e}^{\mathrm{j}(0)x},\mathrm{e}^{\mathrm{j}(1)x},\cdots,\mathrm{e}^{\mathrm{j}(L-1)x}\right]\right) \tag{8.43}$$

式中，$\mathrm{diag}(\boldsymbol{x}),\boldsymbol{x}\in\mathbb{C}^L$ 是 $L\times L$ 的方阵，对角线元素为 $\boldsymbol{x}$，因此 $[\mathrm{diag}(\boldsymbol{x})]_{n,n}=[\boldsymbol{x}]_n$。最后，令 $\boldsymbol{W}_L\in\mathbb{C}^{L\times L}$ 为酉离散傅里叶变换矩阵，因此有

$$[\boldsymbol{W}]_{m,n}=\frac{1}{\sqrt{L}}\mathrm{e}^{-\mathrm{j}\left(\frac{2\pi}{L}\right)mn} \tag{8.44}$$

式中，$m=0,\cdots,L-1,n=0,\cdots,L-1$。此时，直达波信号的矢量形式可以表示为

$$\boldsymbol{s}_{\mathrm{d},n}^{ij}=\gamma_{\mathrm{d}}^{ij}\mathrm{e}^{\mathrm{j}\vartheta_n^{ij}(\boldsymbol{d}^i)}\boldsymbol{D}_{L^i}(\upsilon_{\mathrm{d}}^{ij})(\boldsymbol{W}_{L^i}^{\mathrm{H}}\boldsymbol{D}_{L^i}(-2\pi\ell_{\mathrm{d}}^{ij}/L^i)\boldsymbol{W}_{L^i})\boldsymbol{u}^i \tag{8.45}$$

为简化式（8.45），定义时延多普勒算子 $D(\ell,\upsilon)\in\mathbb{C}^{L^i\times L^i}$ 为

$$D(\ell,\upsilon)=\boldsymbol{D}_{L^i}(\upsilon)\boldsymbol{W}_{L^i}^{\mathrm{H}}\boldsymbol{D}_{L^i}(-2\pi\ell/L^i)\boldsymbol{W}_{L^i} \tag{8.46}$$

它是时延为 ℓ 和多普勒频移为 υ 的矩阵形式，可用于长度为 L^i 的时域采样信号。式（8.46）是循环延迟 ℓ 个样本的应用。在大多情况下，信号尾端的影响很小，因为时延仅占整个信号持续时间的很小一部分，即 $\ell\ll L$ 。另外，考虑最大可能时延时，此类循环反转可以避免接收信号的补零处理，同时 $D(\ell_1,\upsilon_1)D(\ell_2,\upsilon_2)=D(\ell_1+\ell_2,\upsilon_1+\upsilon_2)$， $D^{\mathrm{H}}(\ell,\upsilon)=D(-\ell,-\upsilon)$ 。因此，时延多普勒算子为 U 算子，即 $D^{\mathrm{H}}(\ell,\upsilon)=D^{-1}(\ell,\upsilon)$, $D^{\mathrm{H}}(\ell,\upsilon)D(\ell,\upsilon)=\boldsymbol{I}_{L_i}$ ，其中 $\boldsymbol{I}_{L_i}$ 是 $L\times L$ 的单位矩阵。将式（8.46）代入式（8.45），直达波信号变为

$$\boldsymbol{s}_{\mathrm{d},n}^{ij}=\gamma_{\mathrm{d}}^{ij}\mathrm{e}^{\mathrm{j}\vartheta_n^{ij}(\boldsymbol{d}^i)}D(\ell_{\mathrm{d}}^{ij},\upsilon_{\mathrm{d}}^{ij})\boldsymbol{u}^i \tag{8.47}$$

类似地，式（8.41）对应目标信号的矢量形式可以表示为

$$\boldsymbol{s}_{\mathrm{t},n}^{ij}=\gamma_{\mathrm{t}}^{ij}\mathrm{e}^{\mathrm{j}\vartheta_n^{ij}(\boldsymbol{t})}D(\ell_{\mathrm{t}}^{ij},\upsilon_{\mathrm{t}}^{ij})\boldsymbol{u}^i \tag{8.48}$$

因此，式（8.39）中第 j 个接收机阵列的第个 n 阵元的基带信号的矢量形式可以表示为

$$\boldsymbol{s}_n^{ij}=\gamma_{\mathrm{d}}^{ij}\mathrm{e}^{\mathrm{j}\vartheta_n^{ij}(\boldsymbol{d}^i)}D(\ell_{\mathrm{d}}^{ij},\upsilon_{\mathrm{d}}^{ij})\boldsymbol{u}^i+\gamma_{\mathrm{t}}^{ij}\mathrm{e}^{\mathrm{j}\vartheta_n^{ij}(\boldsymbol{t})}D(\ell_{\mathrm{t}}^{ij},\upsilon_{\mathrm{t}}^{ij})\boldsymbol{u}^i+\boldsymbol{n}_n^{ij} \tag{8.49}$$

式中， $\boldsymbol{n}_n^{ij}\sim CN(\boldsymbol{0}_{L^i},\sigma^2\boldsymbol{I}_{L_i})$； $\boldsymbol{0}_{L^i}$ 是长度为 L^i 的零矢量。

8.4 小结

本章给出了所要讨论的多基地 PCL 系统信号模型的详细推导过程。式（8.49）表示的是第 j 个接收机与第 i 个发射机关联时，第 n 个阵元接收到的离散化的复基带信号，这是第 9 章和第 10 章中的数学推导的出发点，也是将在第 11 章中分析有源多基地雷达 AMR（Active Multi-Static Radar）和无源定位 PSL（Passive Source Location）统一检测理论框架的基础。式（8.49）给出了 PCL 系统检测将面临的几个挑战。由于直达路径信号和目标路径回波信号同时存在，且在 PCL 系统中，直达波信号与目标回波信号的功率比通常很大，即 $\left|\gamma_{\mathrm{d}}^{ij}\right|^2/\left|\gamma_{\mathrm{t}}^{ij}\right|^2\gg1$，因此检测问题较复杂。此外，接收机噪声 $\boldsymbol{n}_n^{ij}$ 的存在导致不可能无失真地分离出直达信号。最后，目标路径信号和直达路径信号经算子 $D(\ell_{\mathrm{d}}^{ij},\nu_{\mathrm{d}}^{ij})$、$D(\ell_{\mathrm{t}}^{ij},\nu_{\mathrm{t}}^{ij})$ 编码后的时延和多普勒频移需要仔细考虑，这将在第 9 章和第 10 章中详细讨论。

参考文献

[1] Berizzi F, M Martorella, D Petri, M Conti, and A Capria. *USRP technology for multiband passive radar* [C]. Proc. IEEE Radar Conf, 225-229, 2010.

[2] Gould, Dale, Robert Pollard, Carlos Sarno, and Paul Tittensor. *A Multiband Passive Radar Demonstrator* [J]. Bistatic-Multistatic Radar and Sonar Systems, RTO-MP-SET-095. NATO, 2009.

[3] Kuschel H, J Heckenbach, D O'Hagan, and M Ummenhofer. *A hybrid ultifrequency Passive Radar concept for medium range air surveillance* [J]. Proc. Microwaves, Radar, and Remote Sensing Symp. (MRRS), 275-279, 2011.

[4] Tan D, et al. *Passive radar using Global System for Mobile communication signal: Theory, implementation and measurements* [J]. IEE Proceedings–Radar, Sonar and Navigation, 152, 3 (June 2005), 116-123.

[5] Tobias M and Lanterman A D. *Probability hypothesis density-based multitarget tracking with bistatic range and Doppler observations* [J]. IEE Proceedings–Radar, Sonar and Navigation, 152, 3(June 2005), 195-205.

[6] Schroeder A, M Edrich, and V Winkler. *Multi-Illuminator Passive Radar Performance Evaluation* [J]. Proc. Int. Radar Symp. (IRS), 2012.

[7] Fishler E, A Haimovich, R S Blum, et al. *Spatial diversity in radars-models and detection performance* [J]. IEEE Trans. Signal Process. 54(3): 823-838, 2006.

[8] Goodman N A and D Bruyere. *Optimum and decentralized detection for multistatic airborne radar* [J]. IEEE Trans. Aerosp. Electron. Syst., 43(2): 806-813, 2007.

[9] Hack D, L Patton, A Kerrick, and M Saville. *Direct Cartesian Detection, Localization, and De-Ghosting for Passive Multistatic Radar* [J]. Proc. IEEE Sensor Array and Multichannel Signal Processing Workshop (SAM), 2012.

[10] Malanowski, Mateusz, and Krzysztof Kulpa. *Two Methods for Target Localization in Multistatic Passive Radar* [J]. IEEE Trans. Aerosp. Electron. Syst., 48(1): 572-580, 2012.

[11] Brown J, Woodbridge K, Stove A, and Watts S. *Air target detection using airborne passive bistatic radar* [J]. Electronics Letters, 46(20): 1396-1397, 2010.

[12] Dawidowicz B, K S Kulpa, M Malanowski, et al. *DPCA Detection of Moving Targets in Airborne Passive Radar* [J]. IEEE Trans. Aerosp. Electron. Syst., 48(2): 1347-1357, 2012.

[13] Kulpa K, M Malanowski, P Samczynski, and B Dawidowicz. *The concept of airborne passive radar* [J]. Proc. Microwaves, Radar, and Remote Sensing Symp. (MRRS), 267-270, 2011.

[14] *Airborne Passive Radars and their Applications APRA* (SET-186).

[15] Tharmarasa R, N Nandakumaran, M McDonald, and T Kirubarajan. *Resolving Transmitter of Opportunity Origin Uncertainty in Passive Coherent Location Systems* [J]. Proc. of SPIE, vol.7445, 2009.

[16] Bialkowski K S and I V L Clarkson. *Passive radar signal processing in single frequency networks* [C]. Signals, Systems and Computers (ASILOMAR), 2012 Conference Record of the Forty Sixth Asilomar Conference on, 199-202, 2012.

[17] Daun M, U Nickel, and W Koch. *Tracking in multistatic passive radar systems using DAB/DVB-T illumination* [J]. Signal Processing, 92: 1365-1386, 2012.

[18] Griffths, H D and C J Baker. *Passive coherent location radar systems. Part1: performance prediction* [J]. IEE Proceedings - Radar, Sonar, and Navigation, 152(3): 153-159, 2005.

[19] Guo, Jianxin, Lei Jiang, Jinliang Li, et al. *A Robust Spatial DPI Suppression Algorithm for GSM-Based*

Passive Detection System [C]. Proc. 7th Int Wireless Communications, Networking and Mobile Comput-ing (WiCOM) Conf, 1-4, 2011.

[20] Tao, R, H Z Wu, and T Shan. *Direct-path suppression by spatial filtering in digital television terrestrial broadcasting-based passive radar* [J]. IET Radar, Sonar & Navigation, 4(6): 791-805, 2010.

[21] Zemmari, R, U Nickel, and W-D Wirth. *GSM passive radar for medium range surveillance* [C]. Proc. European Radar Conf. EuRAD 2009, 49-52, 2009.

[22] Cardinali, R, F Colone, C Ferretti, and P Lombardo. *Comparison of Clutter and Multipath Cancellation Techniques for Passive Radar* [C]. Proc. IEEE Radar Conf, 469-474, 2007.

[23] Colone, F, D W O'Hagan, P Lombardo, and C J Baker. *A Multistage Processing Algorithm for Disturbance Removal and Target Detection in Passive Bistatic Radar* [J]. IEEE Trans. Aerosp. Electron. Syst., 45(2): 698-722, 2009.

[24] Guner A, M A Temple, and Jr. Claypoole, R L. *Direct-path filtering of DAB waveform from PCL receiver target channel* [J]. Electronics Letters, 39(1): 118-119, 2003.

[25] Ramirez, D J Via, I Santamaria, and L Scharf. *Locally Most Powerful Invariant Tests for Correlation and Sphericity of Gaussian Vectors* [J]. IEEE Trans.Inf. Theory, 59(4): 2128- 2141, 2013.

[26] Malanowski M and K Kulpa. *Digital beamforming for Passive Coherent Location radar* [C]. Proc. IEEE Radar Conf. RADAR '08, 1-6, 2008.

[27] Gini F, Lombardini F, Verrazzani L. *Robust monoparametric multiradar CFAR detection against non-Gaussian spiky clutter* [J]. Radar, Sonar and Navigation, IEE Proc., Vol. 144(3), 131-140, June 1997.

[28] Baumgarten D. *Optimum detection and receiver performance for multistatic radar configurations*. May 1982.

[29] Van Trees H L. *Optimum Array Processing* [M]. Detection, Estimation, and Modulation Theory, Part IV. Wiley-Interscience, 2002.

第 9 章　无直达波条件下 PCL 系统的目标检测性能分析

本章将讨论无法获得直达波参考信号时，PCL 系统的目标检测问题。一般情况下，直达波信号是 PCL 系统中的主要干扰信号[7]。然而，如果在发射机和接收机间的视距范围内存在物理遮挡，或者发射机采用高定向性天线时，或者天线零点对准接收机方向时，将接收不到直达波信号。在这些情况下，由于没有直达波信号，因此无法采用传统的目标检测方法。于是，就出现了无直达波参考信号的目标检测理论研究[4-5]。

Wang 和 Yazici 给出了无直达波参考信号时的集中式检测器[5]。在其研究中，假设 PCL 系统的量测是线性的，而且目标散射是全向的。然而，在实际的多基地几何配置中，复杂目标的散射很难保证这一点[8]。同时，Wang 和 Yazici 的研究中还假设接收机之间已经完成相位同步，这对于分布式多基地无源雷达来说也是很苛刻的要求。Bialkowski 等推导了广义似然比检测（Generalized Likelihood Ratio Test，GLRT），未限制检测器的量测必须是线性的[4]，推导得到的非线性检测器暗含了目标的非全向散射和接收机之间的非相参性。然而，文献[4]和[5]都没有讨论其检测统计量的概率分布。

本章将对文献[4]的结论进行拓展。首先，将文献[4]中利用单个辐射源的情况扩展到多个辐射源，将单通道接收机拓展到多通道阵列接收机，并推导其 GLRT；这些拓展将在很大程度上提高目标的检测概率。然后，利用随机矩阵理论的最新进展，推导检测统计量在两种假设条件下的准确分布。研究表明，目标检测灵敏度是接收信号样本数、PCL 系统中接收机数量和发射机数量、目标回波信号平均信噪比的函数。此外，数值仿真计算的结果验证了该检测器的理论特性：①接收机数量和发射机数量对检测性能的影响是非对称的；②积累增益随信号长度的增加而非相参地增大；③证明了无直达波参考信号的 PCL 系统目标检测和 PSL 检测是等价的，将 PSL 的应用推广到多个发射机都在一个“源”的平台上的情况，建立检测模糊和“源”定位间的等价关系；④模糊函数的特性可以从目标信号的 TDOA、FDOA 和 AOA 等方面解释。

9.1　信号模型

图 9.1 中显示了无直达波参考信号的 PCL 系统，其中包括 N_{t} 个发射机、N_{r} 个接收机。

图 9.2 所示为第 ij 个双基地对的几何关系和信号环境，包括第 i 个发射机和第 j 个接收机，其中第 i 个发射机的位置和速度分别为 $\boldsymbol{d}^i$ 和 $\dot{\boldsymbol{d}}^i$，第 j 个接收机的位置和速度分别为 $\boldsymbol{r}^j$ 和 $\dot{\boldsymbol{r}}^j$。假设发射机和接收机的空间位置都是已知的，发射信号是窄带的，并且在频域是分开的，每个接收天线都有 N_e 个阵元。入射信号在第 j 个接收机的第 n 个阵元信道化处理，并在基带解调和时域采样。令 $\boldsymbol{s}_n^{ij} \in \mathbb{C}^{L^i \times 1}$ 是第 j 个接收机阵列上第 n 个阵元对应第 i 个信道上的长度为 L^i 的复基带信号的采样。为简化分析，假设 $L^i = L \forall i$，即所有接收信号的长度都为 L，$\boldsymbol{s}_n^{ij}$ 的表达式如第 8 章中的式（8.49）所示。假设目标的位置和速度分别为 $\boldsymbol{t}$ 和 $\dot{\boldsymbol{t}}$，忽略式（8.49）中的直达波信号，则 $\boldsymbol{s}_n^{ij}$ 为

$$\boldsymbol{s}_n^{ij} = \gamma_\mathrm{t}^{ij} \mathrm{e}^{\mathrm{j}\vartheta_n^{ij}(t)} \boldsymbol{D}(\ell_\mathrm{t}^{ij}, \upsilon_\mathrm{t}^{ij}) \boldsymbol{u}^i + \boldsymbol{n}_n^{ij} \tag{9.1}$$

式中，$\boldsymbol{u}^i \in \mathbb{C}^{L \times 1}$ 为第 i 个发射机辐射的复基带信号；$\boldsymbol{D}(\ell, \upsilon) \in \mathbb{C}^{L^i \times L^i}$ 为式（8.46）定义的酉线性算子；ℓ_t^{ij} 是以采样间隔为单位的目标路径传播时延；υ_t^{ij} 是目标路径信号的每个采样的多普勒频移；$\vartheta_n^{ij}(t)$ 是由式（8.33）定义的第 n 个阵元相对参考阵元的载频差分相位；γ_t^{ij} 是由式(8.37)定义的复通道系数，考虑了 $\boldsymbol{u}^i$ 与第 ij 目标路径通道相关的综合系数；$\boldsymbol{n}_n^{ij} \in \mathbb{C}^{L \times 1}$ 为圆对称高斯噪声，$\boldsymbol{n}_n^{ij} \sim CN(\boldsymbol{0}_L, \sigma^2 \boldsymbol{I}_L)$，方差为 σ^2，$\boldsymbol{0}_L$ 表示长度为 L^i 的零矢量，$\boldsymbol{I}_L$ 是 $L \times L$ 的单位矩阵。假设在不同的发射频带、接收机和阵列间噪声是相互独立的，即 $\mathrm{E}\{\boldsymbol{n}_n^{ij}(\boldsymbol{n}_m^{kl})^\mathrm{H}\} = \sigma^2 \delta_{n-m} \delta_{i-k} \delta_{j-l} \boldsymbol{I}_L$，其中 $(\cdot)^\mathrm{H}$ 为厄米特转置，δ 为 Kronecker 符号，发射信号的幅度 $\|\boldsymbol{u}^i\|^2 = L$。式（9.1）中其他符号的具体含义见第 8 章。为简化符号，接下来的分析将用 D_t^{ij} 表示 $D(\ell_\mathrm{t}^{ij}, \upsilon_\mathrm{t}^{ij})$。

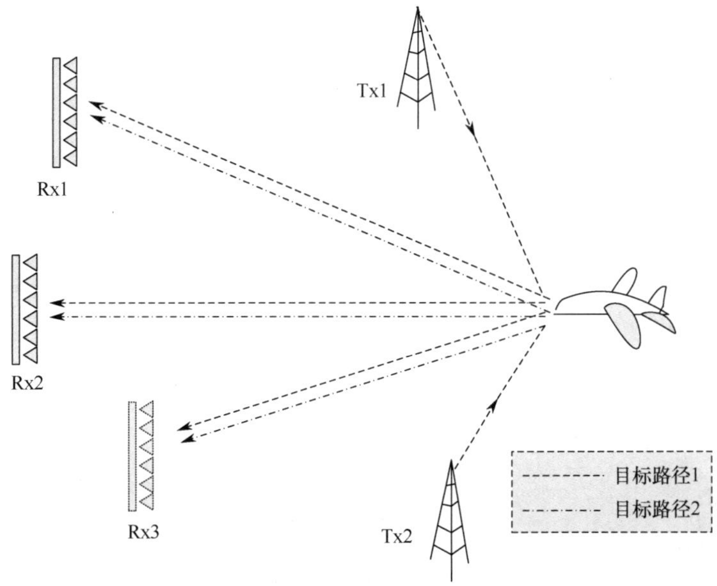

图 9.1　无直达波参考信号的 PCL 系统

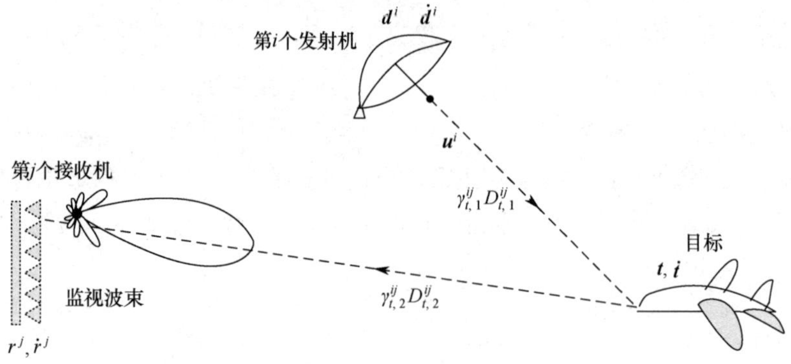

图 9.2 第 ij 个双基地对的几何关系和信号环境

图 9.2 表明，通道系数 γ_{t}^{ij} 可以表示为与双基地目标路径通道对应的两个系数的积，即 $\gamma_{\mathrm{t}}^{ij}=\gamma_{\mathrm{t},1}^{ij}\gamma_{\mathrm{t},2}^{ij}$。利用式（8.37），可将 $\gamma_{\mathrm{t},1}^{ij},\gamma_{\mathrm{t},2}^{ij}$ 定义为

$$\gamma_{\mathrm{t},1}^{i}(\boldsymbol{t})=\mathrm{e}^{-\mathrm{j}\omega_{\mathrm{c}}^{i}R_{1}^{i}(\boldsymbol{t})/c}\sqrt{\frac{P_{\mathrm{erp}}^{i}(\boldsymbol{t})}{4\pi(R_{1}^{i}(\boldsymbol{t}))^{2}}} \tag{9.2}$$

$$\gamma_{\mathrm{t},2}^{ij}(\boldsymbol{t})=\alpha^{ij}\mathrm{e}^{\mathrm{j}(\theta^{j}-\omega_{\mathrm{c}}^{i}R_{2}^{j}(\boldsymbol{t})/c)}\sqrt{\frac{\lambda^{i^{2}}G_{\mathrm{e}}^{j}(\boldsymbol{t})}{(4\pi R_{2}^{j}(\boldsymbol{t}))^{2}}} \tag{9.3}$$

式中，$\omega_{\mathrm{c}}^{i}=2\pi f_{\mathrm{c}}^{i}$；$f_{\mathrm{c}}^{i}$ 为发射机信号载频；$R_{1}^{i}(\boldsymbol{t})=\left\|\boldsymbol{t}-\boldsymbol{d}^{i}\right\|$ 和 $R_{2}^{j}(t)=\left\|\boldsymbol{r}^{j}-\boldsymbol{t}\right\|$；$c$ 为光速；$P_{\mathrm{erp}}^{i}(\boldsymbol{t})$ 为第 i 个发射机在 $\boldsymbol{t}$ 方向的有效辐射功率；α^{ij} 是与第 ij 发射接收通道对应的目标双基地反射系数；θ^{j} 为第 j 个接收机的随机相位；$\lambda^{i}=c/f_{\mathrm{c}}^{i}$ 为第 i 个发射机发射信号的波长；$G_{\mathrm{e}}^{j}(\boldsymbol{t})$ 为阵列天线在 $\boldsymbol{t}$ 方向的增益。类似地，时延多普勒算子 D_{t}^{ij} 可以表示为与双基地目标路径的两段分别对应的两个酉线性算子的积 $D_{\mathrm{t}}^{ij}=D_{\mathrm{t},2}^{ij}D_{\mathrm{t},1}^{i}$，$D_{\mathrm{t},1}^{i}$ 和 $D_{\mathrm{t},2}^{ij}$ 分别为目标路径通道第 1 段和第 2 段对应的时延与多普勒频移。

令 $\boldsymbol{a}^{ij}(\boldsymbol{x})\in\mathbb{C}^{N_{\mathrm{e}}\times 1}$ 表示第 j 个接收机的第 i 个频带在 $\boldsymbol{x}$ 方向的空间指向矢量：

$$\boldsymbol{a}^{ij}(\boldsymbol{x})=\left[\mathrm{e}^{\mathrm{j}\vartheta_{1}^{ij}(x)}\mathrm{e}^{\mathrm{j}\vartheta_{2}^{ij}(x)}\cdots\mathrm{e}^{\mathrm{j}\vartheta_{N_{\mathrm{e}}}^{ij}(x)}\right]^{\mathrm{T}} \tag{9.4}$$

第 j 个接收机的第 i 个频带的所有 N_{e} 个阵元的时间序列矢量 $\boldsymbol{s}^{ij}=\left[(\boldsymbol{s}_{1}^{ij})^{\mathrm{T}}\cdots(\boldsymbol{s}_{N_{\mathrm{e}}}^{ij})^{\mathrm{T}}\right]^{\mathrm{T}}\in\mathbb{C}^{N_{\mathrm{e}}L\times 1}$ 可以表示为

$$\boldsymbol{s}^{ij}=\boldsymbol{M}_{t}^{ij}\boldsymbol{u}^{i}+\boldsymbol{n}^{ij} \tag{9.5}$$

式中，$\boldsymbol{n}^{ij}=\left[(\boldsymbol{n}_{1}^{ij})^{\mathrm{T}}\cdots(\boldsymbol{n}_{N_{\mathrm{e}}}^{ij})^{\mathrm{T}}\right]^{\mathrm{T}}\in\mathbb{C}^{N_{\mathrm{e}}L\times 1}$，矩阵 $\boldsymbol{M}_{t}^{ij}\in\mathbb{C}^{N_{\mathrm{e}}L\times 1}$ 定义为

$$\boldsymbol{M}_{t}^{ij}=\gamma_{t}^{ij}(\boldsymbol{a}_{t}^{ij}\otimes D_{t}^{ij}) \tag{9.6}$$

式中，$\boldsymbol{a}_{t}^{ij}=\boldsymbol{a}^{ij}(\boldsymbol{t})$，$\otimes$ 表示 Kronecker 积。

9.2　监视－监视检测统计量 SS-GLRT

假设待检测目标的位置速度在$(\boldsymbol{p},\dot{\boldsymbol{p}})$单元，即“检测单元”，$\boldsymbol{p},\dot{\boldsymbol{p}}$分别为辐射源的位置和速度矢量，对应的检测问题可以用二元备择假设检验来描述，即

$$\begin{aligned}\mathcal{H}_1 &: \boldsymbol{s}^{ij} = \boldsymbol{M}_{\mathrm{p}}^{ij}\boldsymbol{u}^{i} + \boldsymbol{n}^{ij}\\ \mathcal{H}_0 &: \boldsymbol{s}^{ij} = \boldsymbol{n}^{ij}\end{aligned} \tag{9.7}$$

式中，$i=1,\cdots,N_{\mathrm{t}}$；$j=1,\cdots,N_{\mathrm{r}}$；$\boldsymbol{M}_{\mathrm{p}}^{ij} \in \mathbb{C}^{N_{\mathrm{e}}L\times L}$定义为

$$\boldsymbol{M}_{\mathrm{p}}^{ij} = \gamma_{\mathrm{p}}^{ij}(\boldsymbol{a}_{\mathrm{p}}^{ij} \otimes D_{\mathrm{p}}^{ij}) \tag{9.8}$$

式中，γ_{p}^{ij}是假设目标位置为$\boldsymbol{P}$时目标路径通道的系数；$\boldsymbol{a}_{p}^{ij} = \boldsymbol{a}^{ij}(\boldsymbol{p})$；$D_{\mathrm{p}}^{ij} = D(\ell_{\mathrm{p}}^{ij}, \upsilon_{\mathrm{p}}^{ij})$；$\ell_{\mathrm{p}}^{ij}$是目标位置为$\boldsymbol{P}$时对应的双基地时延；$\upsilon_{\mathrm{p}}^{ij}$是与检测单元$(\boldsymbol{p},\dot{\boldsymbol{p}})$对应的多普勒频移。令$\boldsymbol{s}^{i}$是与第$i$个发射机对应的所有接收机量测序列，且假设$\boldsymbol{s}$是与所有发射机对应$\boldsymbol{s}^{i}$组成的集合，即

$$\boldsymbol{s}^{i} = \left[(\boldsymbol{s}^{i1})^{\mathrm{T}},\cdots,(\boldsymbol{s}^{iN_{\mathrm{r}}})^{\mathrm{T}}\right]^{\mathrm{T}} \in \mathbb{C}^{N_{\mathrm{r}}L\times 1} \tag{9.9}$$

$$\boldsymbol{s} = \left[(\boldsymbol{s}^{1})^{\mathrm{T}},\cdots,(\boldsymbol{s}^{N_{\mathrm{r}}})^{\mathrm{T}}\right]^{\mathrm{T}} \in \mathbb{C}^{N_{\mathrm{t}}N_{\mathrm{r}}L\times 1} \tag{9.10}$$

类似地，令$\boldsymbol{\gamma}_{\mathrm{p}}^{i}$为第$i$个发射机的矢量系数，$\boldsymbol{\gamma}_{\mathrm{p}}$为$\boldsymbol{\gamma}_{\mathrm{p}}^{i}$的集合，即

$$\boldsymbol{\gamma}_{\mathrm{p}}^{i} = \left[\gamma_{\mathrm{p}}^{il}\cdots\gamma_{\mathrm{p}}^{iN_{\mathrm{r}}}\right]^{\mathrm{T}} \in \mathbb{C}^{N_{\mathrm{r}}\times 1} \tag{9.11}$$

$$\boldsymbol{\gamma}_{\mathrm{p}} = \left[(\boldsymbol{\gamma}_{\mathrm{p}}^{1})^{\mathrm{T}}\cdots(\boldsymbol{\gamma}_{\mathrm{p}}^{N_{\mathrm{t}}})^{\mathrm{T}}\right]^{\mathrm{T}} \in \mathbb{C}^{N_{\mathrm{t}}N_{\mathrm{r}}\times 1} \tag{9.12}$$

最后，令$\boldsymbol{u} = \left[(\boldsymbol{u}^{1})^{\mathrm{T}},\cdots,(\boldsymbol{u}^{N_{\mathrm{t}}})^{\mathrm{T}}\right]^{\mathrm{T}} \in \mathbb{C}^{N_{\mathrm{t}}L\times 1}$。

由于接收机噪声与发射机通道无关，所以在$\mathcal{H}_1$假设下的条件概率密度$p_1(\boldsymbol{s}|\boldsymbol{\gamma}_{\mathrm{p}},\boldsymbol{u})$为

$$p_1(\boldsymbol{s}|\boldsymbol{\gamma}_{\mathrm{p}},\boldsymbol{u}) = \prod_{i=1}^{N_{\mathrm{t}}} p_1^{i}(\boldsymbol{s}^{i}|\boldsymbol{\gamma}_{\mathrm{p}}^{i},\boldsymbol{u}^{i}) \tag{9.13}$$

式中，

$$p_1^{i}(\boldsymbol{s}^{i}|\boldsymbol{\gamma}_{\mathrm{p}}^{i},\boldsymbol{u}^{i}) = \frac{1}{(\pi\sigma^2)^{N_{\mathrm{r}}L}}\exp\left\{-\frac{1}{\sigma^2}\sum_{j=1}^{N_{\mathrm{r}}}\left\|\boldsymbol{s}^{ij} - \boldsymbol{M}_{\mathrm{p}}^{ij}\boldsymbol{u}^{i}\right\|^2\right\} \tag{9.14}$$

类似地，在$\mathcal{H}_0$假设下的条件概率密度$p_0(\boldsymbol{s})$为

$$p_0(\boldsymbol{s}) = \frac{1}{(\pi\sigma^2)^{N_{\mathrm{t}}N_{\mathrm{r}}L}}\exp\left\{-\frac{1}{\sigma^2}\|\boldsymbol{s}\|^2\right\} \tag{9.15}$$

式中，发射信号$\boldsymbol{u}$和通道系数$\boldsymbol{\gamma}_{\mathrm{p}}$是确定性的未知参量。因此，$\mathcal{H}_1$是复合假设，因为$p_1(\boldsymbol{s}|\boldsymbol{\gamma}_{\mathrm{p}},\boldsymbol{u})$

是以发射信号 $\boldsymbol{u}$ 和通道系数 $\boldsymbol{\gamma}_{\mathrm{p}}$ 为参数的。因此，似然比检验中的未知参数用其最大似然估计（MLE）替换即可得到 GLRT。下面的推导参考了 Bialkowski 等在文献[4]中的方法，但是将一个发射机的情况推广到了多个发射机，将单通道接收机的情况拓展到了多通道阵列接收机。

令 $l_1(\boldsymbol{\gamma}_{\mathrm{p}},\boldsymbol{u}|\boldsymbol{s})=\lg p_1(\boldsymbol{s}|\boldsymbol{\gamma}_{\mathrm{p}},\boldsymbol{u})$ 为 $\mathcal{H}_1$ 假设下的对数似然函数。类似地，令 $l_0(\boldsymbol{s})=\lg p_0(\boldsymbol{s})$，则 GLRT 可以写为

$$\max_{\{\gamma_{\mathrm{p}},\boldsymbol{u}\}} l_1(\boldsymbol{\gamma}_{\mathrm{p}},\boldsymbol{u}|\boldsymbol{s})-l_0(\boldsymbol{s})\underset{\mathcal{H}_0}{\overset{\mathcal{H}_1}{\gtrless}}\kappa \tag{9.16}$$

式中，κ 由系统的虚警概率决定。利用式（9.13），可将 $l_1(\boldsymbol{\gamma}_{\mathrm{p}},\boldsymbol{u}|\boldsymbol{s})$ 写为

$$l_1(\boldsymbol{\gamma}_{\mathrm{p}},\boldsymbol{u}|s)=\sum_{i=1}^{N_{\mathrm{t}}} l_1^i(\boldsymbol{\gamma}_{\mathrm{p}}^i,\boldsymbol{u}^i|\boldsymbol{s}^i) \tag{9.17}$$

然后，利用式（9.14），并忽略常数和项，可得

$$l_1^i(\boldsymbol{\gamma}_{\mathrm{p}}^i,\boldsymbol{u}^i|\boldsymbol{s}^i)=-\frac{1}{\sigma^2}\sum_{j=1}^{N_{\mathrm{r}}}\left\|\boldsymbol{s}^{ij}-\boldsymbol{M}_{\mathrm{p}}^{ij}\boldsymbol{u}^i\right\|^2 \tag{9.18}$$

将式（9.18）代入式（9.6），得

$$l_1^i(\boldsymbol{\gamma}_{\mathrm{p}}^i,\boldsymbol{u}^i|\boldsymbol{s}^i)=-\frac{1}{\sigma^2}\sum_{j=1}^{N_r}\left\|\boldsymbol{s}^{ij}-\gamma^{ij}\left(\boldsymbol{a}_{\mathrm{p}}^{ij}\otimes D_{\mathrm{p}}^{ij}\right)\boldsymbol{u}^i\right\|^2 \tag{9.19}$$

利用式（9.19），γ_{p}^{ij} 的最大似然估计 $\hat{\gamma}_{\mathrm{p}}^{ij}$ 为

$$\hat{\gamma}_{\mathrm{p}}^{ij}=\frac{\left((\boldsymbol{a}_{\mathrm{p}}^{ij}\otimes D_{\mathrm{p}}^{ij})\boldsymbol{u}^i\right)^{\mathrm{H}}\boldsymbol{s}^{ij}}{\left\|(\boldsymbol{a}_{\mathrm{p}}^{ij}\otimes D_{\mathrm{p}}^{ij})\boldsymbol{u}^i\right\|^2} \tag{9.20}$$

化简得

$$\hat{\gamma}_{\mathrm{p}}^{ij}=\frac{\boldsymbol{u}^{i\,\mathrm{H}}\tilde{\boldsymbol{s}}_{\mathrm{s}}^{ij}}{\sqrt{N_{\mathrm{e}}}\left\|\boldsymbol{u}^i\right\|^2} \tag{9.21}$$

式中，

$$\tilde{\boldsymbol{s}}_{\mathrm{s}}^{ij}=(D_{\mathrm{p}}^{ij})^{\mathrm{H}}\boldsymbol{s}_{\mathrm{s}}^{ij} \tag{9.22}$$

且

$$\boldsymbol{s}_{\mathrm{s}}^{ij}=\frac{1}{\sqrt{N_{\mathrm{e}}}}\sum_{n=1}^{N_{\mathrm{e}}}\left[\boldsymbol{a}_{\mathrm{p}}^{ij}\right]_n^*\boldsymbol{s}_n^{ij} \tag{9.23}$$

式中，符号 $[\boldsymbol{x}]_n$ 为 $\boldsymbol{x}$ 的第 n 个元素；$\boldsymbol{s}_{\mathrm{s}}^{ij}$ 为第 j 个接收机在 $\boldsymbol{p}$ 方向形成的与第 i 个发射信号对应的监视波束；$\tilde{\boldsymbol{s}}_{\mathrm{s}}^{ij}$ 为检测单元 $(\boldsymbol{p},\dot{\boldsymbol{p}})$ 中补偿了双基地传播过程中引入的时延和多普勒频移后

的监视信号。将式（9.21）作为 γ_{p}^{ij} 的最大似然估计代入式（9.19），化简可得

$$l_1^i(\hat{\gamma}_{\mathrm{p}}^i, \boldsymbol{u}^i | \boldsymbol{s}^i) = -\frac{1}{\sigma^2}\left(\left\|\boldsymbol{s}^i\right\|^2 - \frac{\boldsymbol{u}^{i^{\mathrm{H}}}\boldsymbol{\Phi}_{\mathrm{s}}^i\boldsymbol{\Phi}_{\mathrm{s}}^{i^{\mathrm{H}}}\boldsymbol{u}^i}{\left\|\boldsymbol{u}^i\right\|^2}\right) \tag{9.24}$$

式中，$\boldsymbol{\Phi}_{\mathrm{s}}^i = [\tilde{\boldsymbol{s}}_{\mathrm{s}}^{i1}, \cdots, \tilde{\boldsymbol{s}}_{\mathrm{s}}^{iN_{\mathrm{r}}}] \in \mathbb{C}^{L\times N_{\mathrm{r}}}$。令 $\lambda_1(\cdot)$ 为矩阵 $\boldsymbol{\Phi}_{\mathrm{s}}^i$ 的最大特征值，$\boldsymbol{v}_1(\cdot)$ 为对应的特征向量。然后，当 $\boldsymbol{u} = \boldsymbol{v}_1(\boldsymbol{\Phi}_{\mathrm{s}}^i\boldsymbol{\Phi}_{\mathrm{s}}^{i^{\mathrm{H}}})$ 时，可得式（9.24）中的瑞利商的最大值为 $\lambda_1(\boldsymbol{\Phi}_{\mathrm{s}}^i\boldsymbol{\Phi}_{\mathrm{s}}^{i^{\mathrm{H}}})$ [3]。因此，$\hat{\boldsymbol{u}}^i = \boldsymbol{v}_1(\boldsymbol{\Phi}_{\mathrm{s}}^i\boldsymbol{\Phi}_{\mathrm{s}}^{i^{\mathrm{H}}})$，且

$$l_1^i\left(\hat{\gamma}_{\mathrm{p}}^i, \hat{\boldsymbol{u}}^i \middle| \boldsymbol{s}^i\right) = -\frac{1}{\sigma^2}\left(\left\|\boldsymbol{s}^i\right\|^2 - \lambda_1(\boldsymbol{\Phi}_{\mathrm{s}}^i\boldsymbol{\Phi}_{\mathrm{s}}^{i^{\mathrm{H}}})\right) \tag{9.25}$$

由于 $\lambda_1(\boldsymbol{\Phi}_{\mathrm{s}}^i\boldsymbol{\Phi}_{\mathrm{s}}^{i^{\mathrm{H}}}) = \lambda_1(\boldsymbol{\Phi}_{\mathrm{s}}^{i^{\mathrm{H}}}\boldsymbol{\Phi}_{\mathrm{s}}^i)$，$N_r \ll L$，利用 Gram 矩阵 $\boldsymbol{G}_{\mathrm{ss}}^i = (\boldsymbol{\Phi}_{\mathrm{s}}^i)^{\mathrm{H}}\boldsymbol{\Phi}_{\mathrm{s}}^i \in \mathbb{C}^{N_{\mathrm{r}}\times N_{\mathrm{r}}}$，得

$$l_1^i(\hat{\gamma}_{\mathrm{p}}^i, \hat{\boldsymbol{u}}^i | \boldsymbol{s}^i) = -\frac{1}{\sigma^2}\left(\left\|\boldsymbol{s}^i\right\|^2 - \lambda_1(\boldsymbol{G}_{\mathrm{ss}}^i)\right) \tag{9.26}$$

因此，利用式（9.17）和式（9.26），得

$$l_1(\hat{\gamma}_{\mathrm{p}}, \hat{\boldsymbol{u}} | \boldsymbol{s}) = -\frac{1}{\sigma^2}\left\|\boldsymbol{s}^i\right\|^2 + \left(\frac{1}{\sigma^2}\right)\sum_{i=1}^{N_{\mathrm{t}}}\lambda_1(\boldsymbol{G}_{\mathrm{ss}}^i) \tag{9.27}$$

类似地，在 $\mathcal{H}_0$ 假设下，有

$$l_0(\boldsymbol{s}) = -\frac{1}{\sigma^2}\left\|\boldsymbol{s}^i\right\|^2 \tag{9.28}$$

将式（9.27）和式（9.28）代入式（9.16），可得 GLRT 为

$$\xi_{\mathrm{ss}} = \frac{1}{\sigma^2}\sum_{i=1}^{N_{\mathrm{t}}}\lambda_1(\boldsymbol{G}_{\mathrm{ss}}^i) \underset{\mathcal{H}_0}{\overset{\mathcal{H}_1}{\gtrless}} \kappa \tag{9.29}$$

由于矩阵的元素 $\{\boldsymbol{G}_{\mathrm{ss}}^i : i = 1, \cdots, N_{\mathrm{t}}\}$ 是由时延多普勒补偿后的监视信号的内积组成的，所以式（9.29）中的检测统计量 ξ_{ss} 被称为监视—监视广义似然比（Surveillance Surveillance-GLRT，SS-GLRT）。

9.3　检测统计量 ξ_{ss} 的概率分布

本节将在假设 $\mathcal{H}_1$ 和 $\mathcal{H}_0$ 下，推导出式（9.29）中的检测统计量 ξ_{ss} 的概率密度函数。分别考虑检测单元 $(\boldsymbol{p}, \dot{\boldsymbol{p}})$ 中有目标和没目标时的情况，$\boldsymbol{p}, \dot{\boldsymbol{p}}$ 分别为辐射源的位置和运动速度。这时，式（9.22）对应的监视信号 $\tilde{\boldsymbol{s}}_{\mathrm{s}}^{ij}$ 为

$$\tilde{\boldsymbol{s}}_{\mathrm{s}}^{ij} = b_1\mu_{\mathrm{s}}^{ij}\boldsymbol{u}^i + \tilde{\boldsymbol{n}}_{\mathrm{s}}^{ij} \tag{9.30}$$

式中，$\mu_{\mathrm{s}}^{ij} = \gamma_{\mathrm{p}}^{ij}\sqrt{N_{\mathrm{e}}}$；在 $\mathcal{H}_1$ 和 $\mathcal{H}_0$ 假设下，b_1 分别为 1 和 0；$\boldsymbol{n}_{\mathrm{s}}^{ij} \sim CN(\boldsymbol{0}_L, \sigma^2\boldsymbol{I}_L)$，注意 μ_{s}^{ij} 是通道系数 γ^{ij} 与波束形成增益 $\sqrt{N_{\mathrm{e}}}$ 的积。因此，$\tilde{\boldsymbol{s}}_{\mathrm{s}}^{ij}$ 的分布为

$$\tilde{s}_{\mathrm{s}}^{ij} \sim CN(b_1\mu_{\mathrm{s}}^{ij}\boldsymbol{u}^i, \sigma^2 I_L) \tag{9.31}$$

记 $\xi_{\mathrm{ss}} = \sum_{i=1}^{N_{\mathrm{t}}} \xi_{\mathrm{ss}}^i$，其中，

$$\xi_{\mathrm{ss}}^i = \lambda_1\left(\frac{1}{\sigma^2}\boldsymbol{G}_{\mathrm{ss}}^i\right) \tag{9.32}$$

由于在不同的发射信道之间，接收机噪声是相互独立的，因此 ξ_{ss} 的概率密度函数为

$$p_{\xi_{\mathrm{ss}}}(\xi) = \left[p_{\xi_{\mathrm{ss}}}^1 * p_{\xi_{\mathrm{ss}}}^2 * \cdots * p_{\xi_{\mathrm{ss}}}^{N_{\mathrm{t}}}\right](\xi) \tag{9.33}$$

式中，$*$ 表示卷积；$p_{\xi_{\mathrm{ss}}}^i(\xi)$ 为 ξ_{ss}^i 的概率密度函数。因此，问题就变为在两种假设下推导 $p_{\xi_{\mathrm{ss}}}^i(\xi)$ 的过程。

9.3.1 备择假设

利用式（9.30），在 $\mathcal{H}_1$ 假设下，$\boldsymbol{G}_{\mathrm{ss}}^i$ 为

$$\boldsymbol{G}_{\mathrm{ss}}^i = \begin{bmatrix} (\mu_{\mathrm{s}}^{i1}\boldsymbol{u}^i + \tilde{\boldsymbol{n}}_{\mathrm{s}}^{i1})^{\mathrm{H}} \\ \vdots \\ (\mu_{\mathrm{s}}^{iN_{\mathrm{r}}}\boldsymbol{u}^i + \tilde{\boldsymbol{n}}_{\mathrm{s}}^{iN_{\mathrm{r}}})^{\mathrm{H}} \end{bmatrix} \begin{bmatrix} \mu_{\mathrm{s}}^{i1}\boldsymbol{u}^i + \tilde{\boldsymbol{n}}_{\mathrm{s}}^{i1} & \cdots & \mu_{\mathrm{s}}^{iN_{\mathrm{r}}}\boldsymbol{u}^i + \tilde{\boldsymbol{n}}_{\mathrm{s}}^{iN_{\mathrm{r}}} \end{bmatrix} \tag{9.34}$$

$$= \underbrace{(\boldsymbol{u}^i(\boldsymbol{\mu}_{\mathrm{s}}^i)^{\mathrm{T}} + \tilde{\boldsymbol{N}}_{\mathrm{s}}^i)^{\mathrm{H}}}_{=(\boldsymbol{\Phi}_{\mathrm{s}}^i)^{\mathrm{H}}} \underbrace{(\boldsymbol{u}^i(\boldsymbol{\mu}_{\mathrm{s}}^i)^{\mathrm{T}} + \tilde{\boldsymbol{N}}_{\mathrm{s}}^i)}_{=\boldsymbol{\Phi}_{\mathrm{s}}^i} \tag{9.35}$$

式中，$\boldsymbol{\mu}_{\mathrm{s}}^i = \left[\mu_{\mathrm{s}}^{i1},\cdots,\mu_{\mathrm{s}}^{iN_{\mathrm{r}}}\right]^{\mathrm{T}}$；$\tilde{\boldsymbol{N}}_{\mathrm{s}}^i = \left[\boldsymbol{n}_{\mathrm{s}}^{i1},\cdots,\boldsymbol{n}_{\mathrm{s}}^{iN_r}\right]$。因此，$(\boldsymbol{\Phi}_{\mathrm{s}}^i)^{\mathrm{H}}$ 的列是 N_{r} 元独立复高斯向量，其第 k 列的分布为 $CN((\boldsymbol{\mu}_{\mathrm{s}}^i)^*[\boldsymbol{\mu}^i]_k^*, \sigma^2\boldsymbol{I}_{N_{\mathrm{r}}})$。因此，$\boldsymbol{G}_{\mathrm{ss}}^i$ 为非中心不相关复 Wishart 矩阵[10, 11]，记为 $\boldsymbol{G}_{\mathrm{ss}}^i \sim \boldsymbol{W}_{N_{\mathrm{r}}}(L, \boldsymbol{\Sigma}^i, \boldsymbol{\Omega}^i)$，$\boldsymbol{\Sigma}^i = \sigma^2\boldsymbol{I}_{N_{\mathrm{r}}}$ 为列 $(\boldsymbol{\Phi}_{\mathrm{s}}^i)^{\mathrm{H}}$ 的协方差矩阵，且

$$\boldsymbol{\Omega}^i \triangleq (\boldsymbol{\Sigma}^i)^{-1}\mathrm{E}\{(\boldsymbol{\Phi}_{\mathrm{s}}^i)^{\mathrm{H}}\}\mathrm{E}\{\boldsymbol{\Phi}_{\mathrm{s}}^i\} = \left(\frac{L\left\|\boldsymbol{\mu}_{\mathrm{s}}^i\right\|^2}{\sigma^2}\right)(\hat{\boldsymbol{\mu}}_{\mathrm{s}}^i)^*(\hat{\boldsymbol{\mu}}_{\mathrm{s}}^i)^{\mathrm{T}} \tag{9.36}$$

秩 1 非中心矩阵的非零特征值 ξ_{ss}^i 为

$$\xi_{\mathrm{ss}}^i = \frac{L\left\|\boldsymbol{\mu}_{\mathrm{s}}^i\right\|^2}{\sigma^2} \tag{9.37}$$

特征向量为 $(\hat{\boldsymbol{\mu}}_{\mathrm{s}}^i)^* = (\boldsymbol{\mu}_{\mathrm{s}}^i)^* \big/ \left\|(\hat{\boldsymbol{\mu}}_{\mathrm{s}}^i)^*\right\|$。

一般情况下，对于矩阵 $\boldsymbol{\Sigma}^{-1}\boldsymbol{X}$（$\boldsymbol{X} \sim \boldsymbol{W}_{\mathrm{s}}(t, \boldsymbol{\Sigma}, \boldsymbol{\Omega})$），秩 1 非中心矩阵 $\boldsymbol{\Omega}$ 的最大特征值 ϕ 的概率密度函数为[12]

$$f_1(\phi; s, t, \zeta) = \frac{\mathrm{e}^{-\zeta}\left|\boldsymbol{\Psi}(\phi)\right|\mathrm{tr}(\boldsymbol{\Psi}^{-1}(\phi)\boldsymbol{\Phi}(\phi))U(\phi)\Big|}{\Gamma(t-s+1)\Pi_{k=1}^{s-1}\Gamma(t-k)\Gamma(s-k)} \tag{9.38}$$

式中，ζ 是 $\boldsymbol{\Omega}$ 的最大特征值；$\Gamma(\cdot)$ 是伽马函数；$\mathrm{tr}(\cdot)$ 为矩阵的迹；$|\cdot|$ 为行列式；$U(\cdot)$ 为单位步进函数；$\boldsymbol{\Phi}(\phi)$ 为 $s\times s$ 矩阵，其元素为

$$[\boldsymbol{\Phi}(\phi)]_{m,n}=\begin{cases}\phi^{t-m}\mathrm{e}^{-\phi}\ {}_0\mathrm{F}_1(t-s+1;\zeta\phi), & n=1\\ \phi^{t+s-m-n}\mathrm{e}^{-\phi}, & n>1\end{cases} \tag{9.39}$$

式中，${}_0\mathrm{F}_1(\cdot;\cdot)$ 是广义超几何函数 ${}_p\mathrm{F}_q(a_1,\cdots,a_p;b_1,\cdots,b_q;z)$ 的一种[9]，$\boldsymbol{\Psi}(\phi)$ 为 $s\times s$ 维矩阵，其元素为

$$[\boldsymbol{\Psi}(\phi)]_{m,n}=\begin{cases}\int_0^{\phi}y^{t-m}\mathrm{e}^{-y}\ {}_0\mathrm{F}_1(t-s+1;\zeta y)\mathrm{d}y, & n=1\\ \gamma(t+s-m-n+1,\phi), & n>1\end{cases} \tag{9.40}$$

式中，$\gamma(\cdot,\cdot)$ 为不完全伽马函数。因此，在 $\mathcal{H}_1$ 假设下 ξ_{ss}^i 的概率密度函数为

$$p_{\xi_{\mathrm{ss}}}^i(\xi;\mathcal{H}_1)=f_1(\xi;N_{\mathrm{r}},L,\zeta_{\xi_{\mathrm{ss}}}^i) \tag{9.41}$$

9.3.2　零假设

在 $\mathcal{H}_0$ 假设下，式（9.35）中的 $\boldsymbol{G}_{\mathrm{ss}}^i$ 退化为

$$\boldsymbol{G}_{\mathrm{ss}}^i=(\tilde{\boldsymbol{N}}_{\mathrm{s}}^i)^{\mathrm{H}}\tilde{\boldsymbol{N}}_{\mathrm{s}}^i \tag{9.42}$$

中心不相关复 Wishart 矩阵记为 $\boldsymbol{G}_{\mathrm{ss}}^i\sim\boldsymbol{W}_{N_{\mathrm{r}}}(L,\boldsymbol{\Sigma}^i)$，$\boldsymbol{\Sigma}^i=\sigma^2\boldsymbol{I}_{N_{\mathrm{r}}}$。一般情况下，矩阵 $\boldsymbol{\Sigma}^{-1}\boldsymbol{X}$（$\boldsymbol{X}\sim\boldsymbol{W}_{\mathrm{s}}(t,\boldsymbol{\Sigma})$）的最大特征值 ϕ 的概率密度函数为[11]

$$f_0(\phi;s,t)=\frac{|\boldsymbol{\Psi}_{\mathrm{c}}(\phi)|\mathrm{tr}(\boldsymbol{\Psi}_{\mathrm{c}}^{-1}(\phi)\boldsymbol{\Phi}_{\mathrm{c}}(\phi))U(\phi)}{\Pi_{k=1}^{s}\Gamma(t-k+1)\Gamma(s-k+1)} \tag{9.43}$$

式中，$\boldsymbol{\Psi}_{\mathrm{c}}(\phi)$ 和 $\boldsymbol{\Phi}_{\mathrm{c}}(\phi)$ 为 $s\times s$ 维矩阵，其元素分别为

$$[\boldsymbol{\Psi}_{\mathrm{c}}(\phi)]_{m,n}=\gamma(t+s-m-n+1,\phi) \tag{9.44}$$

$$[\boldsymbol{\Phi}_{\mathrm{c}}(\phi)]_{m,n}=\phi^{t+s-m-n}\mathrm{e}^{-\phi} \tag{9.45}$$

因此，在 $\mathcal{H}_0$ 假设下 ξ_{ss}^i 的概率密度函数为

$$p_{\xi_{\mathrm{ss}}}^i(\xi;\mathcal{H}_0)=f_0(\xi;N_{\mathrm{r}},L) \tag{9.46}$$

9.3.3　与 SNR 的关系

在式（9.41）中，$p_{\xi_{\mathrm{ss}}}^i(\xi;\mathcal{H}_1)$ 仅通过接收信号长度 L 和式（9.37）中的非中心参数 ζ_{ss}^i 与发射信号 $\boldsymbol{u}^i$ 和通道系数 $\gamma^i=\boldsymbol{\mu}_{\mathrm{s}}^i/\sqrt{N_{\mathrm{e}}}$ 有关，也可表示为

$$\zeta_{\mathrm{ss}}^i=LN_{\mathrm{r}}\mathrm{SNR}_{\mathrm{avg}}^i \tag{9.47}$$

式中，

$$\mathrm{SNR}_{\mathrm{avg}}^{i} = \left\|\boldsymbol{\mu}_{\mathrm{s}}^{i}\right\|^{2} \Big/ (N_{\mathrm{r}}\sigma^{2}) \tag{9.48}$$

是监视通道形成后与第 i 个发射机对应的平均输入信噪比。因此，$p_{\xi_{\mathrm{ss}}}(\xi;\mathcal{H}_1)$ 的概率密度函数是不同发射机间单个 $p_{\xi_{\mathrm{ss}}}^{i}(\xi;\mathcal{H}_1)$ 的卷积，是 $N_{\mathrm{t}}, N_{\mathrm{r}}, L, \{\mathrm{SNR}_{\mathrm{avg}}^{i}\}$ 的函数，而且检测性能与发射波形 $\{\boldsymbol{u}^{i}\}$ 的具体形式无关，但是与其信号能量和长度有关。此外，也与每个接收机通道的具体输入信噪比无关，而与每个发射机信号在所有接收机上的平均信噪比有关。

9.4 讨论

本节讨论多基地 PCL 和 PSL 传感器网络间的关系。PSL 传感器网络是由位于不同地理位置的多个接收机组成的，通过截获和处理目标辐射信号来实现对目标的检测和定位。图 9.3 给出了由 3 个接收机组成的无源定位传感器网络。与图 9.1 比较发现，如果 PCL 传感器网络没有直达波信号，那么 PCL 退化为 PSL。实际中，式（9.1）所示接收信号中的 $\boldsymbol{s}_n^{ij}$ 可以用通道系数和图 9.2 中的目标路径通道中每段的时延多普勒算子来表示，即

$$\boldsymbol{s}_n^{ij} = \gamma_{\mathrm{t},1}^{i}\gamma_{\mathrm{t},2}^{ij}\mathrm{e}^{\mathrm{j}\vartheta_n^{ij}(t)}D_{\mathrm{t},2}^{ij}D_{\mathrm{t},1}^{i}\boldsymbol{u}^{i} + \boldsymbol{n}_n^{ij} \tag{9.49}$$

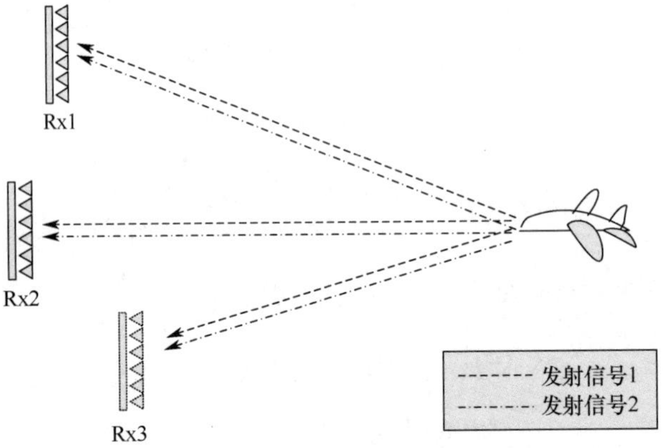

图 9.3 由 3 个接收机组成的无源定位传感器网络

并且可以化简为

$$\boldsymbol{s}_n^{ij} = \gamma_{\mathrm{t},2}^{ij}\mathrm{e}^{\mathrm{j}\vartheta_n^{ij}(t)}D_{\mathrm{t},2}^{ij}\tilde{\boldsymbol{u}}^{i} + \boldsymbol{n}_n^{ij} \tag{9.50}$$

式中，$\tilde{\boldsymbol{u}}^{i} = \gamma_{\mathrm{t},1}^{ij}D_{\mathrm{t},1}^{ij}\boldsymbol{u}^{i}$。式（9.50）表明，在 PCL 中截获的信号 $\boldsymbol{s}_n^{ij}$ 与发射机运动状态为 $(\boldsymbol{t},\dot{\boldsymbol{t}})$ 时辐射的信号 $\tilde{\boldsymbol{u}}^{i}$ 是等价的。图 9.4 中显示了无参考信号时 PCL 变为无源定位传感器 PSL 网络，目标路径的第 1 段用来自目标的辐射 $\tilde{\boldsymbol{u}}^{i}$ 代替。$\tilde{\boldsymbol{u}}^{i}$ 表示从位于 $(\boldsymbol{d},\dot{\boldsymbol{d}})$ 的发射机到位于 $(\boldsymbol{t},\dot{\boldsymbol{t}})$ 接收机的单程传播，经时延多普勒补偿后的目标入射信号。在多基地几何地理配置中，不同双基地发射接收对对应的双基地反射系数 α^{ij} 也不同。根据式（9.3），α^{ij} 可以集成到通道系数 $\gamma_{\mathrm{t},2}^{ij}$

中。因为目标在散射过程将入射信号“辐射”出去，反射系数 α^{ij} 可以理解为第 j 个接收机方向的“天线增益”。

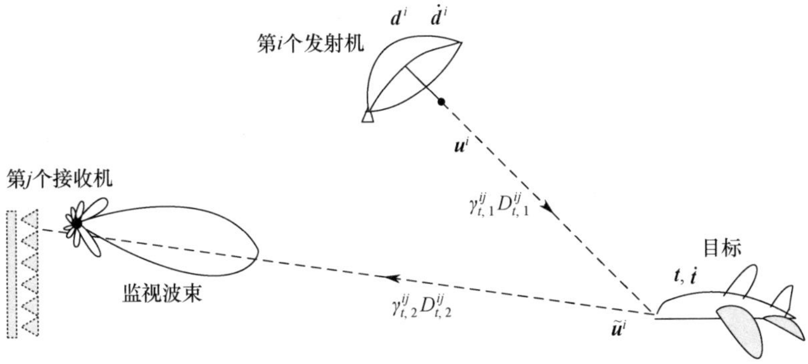

图 9.4　无参考信号时 PCL 变为无源定位传感器 PSL 网络

这样，在多基地 PCL 网络中，当缺少直达波参考时，目标检测就不需要知道发射机的状态 $\{(\boldsymbol{d}^i,\dot{\boldsymbol{d}}^i)\}$。通过分析 $\boldsymbol{G}_{\mathrm{ss}}^i$ 的第 jk 个元素也可以发现这一点。令 $D_p^{ij}=D_{p,2}^{ij}D_{p,1}^i$，$D_{p,1}^i$ 和 $D_{p,2}^{ij}$ 分别表示相对于第 i 个发射机和第 j 个接收机，当目标状态为 $(\boldsymbol{p},\dot{\boldsymbol{p}})$ 时，信号传播路径中第 1 段和第 2 段的时延－多普勒算子，则

$$[\boldsymbol{G}_{\mathrm{ss}}^i]_{jk}=\tilde{\boldsymbol{s}}_{\mathrm{s}}^{ij^{\mathrm{H}}}\tilde{\boldsymbol{s}}_{\mathrm{s}}^{ik} \tag{9.51}$$

$$=(D_{\mathrm{p}}^{ij^{\mathrm{H}}}\boldsymbol{s}_{\mathrm{s}}^{ij})^{\mathrm{H}}(D_{\mathrm{p}}^{ik^{\mathrm{H}}}\boldsymbol{s}_{\mathrm{s}}^{ik}) \tag{9.52}$$

$$=\boldsymbol{s}_{\mathrm{s}}^{ij^{\mathrm{H}}}D_{\mathrm{p},2}^{ij}D_{\mathrm{p},1}^{i}D_{\mathrm{p},1}^{i^{\mathrm{H}}}D_{\mathrm{p},2}^{ik^{\mathrm{H}}}\boldsymbol{s}_{\mathrm{s}}^{ik} \tag{9.53}$$

$$=(D_{\mathrm{p},2}^{ij^{\mathrm{H}}}\boldsymbol{s}_{\mathrm{s}}^{ij})^{\mathrm{H}}(D_{\mathrm{p},2}^{ik^{\mathrm{H}}}\boldsymbol{s}_{\mathrm{s}}^{ik}) \tag{9.54}$$

因此，$\tilde{\boldsymbol{s}}_{\mathrm{s}}^{ij}$ 可以等价限定为只考虑相对于 $(\boldsymbol{p},\dot{\boldsymbol{p}})$ 的单程时延多普勒补偿：

$$\tilde{\boldsymbol{s}}_{\mathrm{s}}^{ij}=D_{\mathrm{p},2}^{ij^{\mathrm{H}}}\boldsymbol{s}_{\mathrm{s}}^{ij} \tag{9.55}$$

计算 $[\boldsymbol{G}_{\mathrm{ss}}^i]_{jk}$ 时，取消了针对第 1 段发射机到目标的任意时延多普勒补偿。Wang 和 Yazici 在计算其统计量时，使用了同样的观测[5]。利用单通道接收机（$N_{\mathrm{e}}=1$），目标辐射在单个发射通道（$N_{\mathrm{t}}=1$）时，GLRT 统计量 ξ_{ss} 退化为 Vankayalapati 和 Kay 在 PSL 目标检测中推导的统计量[6]，这时使用式（9.55）表示 $\tilde{\boldsymbol{s}}_{\mathrm{s}}^{ij}$。这就证明在缺少直达波参考信号的条件下，PSL 和 PCL 是等价的。

此外，通过分析新提出的检测器的模糊特性，也可以进一步阐释两者是等价的，即通过分析 ξ_{ss} 在假设检测单元 $(\boldsymbol{p},\dot{\boldsymbol{p}})$ 和目标真实状态 $(\boldsymbol{t},\dot{\boldsymbol{t}})$ 间的失配变化情况。若 $\boldsymbol{t}$ 与 $\boldsymbol{p}$ 之间存在失配，则目标的到达角和假设的目标到达角可能失配，导致失配损耗。此时，式（9.23）中的监视信号 $\boldsymbol{s}_{\mathrm{s}}^{ij}$ 可以表示为

$$\boldsymbol{s}_{\mathrm{s}}^{ij}=\tilde{\mu}_{\mathrm{s}}^{ij}D_{\mathrm{t}}^{ij}\boldsymbol{u}^i+\boldsymbol{n}_{\mathrm{s}}^{ij} \tag{9.56}$$

式中，$\tilde{\mu}_{\mathrm{s}}^{ij}=\beta_{\mathrm{pt}}^{ij}\mu_{\mathrm{s}}^{ij}$；$\beta_{\mathrm{pt}}^{ij}=(a_{\mathrm{p}}^{ij})^{\mathrm{H}}a_{\mathrm{t}}^{ij}/N_{\mathrm{e}}$，可用于量化角度失配损耗。$\left|\beta_{\mathrm{pt}}^{ij}\right|\leqslant 1$，当且仅当$\left|\beta_{\mathrm{pt}}^{ij}\right|=1$时，$\boldsymbol{a}_{\mathrm{p}}^{ij}=\boldsymbol{a}_{\mathrm{t}}^{ij}$，即相对于第 j 个接收机 $\boldsymbol{t}$ 与 $\boldsymbol{p}$ 在相同的方向。将式（9.56）代入式（9.54），忽略接收机噪声，得

$$[\boldsymbol{G}_{\mathrm{ss}}^{i}]_{jk}=\tilde{\mu}_{\mathrm{s}}^{ij^*}\tilde{\mu}_{\mathrm{s}}^{ik}\boldsymbol{u}^{i^{\mathrm{H}}}D_{\mathrm{t}}^{ij^{\mathrm{H}}}D_{\mathrm{p},2}^{ij}D_{\mathrm{p},2}^{ik^{\mathrm{H}}}D_{t}^{ik}\boldsymbol{u}^{i} \tag{9.57}$$

式中，$D_{\mathrm{t}}^{ij}=D(\ell_{\mathrm{t}}^{ij},\upsilon_{\mathrm{t}}^{ij})$；$\ell_{\mathrm{t}}^{ij}$ 是以采样间隔为单位的目标路径传播时延；$\upsilon_{\mathrm{t}}^{ij}$ 是目标路径信号每个采样的多普勒频移。类似地，$D_{\mathrm{p},2}^{ij}=D(\ell_{\mathrm{p},2}^{ij},\upsilon_{\mathrm{p},2}^{ij})$，$\ell_{\mathrm{p},2}^{ij}$ 是目标假设状态到第 j 个接收机间的直达波时延。因此，化简后，式（9.57）可表示为

$$[\boldsymbol{G}_{\mathrm{ss}}^{i}]_{jk}=\tilde{\mu}_{\mathrm{s}}^{ij^*}\tilde{\mu}_{\mathrm{s}}^{ik}\boldsymbol{u}^{i^{\mathrm{H}}}D(\Delta\ell_{\mathrm{p}}^{jk}-\Delta\ell_{\mathrm{t}}^{jk},\Delta\upsilon_{\mathrm{p}}^{jk}-\Delta\upsilon_{\mathrm{t}}^{jk})\boldsymbol{u}^{i} \tag{9.58}$$

$$=\tilde{\mu}_{\mathrm{s}}^{ij^*}\tilde{\mu}_{\mathrm{s}}^{ik}\chi^{i}(\Delta\ell_{\mathrm{p}}^{jk}-\Delta\ell_{\mathrm{t}}^{jk},\Delta\upsilon_{\mathrm{p}}^{i,jk}-\Delta\upsilon_{\mathrm{t}}^{i,jk}) \tag{9.59}$$

式中，$\Delta\ell_{\mathrm{p}}^{jk}$ 和 $\Delta\ell_{\mathrm{t}}^{jk}$ 分别为假设和实际目标信号到达第 j 个和第 k 个接收机的到达时差，即

$$\Delta\ell_{\mathrm{p}}^{jk}=\ell_{\mathrm{p},2}^{j}-\ell_{\mathrm{p},2}^{k} \tag{9.60}$$

$$\Delta\ell_{\mathrm{t}}^{jk}=\ell_{\mathrm{t}}^{j}-\ell_{\mathrm{t}}^{k} \tag{9.61}$$

$\Delta\upsilon_{\mathrm{p}}^{i,jk}$ 和 $\Delta\upsilon_{\mathrm{t}}^{i,jk}$ 分别为相对于第 i 个发射机，假设目标信号和实际目标信号到达第 j 个和第 k 个接收机的到达频差，即

$$\Delta\upsilon_{\mathrm{p}}^{i,jk}=\upsilon_{\mathrm{p},2}^{ij}-\upsilon_{\mathrm{p},2}^{ik} \tag{9.62}$$

$$\Delta\upsilon_{\mathrm{t}}^{i,jk}=\upsilon_{\mathrm{t}}^{ij}-\upsilon_{\mathrm{t}}^{ik} \tag{9.63}$$

令 $\chi^{i}(\Delta\ell,\Delta\upsilon)$ 为 $\boldsymbol{u}^{i}$ 的模糊函数，即

$$\chi^{i}(\Delta\ell,\Delta\upsilon)=\sum_{l=0}^{L-1}[\boldsymbol{u}^{i}]_{l}[\boldsymbol{u}^{i}]_{l+\Delta\ell}^{*}\mathrm{e}^{\mathrm{j}\Delta\upsilon l} \tag{9.64}$$

注意 $\chi^{i}(\Delta\ell,\Delta\upsilon)$ 的参数为零时，出现峰值，导致 TDOA（Time Difference of Arrival）相等和 FDOA（Frequency Difference of Arrival）相等的情况，即

$$\Delta\ell_{\mathrm{p}}^{jk}=\Delta\ell_{\mathrm{t}}^{jk} \tag{9.65}$$

$$\Delta\upsilon_{\mathrm{p}}^{i,jk}=\Delta\upsilon_{\mathrm{t}}^{i,jk} \tag{9.66}$$

总之，当假设目标的 TDOA 与实际目标的 TDOA 相等及假设的 FDOA 与实际目标的 FDOA 相等时，$[\boldsymbol{G}_{\mathrm{ss}}^{i}]_{jk}$ 出现峰值。这是分布式 PSL 的经典结论，PSL 中就是沿着 TDOA 和 FDOA 的等值线来实现目标定位的[1, 2]。

前面的分析只考虑了元素$[\boldsymbol{G}_{\mathrm{ss}}^{i}]$，并没有明确说明这些元素是如何影响$[\boldsymbol{G}_{\mathrm{ss}}^{i}]$的最大特征值的。9.5.2 节的仿真将验证 ξ_{ss} 的模糊特性，它是所有特征值的函数，可以通过 TDOA 和 FDOA 的等值线来解释。

9.5　仿真分析

本节通过数值仿真的方法，阐释所提出的检测器的检测性能和模糊性能，同时讨论 9.3 节给出的多种分布的计算问题。

9.5.1　检测性能

本节阐述检测性能随 $\mathrm{SNR}_{\mathrm{avg}}^{i}$ 和系统参数 $N_{\mathrm{t}}, N_{\mathrm{r}}, L$ 的变化。在 9.3.3 节中，ξ_{ss} 的分布是前述 4 个参数的函数，也就是说，这四个参数将决定检测性能。下面首先讨论 $N_{\mathrm{t}}, N_{\mathrm{r}}$ 对检测性能的影响，然后讨论 L 的影响。

9.5.2　发射机和接收机数量对检测性能的影响

图 9.5 中显示了每个接收信号都有 $L=100$ 个采样，发射机和接收机数量都发生变化时，检测概率曲线随 $\mathrm{SNR}_{\mathrm{avg}}^{i}$ 的变化情况。$\mathrm{SNR}_{\mathrm{avg}}^{i}$ 描述的是监视通道形成后的平均输入 SNR，因为并没有包括处理增益，所以可以认为是平均输入信噪比。相反，有源雷达的检测性能通常用输出信噪比来衡量，是包含处理增益的。在此，选择平均输入 SNR 而非输出 SNR 的原因是，相对于有源雷达处理，PCL 系统 SS-GLRT 处理得到处理增益的概念不好定义。特别是，SS-GLRT 统计量不能分成信号和噪声项，因此难以计算其功率比。图 9.5 给出了每对发射机和接收机配置对应的预测和仿真 P_{d} 曲线。预测曲线是通过 9.3 节的分布计算得到的。在 $\mathcal{H}_0$ 条件下，通过 10^5 次试验得到的仿真曲线确定虚警概率为 10^{-3} 对应的检测门限，然后用 5×10^4 次试验确定每个 $\mathrm{SNR}_{\mathrm{avg}}^{i}$ 对应的检测概率 P_{d}。为方便起见，假设不同发射机间的 $\mathrm{SNR}_{\mathrm{avg}}^{i}$ 相等，即 $\mathrm{SNR}_{\mathrm{avg}}^{i}=\mathrm{SNR}_{\mathrm{avg}}\forall i$，通道系数 $\{\boldsymbol{\mu}_{\mathrm{s}}^{i}: i=1,\cdots,N_{\mathrm{t}}\}$ 的选择是随机的，并按比例放大，以获得相对于固定噪声功率 $\sigma^2=10^{-6}$ 所需的 $\mathrm{SNR}_{\mathrm{avg}}^{i}$。发射信号 $\{\boldsymbol{u}^{i}: i=1,\cdots,N_{\mathrm{t}}\}$ 也是根据 $\boldsymbol{u}^{i}=\exp\{\mathrm{j}\boldsymbol{\theta}^{i}\}$ 随机产生的，其中 $\boldsymbol{\theta}^{i}\in\mathbb{R}^{L\times1}$ 是在区间 $[0,2\pi]$ 上服从均匀分布的独立随机相位矢量。因此，$\left\|\boldsymbol{u}^{i}\right\|^2=L$。这与 9.3 节中得出的检测性能与 $\boldsymbol{u}^{i}$ 和 $\boldsymbol{\mu}_{\mathrm{s}}^{i}$ 的具体值无关，而只与各自的能量有关的结论一致。

在所有情况下，预测结果和仿真结果都是一致的，于是证明了 9.3 节的分布是正确的。此外，检测性能随 $\mathrm{SNR}_{\mathrm{avg}}^{i}$ 和系统参数 $N_{\mathrm{t}}, N_{\mathrm{r}}$ 的增加而单调增加。相比于发射机数量的增加对检测性能的影响，接收机数量的增加对检测性能灵敏度的改善更加明显。特别是，检测性能并不单独依赖双基地对的数量。实际中，对于给定的双基地对数，检测性能将随着接收机数量的增加而改善。例如，考虑 $(N_{\mathrm{t}}, N_{\mathrm{r}})=(2,3)$ 和 $(N_{\mathrm{t}}, N_{\mathrm{r}})=(1,6)$ 的结果，虽然两种配置下都有 $N_{\mathrm{t}}N_{\mathrm{r}}=6$ 对双基地对，但是 $(N_{\mathrm{t}}, N_{\mathrm{r}})=(1,6)$ 时的检测性能明显更优。对于 $(N_{\mathrm{t}}, N_{\mathrm{r}})=(4,3)$ 和

$(N_\mathrm{t},N_\mathrm{r})=(2,6)$ 的结果，上述结论也成立，$(N_\mathrm{t},N_\mathrm{r})=(2,6)$ 时的检测性能明显更优。相比之下，分布式有源多基地雷达的检测性能只与系统中的双基地对的总数有关。这种发射机和接收机之间的不对称也可通过具有相同数量的独立 TDOAs/FDOAs 来验证。这可以通过图 9.6 来解释，图 9.6 在图 9.5 的基础上，额外增加了不同情况下的检测概率 P_d 曲线。考虑 $(N_\mathrm{t},N_\mathrm{r})=(4,2)$ 和 $(N_\mathrm{t},N_\mathrm{r})=(1,5)$ 的结果，虽然两种配置下独立的 TDOAs/FDOAs 量测数都是 $N_\mathrm{t}(N_\mathrm{r}-1)=4$，但是 $(N_\mathrm{t},N_\mathrm{r})=(1,5)$ 显示的检测性能还是要略优一些。

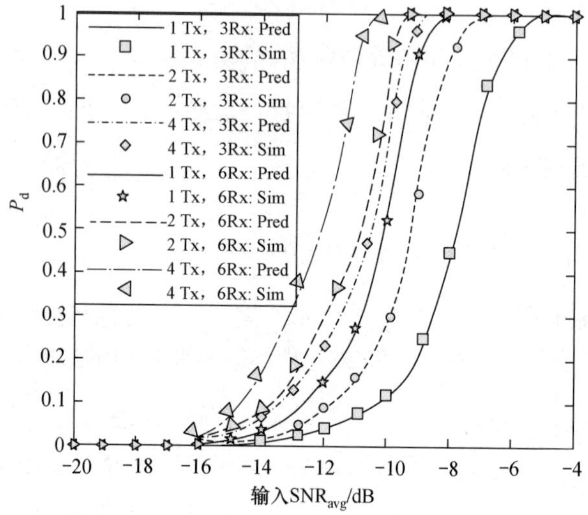

图 9.5 每对发射机和接收机配置对应的预测和仿真 P_d 曲线

虽然导致这种不对称的具体原因未知，但可由发射机数量的增加对系统引入更多发射信号的形式未知及更多的冗余参数来解释。相反，增加接收机的数量可以对同一个未知的发射信号提供更多的观测，使得在计算 SS-GLRT 统计量时，对每个信号的估计将更加精确。

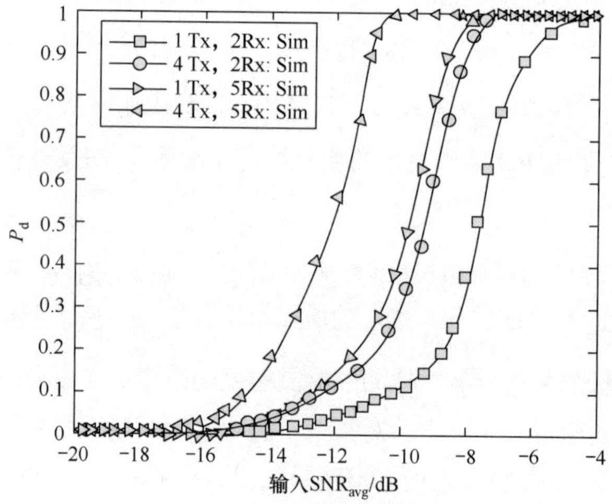

图 9.6 由不同发射机和接收机数组成的 PCL 系统的仿真 P_d 曲线

9.5.3　接收信号长度对检测性能的影响

重复前面讨论的 $(N_{\mathrm{t}}, N_{\mathrm{r}})=(2,3)$ 实验，接收信号长度 L 在 $L=[1,3,10,30,100,300,1000,3000,10000]$ 间变化。$L=1$ 到 $L=1000$ 时的检测性能 P_{d} 曲线如图 9.7 所示，可见检测性能随着 L 的增加而改善。这种改善可以通过积累增益 $G_{\mathrm{int}}(L)$ 来量化分析，它定义为给定长度 $L>1$ 的 P_{d} 曲线与 $L=1$ 的 P_{d} 曲线在 $P_{\mathrm{d}}=0.90$ 时的距离。例如，$L=1$ 和 $L=30$ 的曲线在 $P_{\mathrm{d}}=0.90$ 的距离差约为 10dB，即 $G_{\mathrm{int}} \approx 10\mathrm{dB}$。图 9.8 中给出了 G_{int} 与 L 的变化关系。G_{int} 在 $L^{0.7}$（$L=10(10\,\mathrm{dB})$）和 $L^{0.6}$（$L=10000(40\mathrm{dB})$）间变化。这与有源雷达中 L 个采样相参积累增益为 $G_{\mathrm{int}}(L)=L$ 的结论不一致。相反，容易让人联想到 L 很大时，利用 L 个采样进行非相参积累增益 $L^{0.5}$[13]。导致这个结果的原因可能是，$\boldsymbol{G}_{\mathrm{ss}}^{i}$ 的每个元素是两个含噪监视信号的内积。内积的计算会出现信号一噪声的交叉项，类似于平方律非相参积累的处理。相比之下，有源雷达中的相参积累是通过匹配滤波来实现的，即含噪的监视信号是与干净的（无噪声干扰下）参考信号做相关得到的。

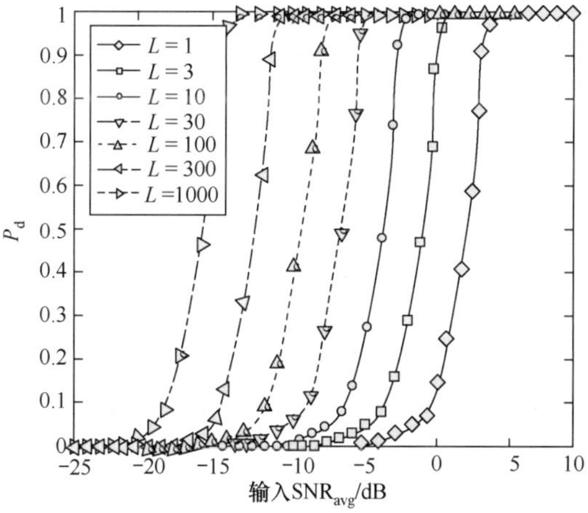

图 9.7　$L=1$ 到 $L=1000$ 时的检测性能 P_{d} 曲线

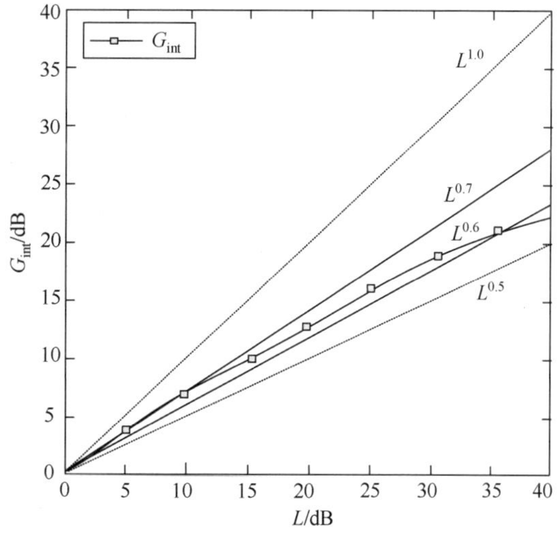

图 9.8　G_{int} 与 L 的变化关系

9.5.4　模糊性能

本节介绍两个位置分别为 $\boldsymbol{d}^1=[0.5,4]\,\mathrm{km}$ 和 $\boldsymbol{d}^2=[-0.5,-4]\,\mathrm{km}$ 的静止发射机，三个位置分别为 $\boldsymbol{r}^1=[-4,2]$、$\boldsymbol{r}^2=[-4,0.5]$ 和 $\boldsymbol{r}^3=[-4,-2.5]\,\mathrm{km}$ 的静止接收机，目标在 $\boldsymbol{t}^1=[-4,0]\,\mathrm{km}$ 的背景下，SS-GLRT 的模糊性能。同时考虑单个阵元和 6 个阵元的均匀线性阵列接收机的情况。发射信号载频分别为 8.0GHz 和 8.1GHz，全向辐射功率均为 $P_{\mathrm{erp}}^{i}=50\ \mathrm{W}$。依据式（9.1）中的仿真复基带信号 $\boldsymbol{s}_{n}^{ij}$（忽略接收机噪声），采样率 $f_{\mathrm{s}}=500\ \mathrm{kHz}$，长度 $T=10\ \mathrm{ms}$，$\boldsymbol{u}^{i}=\exp\{\mathrm{j}\boldsymbol{\theta}^{i}\}$，$\boldsymbol{\theta}^{i} \in \mathbb{R}^{L\times 1}$ 是相互独立的随机相位矢量，在区间 $[0,2\pi]$ 上服从均匀分布，

$L = f_s T = 5000$，目标 RCS 是各向同性的，为 10dBm，即 $\alpha^{ij} = \sqrt{10}, \forall i, j$。依据式（8.37），由于通道系数 γ_t^{ij} 中的随机相位 θ^j，接收机之间没有相位同步。

相比于常规雷达中的模糊问题，分析在给定发射波形的情况下，时延和多普勒频移对匹配滤波器输出的影响。本节分析假设目标状态 $(\boldsymbol{p}, \dot{\boldsymbol{p}})$ 和实际目标状态 $(\boldsymbol{t}, \dot{\boldsymbol{t}})$ 在位置和速度上的失配对 SS-GLRT 检测统计量 ξ_{ss} 的影响。这样，就可以深入分析系统特性，如发射机和接收机数量及其几何关系，笛卡儿坐标系中位置速度空间在检测域对系统模糊性的影响。然而，如 9.4 节中讨论的那样，系统在笛卡儿坐标系中的位置速度空间模糊性取决于波形在时延多普勒空间的模糊特性，因为 Gram 矩阵 $\boldsymbol{G}_{ss}^i$ 中的每个元素是第 i 个发射波形 $\boldsymbol{u}^i$ 对应模糊函数 $\chi^i(\Delta\ell, \Delta\upsilon)$ 的采样。图 9.9 中显示了只有一个信号时对应的归一化互模糊函数，它是时延 $\Delta\tau = \Delta\ell / f_s$ 和多普勒频移 $\Delta f_d = f_s \Delta\upsilon/(2\pi)$ 的失配函数。如图 9.9 所示，时延的分辨率为 $1/f_s = 2\mu s$，多普勒分辨率为 $1/T = 100Hz$，模糊函数的基底比主瓣峰值低 $10\lg(L) = 37dB$。

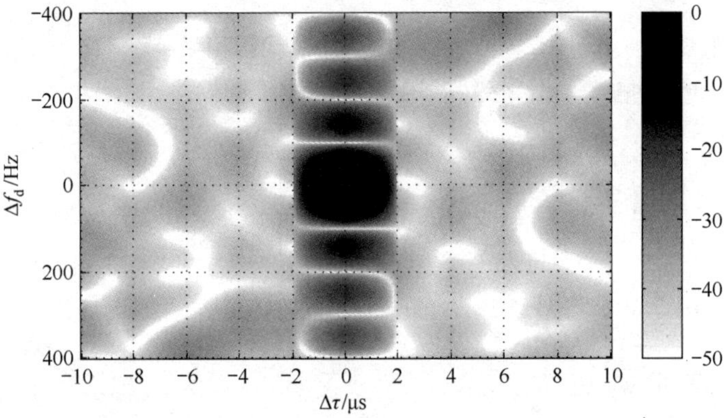

图 9.9 发射信号模糊函数 $\chi^i(\Delta\tau, \Delta f_d)$ 的例子

9.5.5 静止目标检测

首先考虑静止目标的检测问题。图 9.10 描述了 ξ_{ss} 是假设位置 $\boldsymbol{p} = [p_x, p_y]$ 的函数，当假设目标速度与目标真实速度匹配 $\dot{\boldsymbol{p}} = \dot{\boldsymbol{t}} = \boldsymbol{0}$ 时，即 $\xi_{ss}(\boldsymbol{p}, \dot{\boldsymbol{p}})\big|_{\dot{\boldsymbol{p}}=0}$。对每个单阵元接收机，$N_e = 1$，阵元增益 $G_e^j(\boldsymbol{x}) = 1, \ \forall j$。如图 9.10 所示，检测统计量将在目标的真实位置出现峰值，并在每三个接收机对之间，沿着目标的 TDOA 等值线呈现出脊。每条 TDOA 等值线表示的是假设目标状态与实际目标状态相等的位置，即对第 jk 对接收机对，有 $\Delta\ell_p^{jk} = \Delta\ell_t^{jk}$。如图 9.11 所示，描述的 TDOA 等值线 $\Delta\tau_p^{23} = \Delta\tau_t^{23}$ 为点画双曲线。因为考虑的是静止背景下的目标，所以 $\Delta\upsilon_p^{i,jk} = \Delta\upsilon_t^{i,jk} = 0, \forall i, j, k, \boldsymbol{p}$，即假设的和实际的 FDOAs 在任何点都是零。

该结果与式（9.49）的理论分析是一致的，$\boldsymbol{G}_{ss}^i$ 中的第 jk 个元素正比于 $\chi^i(\Delta\ell_p^{jk} - \Delta\ell_t^{jk}, 0)$。当 $\Delta\ell_p^{jk} = \Delta\ell_t^{jk}$ 时，即沿着目标的 TDOA 等值线，该元素对应的是模糊函数峰值的采样。当 $\Delta\ell_p^{jk}$

和 $\Delta\ell_{\mathrm{t}}^{jk}$ 之间失配时，该元素在模糊函数中的采样将沿着零多普勒频率切线偏离峰值。沿着 TDOA 等值线在模糊“脊”的结果，对应的就是目标信号的 TDOA。

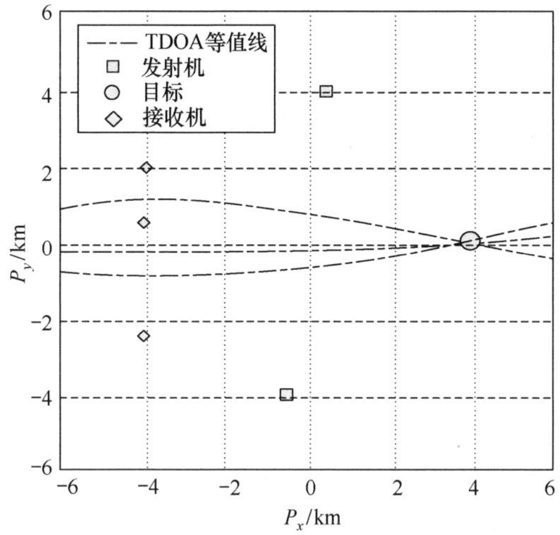

图 9.10　单个阵元接收机在 $\dot{t}=0$ 时 $\xi_{ss}(\boldsymbol{p},\dot{\boldsymbol{p}})\big|_{\dot{p}=0}$ (dB)

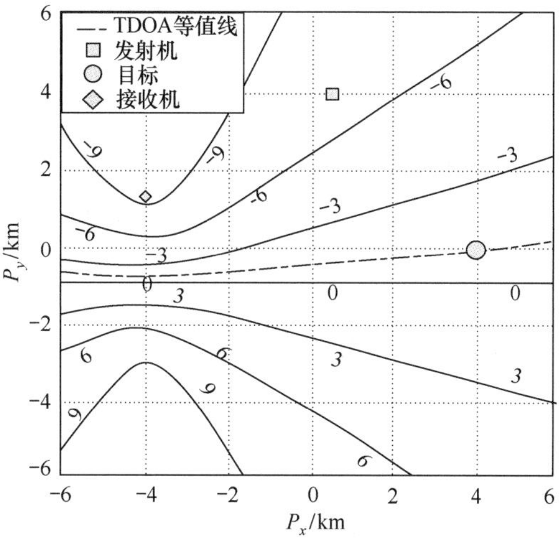

图 9.11　TDOA 中的 $\Delta\tau_{\mathrm{p}}^{jk}=\Delta\ell_{\mathrm{p}}^{jk}/f_{\mathrm{s}}\,(\mu\mathrm{s}), j=2, k=3$

多通道接收机的影响可由图 9.12 看出，图中描述了当每个接收机都是 6 阵元均匀线性阵列时的 $\xi_{ss}(\boldsymbol{p},\dot{\boldsymbol{p}})\big|_{\dot{p}=0}$，指向 $+p_x$ 方向，阵元间距为 1.875 cm。相比于图 9.10，监视通道的波束形成将使 ξ_{ss} 在 $\boldsymbol{t}$ 的响应锐化。这可由 9.4 节中讨论的角度失配损耗 β_{pt}^{jk} 看出。因此，与单阵元接收机相比，利用多通道接收机将降低检测模糊，改进目标定位性能。

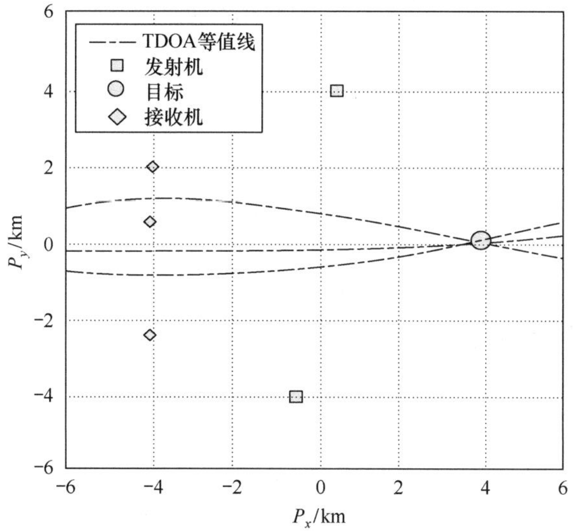

图 9.12　6 阵元均匀线性阵列接收机在 $\dot{t}=0$ 时的 $\xi_{ss}(\boldsymbol{p},\dot{\boldsymbol{p}})\big|_{\dot{p}=0}$ (dB)

9.5.6　运动目标检测

假设运动目标的速度为 $\dot{\boldsymbol{t}}=[\dot{p}_x,\dot{p}_y]=[-75,75]\mathrm{m/s}$ 。图 9.13 描述了当 $\dot{\boldsymbol{p}}=\dot{\boldsymbol{t}}$ 时，全向单阵元

接收机中 ξ_{ss} 与 $\boldsymbol{p}$ 的关系，即单个阵元接收机在 $\dot{\boldsymbol{t}}=\boldsymbol{0}$ 时的 $\xi_{ss}(\boldsymbol{p},\dot{\boldsymbol{p}})\big|_{\dot{p}=0}$。与理论分析一样，$\xi_{ss}$ 的峰值出现在 $\boldsymbol{p}=\boldsymbol{t}$，其中 TDOA 等值线和 FDOA 等值线的系统参数对所有接收机对都满足。

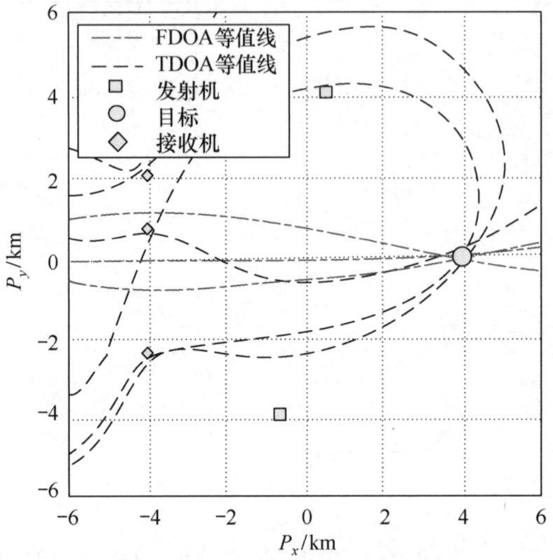

图 9.13　单个阵元接收机在 $\dot{\boldsymbol{t}}=\boldsymbol{0}$ 时的 $\xi_{ss}(\boldsymbol{p},\dot{\boldsymbol{p}})\big|_{\dot{p}=0}$ (dB)

然而，比较图 9.10 和图 9.13，发现除了 TDOA 等值线，当 $\boldsymbol{p}\neq\boldsymbol{t}$ 时，会出现 FDOA 失配的额外影响，即随着偏离目标的 FDOA 等值线，ξ_{ss} 降低，如图 9.13 中点画线所示。由于为每对接收机对假设的 FDOA 是 $\boldsymbol{p}$ 的函数，所以即使是在所有满足 $\boldsymbol{p}=\boldsymbol{t}$ 的点，也会出现类似的 FDOA 失配导致的结果。如图 9.14 所示，假定 $\dot{\boldsymbol{p}}=\dot{\boldsymbol{t}}$，每个接收机对假设的 FDOA（kHz）是 $\boldsymbol{p}$ 的函数。目标 FDOA 等值线为点画线。与 TDOA 的二维双曲线等值线不同，FDOA 等值线并不满足简单的解析描述。

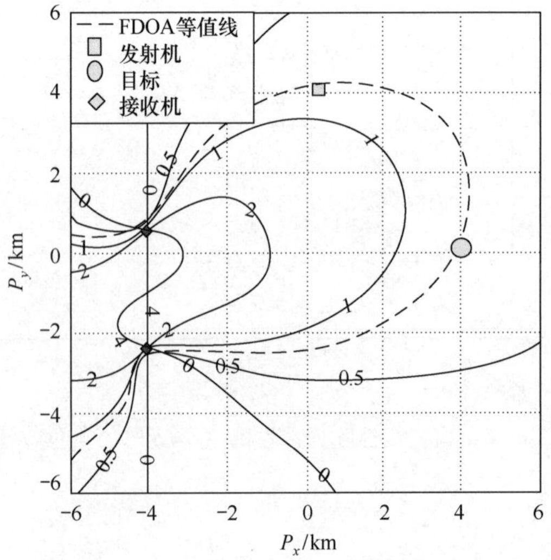

图 9.14　FDOA 中的 $(f_s/2\pi)\Delta\upsilon_p^{i,jk}(\boldsymbol{p},\dot{\boldsymbol{p}})\big|_{\dot{p}=0}$ (kHz), $j=2,k=3$

最后，图 9.15 描述了 6 阵元均匀线性阵列接收机在 $\boldsymbol{i}=\boldsymbol{0}$ 时的 $\xi_{\text{ss}}(\boldsymbol{p},\dot{\boldsymbol{p}})\big|_{\dot{\boldsymbol{p}}=0}$。类似于图 9.12，由于实际和假定目标位置之间角度失配导致的衰减，真实目标位置的峰值周边变得尖锐。因此，除了 TDOA 和 FDOA 参数，统计量 ξ_{ss} 还受多通道接收机角度参数的影响。

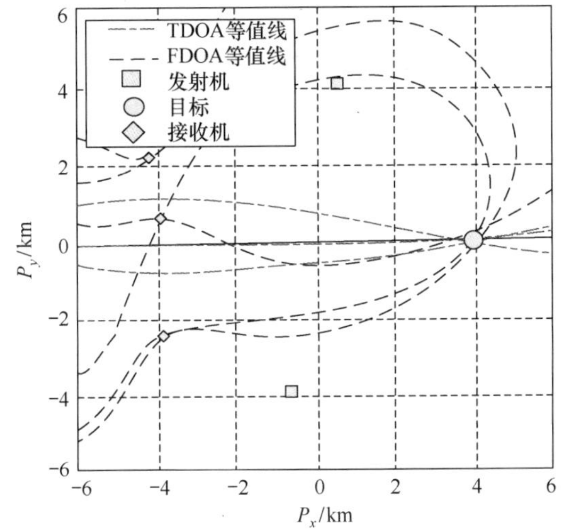

图 9.15　6 阵元均匀线性阵列接收机在 $\boldsymbol{i}=\boldsymbol{0}$ 时的 $\xi_{\text{ss}}(\boldsymbol{p},\dot{\boldsymbol{p}})\big|_{\dot{\boldsymbol{p}}=0}$ (dB)

9.5.7　数值计算量分析

图 9.5 对应的概率分布的计算量极大。如果不做变精度计算，那么当 ζ_{ss}^{i} 很大且阶数 $L\geqslant 10$ 时，直接计算式（9.38）中 $f_1(\xi;N_{\text{r}},L,\zeta_{\text{ss}}^{i})$ 的概率密度函数是不可行的，因为所需的计算已超出 IEEE 标准 754 的最大双精度浮点数（约为 1.79769×10^{308}）。在 Mathematica 中，利用变精度计算，可以缓解该问题，但是计算非常耗时。可以发现，通过对累积分布函数数值微分，估计其概率密度函数，可以在很大程度上提高计算速度，文献[14]中也是这样给出的。这种计算避免了计算矩阵的逆 $\boldsymbol{\varPsi}^{-1}(\phi)$。实际中，由于 $\boldsymbol{\varPsi}(\phi)$ 的元素非常多，计算逆的过程很难。当 $L\leqslant 100$，$N_{\text{r}}\leqslant 6$ 时，如果考虑 SNR_{avg}，利用数值微分方法可以很好地算出 $f_1(\xi;N_{\text{r}},L,\zeta_{\text{ss}}^{i})$ 的概率密度函数。当 L 与 N_{r} 的值更大时，得不到有效的累积分布函数，这也是后期需要进一步研究的问题。

9.6　小结

本章推导了多基地 PCL 系统中无直达波参考信号条件下集中式目标检测的广义似然比——SS-GLRT，并且利用随机矩阵理论中复 Wishart 矩阵最大特征值对应分布的最新进展，推导了 SS-GLRT 检测统计量在两种假设条件下的准确分布。当辐射源同时通过多通道照射时，检测结果与 PSL 网络的检测结果是等价的。数值仿真结果显示，接收机和发射机的数量对检测性能的影响是非对称的。同时发现，提高接收信号的长度也会改善检测的灵敏度，且与相参积累不同，积累增益改善与非相参积累增益比较一致。模糊分析和仿真同时显示，SS-GLRT 利用角度、TDOA 和 FDOA 来实现目标定位，类似于 PSL 传感器网络利用 AOA、TDOA 和 FDOA 来实现目标定位。

这种处理方法首先分离来自空间广泛分布的多个接收机接收到的信号，做时延多普勒补偿后，再做互相关处理，只适合于存在多个无源接收机的情况。这也是集中式的处理结构，因为其利用所有测量信号组合处理来实现对目标的检测和跟踪。由于不需要处理直达波信号，因此在低直达波信噪比情况下的检测性能不会降低。直达波信噪比低反而有利于最小化直达波干扰，简化目标路径信号的分离，但是实际中这种情形很少。如果在发射机和接收机间的视距传播路径中存在物理遮挡，或者辐射源利用的是高定向发射天线和/或接收机方向置零，将接收不到直达波信号。然而，若忽略直达波信号，这种方法将丢失未知发射信号源的潜在有用信息，特别是在直达波信噪比很高的情况下，直达波可以提供高质量的参考信号，用于匹配滤波。因此，这种不需参考信号的处理方法更适合于低直达波信噪比的情况。

参考文献

[1] Chestnut, P Emitter. *Location Accuracy Using TDOA and Differential Doppler* [J]. IEEE Trans. Aerosp. Electron. Syst., 18: 214-218, 1982.

[2] Weiss A J. *Direct Geolocation of Wideband Emitters Based on Delay and Doppler* [J]. IEEE Trans. Signal Process, 59(6): 2513-2521, 2011.

[3] Weiss A J and A Amar. *Direct Position Determination of Multiple Radio Signals* [J]. EURASIP Journal on Applied Signal Processing, 1: 37-49, 2005.

[4] Bialkowski K S, I V L Clarkson, S D Howard. *Generalized canonical correlation for passive multistatic radar detection* [J]. Proc. IEEE Statistical Signal Processing Workshop (SSP), 417-420, 2011.

[5] Wang L and B Yazici. *Passive Imaging of Moving Targets Using Sparse Distributed Apertures* [J]. SIAM Journal of Imaging Sciences, 5: 769-808, 2012.

[6] Vankayalapati, Naresh, and Steven Kay. *Asymptotically Optimal Detection of Low Probability of Intercept Signals using Distributed Sensors* [J]. IEEE Trans. Aerosp. Electron. Syst., 48(1): 737-748, 2012.

[7] Griffths H and C Baker. *The Signal and Interference Environment in Passive Bistatic Radar* [J]. Proc. Information, Decision and Control IDC '07, 1-10, 2007.

[8] Willis N J, H D Griffths, and D K Barton. *Air Surveillance. Advances in Bistatic Radar* [M]. SciTech Publishing, Inc., 2007.

[9] Gradshteyn I and I Ryzhik. *Table of Integrals, Series, and Products* [M]. Academic Press, Inc., Fourth edition, 1980.

[10] Jin S, M R McKay, X Gao, and I B Collings. *MIMO multichannel beamforming: SER and outage using new*

eigenvalue distributions of complex noncentral Wishart matrices [J]. IEEE Trans. Commun., 56(3): 424-434, 2008.

[11] Zanella A, M Chiani, and M Win. *On the Marginal Distribution of the Eigenvalues of Wishart matrices* [J]. IEEE Trans. Commun., 57: 1050-1060, 2009.

[12] Kang, Ming and M-S Alouini. *Largest eigenvalue of complex Wishart matrices and performance analysis of MIMO MRC systems* [J]. IEEE J. Sel. Areas Commun., 21(3): 418 -426, 2003.

[13] Richards M A, J A Scheer, and W A Holm. *Principles of Modern Radar, volume 1* [M]. SciTech Publishing, Inc., 2010.

[14] Hack D, L Patton, M Saville, and B Himed. *On the Applicability of Source Localization Techniques to Passive Multistatic Radar* [J]. Proc. 46th Asilomar Conf. Signals, Systems, and Computers, 2012.

第 10 章　有直达波条件下 PCL 系统的目标检测性能分析

本章在可以获得直达波信号的条件下，分析多基地 PCL 系统的目标检测问题。多基地 PCL 系统目标检测的传统方法与有源多基地雷达 AMR 中的匹配滤波处理过程类似，特别是对每个双基地（发射机－接收机）对，直达路径信号和目标路径信号将分成参考通道和监视通道，然后计算参考通道和监视通道信号间的互模糊函数（CAF）。除了利用含噪声的参考通道信号代替已知的发射信号，计算互模糊函数（CAF）的过程类似于有源雷达的匹配滤波。匹配滤波对发射信号已知的情况是最优的，所以该方法适合于 PCL 系统目标检测。当直达波与噪声的比值（Direct-path-to-Noise Ratio，SNR）很小时，由于参考信号和原始发射信号间的失配，传统方法的目标检测性能将严重下降。因此，有直达波参考信号情况下的传统目标检测方法仅适合于参考信号与未知发射信号近似的高 DNR 情形，而不是 PCL 目标检测的通用解决方法。

本章将从 PCL 系统阵列接收机每个阵元的入射信号来阐述检测问题，为有直达波参考情况下的 PCL 检测给出一种集中式 GLRT 检测器。实际中，每个阵元的入射信号是目标回波信号、直达波信号与接收机噪声之和。此外，在检测中，假设目标不是全向散射的，还假设接收机间不是相参的。由于得到检测器的过程中运用了参考通道和监视通道的信号，因此被称为参考－监视检测器（RS-GLRT），然后研究检测灵敏度与 SNR、DNR 的关系。

RS-GLRT 的检测性能和模糊性能将与非常类似的匹配滤波检测器 MF-GLRT 和监视－监视检测器 SS-GLRT 的对应性能进行比较。MF-GLRT 和 SS-GLRT 分别是 AMR 和 PSL 的集中式检测器。从对发射信号信息的掌握来看，PSL 和 AMR 分别是两个极端，PSL 对发射信号完全未知，而 AMR 是完全已知的。还可以看出，RS-GLRT 的性能是平均 DNR 的函数，在 AMR 和 PSL 之间。当 DNR 很小时，PCL 的检测性能近似于 PSL 的检测性能。当 DNR 很大时，PCL 的检测性能近似于 AMR 的检测性能。同时，在高 DNR 条件下，RS-GLRT 检测统计量是复 Wishart 矩阵最大特征值的函数，近似正比于 AMR 的检测统计量。这些结论都是第 11 章的理论基础。

10.1　信号模型

图 10.1 中显示了多基地 PCL 传感器网络，其中假设 PCL 网络包括 N_t 个发射机、N_r 个

接收机。图 10.2 中给出了第 ij 个双基地对的几何关系和信号环境，包括第 i 个发射机和第 j 个接收机，第 i 个发射机的位置和速度分别为 $\boldsymbol{d}^i$ 和 $\dot{\boldsymbol{d}}^i$，第 j 个接收机的位置和速度分别为 $\boldsymbol{r}^j$ 和 $\dot{\boldsymbol{r}}^j$。假设发射机和接收机的空间位置都是已知的。在 PCL 系统的信号环境中，每个阵列都能接收到直达波、目标回波和杂波路径信号。可以看出，当形成 RS-GLRT 时，监视通道和参考通道中的杂波可以通过一系列技术来消除。而且，相对于杂波抑制后检测器的性能来说，在没有杂波而只有噪声的环境中，检测性能对应的是其检测性能的上限。因此，在后续讨论中将只考虑直达波和目标回波信号。

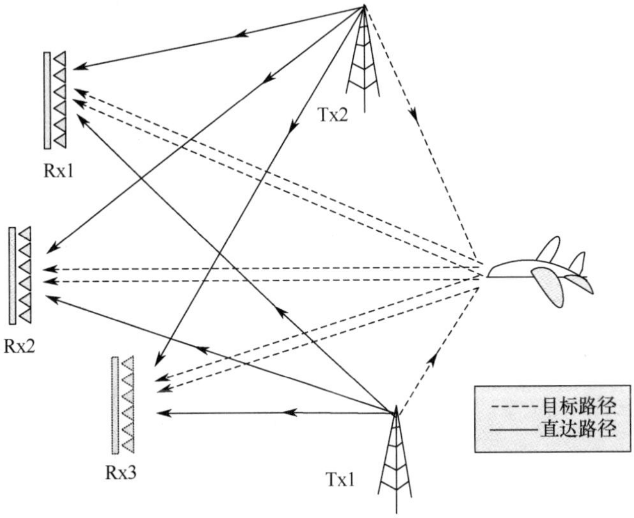

图 10.1　多基地 PCL 传感器网络

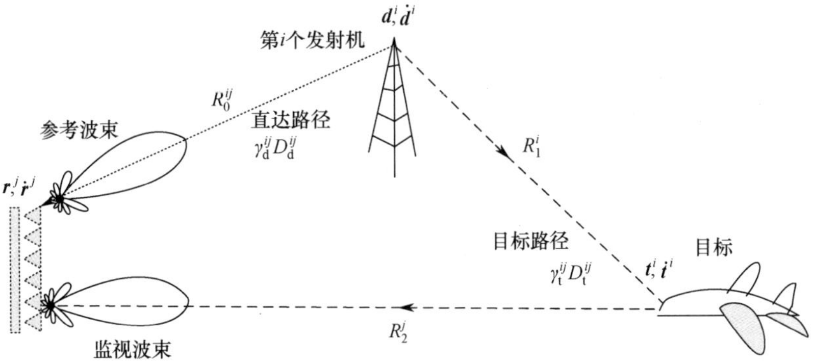

图 10.2　第 ij 个双基地对的几何关系和信号环境

假设发射信号在频域中是分开的，每个接收天线都是 N_e 元阵列。第 j 个接收机的第 n 个阵元接收到的入射信号，是与每个发射机对应的直达波和目标回波信号之和。接收到的信号在频域信道化，并在基带解调，在时域采样。第 8 章中给出了详细的处理过程。令 $\boldsymbol{s}_n^{ij} \in \mathbb{C}^{L^i \times 1}$ 是第 j 个接收机阵列上第 n 个阵元对应第 i 个信道的、长度为 L^i 的复基带信号的采样。为简化分析，假设$L^i = L, \forall i$，即所有接收信号的长度都为 L，$\boldsymbol{s}_n^{ij}$ 的表达式如式（8.49）所示。假设目标的位置和速度分别记为 $\boldsymbol{t}$ 和 $\dot{\boldsymbol{t}}$，式（8.49）中给出信号 $\boldsymbol{s}_n^{ij}$ 为

$$\boldsymbol{s}_n^{ij} = \gamma_{\mathrm{d}}^{ij} \mathrm{e}^{\mathrm{j}\vartheta_n^{ij}(\boldsymbol{d}^i)} D_{\mathrm{d}}^{ij} \boldsymbol{u}^i + \gamma_{\mathrm{t}}^{ij} \mathrm{e}^{\mathrm{j}\vartheta_n^{ij}(\boldsymbol{t})} D_{\mathrm{t}}^{ij} \boldsymbol{u}^i + \boldsymbol{n}_n^{ij} \tag{10.1}$$

式中，$\boldsymbol{u}^i \in \mathbb{C}^{L\times 1}$ 是长度为 L 的第 i 个发射机辐射的复基带离散信号；$D_{\mathrm{d}}^{ij} \in \mathbb{C}^{L\times L}$ 与 $D_{\mathrm{t}}^{ij} \in \mathbb{C}^{L\times L}$ 是考虑了第 i 个发射信号沿直达路径和目标路径传播到第 j 个接收机时，引入的时延和多普勒频移的酉线性算子；$\vartheta_n^{ij}(\boldsymbol{d}^i)$ 和 $\vartheta_n^{ij}(\boldsymbol{t})$ 分别是在来自第 i 个发射机和目标方向的平面波传播中，第 n 个阵元相对参考阵元的差分相位；γ_{d}^{ij} 和 γ_{t}^{ij} 分别是与第 ij 个直达波路径和目标路径通道对应的复通道系数；$\boldsymbol{n}_n^{ij} \in \mathbb{C}^{L\times 1}$ 是圆对称高斯噪声，$\boldsymbol{n}_n^{ij} \sim CN(\boldsymbol{0}_L, \sigma^2 \boldsymbol{I}_L)$，方差为 σ^2，$\boldsymbol{0}_L$ 表示长度为 L 的零矢量，$\boldsymbol{I}_L$ 是 $L\times L$ 的单位矩阵。时延多普勒算子 D_{d}^{ij} 和 D_{t}^{ij} 分别为

$$D_{\mathrm{d}}^{ij} = D(\ell_{\mathrm{d}}^{ij}, \upsilon_{\mathrm{d}}^{ij}) \tag{10.2}$$

$$D_{\mathrm{t}}^{ij} = D(\ell_{\mathrm{t}}^{ij}, \upsilon_{\mathrm{t}}^{ij}) \tag{10.3}$$

式中，$D(\ell,\upsilon)$ 是由式（8.46）定义的时延多普勒算子；ℓ_{d}^{ij} 和 ℓ_{t}^{ij} 分别是直达波和目标回波对应的时延，$\upsilon_{\mathrm{d}}^{ij}$ 和 $\upsilon_{\mathrm{t}}^{ij}$ 分别是直达波和目标回波对应的多普勒频移。假设在不同的发射频带、接收机和阵列阵元之间噪声是独立的，即 $\mathrm{E}\left\{\boldsymbol{n}_n^{ij}(\boldsymbol{n}_m^{kl})^{\mathrm{H}}\right\} = \sigma^2 \delta_{n-m}\delta_{i-k}\delta_{j-l}\boldsymbol{I}_L$，其中 $(\cdot)^{\mathrm{H}}$ 表示厄米特转置，δ 为 Kronecker 符号，发射信号的幅度 $\left\|\boldsymbol{u}^i\right\|^2 = L$，式（10.1）中其他符号的具体定义见第 8 章。

令 $\boldsymbol{a}^{ij}(\boldsymbol{x}) \in \mathbb{C}^{N_{\mathrm{e}}\times 1}$ 表示 $\boldsymbol{x}$ 方向的空间指向矢量，

$$\boldsymbol{a}^{ij}(\boldsymbol{x}) = \begin{bmatrix} \mathrm{e}^{\mathrm{j}\vartheta_1^{ij}(\boldsymbol{x})} & \mathrm{e}^{\mathrm{j}\vartheta_2^{ij}(\boldsymbol{x})} & \cdots & \mathrm{e}^{\mathrm{j}\vartheta_{N_{\mathrm{e}}}^{ij}(\boldsymbol{x})} \end{bmatrix}^{\mathrm{T}} \tag{10.4}$$

为便于表示，令 $\boldsymbol{a}_{\mathrm{d}}^{ij} = \boldsymbol{a}^{ij}(\boldsymbol{d}^i), \boldsymbol{a}_{\mathrm{t}}^{ij} = \boldsymbol{a}^{ij}(\boldsymbol{t}^i)$，则第 j 个接收机接收到的第 i 个辐射源对应的所有 N_{e} 个阵元的时间序列矢量 $\boldsymbol{s}^{ij} = \left[(\boldsymbol{s}_1^{ij})^{\mathrm{T}} \cdots (\boldsymbol{s}_{N_{\mathrm{e}}}^{ij})^{\mathrm{T}}\right]^{\mathrm{T}} \in \mathbb{C}^{N_{\mathrm{e}}L\times 1}$ 可以表示为

$$\boldsymbol{s}^{ij} = (\boldsymbol{M}_{\mathrm{d}}^{ij} + \boldsymbol{M}_{\mathrm{t}}^{ij})\boldsymbol{u}^i + \boldsymbol{n}^{ij} \tag{10.5}$$

式中，$\boldsymbol{n}^{ij} = \left[(\boldsymbol{n}_1^{ij})^{\mathrm{T}} \cdots (\boldsymbol{n}_{N_{\mathrm{e}}}^{ij})^{\mathrm{T}}\right]^{\mathrm{T}} \in \mathbb{C}^{N_{\mathrm{e}}L\times 1}$，矩阵 $\boldsymbol{M}_{\mathrm{d}}^{ij}$ 和 $\boldsymbol{M}_{\mathrm{t}}^{ij}$ 定义为

$$\boldsymbol{M}_{\mathrm{d}}^{ij} = \gamma_{\mathrm{d}}^{ij}(\boldsymbol{a}_{\mathrm{d}}^{ij} \otimes D_{\mathrm{d}}^{ij}) \in \mathbb{C}^{N_{\mathrm{e}}L\times L} \tag{10.6}$$

$$\boldsymbol{M}_{\mathrm{t}}^{ij} = \gamma_{\mathrm{t}}^{ij}(\boldsymbol{a}_{\mathrm{t}}^{ij} \otimes D_{\mathrm{t}}^{ij}) \in \mathbb{C}^{N_{\mathrm{e}}L\times L} \tag{10.7}$$

式中，$\otimes$ 表示 Kronecker 积。

10.2 检测器

本节首先给出 RS-GLRT 检测器的推导过程，然后给出 PSL 和 AMR 检测中分别对应的

SS-GLRT 检测器和 MF-GLRT 检测器。

10.2.1　参考－监视检测器 RS-GLRT

对于给定位置速度在 $(\boldsymbol{p},\dot{\boldsymbol{p}})$ 单元的目标检测，即“检测单元”，$\boldsymbol{p},\dot{\boldsymbol{p}}$ 分别为辐射源的位置和速度。此类检测问题可用 $\mathcal{H}_1$ 和 $\mathcal{H}_0$ 之间的二元备择假设检验来描述，即

$$\begin{aligned}&\mathcal{H}_1:\boldsymbol{s}^{ij}=(\boldsymbol{M}_{\mathrm{d}}^{ij}+\boldsymbol{M}_{\mathrm{p}}^{ij})\boldsymbol{u}^i+\boldsymbol{n}^{ij}\\&\mathcal{H}_0:\boldsymbol{s}^{ij}=\boldsymbol{M}_{\mathrm{d}}^{ij}\boldsymbol{u}^i+\boldsymbol{n}^{ij}\end{aligned}\tag{10.8}$$

式中，$i=1,\cdots,N_{\mathrm{t}}$，$j=1,\cdots,N_{\mathrm{r}}$。在式（10.8）中，$\boldsymbol{M}_{\mathrm{p}}^{ij}$ 定义为

$$\boldsymbol{M}_{\mathrm{p}}^{ij}=\gamma_{\mathrm{p}}^{ij}(\boldsymbol{a}_{\mathrm{p}}^{ij}\otimes D_{\mathrm{p}}^{ij})\in\mathbb{C}^{N_{\mathrm{e}}L\times L}\tag{10.9}$$

式中，γ_{p}^{ij} 是假设目标位置为 $\boldsymbol{P}$ 时对应目标路径通道的系数；$\boldsymbol{a}_{\mathrm{P}}^{ij}=\boldsymbol{a}^{ij}(\boldsymbol{p})$，$D_{\mathrm{p}}^{ij}$ 为假设的目标状态 $(\boldsymbol{p},\dot{\boldsymbol{p}})$ 对应的时延多普勒算子。令 $\boldsymbol{s}^i$ 是与第 i 个发射机对应的所有量测序列，并且假设 $\boldsymbol{s}$ 是所有发射机对应 $\boldsymbol{s}^i$ 组成的集合，即

$$\boldsymbol{s}^i=\left[(\boldsymbol{s}^{i1})^{\mathrm{T}},\cdots,(\boldsymbol{s}^{iN_{\mathrm{r}}})^{\mathrm{T}}\right]^{\mathrm{T}}\in\mathbb{C}^{N_{\mathrm{r}}L\times1}\tag{10.10}$$

$$\boldsymbol{s}=\left[(\boldsymbol{s}^{1})^{\mathrm{T}},\cdots,(\boldsymbol{s}^{N_{\mathrm{r}}})^{\mathrm{T}}\right]^{\mathrm{T}}\in\mathbb{C}^{N_{\mathrm{t}}N_{\mathrm{r}}L\times1}\tag{10.11}$$

类似地，令 $\boldsymbol{\gamma}_{(\mathrm{d,p})}^i$ 是与第 i 个发射机对应的通道系数矢量，其中下标 $(\cdot)_{(\mathrm{d,p})}$ 表示 $(\cdot)_{\mathrm{d}}$ 或 $(\cdot)_{\mathrm{p}}$，并且令 $\boldsymbol{\gamma}_{(\mathrm{d,p})}$ 是 $\boldsymbol{\gamma}_{(\mathrm{d,p})}^i$ 的集合，即

$$\boldsymbol{\gamma}_{(\mathrm{d,p})}^i=\left[\gamma_{(\mathrm{d,p})}^{i1}\cdots\gamma_{(\mathrm{d,p})}^{iN_{\mathrm{r}}}\right]^{\mathrm{T}}\in\mathbb{C}^{N_{\mathrm{r}}\times1}\tag{10.12}$$

$$\boldsymbol{\gamma}_{(\mathrm{d,p})}=\left[(\boldsymbol{\gamma}_{(\mathrm{d,p})}^{1})^{\mathrm{T}}\cdots(\boldsymbol{\gamma}_{(\mathrm{d,p})}^{N_{\mathrm{t}}})^{\mathrm{T}}\right]^{\mathrm{T}}\in\mathbb{C}^{N_{\mathrm{t}}N_{\mathrm{r}}\times1}\tag{10.13}$$

最后，令 $\boldsymbol{u}=\left[(\boldsymbol{u}^1)^{\mathrm{T}},\cdots,(\boldsymbol{u}^{N_{\mathrm{t}}})^{\mathrm{T}}\right]^{\mathrm{T}}\in\mathbb{C}^{N_{\mathrm{t}}L\times1}$。

由于接收机噪声与发射机通道无关，所以在 $\mathcal{H}_1$ 假设下的条件概率密度 $p_1(\boldsymbol{s}|\boldsymbol{\gamma}_{\mathrm{d}},\boldsymbol{\gamma}_{\mathrm{p}},\boldsymbol{u})$ 为

$$p_1(\boldsymbol{s}|\boldsymbol{\gamma}_{\mathrm{d}},\boldsymbol{\gamma}_{\mathrm{p}},\boldsymbol{u})=\prod_{i=1}^{N_{\mathrm{t}}}p_1^i(\boldsymbol{s}^i|\boldsymbol{\gamma}_{\mathrm{d}}^i,\boldsymbol{\gamma}_{\mathrm{p}}^i,\boldsymbol{u}^i)\tag{10.14}$$

式中，

$$p_1^i(\boldsymbol{s}^i|\boldsymbol{\gamma}_{\mathrm{d}}^i,\boldsymbol{\gamma}_{\mathrm{p}}^i,\boldsymbol{u}^i)=c_1\exp\left\{-\frac{1}{\sigma^2}\sum_{j=1}^{N_{\mathrm{r}}}\left\|\boldsymbol{s}^{ij}-\boldsymbol{M}_1^{ij}\boldsymbol{u}^i\right\|^2\right\}\tag{10.15}$$

且 $\boldsymbol{M}_1^{ij}=\boldsymbol{M}_{\mathrm{d}}^{ij}+\boldsymbol{M}_{\mathrm{P}}^{ij}$。类似地，在 $\mathcal{H}_0$ 假设下的条件概率密度 $p_0(\boldsymbol{s}|\boldsymbol{\gamma}_{\mathrm{d}},\boldsymbol{u})$ 的定义类似。

在此，发射信号 $\boldsymbol{u}$ 和通道系数 $\boldsymbol{\gamma}_{\mathrm{d}}$ 和 $\boldsymbol{\gamma}_{\mathrm{p}}$ 都是确定性的未知参量。因此，$\mathcal{H}_1$ 是以发射信号 $\boldsymbol{u}$ 和通道系数 $\boldsymbol{\gamma}_{\mathrm{d}},\boldsymbol{\gamma}_{\mathrm{p}}$ 为参数的复合假设，$\mathcal{H}_0$ 是以发射信号 $\boldsymbol{u}$ 和通道系数 $\boldsymbol{\gamma}_{\mathrm{d}}$ 为参数的复合假设。

因此，将似然比检验中的未知量用其最大似然估计（MLE）替换即可得到 GLRT[8]。令 $l_1(\gamma_{\rm d},\gamma_{\rm p},\boldsymbol{u}|\boldsymbol{s})=\lg p_1(\boldsymbol{s}|\gamma_{\rm d},\gamma_{\rm p},\boldsymbol{u})$ 是 $\mathcal{H}_1$ 假设下的对数似然函数。类似地，令 $l_0(\gamma_{\rm d},\boldsymbol{u}|\boldsymbol{s})=\lg p_0(\boldsymbol{s}|\gamma_{\rm d},\boldsymbol{u}|)$ 是 $\mathcal{H}_0$ 假设下的对数似然函数，则 GLRT 可以写为

$$\max_{\{\gamma_{\rm d},\gamma_{\rm p},\boldsymbol{u}\}} l_1(\gamma_{\rm d},\gamma_{\rm p},\boldsymbol{u}|\boldsymbol{s})-\max_{\{\gamma_{\rm d},\boldsymbol{u}\}} l_0(\gamma_{\rm d},\boldsymbol{u}|\boldsymbol{s})\underset{\mathcal{H}_0}{\overset{\mathcal{H}_1}{\gtrless}}\kappa_{\rm rs} \tag{10.16}$$

下面分析对数似然比 $l_1(\gamma_{\rm d},\gamma_{\rm p},\boldsymbol{u}|\boldsymbol{s})$。由式（10.14）可得

$$l_1(\gamma_{\rm d},\gamma_{\rm p},\boldsymbol{u}|\boldsymbol{s})=\sum_{i=1}^{N_{\rm t}} l_1^i(\gamma_{\rm d}^i,\gamma_{\rm p}^i,\boldsymbol{u}^i\left|\boldsymbol{s}^i\right.) \tag{10.17}$$

忽略加性噪声，由式（10.15）可得

$$l_1^i(\gamma_{\rm d}^i,\gamma_{\rm p}^i,\boldsymbol{u}^i\left|\boldsymbol{s}^i\right.)=-\frac{1}{\sigma^2}\sum_{j=1}^{N_{\rm r}}\left\|\boldsymbol{s}^{ij}-\boldsymbol{M}_1^{ij}\boldsymbol{u}^i\right\|^2 \tag{10.18}$$

由附录 B 可得

$$\left\|\boldsymbol{s}^{ij}-\boldsymbol{M}_1^{ij}\boldsymbol{u}^i\right\|^2\approx\left\|\tilde{\boldsymbol{s}}_{\rm s}^{ij}-\mu_{\rm s}^{ij}\boldsymbol{u}^i\right\|^2+\left\|\tilde{\boldsymbol{s}}_{\rm r}^{ij}-\mu_{\rm r}^{ij}\boldsymbol{u}^i\right\|^2+E_{({\rm rs})^\perp}^{ij} \tag{10.19}$$

式中，$\tilde{\boldsymbol{s}}_{\rm r}^{ij}=(D_{\rm d}^{ij})^{\rm H}\boldsymbol{s}_{\rm r}^{ij}$ 和 $\tilde{\boldsymbol{s}}_{\rm s}^{ij}=(D_{\rm p}^{ij})^{\rm H}\boldsymbol{s}_{\rm s}^{ij}$ 分别是式（B.19）和式（B.21）定义的时延和多普勒频移补偿后的参考和监视信号，$\mu_{\rm r}^{ij}$ 与 $\mu_{\rm s}^{ij}$ 分别是式（B.24）和式（B.25）定义的参考和监视通道的复尺度系数，$E_{({\rm rs})^\perp}^{ij}$ 是式（B.8）定义的表示 $\boldsymbol{s}^{ij}$ 中除 $\tilde{\boldsymbol{s}}_{\rm s}^{ij}$ 和 $\tilde{\boldsymbol{s}}_{\rm r}^{ij}$ 外的能量。因此，这些都是确定性的未知参量，在后面的推导中将代替 $\gamma_{\rm d}^{ij},\gamma_{\rm p}^{ij}$。令

$$\boldsymbol{\mu}_{({\rm r,s})}^i=\left[\mu_{({\rm r,s})}^{i1}\cdots\mu_{({\rm r,s})}^{iN_{\rm r}}\right]^{\rm T}\in\mathbb{C}^{N_{\rm r}\times1} \tag{10.20}$$

$$\boldsymbol{\mu}_{({\rm r,s})}=\left[(\boldsymbol{\mu}_{({\rm r,s})}^1)^{\rm T}\cdots(\boldsymbol{\mu}_{({\rm r,s})}^{N_{\rm t}})^{\rm T}\right]^{\rm T}\in\mathbb{C}^{N_{\rm t}N_{\rm r}\times1} \tag{10.21}$$

式中，$(\cdot)_{({\rm r,s})}$ 分别表示 $(\cdot)_{\rm r}$ 和 $(\cdot)_{\rm s}$。将式（10.19）代入式（10.18），得

$$l_1^i(\boldsymbol{\mu}_{\rm r}^i,\boldsymbol{\mu}_{\rm s}^i,\boldsymbol{u}^i\left|\boldsymbol{s}^i\right.)\approx-\frac{1}{\sigma^2}\sum_{j=1}^{N_{\rm r}}\left(\left\|\tilde{\boldsymbol{s}}_{\rm s}^{ij}-\mu_{\rm s}^{ij}\boldsymbol{u}^i\right\|^2+\left\|\tilde{\boldsymbol{s}}_{\rm r}^{ij}-\mu_{\rm r}^{ij}\boldsymbol{u}^i\right\|^2+E_{({\rm rs})^\perp}^{ij}\right) \tag{10.22}$$

由式（10.22）可得 $\mu_{({\rm r,s})}^{ij}$ 的最大似然估计为

$$\hat{\mu}_{({\rm r,s})}^{ij}=\frac{(\boldsymbol{u}^i)^{\rm H}\tilde{\boldsymbol{s}}_{({\rm r,s})}^{ij}}{\left\|\boldsymbol{u}^i\right\|^2} \tag{10.23}$$

将式（10.23）代入式（10.22），化简可得

$$l_1^i(\hat{\boldsymbol{\mu}}_{\rm r}^i,\hat{\boldsymbol{\mu}}_{\rm s}^i,\boldsymbol{u}^i\left|\boldsymbol{s}^i\right.)=-\frac{1}{\sigma^2}\left(E^i-\frac{\boldsymbol{u}^{i^{\rm H}}\boldsymbol{\Phi}_1^i\boldsymbol{\Phi}_1^{i^{\rm H}}\boldsymbol{u}^i}{\left\|\boldsymbol{u}^i\right\|^2}\right) \tag{10.24}$$

式中，$\boldsymbol{\Phi}_1^i=\left[\boldsymbol{\Phi}_s^i \quad \boldsymbol{\Phi}_r^i\right]$，$\boldsymbol{\Phi}_s^i$ 和 $\boldsymbol{\Phi}_r^i$ 定义为

$$\boldsymbol{\Phi}_{(r,s)}^i=\left[\tilde{\boldsymbol{s}}_{(r,s)}^{i1},\cdots,\tilde{\boldsymbol{s}}_{(r,s)}^{iN_r}\right]\in\mathbb{C}^{L\times N_r} \tag{10.25}$$

标量 $E^i=\sum_j\left\|\boldsymbol{s}^{ij}\right\|^2$ 表示与第 i 个发射机对应的所有量测的能量，且

$$\left\|\boldsymbol{s}^{ij}\right\|^2=\left\|\tilde{\boldsymbol{s}}_r^{ij}\right\|^2+\left\|\tilde{\boldsymbol{s}}_s^{ij}\right\|^2+E_{(rs)^\perp}^{ij} \tag{10.26}$$

令 $\lambda_1(\cdot)$ 为矩阵参量的最大特征值，$\boldsymbol{v}_1(\cdot)$ 为对应的特征向量。然后，当 $\boldsymbol{u}^i=\boldsymbol{v}_1(\boldsymbol{\Phi}_1^i\boldsymbol{\Phi}_1^{i^{\mathrm{H}}})$ 时，可得式（10.24）的瑞利商的最大值为 $\lambda_1(\boldsymbol{\Phi}_1^i\boldsymbol{\Phi}_1^{i^{\mathrm{H}}})$。因此，$\hat{\boldsymbol{u}}^i=\boldsymbol{v}_1(\boldsymbol{\Phi}_1^i\boldsymbol{\Phi}_1^{i^{\mathrm{H}}})$，于是式（10.24）变为

$$l_1^i(\hat{\boldsymbol{\mu}}_r^i,\hat{\boldsymbol{\mu}}_s^i,\hat{\boldsymbol{u}}^i\left|\boldsymbol{s}^i\right.)=-\frac{1}{\sigma^2}\left(E^i-\lambda_1(\boldsymbol{\Phi}_1^i\boldsymbol{\Phi}_1^{i^{\mathrm{H}}})\right) \tag{10.27}$$

注意 $\lambda_1(\boldsymbol{\Phi}_1^i\boldsymbol{\Phi}_1^{i^{\mathrm{H}}})=\lambda_1(\boldsymbol{\Phi}_1^{i^{\mathrm{H}}}\boldsymbol{\Phi}_1^i)$，$2N_r\ll L$，利用 Gram 矩阵 $\boldsymbol{G}_1^i=(\boldsymbol{\Phi}_1^i)^{\mathrm{H}}\boldsymbol{\Phi}_1^i\in\mathbb{C}^{2N_r\times 2N_r}$ 得

$$l_1^i(\hat{\boldsymbol{\mu}}_r^i,\hat{\boldsymbol{\mu}}_s^i,\hat{\boldsymbol{u}}^i\left|\boldsymbol{s}^i\right.)=-\frac{1}{\sigma^2}\left(E^i-\lambda_1(\boldsymbol{G}_1^i)\right) \tag{10.28}$$

因此，利用式（10.17）和式（10.28）得

$$l_1(\hat{\boldsymbol{\mu}}_r,\hat{\boldsymbol{\mu}}_s,\hat{\boldsymbol{u}}\left|\boldsymbol{s}\right.)=-\frac{1}{\sigma^2}\sum_{i=1}^{N_t}(E^i-\lambda_1(\boldsymbol{G}_1^i)) \tag{10.29}$$

在 $\mathcal{H}_0$ 假设下，进行类似的推导，可得

$$l_0(\hat{\boldsymbol{\mu}}_r,\hat{\boldsymbol{u}}\left|\boldsymbol{s}\right.)=-\frac{1}{\sigma^2}\sum_{i=1}^{N_t}(E^i-\lambda_1(\boldsymbol{G}_{rr}^i)) \tag{10.30}$$

式中，$\boldsymbol{G}_{rr}^i=(\boldsymbol{\Phi}_r^i)^{\mathrm{H}}\boldsymbol{\Phi}_r^i\in\mathbb{C}^{N_r\times N_r}$，利用式（10.29）和式（10.30），由式（10.16）得 RS-GLRT 为

$$\xi_{rs}=\frac{1}{\sigma^2}\sum_{i=1}^{N_t}\left(\lambda_1(\boldsymbol{G}_1^i)-\lambda_1(\boldsymbol{G}_{rr}^i)\right)\underset{\mathcal{H}_0}{\overset{\mathcal{H}_1}{\gtrless}}\kappa_{rs} \tag{10.31}$$

10.2.2　监视－监视检测器 SS-GLRT

PCL 系统可以只利用目标路径信号进行目标检测，得到的检测器是式（10.31）中的 RS-GLRT 检测器的特例，即 $\tilde{\boldsymbol{s}}_r^{ij}=0,\forall i,j$，因此

$$\xi_{ss}=\frac{1}{\sigma^2}\sum_{i=1}^{N_t}\lambda_1(\boldsymbol{G}_{ss}^i)\underset{\mathcal{H}_0}{\overset{\mathcal{H}_1}{\gtrless}}\kappa_{ss} \tag{10.32}$$

式中，$\boldsymbol{G}_{ss}^i=(\boldsymbol{\Phi}_s^i)^{\mathrm{H}}\boldsymbol{\Phi}_s^i$。这就是第 9 章讨论的无直达波信号的 PCL 检测，它等价于 PSL 检测。在 PCL 系统中，目标可认为辐射的是目标散射信号[9]。

10.2.3 匹配滤波检测器 MF-GLRT

为便于比较，同时考虑发射信号 $\boldsymbol{u}$ 完全已知时，匹配滤波 GLRT（MF-GLRT）的性能。在 $\mathcal{H}_1$ 假设下，通过式（10.24）中的 RS-GLRT 的推导和 $\mathcal{H}_0$ 假设下的类似步骤，可得

$$\xi_{\text{mf}} = \frac{1}{\sigma^2}\sum_{i=1}^{N_\text{t}}\sum_{j=1}^{N_\text{r}}\left|(\boldsymbol{u}^i)^\text{H}\tilde{\boldsymbol{s}}_\text{s}^{ij}\right|^2 \underset{\mathcal{H}_0}{\overset{\mathcal{H}_1}{\gtrless}} \kappa_{\text{mf}} \tag{10.33}$$

假设发射信号 $\boldsymbol{u}$ 在 AMR 中是已知的。ξ_{mf} 是通过时延和多普勒补偿后的监视信号，对每个发射接收双基地对的匹配并不由相参积累形成，这是 AMR 检测中常见的结构[7]。

10.3 RS-GLRT 检测统计量的分布

本节给出 $\mathcal{H}_1$ 和 $\mathcal{H}_0$ 假设下 ξ_{mf} 和 ξ_{rs} 的概率密度函数。ξ_{ss} 的概率密度函数见 9.3 节。考虑检测单元 $(\boldsymbol{p},\dot{\boldsymbol{p}})$ 中有目标和无目标的情况，其中 $\boldsymbol{p},\dot{\boldsymbol{p}}$ 分别是辐射源的位置和速度。这时，与式（B.21）对应的监视信号 $\tilde{\boldsymbol{s}}_\text{s}^{ij}$ 退化为

$$\tilde{\boldsymbol{s}}_\text{s}^{ij} = b_1\mu_\text{s}^{ij}\boldsymbol{u}^i + \tilde{\boldsymbol{n}}_\text{s}^{ij} \tag{10.34}$$

式中，在 $\mathcal{H}_1$ 和 $\mathcal{H}_0$ 假设下，b_1 分别为 1 和 0；$\boldsymbol{n}_\text{s}^{ij} \sim CN(\boldsymbol{0}_L,\sigma^2\boldsymbol{I}_L)$。因此，$\tilde{\boldsymbol{s}}_\text{s}^{ij}$ 的分布为

$$\tilde{\boldsymbol{s}}_\text{s}^{ij} \sim CN(b_1\mu_\text{s}^{ij}\boldsymbol{u}^i,\sigma^2\boldsymbol{I}_L) \tag{10.35}$$

类似地，在 $\mathcal{H}_1$ 和 $\mathcal{H}_0$ 假设下，$\tilde{\boldsymbol{s}}_\text{r}^{ij} \sim CN(\mu_\text{r}^{ij}\boldsymbol{u}^i,\sigma^2\boldsymbol{I}_L)$。

10.3.1 匹配滤波 MF-GLRT 的分布

首先，考虑式（10.33）对应的 MF-GLRT 的统计量 ξ_{mf}。由式（10.35）可知，内积 $(\boldsymbol{u}^i)^\text{H}\tilde{\boldsymbol{s}}_\text{s}^{ij}$ 的分布是 $CN(b_1\mu_\text{s}^{ij}L,\sigma^2 L)$，因此统计量 ξ_{mf} 可以写为

$$\xi_{\text{mf}} = \left(\frac{L}{2}\right)\chi^2_{(2N_\text{t}N_\text{r}),\zeta_{\text{mf}}} \tag{10.36}$$

式中，$\chi^2_{(k),\zeta}$ 是自由度为 k、非中心参数为 ζ 的非中心卡方随机变量，且

$$\zeta_{\text{mf}} = \frac{2}{\sigma^2 L}\sum_{i=1}^{N_\text{t}}\sum_{j=1}^{N_\text{r}}\left|b_1\mu_\text{s}^{ij}L\right|^2 \tag{10.37}$$

$$= 2b_1 L N_\text{r}\sum_{i=1}^{N_\text{t}}\text{SNR}_{\text{avg}}^i \tag{10.38}$$

式中，$\text{SNR}_{\text{avg}}^i = \left\|\mu_\text{s}^i\right\|^2 \big/ (N_\text{r}\sigma^2)$ 是监视通道形成后与第 i 个发射机对应的目标路径的平均信噪

比。因此，ξ_{mf} 的概率密度函数记为 $p_{\mathrm{mf}}(\xi)$，即

$$p_{\mathrm{mf}}(\xi)=\left(\frac{2}{L}\right)f_{\chi^2}\left(\frac{2\xi}{L};2N_tN_{\mathrm{r}},\zeta_{\mathrm{mf}}\right) \tag{10.39}$$

式中，$f_{\chi^2}(x;k,\zeta)$ 是 $\chi^2_{(k),\zeta}$ 的概率密度函数，即

$$f_{\chi^2}(x;k,\zeta)=\frac{1}{2}\mathrm{e}^{-(x+\zeta)/2}\left(\frac{x}{\zeta}\right)^{(k-2)/4}\mathrm{I}_{k/2-1}(\sqrt{\zeta x}) \tag{10.40}$$

式中，$\mathrm{I}_\nu(z)$ 是第一类 ν 阶修正 Bessel 函数。在 $\mathcal{H}_0$ 假设下，$\xi_{\mathrm{mf}}=0$，式（10.40）退化为自由度为 k 的中心卡方分布。

10.3.2　参考－监视 GLRT 的分布

本节分析式（10.31）中的 RS-GLRT 统计量 ξ_{rs}。Gram 矩阵 $\boldsymbol{G}_{\mathrm{rr}}^i$ 在 $\mathcal{H}_1$ 和 $\mathcal{H}_0$ 假设下均服从非中心不相关复 Wishart 分布。$\boldsymbol{G}_{\mathrm{rr}}^i\sim W_{N_{\mathrm{r}}}(L,\boldsymbol{\Sigma}_{\mathrm{rr}}^i,\boldsymbol{\Omega}_{\mathrm{rr}}^i)$，其中 $\boldsymbol{\Sigma}_{\mathrm{rr}}^i=\sigma^2\boldsymbol{I}_{N_{\mathrm{r}}}$，$\boldsymbol{\Omega}_{\mathrm{rr}}^i$ 是秩为 1 的非中心矩阵，其非零特征值 ζ_{rr}^i 为

$$\zeta_{\mathrm{rr}}^i=\frac{L\left\|\boldsymbol{\mu}_{\mathrm{r}}^i\right\|^2}{\sigma^2}=LN_{\mathrm{r}}\mathrm{DNR}_{\mathrm{avg}}^i \tag{10.41}$$

式中，$\mathrm{DNR}_{\mathrm{avg}}^i=\left\|\mu_{\mathrm{r}}^i\right\|^2\Big/(N_{\mathrm{r}}\sigma^2)$ 是参考通道形成后，与第 i 个发射机对应的直达路径输入平均 SNR。Gram 矩阵 $\boldsymbol{G}_{\mathrm{rr}}^i$ 只取决于直达路径信号，因而其分布在 $\mathcal{H}_1$ 和 $\mathcal{H}_0$ 假设下是不变的。Gram 矩阵 $\boldsymbol{G}_1^i$ 在两种假设下都有 $\boldsymbol{G}_1^i\sim \boldsymbol{W}_{2N\mathrm{r}}(L,\boldsymbol{\Sigma}_1^i,\boldsymbol{\Omega}_1^i)$，其中 $\boldsymbol{\Sigma}_1^i=\sigma^2\boldsymbol{I}_{2N_{\mathrm{r}}}$，$\boldsymbol{\Omega}_1^i$ 是秩为 1 的非中心矩阵，也服从非中心不相关复 Wishart 分布，在两种假设条件下，非零特征值 ζ_1^i 为

$$\zeta_1^i=\begin{cases}LN_{\mathrm{r}}(\mathrm{DNR}_{\mathrm{avg}}^i+\mathrm{SNR}_{\mathrm{avg}}^i), & \mathcal{H}_1\\ LN_{\mathrm{r}}\mathrm{DNR}_{\mathrm{avg}}^i, & \mathcal{H}_0\end{cases} \tag{10.42}$$

因此，$\lambda_1(\boldsymbol{G}_{\mathrm{rr}}^i)$ 与 $\lambda_1(\boldsymbol{G}_1^i)$ 各自的分布可以在文献[12]中的结论中得到。然而，$\lambda_1(\boldsymbol{G}_{\mathrm{rr}}^i)$ 与 $\lambda_1(\boldsymbol{G}_1^i)$ 并不是独立的，因为 $\boldsymbol{G}_{\mathrm{rr}}^i$ 是 $\boldsymbol{G}_1^i$ 中的对角线模块。复 Wishart 矩阵对应特征值及其对角线模块对应特征值的联合分布似乎不存在，因此不求 ξ_{rs} 的准确分布。

然而，当 DNR 很高即 $\mathrm{DNR}_{\mathrm{avg}}^i\gg 1,\forall i$，且直达波信号和目标回波信号间的平均功率比 $\bar{\rho}^i$ 很高即 $\bar{\rho}^i=\left\|\boldsymbol{\mu}_{\mathrm{r}}^i\right\|^2\Big/\left\|\boldsymbol{\mu}_{\mathrm{s}}^i\right\|^2\gg 1,\forall i$ 时，ξ_{rs} 近似于 ξ_{mf}。令 $\lambda_n(\cdot)$ 是其矩阵参数的第 n 个最大特征值，在高 DNR 条件下，$\boldsymbol{G}_1^i$ 的秩近似为 1，即 $\lambda_1(\boldsymbol{G}_1^i)\big/\lambda_j(\boldsymbol{G}_1^i)\gg 1,\ 2\leqslant j\leqslant 2N_{\mathrm{r}}$，因此有

$$\lambda_1(\boldsymbol{G}_1^i)\approx\sqrt{\lambda_1^2(\boldsymbol{G}_1^i)+\cdots+\lambda_{2N_{\mathrm{r}}}^2(\boldsymbol{G}_1^i)}=\left\|\boldsymbol{G}_1^i\right\|_{\mathrm{F}} \tag{10.43}$$

式中，$\|\cdot\|_{\mathrm{F}}$ 表示矩阵的 F 范数。$\boldsymbol{G}_1^i$ 可以表示为四块，即

$$\boldsymbol{G}_1^i=\begin{bmatrix}\boldsymbol{\Phi}_{\mathrm{s}}^{i^{\mathrm{H}}}\boldsymbol{\Phi}_{\mathrm{s}}^i & \boldsymbol{\Phi}_{\mathrm{s}}^{i^{\mathrm{H}}}\boldsymbol{\Phi}_{\mathrm{r}}^i\\ \boldsymbol{\Phi}_{\mathrm{r}}^{i^{\mathrm{H}}}\boldsymbol{\Phi}_{\mathrm{s}}^i & \boldsymbol{\Phi}_{\mathrm{r}}^{i^{\mathrm{H}}}\boldsymbol{\Phi}_{\mathrm{r}}^i\end{bmatrix}\triangleq\begin{bmatrix}\boldsymbol{G}_{\mathrm{ss}}^i & \boldsymbol{G}_{\mathrm{sr}}^i\\ \boldsymbol{G}_{\mathrm{rs}}^i & \boldsymbol{G}_{\mathrm{rr}}^i\end{bmatrix} \tag{10.44}$$

式中，$(\boldsymbol{G}_{\mathrm{rs}}^i)^{\mathrm{H}}=\boldsymbol{G}_{\mathrm{sr}}^i$，得

$$\left\|\boldsymbol{G}_1^i\right\|_{\mathrm{F}}=\sqrt{\left\|\boldsymbol{G}_{\mathrm{ss}}^i\right\|_{\mathrm{F}}^2+2\left\|\boldsymbol{G}_{\mathrm{rs}}^i\right\|_{\mathrm{F}}^2+\left\|\boldsymbol{G}_{\mathrm{rr}}^i\right\|_{\mathrm{F}}^2} \tag{10.45}$$

令 $F_{\mathrm{ss}}^i=\left\|\boldsymbol{G}_{\mathrm{ss}}^i\right\|_{\mathrm{F}},F_{\mathrm{rs}}^i=\left\|\boldsymbol{G}_{\mathrm{rs}}^i\right\|_{\mathrm{F}},F_{\mathrm{rr}}^i=\left\|\boldsymbol{G}_{\mathrm{rr}}^i\right\|_{\mathrm{F}}$，并且假设 $\tilde{F}_{\mathrm{rs}}^i=F_{\mathrm{rs}}^i/F_{\mathrm{rr}}^i$，则有

$$\left\|\boldsymbol{G}_1^i\right\|_{\mathrm{F}}=F_{\mathrm{rr}}^i\sqrt{1+\frac{F_{\mathrm{ss}}^{i^2}+2F_{\mathrm{rs}}^{i^2}}{F_{\mathrm{rr}}^{i^2}}} \tag{10.46}$$

$$\approx F_{\mathrm{rr}}^i\sqrt{1+2\tilde{F}_{\mathrm{rs}}^{i^2}} \tag{10.47}$$

$$=F_{\mathrm{rr}}^i\left(1+\tilde{F}_{\mathrm{rs}}^{i^2}+O(\tilde{F}_{\mathrm{rs}}^{i^4})\right) \tag{10.48}$$

$$\approx F_{\mathrm{rr}}^i\left(1+\tilde{F}_{\mathrm{rs}}^{i^2}\right) \tag{10.49}$$

由于 $2F_{\mathrm{rs}}^{i^2}\gg F_{\mathrm{ss}}^{i^2}$，在 $\bar{\rho}^i$ 很高的条件下，式（10.47）是近似成立的。式（10.48）利用 $\sqrt{1+x}$ 在 $x=0$ 的邻域的泰勒级数展开，即 $\sqrt{1+x}=1+x/2+O(x^2)$，$|x|<1$ 时收敛。而 $2F_{\mathrm{rs}}^{i^2}\ll F_{\mathrm{rr}}^{i^2}$，当 $\bar{\rho}^i$ 很高时，式（10.49）成立。

类似地，在 DNR 很高的情况下，矩阵 $\boldsymbol{G}_{\mathrm{rr}}^i$ 的秩也近似为 1，因此有

$$\lambda_1(\boldsymbol{G}_{\mathrm{rr}}^i)\approx F_{\mathrm{rr}}^i \tag{10.50}$$

利用式（10.49）和式（10.50）得

$$\xi_{\mathrm{rs}}\approx\frac{1}{\sigma^2}\sum_{i=1}^{N_t}\frac{F_{\mathrm{rs}}^{i^2}}{F_{\mathrm{rr}}^i} \tag{10.51}$$

如果在 DNR 很高时进一步忽略 $\tilde{\boldsymbol{s}}_{\mathrm{r}}^{ij}$ 中的噪声项，即 $\tilde{\boldsymbol{s}}_{\mathrm{r}}^{ij}\approx\mu_{\mathrm{r}}^{ij}\boldsymbol{u}^i$，则 $F_{\mathrm{rs}}^{i^2}$ 可以展开为

$$F_{\mathrm{rs}}^{i^2}=\sum_{j=1}^{N_{\mathrm{r}}}\sum_{k=1}^{N_{\mathrm{r}}}\left|\tilde{\boldsymbol{s}}_{\mathrm{r}}^{ij^{\mathrm{H}}}\tilde{\boldsymbol{s}}_{\mathrm{s}}^{ik}\right|^2 \tag{10.52}$$

$$\approx\left\|\boldsymbol{\mu}_{\mathrm{r}}^i\right\|^2\sum_{k=1}^{N_{\mathrm{r}}}\left|\boldsymbol{u}^{i^{\mathrm{H}}}\tilde{\boldsymbol{s}}_{\mathrm{s}}^{ik}\right|^2 \tag{10.53}$$

类似地，有

$$F_{\mathrm{rr}}^i\approx L\left\|\boldsymbol{\mu}_{\mathrm{r}}^i\right\|^2 \tag{10.54}$$

将式（10.53）和式（10.54）代入式（10.51），得

$$\xi_{\mathrm{rs}} \approx \frac{1}{\sigma^2}\sum_{j=1}^{N_{\mathrm{t}}}\sum_{k=1}^{N_{\mathrm{r}}}\frac{\left|\boldsymbol{u}^{i^{\mathrm{H}}}\tilde{\boldsymbol{s}}_{\mathrm{s}}^{ik}\right|^2}{L} \tag{10.55}$$

$$=\left(\frac{1}{L}\right)\xi_{\mathrm{mf}} \tag{10.56}$$

因此，ξ_{rs} 可近似为

$$\xi_{\mathrm{rs}} \approx \left(\frac{1}{2}\right)\chi^2_{(2N_{\mathrm{t}}N_{\mathrm{r}}),\zeta_{\mathrm{mf}}} \tag{10.57}$$

则其分布为 $p_{\mathrm{rs}}(\xi)=2f_{\chi^2}(2\xi;2N_{\mathrm{t}}N_{\mathrm{r}},\zeta_{\mathrm{mf}})$。假设检测门限的尺度因子相同时，检测统计量的尺度因子不会影响检测性能，因此在 DNR 和 $\overline{\rho}^i$ 都很大时，RS-GLRT 检测器等价于 MF-GLRT 检测器。

图 10.3 验证了式（10.57）的有效性，比较了 ξ_{rs} 用 10^5 次仿真实现的归一化直方图和两种假设下与式（10.57）对应的概率密度函数。在仿真环境中，假设有 2 个发射机、3 个接收机，每个发射信号的采样长度都为 $L=1000$，随机选择通道的尺度因子 $\tilde{\mu}_{\mathrm{r}}^{ij},\tilde{\mu}_{\mathrm{s}}^{ij}$，使得 $\mathrm{SNR}_{\mathrm{avg}}^{i}=-20\mathrm{dB}$, $\mathrm{DNR}_{\mathrm{avg}}^{i}=+20\mathrm{dB},\forall i$。假定 $\sigma^2=10^{-6}$, $\overline{\rho}^i=+40\mathrm{dB}$。如图 10.3 所示，预测的概率密度函数与仿真实验计算结果近似匹配。

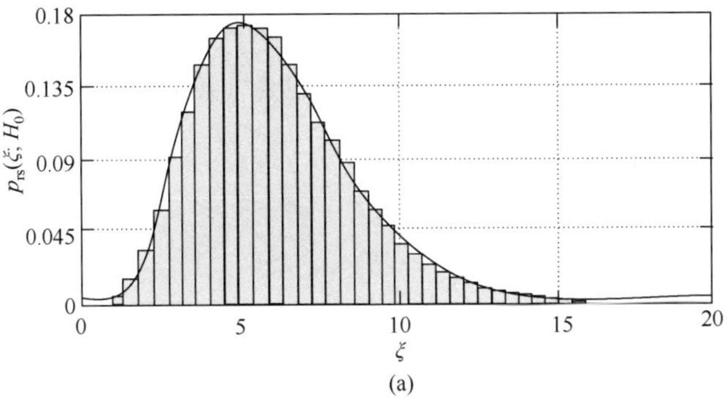

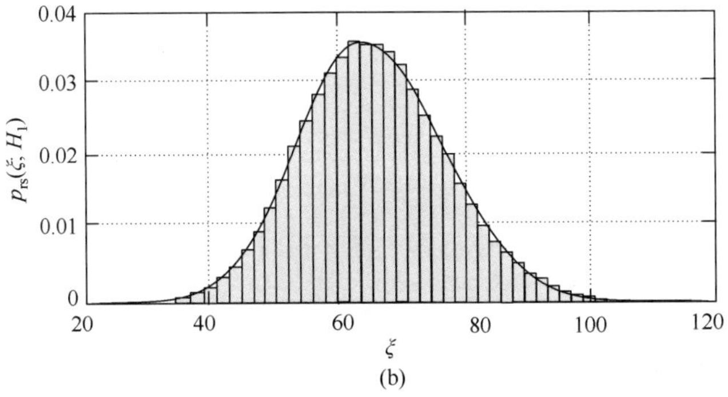

图 10.3 实验条件下得到的概率密度函数和预测的概率密度函数

10.3.3 与 SNR 和 DNR 的关系

当前给出的所有概率密度函数都只与 $\mathrm{SNR}_{\mathrm{avg}}^{i}, \mathrm{DNR}_{\mathrm{avg}}^{i}, N_{\mathrm{t}}, N_{\mathrm{r}}$ 有关，分别分析式（10.38）中非中心参数 ζ_{mf}，以及式（9.37）、式（10.40）和式（10.41）对应的复 Wishart 非中心矩阵特征值 $\zeta_{\mathrm{ss}}^{i}, \zeta_{\mathrm{rr}}^{i}, \zeta_{1}^{i}$，可知它们都是以 $L, N_{\mathrm{r}}, \mathrm{SNR}_{\mathrm{avg}}^{i}$ 或 $L, N_{\mathrm{r}}, \mathrm{DNR}_{\mathrm{avg}}^{i}$ 为参数的函数，与 N_{t} 的关系可由式（10.38）和式（9.33）中 N_{t} 个概率密度函数卷积得到的非中心参数 ζ_{mf} 看出。因此，检测性能与发射波形具体的形式无关，也与接收机中具体的直达波信噪比和目标回波信噪比无关。相反，检测性能只与发射波形的能量 $\left\|\boldsymbol{u}^{i}\right\|^{2}=L$ 和接收机间直达波路径回波平均 SNR 和目标回波平均 SNR 有关。LN_{r} 因子可认为是时域相参积累和接收机通道间积累等信号处理获得的增益。此外，检测性能将随 $L, N_{\mathrm{r}}, \mathrm{SNR}_{\mathrm{avg}}^{i}$ 的增加而单调提高。10.5 节的仿真实验结果也将说明这一点。

10.4 RS-GLRT 与 SS-GLRT 的对比分析

本节分析检测统计量 $\xi_{\mathrm{rs}}, \xi_{\mathrm{ss}}, \xi_{\mathrm{mf}}$ 间的关系，重点研究 ξ_{rs} 检测统计量中的 Gram 矩阵 $\boldsymbol{G}_{1}^{i}$。可以看出，需要计算矩阵 $\boldsymbol{G}_{1}^{i}$ 的模块矩阵 $\boldsymbol{G}_{\mathrm{ss}}^{i}$ 和 $\boldsymbol{G}_{\mathrm{sr}}^{i}$，它们分别是 PSL 和 AMR 的特征。首先分析真实目标状态 $(\boldsymbol{t}, \dot{\boldsymbol{t}})$ 和 $(\boldsymbol{p}, \dot{\boldsymbol{p}})$ 间的区别。若 $\boldsymbol{t}$ 与 $\boldsymbol{p}$ 间存在失配，则目标的实际到达角与假定的到达角间可能存在失配，导致失配损耗。利用式（B.9），可以发现波束形成后的监视信号 $\boldsymbol{s}_{\mathrm{s}}^{ij}$ 为

$$\boldsymbol{s}_{\mathrm{s}}^{ij}=\tilde{\mu}_{\mathrm{s}}^{ij} D_{\mathrm{t}}^{ij} \boldsymbol{u}^{i}+\boldsymbol{n}_{\mathrm{s}}^{ij} \tag{10.58}$$

式中，$\tilde{\mu}_{\mathrm{s}}^{ij}=\zeta_{\mathrm{p}}^{ij} \mu_{\mathrm{s}}^{ij}$。$\zeta_{\mathrm{p}}^{ij}$ 为角度失配损耗，

$$\zeta_{\mathrm{p}}^{ij}=\frac{\beta_{\mathrm{pt}}^{ij}-(\beta_{\mathrm{dp}}^{ij})^{*} \beta_{\mathrm{dt}}^{ij}}{1-\left|\beta_{\mathrm{dp}}^{ij}\right|^{2}} \tag{10.59}$$

而标量 $\beta_{\mathrm{pt}}^{ij}, \beta_{\mathrm{dt}}^{ij}, \beta_{\mathrm{dp}}^{ij}$ 的定义分别为

$$\beta_{\mathrm{pt}}^{ij}=\frac{(\boldsymbol{a}_{\mathrm{p}}^{ij})^{\mathrm{H}} \boldsymbol{a}_{\mathrm{t}}^{ij}}{N_{\mathrm{e}}}, \quad \beta_{\mathrm{dt}}^{ij}=\frac{(\boldsymbol{a}_{\mathrm{d}}^{ij})^{\mathrm{H}} \boldsymbol{a}_{\mathrm{t}}^{ij}}{N_{\mathrm{e}}}, \quad \beta_{\mathrm{dp}}^{ij}=\frac{(\boldsymbol{a}_{\mathrm{d}}^{ij})^{\mathrm{H}} \boldsymbol{a}_{\mathrm{p}}^{ij}}{N_{\mathrm{e}}} \tag{10.60}$$

因此，$\left|\zeta_{\mathrm{p}}^{ij}\right| \leqslant 1$，当 $\boldsymbol{a}_{\mathrm{p}}^{ij}=\boldsymbol{a}_{\mathrm{t}}^{ij}$ 时，$\zeta_{\mathrm{p}}^{ij}=1$，即 $\boldsymbol{t}$ 与 $\boldsymbol{p}$ 相对于第 j 个接收机的角度相同。

10.4.1 监视－监视处理

考虑式（10.44）中 $\boldsymbol{G}_{1}^{i}$ 的左上角模块 $\boldsymbol{G}_{\mathrm{ss}}^{i}$，$\boldsymbol{G}_{\mathrm{ss}}^{i}$ 的元素由监视信号 $\{\tilde{\boldsymbol{s}}_{\mathrm{s}}^{ij}: j=1, \cdots, N_{\mathrm{r}}\}$ 两两配

对后的内积组成，第 jk 个元素可以表示为

$$[\boldsymbol{G}_{\mathrm{ss}}^{i}]_{jk} = \tilde{\boldsymbol{s}}_{\mathrm{s}}^{ij^{\mathrm{H}}} \tilde{\boldsymbol{s}}_{\mathrm{s}}^{ik} \tag{10.61}$$

$$= \boldsymbol{s}_{\mathrm{s}}^{ij^{\mathrm{H}}} D_{\mathrm{p}}^{ij} D_{\mathrm{p}}^{ik^{\mathrm{H}}} \boldsymbol{s}_{\mathrm{s}}^{ik} \tag{10.62}$$

$$= \boldsymbol{s}_{\mathrm{s}}^{ij^{\mathrm{H}}} D(\ell_{\mathrm{p}}^{ij}, \upsilon_{\mathrm{p}}^{ij}) D^{\mathrm{H}}(\ell_{\mathrm{p}}^{ik}, \upsilon_{\mathrm{p}}^{ik}) \boldsymbol{s}_{\mathrm{s}}^{ik} \tag{10.63}$$

$$= \boldsymbol{s}_{\mathrm{s}}^{ij^{\mathrm{H}}} D\left(\underbrace{\ell_{\mathrm{p}}^{ij} - \ell_{\mathrm{p}}^{ik}}_{\triangleq \Delta\ell_{\mathrm{p}}^{i,jk}}, \underbrace{\upsilon_{\mathrm{p}}^{ij} - \upsilon_{\mathrm{p}}^{ik}}_{\triangleq \Delta\upsilon_{\mathrm{p}}^{i,jk}} \right) \boldsymbol{s}_{\mathrm{s}}^{ik} \tag{10.64}$$

$$= \chi_{\mathrm{ss}}^{i,jk}(\Delta\ell_{\mathrm{p}}^{i,jk}, \Delta\upsilon_{\mathrm{p}}^{i,jk}) \tag{10.65}$$

式中，$\chi_{\mathrm{ss}}^{i,jk}(\Delta\ell,\Delta\upsilon)$ 是第 j 个与第 k 个接收机的第 i 个监视通道间的互模糊函数 CAF，它定义为

$$\chi_{\mathrm{ss}}^{i,jk}(\Delta\ell,\Delta\upsilon) = \sum_{l=0}^{L-1} [\boldsymbol{s}_{\mathrm{s}}^{ik}]_l [\boldsymbol{s}_{\mathrm{s}}^{ij}]_{l+\Delta\ell}^{*} \mathrm{e}^{\mathrm{j}\Delta\upsilon l} \tag{10.66}$$

式中，$\Delta\ell_{\mathrm{p}}^{i,jk}$ 是第 j 个接收机与第 k 个接收机间的到达时差（TDOA），$\Delta\upsilon_{\mathrm{p}}^{i,jk}$ 是相应的到达频差（FDOA）。因此，$\boldsymbol{G}_{\mathrm{ss}}^{i}$ 的元素可解释为两两配对后监视－监视信号 CAF 的采样。这被称为监视－监视处理。

$\boldsymbol{G}_{\mathrm{ss}}^{i}$ 的元素也可用第 i 个发射信号 $\boldsymbol{u}^{i}$ 的模糊函数（Ambiguity Function，AF）来表示。如果忽略接收机噪声，并用式（10.64）替换式（10.58）中的 $\boldsymbol{s}_{\mathrm{s}}^{ij}, \boldsymbol{s}_{\mathrm{s}}^{ik}$，那么 $[\boldsymbol{G}_{\mathrm{ss}}^{i}]_{jk}$ 可以表示为

$$[\boldsymbol{G}_{\mathrm{ss}}^{i}]_{jk} = \boldsymbol{s}_{\mathrm{s}}^{ij^{\mathrm{H}}} D(\Delta\ell_{\mathrm{p}}^{i,jk}, \Delta\upsilon_{\mathrm{p}}^{i,jk}) \boldsymbol{s}_{\mathrm{s}}^{ik} \tag{10.67}$$

$$= (\tilde{\mu}_{\mathrm{s}}^{ij} D_{\mathrm{t}}^{ij} \boldsymbol{u}^{i})^{\mathrm{H}} D(\Delta\ell_{\mathrm{p}}^{i,jk}, \Delta\upsilon_{\mathrm{p}}^{i,jk}) (\tilde{\mu}_{\mathrm{s}}^{ik} D_{\mathrm{t}}^{ik} \boldsymbol{u}^{i}) \tag{10.68}$$

$$= \tilde{\mu}_{\mathrm{s}}^{ij^{*}} \tilde{\mu}_{\mathrm{s}}^{ik} \boldsymbol{u}^{i^{\mathrm{H}}} D^{\mathrm{H}}(\Delta\ell_{\mathrm{t}}^{i,jk}, \Delta\upsilon_{\mathrm{t}}^{i,jk}) D(\Delta\ell_{\mathrm{p}}^{i,jk}, \Delta\upsilon_{\mathrm{p}}^{i,jk}) \boldsymbol{u}^{i} \tag{10.69}$$

$$= \tilde{\mu}_{\mathrm{s}}^{ij^{*}} \tilde{\mu}_{\mathrm{s}}^{ik} \chi^{i}(\Delta\ell_{\mathrm{p}}^{i,jk} - \Delta\ell_{\mathrm{t}}^{i,jk}, \Delta\upsilon_{\mathrm{p}}^{i,jk} - \Delta\upsilon_{\mathrm{t}}^{i,jk}) \tag{10.70}$$

式中，$\chi^{i}(\Delta\ell,\Delta\upsilon)$ 是发射信号 $\boldsymbol{u}^{i}$ 的模糊函数，它定义为

$$\chi^{i}(\Delta\ell,\Delta\upsilon) \triangleq \sum_{l=0}^{L-1} [\boldsymbol{u}^{i}]_l [\boldsymbol{u}^{i}]_{l+\Delta\ell}^{*} \mathrm{e}^{\mathrm{j}\Delta\upsilon l} \tag{10.71}$$

当 $\chi^{i}(\Delta\ell,\Delta\upsilon)$ 的参数为 0 时，模糊函数将出现峰值，并得到如下等距离和等多普勒条件：

$$\Delta\ell_{\mathrm{p}}^{i,jk} = \Delta\ell_{\mathrm{t}}^{i,jk} \tag{10.72}$$

$$\Delta\upsilon_{\mathrm{p}}^{i,jk} = \Delta\upsilon_{\mathrm{t}}^{i,jk} \tag{10.73}$$

总之，①当假设的 TDOA 与目标真实 TDOA 相等时，②当假设的 FDOA 等于真实目标 FDOA 时，$[\boldsymbol{G}_{\mathrm{ss}}^{i}]_{jk}$ 出现峰值。这是 PSL 传感器网络的典型结论，可利用 TDOA 等值线和 FDOA 等值线进行目标定位[9, 10]。

10.4.2 参考—监视处理

本节考虑式（10.44）中 $\boldsymbol{G}_1^i$ 的右上角模块 $\boldsymbol{G}_{\mathrm{sr}}^i$，$\boldsymbol{G}_{\mathrm{sr}}^i$ 的元素由监视信号 $\{\tilde{\boldsymbol{s}}_{\mathrm{s}}^{ij}: j=1,\cdots,N_{\mathrm{r}}\}$ 和参考信号 $\{\tilde{\boldsymbol{s}}_{\mathrm{r}}^{ij}: j=1,\cdots,N_{\mathrm{r}}\}$ 两两配对后的内积组成。类似地，它的第 jk 个元素为

$$[\boldsymbol{G}_{\mathrm{sr}}^i]_{jk} = \tilde{\boldsymbol{s}}_{\mathrm{s}}^{ij^{\mathrm{H}}} \tilde{\boldsymbol{s}}_{\mathrm{r}}^{ik} \tag{10.74}$$

$$= \boldsymbol{s}_{\mathrm{s}}^{ij^{\mathrm{H}}} D_{\mathrm{p}}^{ij} D_{\mathrm{d}}^{ik^{\mathrm{H}}} \boldsymbol{s}_{\mathrm{r}}^{ik} \tag{10.75}$$

$$= \boldsymbol{s}_{\mathrm{s}}^{ij^{\mathrm{H}}} D(\ell_{\mathrm{p}}^{ij}, \upsilon_{\mathrm{p}}^{ij}) D^{\mathrm{H}}(\ell_{\mathrm{d}}^{ik}, \upsilon_{\mathrm{d}}^{ik}) \boldsymbol{s}_{\mathrm{r}}^{ik} \tag{10.76}$$

$$= \boldsymbol{s}_{\mathrm{s}}^{ij^{\mathrm{H}}} D(\ell_{\mathrm{p}}^{ij} - \ell_{\mathrm{d}}^{ik}, \upsilon_{\mathrm{p}}^{ij} - \upsilon_{\mathrm{d}}^{ik}) \boldsymbol{s}_{\mathrm{r}}^{ik} \tag{10.77}$$

$$= \chi_{\mathrm{sr}}^{i,jk}(\Delta\ell_{\mathrm{pd}}^{i,jk}, \Delta\upsilon_{\mathrm{pd}}^{i,jk}) \tag{10.78}$$

式中，$\Delta\ell_{\mathrm{pd}}^{i,jk} = \ell_{\mathrm{p}}^{ij} - \ell_{\mathrm{d}}^{ik}$ 是相对时延，它定义为假定的双基地时延 ℓ_{p}^{ij} 与直达时延 ℓ_{d}^{ik} 的差；$\Delta\upsilon_{\mathrm{pd}}^{i,jk} = \upsilon_{\mathrm{p}}^{ij} - \upsilon_{\mathrm{d}}^{ik}$ 是相对多普勒，它定义为假定的双基地时延 $\upsilon_{\mathrm{p}}^{ij}$ 与直达时延 $\upsilon_{\mathrm{d}}^{ik}$ 的差；$\chi_{\mathrm{sr}}^{i,jk}(\Delta\ell, \Delta\upsilon)$ 是第 j 个接收机的第 i 个监视通道与第 k 个接收机的第 i 个监视通道间的互模糊函数 CAF，它定义为

$$\chi_{\mathrm{sr}}^{i,jk}(\Delta\ell, \Delta\upsilon) \triangleq \sum_{l=0}^{L-1} [\boldsymbol{s}_{\mathrm{r}}^{ik}]_l [\boldsymbol{s}_{\mathrm{s}}^{ij}]_{l+\Delta\ell}^* \mathrm{e}^{\mathrm{j}\Delta\upsilon l} \tag{10.79}$$

因此，$\boldsymbol{G}_{\mathrm{ss}}^i$ 的元素可解释为两两配对后参考—监视信号 CAF 的采样。这被称为参考—监视处理。

类似地，忽略噪声的影响，$[\boldsymbol{G}_{\mathrm{sr}}^i]_{jk}$ 可以表示为

$$[\boldsymbol{G}_{\mathrm{sr}}^i]_{jk} = \boldsymbol{s}_{\mathrm{s}}^{ij^{\mathrm{H}}} D(\Delta\ell_{\mathrm{pd}}^{i,jk}, \Delta\upsilon_{\mathrm{pd}}^{i,jk}) \boldsymbol{s}_{\mathrm{r}}^{ik} \tag{10.80}$$

$$= (\tilde{\mu}_{\mathrm{s}}^{ij} D_{\mathrm{t}}^{ij} \boldsymbol{u}^i)^{\mathrm{H}} D(\Delta\ell_{\mathrm{pd}}^{i,jk}, \Delta\upsilon_{\mathrm{pd}}^{i,jk}) (\mu_{\mathrm{r}}^{ik} D_{\mathrm{d}}^{ik} \boldsymbol{u}^i) \tag{10.81}$$

$$= \tilde{\mu}_{\mathrm{s}}^{ij^*} \mu_{\mathrm{r}}^{ik} \chi^i(\ell_{\mathrm{p}}^{ij} - \ell_{\mathrm{t}}^{ij}, \upsilon_{\mathrm{p}}^{ij} - \upsilon_{\mathrm{t}}^{ij}) \tag{10.82}$$

当 $\chi^i(\Delta\ell, \Delta\upsilon)$ 的参数为 0 时，模糊函数出现峰值，并得到如下等距离和等多普勒条件：

$$\ell_{\mathrm{p}}^{ij} = \ell_{\mathrm{t}}^{ij} \tag{10.83}$$

$$\upsilon_{\mathrm{p}}^{ij} = \upsilon_{\mathrm{t}}^{ij} \tag{10.84}$$

总之，①当假设的 TDOA 与目标真实 TDOA 相等时，②当假设的 FDOA 等于真实目标 FDOA 时，$[\boldsymbol{G}_{\mathrm{sr}}^i]_{jk}$ 出现峰值。这是 AMR 雷达中每个双基地对处理的代表性结论，可利用 TDOA 等值线和 FDOA 等值线进行目标定位[9, 10]。

10.5 仿真分析

本节通过数值仿真，比较、分析 RS-GLRT、SS-GLRT、MF-GLRT 三种检测器的检测和

模糊性能。10.6 节中将讨论这些仿真结果的意义。

10.5.1　检测性能分析

本节阐述每个 GLRT 检测统计量的检测性能随参数 $L, \mathrm{DNR}_{\mathrm{avg}}^{i}, \mathrm{SNR}_{\mathrm{avg}}^{i}$ 变化的情况。图 10.4 中显示了当 $N_{\mathrm{t}}=2, N_{\mathrm{r}}=3$ 且每个信号的采样数 $L=1000$ 时，检测概率 P_{d} 随 $\mathrm{SNR}_{\mathrm{avg}}^{i}$ 的变化曲线。每条曲线都是在 $\mathcal{H}_0$ 假设下，通过 10^5 次仿真确定虚警概率为 $P_{\mathrm{fa}}=10^{-3}$ 时的检测门限。P_{d} 是在 $\mathcal{H}_1$ 假设下，对每个 $\mathrm{SNR}_{\mathrm{avg}}^{i}$ 通过 10^4 次仿真得到的。$\mathrm{SNR}_{\mathrm{avg}}^{i}$ 以 5dB 为增量间隔，从−40dB 到+20dB 变化，对每个 $\mathrm{SNR}_{\mathrm{avg}}^{i}$，都计算其 RS-GLRT 曲线。为便于表示，假设每个发射机的 $\mathrm{SNR}_{\mathrm{avg}}^{i}$ 和 $\mathrm{DNR}_{\mathrm{avg}}^{i}$ 都相等，即 $\mathrm{SNR}_{\mathrm{avg}}^{i}=\mathrm{SNR}_{\mathrm{avg}} \forall i, \mathrm{DNR}_{\mathrm{avg}}^{i}=\mathrm{DNR}_{\mathrm{avg}} \forall i$。如图 10.5 所示，随着 $\mathrm{DNR}_{\mathrm{avg}}^{i}$ 的提高，RS-GLRT 的检测性能也随着提高。特别是，当 $\mathrm{DNR}_{\mathrm{avg}}^{i}$ 较低和较高时，检测性能的提升是渐进的。当 $\mathrm{DNR}_{\mathrm{avg}}^{i}$ 适中时，随着 $\mathrm{DNR}_{\mathrm{avg}}^{i}$ 的提高，检测概率随着单调改善。当 $\mathrm{DNR}_{\mathrm{avg}}^{i}$ 较低时，其渐近检测概率略小于 SS-GLRT，而当 $\mathrm{DNR}_{\mathrm{avg}}^{i}$ 较高时其渐近概率等于 MF-GLRT。

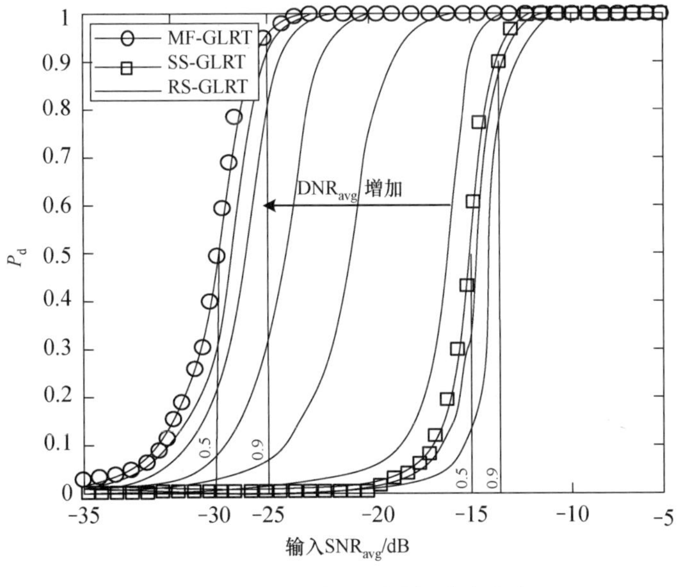

图 10.4　检测概率 P_{d} 随 $\mathrm{SNR}_{\mathrm{avg}}^{i}$ 的变化曲线

图 10.5 从另一个角度给出了 RS-GLRT 的 P_{d} 与 $\mathrm{DNR}_{\mathrm{avg}}$ 和 $\mathrm{SNR}_{\mathrm{avg}}$ 关系。$P_{\mathrm{d}}=0.5$ 和 $P_{\mathrm{d}}=0.9$ 的等值线以实线表示。SS-GLRT 和 MF-GLRT 获得 $P_{\mathrm{d}}=0.5$ 和 $P_{\mathrm{d}}=0.9$ 的 $\mathrm{SNR}_{\mathrm{avg}}$ 值用垂直点画线（SS-GLRT）和点画线（MF-GLRT）表示，同时也给出了 $\overline{\rho}$ 为常数时的线。如图 10.5 所示，检测性能可能分成 3 个区：一个低 $\overline{\rho}$ 区、一个高 $\mathrm{DNR}_{\mathrm{avg}}$ 区和一个过渡区。低 $\overline{\rho}$ 区边界定义为 RS-GLRT 在 $P_{\mathrm{d}}=0.9$ 的等值线中 $\mathrm{SNR}_{\mathrm{avg}}$ 相对其渐近值下降 1dB 时的功率比。类似地，在高 $\mathrm{DNR}_{\mathrm{avg}}$ 的边界定义在 $P_{\mathrm{d}}=0.9$ 的等值线中 $\mathrm{SNR}_{\mathrm{avg}}$ 相对其渐近值下降 1dB 时

DNR_{avg} 的值。

下面分析 L 对检测性能的影响。图 10.6 描绘了 $L=[1,3,10,30,100,300,1000,3000,10000]$ 时，三种 GLRT 检测器对应的 $P_d=0.9$ 的等值线。正如图 10.5 所示，对所有 L，上界大约出现在相同的 DNR_{avg}；$L\geqslant 10$ 时平均值在 $DNR_{avg}=1.21dB$。类似地，对所有 L，下界大约出现在相同的 $\bar{\rho}$，$L\geqslant 10$ 时平均值在 $\bar{\rho}=-4.51dB$。因此，上区和下区的边界分别利用固定 DNR_{avg} 和 $\bar{\rho}$ 来定义。只有单个采样即 $L=1$ 时，三种 GLRT 检测器的性能是相同的。

图 10.5 还给出了随着 L 的增加，每个检测器的检测性能的改善情况。然而，不同检测器随 L 增加的检测概率改善的程度是不同的。改善程度可以由积累增益 $G_{int}(L)$ 来描述，对于给定的检测器，$G_{int}(L)$ 定义为 $L>1$ 与 $L=1$ 时，分别对应的 P_d 曲线在 $P_d=0.9$ 的间隔。例如，对于 MF-GLRT 检测器，$L=1$ 与 $L=100$ 时分别对应的 P_d 曲线在 $P_d=0.9$ 的间隔为 20dB，表明积累增益为 20dB。图 10.6 中给出了 MF-GLRT、SS-GLRT、RS-GLRT 检测器在高 DNR_{avg} 和低 $\bar{\rho}$ 区，G_{int} 随 L 的变化关系。如图 10.7 所示，MF-GLRT 的积累增益 $G_{int}(L)=L$ 即相参积累。SS-GLRT 的增益 G_{int} 在 $L^{0.7}$（$L=10$）和 $L^{0.6}$（$L=10000$）间变化，这是非相参积累，与 9.5 节中讨论的一样。最后，RS-GLRT 检测器在 DNR_{avg} 较高时得到了相参积累的增益，在低 $\bar{\rho}$ 区得到的是非相参积累的增益，它们的意义将在 10.6 节中介绍。

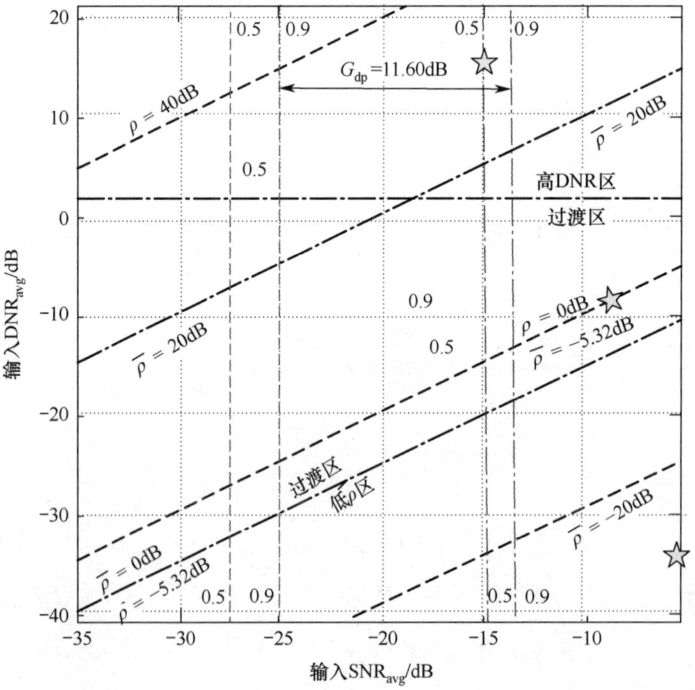

图 10.5 RS-GLRT P_d 检测性能曲线的二维视图

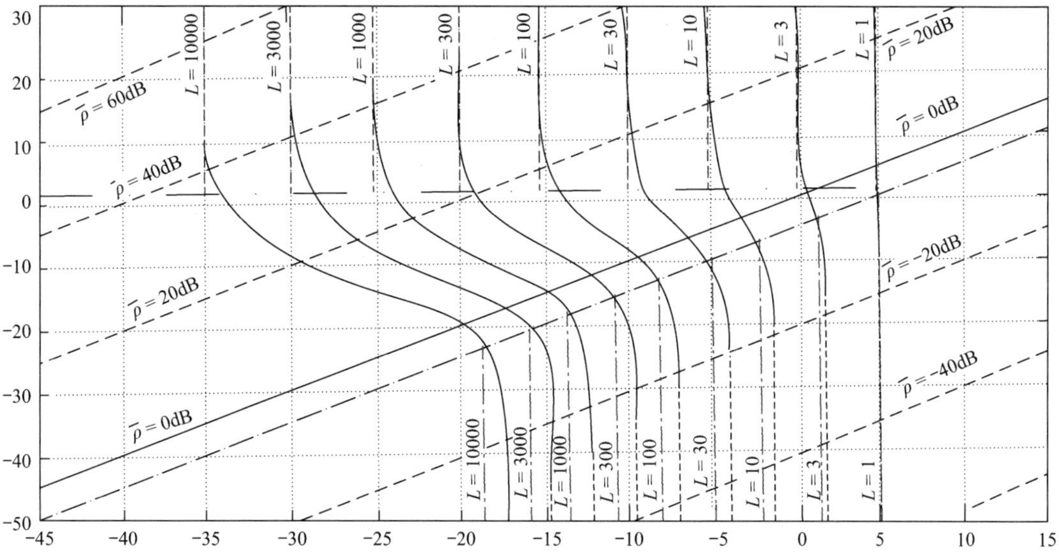

图 10.6　MF-GLRT、SS-GLRT、RS-GLRT 检测器在高 $\mathrm{DNR_{avg}}$ 和低 $\bar{\rho}$ 区，G_{int} 随 L 的变化关系

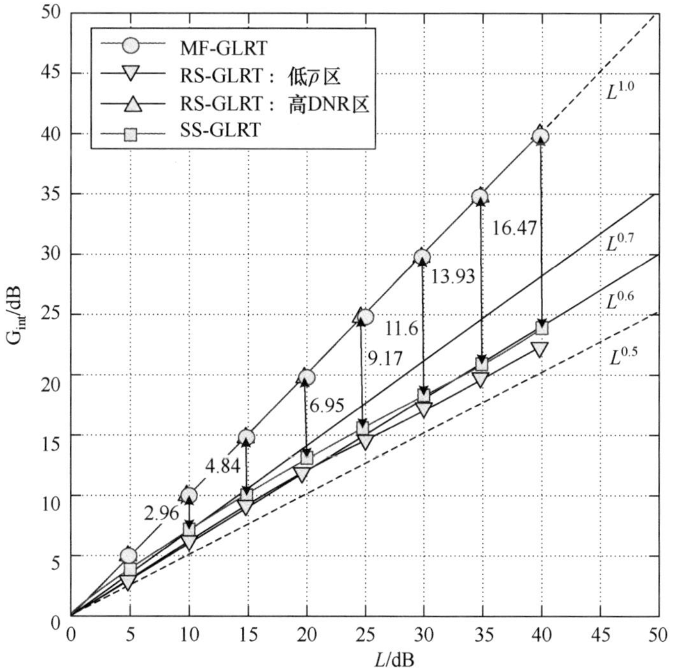

图 10.7　PCL 的积累增益 G_{int} 是 L 的函数

10.5.2　模糊性能

本节通过计算，说明三种 GLRT 检测器的模糊性能。假设在环境背景中，两个静止发射机的位置分别是 $\boldsymbol{d}^1=[0.5,4]\mathrm{km}$ 和 $\boldsymbol{d}^2=[-0.5,-4]\mathrm{km}$ ，三个静止接收机的位置分别为

$\boldsymbol{r}^1=[-4,2]\text{km}$，$\boldsymbol{r}^2=[-4,0.5]\text{km}$ 和 $\boldsymbol{r}^3=[-4,-2.5]\text{km}$，一个目标的位置为 $\boldsymbol{t}=[4,0]\text{km}$，同时考虑静止目标和运动目标的情景。发射机信号载频分别为 8.0GHz 和 8.1GHz，全向辐射功率均为 $P_{\text{erp}}^i=50\text{W}$。所有接收机天线都是阵元间隔为 1.875cm 的均匀线性阵列，指向 $+p_x$ 方向，各阵元的增益都为 $G_{\text{e}}^j(\cdot)=1$。依据式（9.1）仿真复基带信号 $\boldsymbol{s}_n^{ij}$（忽略接收机噪声），采样率为 $f_{\text{s}}=500\text{kHz}$，长度 $T=2\text{ ms}$，$\sigma_n^2=2.0019\times10^{-14}(-106.99\text{dBm})$，$\boldsymbol{u}^i=\exp\{\text{j}\boldsymbol{\theta}^i\}$，$\boldsymbol{\theta}^i\in\mathbb{R}^{L\times1}$ 是相互独立的随机相位矢量，在区间 $[0,2\pi]$ 上服从均匀分布，$L=f_{\text{s}}T=1000$，目标是各向同性的，RCS 为 10dBm，即 $\alpha^{ij}=\sqrt{10},\forall i,j$。依据式（8.27）和式（8.37），由直达路径和目标路径通道系数 γ_{t}^{ij} 中的随机相位 θ^j 可知，接收机之间相位不同步。除了相参积累间隔为 $T=2\text{ ms}$（$L=1000$）而非 $T=10\text{ ms}$（$L=5000$），本章设计的背景环境与 9.5 节中考虑的背景环境是一样的。

考虑 SNR-DNR 分别为 $(\text{SNR}_{\text{avg}},\text{DNR}_{\text{avg}})=(-5,-35)\text{dB},(-10,10)\text{dB},(-15,15)\text{dB}$ 的三种情况。这些 SNR-DNR 的设置将分别落入低 $\bar{\rho}$ 区、过渡区和高 DNR 区，在图 10.5 中由“星”号表示。每个 SNR_{avg} 都比在那个 DNR_{avg} 下为获得 $P_{\text{d}}=0.9$ 所需的 SNR_{avg} 高 8～10dB。选择高 SNR_{avg} 值，以便可以在噪声基底上清晰地看清模糊响应。为获得每个 SNR-DNR 的结果，有必要将前面描述的仿真环境中的直达波和目标回波信号乘以一个比例因子。该环境的仿真是依据 10.1 节的信号模型得到 $\text{SNR}_{\text{avg}}=-43.14\text{ dB}, \text{DNR}_{\text{avg}}=36.60\text{ dB}$，这些信噪比分别为所有监视通道和参考通道的均值。因此，为获得 $(\text{SNR}_{\text{avg}},\text{DNR}_{\text{avg}})=(-15,15)\text{dB}$，每个目标路径的比例因子为+28.14dB，即−43.14 + 28.14 = −15dB，每个直达路径的比例因子为−21.60dB，即 36.60 − 21.60 = −15dB。另外两种 SNR-DNR 的结果也可用类似的方法得到。

10.5.3 低 $\bar{\rho}$ 区

当 $(\text{SNR}_{\text{avg}},\text{DNR}_{\text{avg}})=(-5,-35)\text{dB}$ 时，位于低 $\bar{\rho}$ 区。假设目标是静止的，即 $\dot{\boldsymbol{t}}=[\dot{t}_x,\dot{t}_y]=\boldsymbol{0}_2$，图 10.8 中显示了当目标的假定速度与真实速度匹配即 $\dot{\boldsymbol{p}}=\dot{\boldsymbol{t}}=\boldsymbol{0}_2$ 时，RS-GLRT 统计量 ξ_{rs} 和 SS-GLRT 统计量 ξ_{ss} 与静止目标位置 $\boldsymbol{p}$ 的关系。由图 10.8 可以看出，两个检测统计量的响应类似。在目标真实位置，两个统计量都出现峰值。在监视通道形成过程中，波束形成的影响可以由它们对接收机响应的角度掩盖看出。此外，在目标附近，其主模糊响应的指向将沿目标的等 TDOA 双曲线对齐。对于给定的接收机一接收机对，每条 TDOA 等值线都表示位置，在此假设目标状态的 TDOA 等于目标实际状态的 TDOA，即对于第 jk 个接收机一接收机对，有 $\Delta\ell_{\text{p}}^{i,jk}=\Delta\ell_{\text{t}}^{i,jk}$。图 10.9 中显示了 TDOA 和 FDOA 图。如图 10.9(a)所示，TDOA $\Delta\tau_{\text{p}}^{i,jk}=\Delta\ell_{\text{p}}^{i,jk}/f_{\text{s}}$ 是以 $\boldsymbol{p}$ 为参数的函数，$i=1,j=2,k=3$。目标 TDOA 等值线 $\Delta\tau_{\text{p}}^{1,23}=\Delta\ell_{\text{t}}^{1,23}$ 是用点画线表示的双曲线。

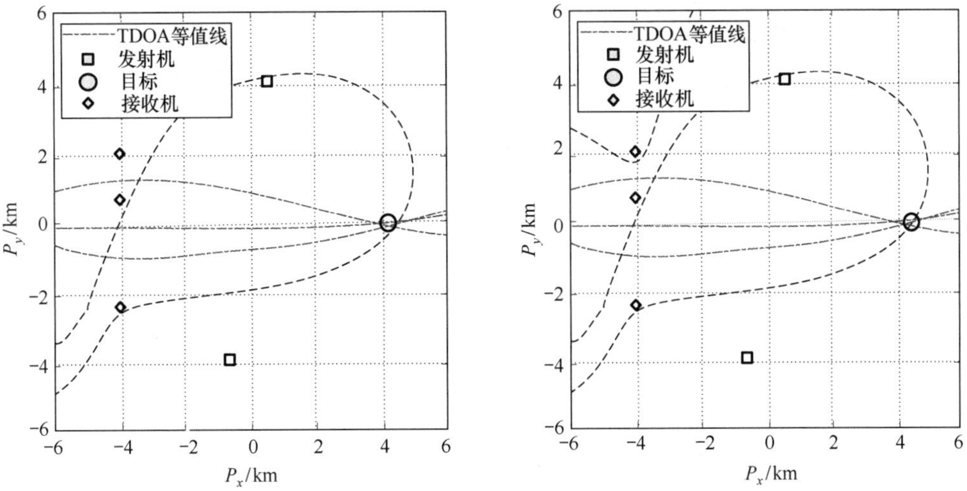

(a) $\xi_{\rm rs}(\boldsymbol{p},\dot{\boldsymbol{p}})|_{\dot{\boldsymbol{p}}=\boldsymbol{0}}$ (dB)　　(b) $\xi_{\rm ss}(\boldsymbol{p},\dot{\boldsymbol{p}})|_{\dot{\boldsymbol{p}}=\boldsymbol{0}}$ (dB)

图 10.8　RS-GLRT 统计量 $\xi_{\rm rs}$ 和 SS-GLRT 统计量 $\xi_{\rm ss}$ 与静止目标位置 $\boldsymbol{p}$ 的关系

然后，假设目标运动速度为 $\dot{\boldsymbol{t}}=[\dot{t}_x,\dot{t}_y]=[-375,375]$m/s，当假设目标速度与目标真实速度匹配即 $\dot{\boldsymbol{p}}=\dot{\boldsymbol{t}}$ 时，图 10.10 中分别给出了 RS-GLRT 和 SS-GLRT 统计量 $\xi_{\rm rs}$ 和 SS-GLRT 统计量 $\xi_{\rm ss}$ 与运动目标位置 $\boldsymbol{p}$ 的关系。在目标静止的环境中，两种统计量的模糊性能类似。然而，相比于静止目标的环境，由于 TDOA 和 FDOA 失配，目标的尖锐峰值出现在真实目标位置附近。这也可以从目标峰值响应与目标等 TDOA 等值线对齐看出，如图 10.10 中点画线所示。每条 FDOA 等值线都表示位置，在此假设目标状态的 FDOA 等于目标实际状态的 FDOA，即对第 jk 个接收机一接收机对有 $\Delta\upsilon_p^{i,jk}=\Delta\upsilon_t^{i,jk}$。如图 10.9(b)所示，FDOA $f_s/2\pi\Delta\upsilon_{\rm p}^{i,jk}$ 是以 $\boldsymbol{p}$ 为参数的函数，$i=1,j=2,k=3$，且 $\dot{\boldsymbol{p}}=\dot{\boldsymbol{t}}$。目标 FDOA 等值线 $\Delta\upsilon_{\rm p}^{1,23}=\Delta\upsilon_{\rm t}^{1,23}$ 是用点画线表示的双曲线。

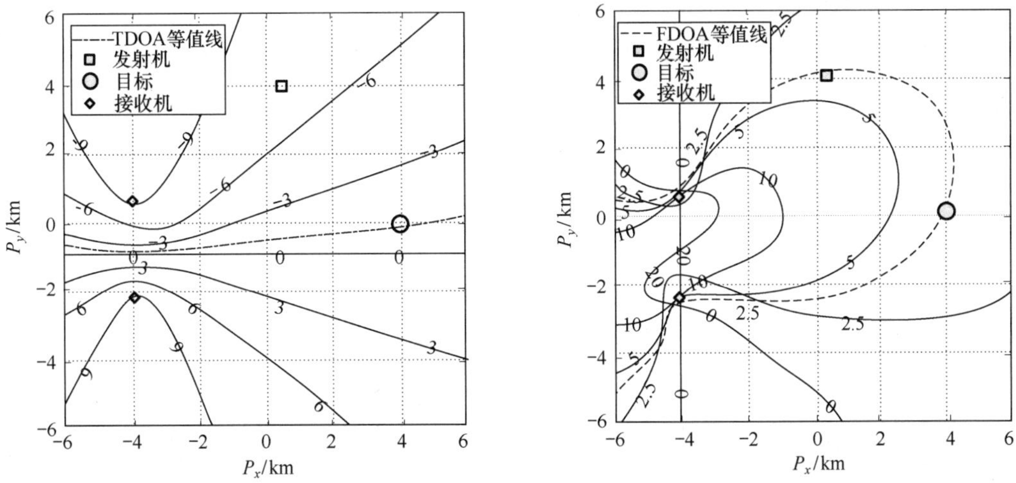

(a) TDOA $\Delta\tau_{\rm p}^{i,jk}=\Delta\ell_{\rm p}^{i,jk}/f_{\rm s}$ (μs)　　(b) FDOA $f_{\rm s}/2\pi\Delta\nu_{\rm p}^{i,jk}(\boldsymbol{p},\dot{\boldsymbol{p}})\,|_{\dot{\boldsymbol{p}}=\dot{\boldsymbol{t}}}$ (kHz)

图 10.9　$i=1,j=2,k=3$ 时的 TDOA 和 FDOA 图

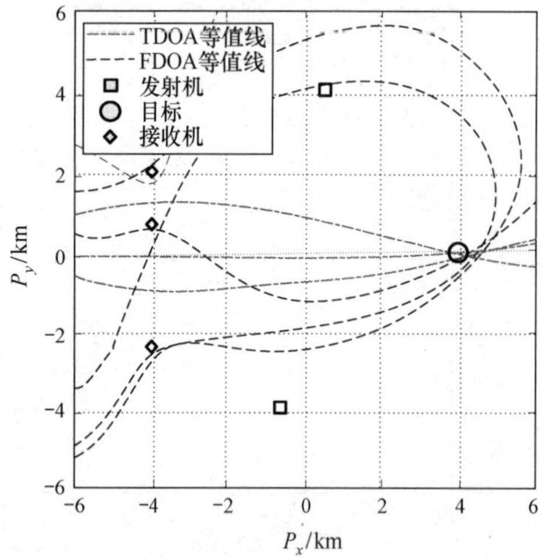

(a) $\xi_{\mathrm{rs}}(\boldsymbol{p},\dot{\boldsymbol{p}})|_{\dot{p}=\dot{t}}$ (dB)

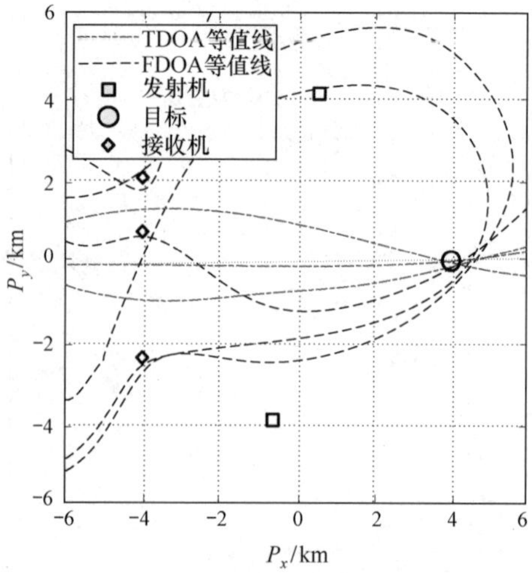

(b) $\xi_{\mathrm{ss}}(\boldsymbol{p},\dot{\boldsymbol{p}})|_{\dot{p}=\dot{t}}$ (dB)

图 10.10 RS-GLRT 统计量ξ_{rs}和 SS-GLRT 统计量ξ_{ss}与运动目标位置 $\boldsymbol{p}$ 的关系

RS-GLRT 和 SS-GLRT 对静止和运动目标的响应都是类似的，表明在低$\bar{\rho}$区，RS-GLRT 的模糊特性以监视－监视信号处理占主导，因此与 10.5.1 节的检测性能的分析结果一致。然而，与 SS-GLRT 相比，还可以发现 RS-GLRT 的模糊响应从峰值响应开始快速下降，这也可通过图 10.8 和图 10.9 发现，ξ_{rs}和ξ_{ss}的动态范围分别为 14dB 和 4dB。

10.5.4 高 DNR 区

当$(\mathrm{SNR}_{\mathrm{avg}},\mathrm{DNR}_{\mathrm{avg}})=(-15,15)$dB 时，位于高 DNR 区，如图 10.5 所示。首先假设目标是静止的，即$\dot{\boldsymbol{t}}=[\dot{t}_x,\dot{t}_y]=\boldsymbol{0}_2$。图 10.11 中描述了当目标的假定速度与真实速度匹配即$\dot{\boldsymbol{p}}=\dot{\boldsymbol{t}}=\boldsymbol{0}_2$时，RS-GLRT 统计量$\xi_{\mathrm{rs}}$和 MF-GLRT 统计量$\xi_{\mathrm{mf}}$的模糊响应是以假设位置 $\boldsymbol{p}$ 为参数的函数。由图 10.11 可以看出，两个检测统计量的模糊响应几乎相等。此外，沿着目标的等距离椭圆曲线族，峰值响应是一致的，如图中的点画线所示。对于给定的发射机－接收机对，每条等值线表示的都是此假设状态的双基地距离等于目标实际状态的双基地距离的位置，即对于第jk个接收机－接收机对有$\ell_{\mathrm{p}}^{ij}=\ell_{\mathrm{t}}^{ij}$。图 10.12 中显示了双基地距离和双基地多普勒。如图 10.12(a)所示，对于每个发射机和接收机对，双基地距离$c\Delta\ell_{\mathrm{p}}^{ij}/f_{\mathrm{s}}$是以 $\boldsymbol{p}$ 为参数的函数，$i=1,j=2$。目标距离等值线$\ell_{\mathrm{p}}^{12}=\ell_{\mathrm{t}}^{12}$在图中是用点画线表示的椭圆。

然后，假设运动目标速度为$\dot{\boldsymbol{t}}=[\dot{t}_x,\dot{t}_y]=[-375,375]$m/s，当假设目标速度与目标真实速度匹配即$\dot{\boldsymbol{p}}=\dot{\boldsymbol{t}}$时，图 10.13 中给出了 RS-GLRT 统计量ξ_{rs}和 MF-GLRT 统计量ξ_{ss}与假设位置 $\boldsymbol{p}$ 的关系，并且给出了两个统计量在中间目标附近区域放大后的图形，以便更清晰地分析峰值的响应。

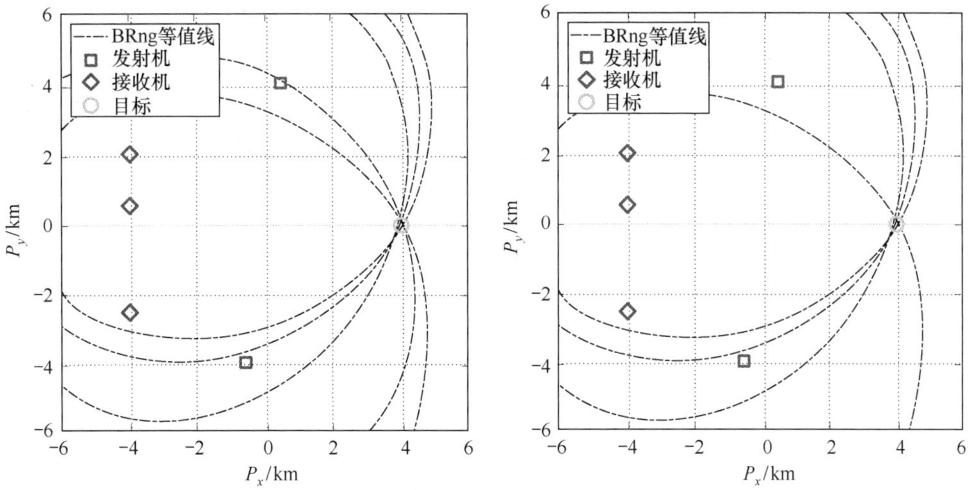

(a) $\xi_{\mathrm{rs}}(\boldsymbol{p},\dot{\boldsymbol{p}})\big|_{\dot{\boldsymbol{p}}=\boldsymbol{0}}$ (dB)　　(b) $\xi_{\mathrm{mf}}(\boldsymbol{p},\dot{\boldsymbol{p}})\big|_{\dot{\boldsymbol{p}}=\boldsymbol{0}}$ (dB)

图 10.11　RS-GLRT 统计量ξ_{rs}和 MF-GLRT 统计量ξ_{mf}的模糊响应

对于目标静止的情形，两个统计量的模糊性能基本相同。此外，与图 10.11 相比，由于双基地多普勒和双基地距离的失配，目标的尖锐峰值出现在真实目标位置附近。这可以从目标峰值响应仅出现在目标距离等值线和多普勒等值线附近看出。每条多普勒等值线表示的都是假设状态的双基地多普勒等于目标实际状态的双基地多普勒时对应的位置，即对于给定的第 jk 个发射机－接收机对有$\upsilon_{\mathrm{p}}^{ij}=\upsilon_{\mathrm{t}}^{ij}$。假设$\dot{\boldsymbol{p}}=\dot{\boldsymbol{t}}$，图 10.12(b)中描述了双基地多普勒$f_{\mathrm{s}}/2\pi\upsilon_{\mathrm{p}}^{ij}$与$\boldsymbol{p}$的函数关系，其中$i=1,j=2$。目标多普勒等值线$\upsilon_{\mathrm{p}}^{12}=\upsilon_{\mathrm{t}}^{12}$在图中是用点画线表示的。

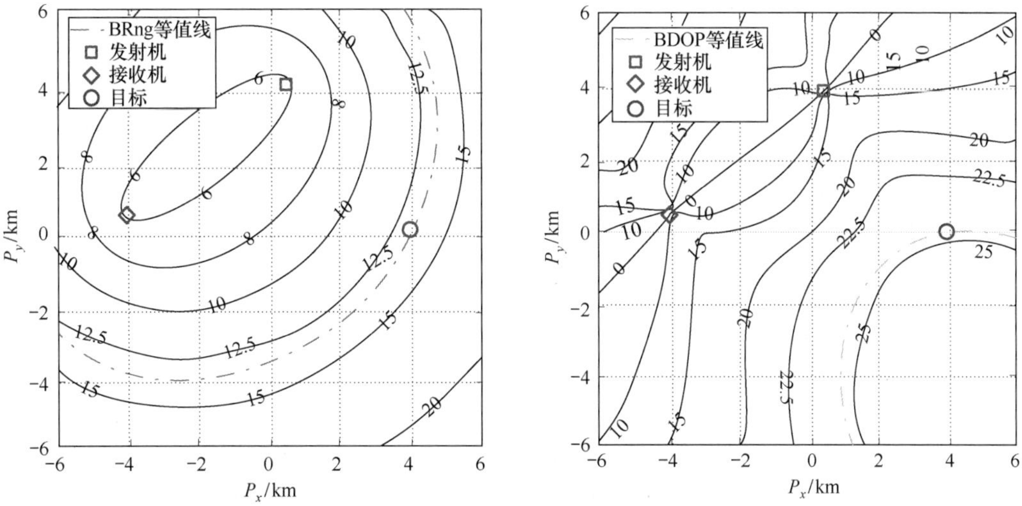

(a) 双基地距离$c\Delta\ell_{\mathrm{p}}^{ij}/f_{\mathrm{s}}$　　(b) 双基地多普勒$f_{\mathrm{s}}/2\pi\nu_{\mathrm{p}}^{i,jk}$

图 10.12　$i=1,j=2$的双基地距离和双基地多普勒

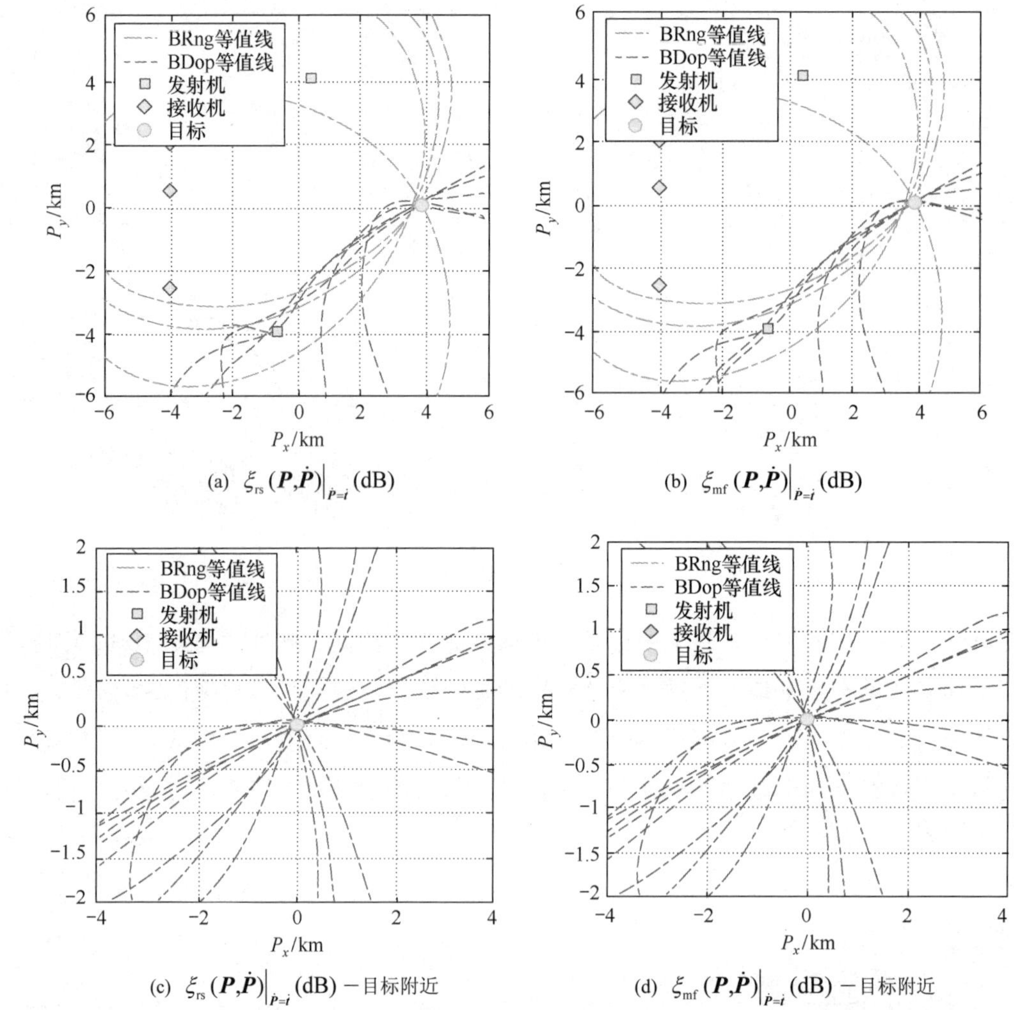

(a) $\xi_{\rm rs}(\boldsymbol{P},\dot{\boldsymbol{P}})\big|_{\dot{\boldsymbol{P}}=\dot{\boldsymbol{t}}}$ (dB)　　(b) $\xi_{\rm mf}(\boldsymbol{P},\dot{\boldsymbol{P}})\big|_{\dot{\boldsymbol{P}}=\dot{\boldsymbol{t}}}$ (dB)

(c) $\xi_{\rm rs}(\boldsymbol{P},\dot{\boldsymbol{P}})\big|_{\dot{\boldsymbol{P}}=\dot{\boldsymbol{t}}}$ (dB) －目标附近　　(d) $\xi_{\rm mf}(\boldsymbol{P},\dot{\boldsymbol{P}})\big|_{\dot{\boldsymbol{P}}=\dot{\boldsymbol{t}}}$ (dB) －目标附近

图 10.13　RS-GLRT 统计量 $\xi_{\rm rs}$ 和 MF-GLRT 统计量 $\xi_{\rm ss}$ 与假设位置 $\boldsymbol{p}$ 的关系

RS-GLRT 和 MF-GLRT 对静止和运动目标的响应近似相等，表明在高 DNR 区，RS-GLRT 的模糊特性由参考－监视信号处理决定，与 10.5.1 节的检测性能的分析结果一致。在高 DNR 区，RS-GLRT 的检测性能近似于 MF-GLRT 的灵敏度。

10.5.5　过渡区

当 $({\rm SNR}_{\rm avg},{\rm DNR}_{\rm avg})=(-10,-10){\rm dB}$ 时，位于过渡区。假设目标是静止的，即 $\dot{\boldsymbol{t}}=[\dot{t}_x,\dot{t}_y]=\boldsymbol{0}_2$。图 10.14 中描述了当目标的假定速度与真实速度匹配即 $\dot{\boldsymbol{p}}=\dot{\boldsymbol{t}}=\boldsymbol{0}_2$ 时，RS-GLRT 统计量 $\xi_{\rm rs}$ 的模糊响应。由图 10.14 可以看出，模糊响应沿等 TDOA 和双基地等值线呈现出严重的副瓣。类似地，图 10.15 中给出了 RS-GLRT 统计量 $\xi_{\rm rs}$ 对运动目标的模糊响应，此时有 $\dot{\boldsymbol{p}}=\dot{\boldsymbol{t}}=[\dot{t}_x,\dot{t}_y]=[-375,375]{\rm m/s}$。与静止目标对应的图 10.14 相比，图 10.15 所示的运动目标的峰值模糊响应限

定在FDOA等值线和双基地多普勒等值线附近区域。由于模糊响应出现在限定的TDOA、FDOA、双基地距离和多普勒内，因此RS-GLRT在过渡区的模糊响应呈现出了其在低 $\bar{\rho}$ 区和高DNR区都有的特性。

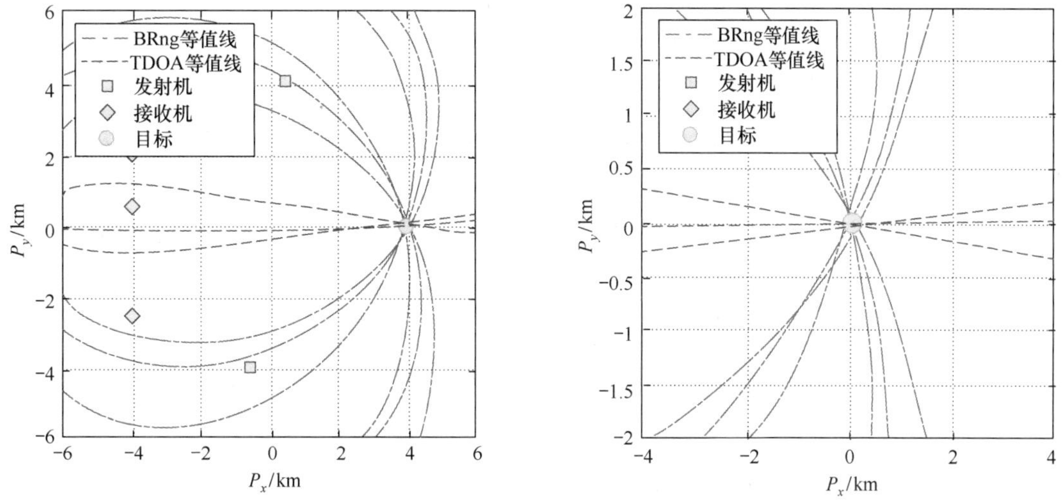

(a) $\xi_{\mathrm{rs}}(\boldsymbol{P},\dot{\boldsymbol{P}})\big|_{\boldsymbol{P}=0}$ (dB)　　(b) $\xi_{\mathrm{rs}}(\boldsymbol{P},\dot{\boldsymbol{P}})\big|_{\boldsymbol{P}=0}$ (dB) −目标附近

图 10.14　RS-GLRT 统计量 ξ_{rs} 的模糊响应

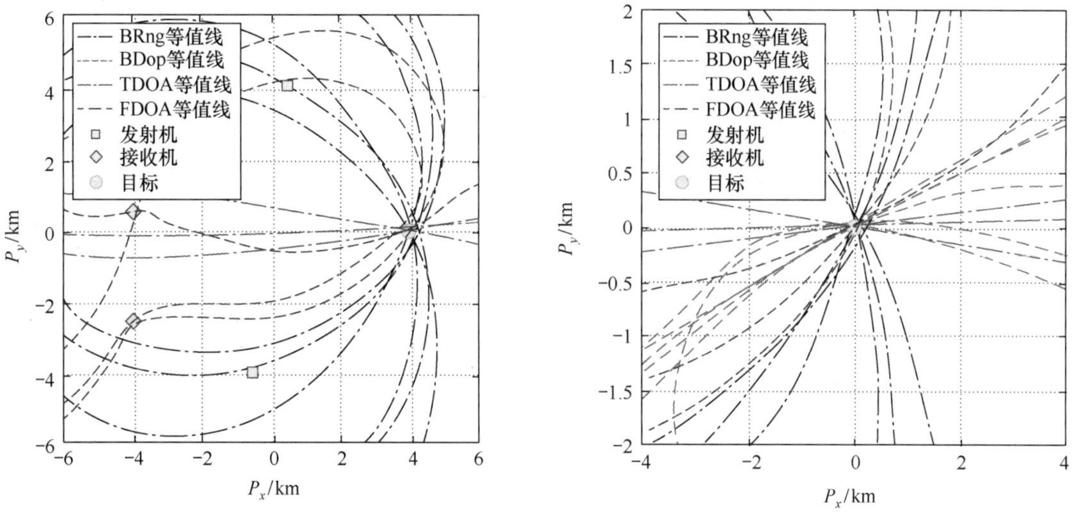

(a) $\xi_{\mathrm{rs}}(\boldsymbol{P},\dot{\boldsymbol{P}})\big|_{\dot{\boldsymbol{P}}=\boldsymbol{i}}$ (dB)　　(b) $\xi_{\mathrm{mf}}(\boldsymbol{P},\dot{\boldsymbol{P}})\big|_{\dot{\boldsymbol{P}}=\boldsymbol{i}}$ (dB) −目标附近

图 10.15　RS-GLRT 统计量 ξ_{rs} 对运动目标的模糊峰值响应

这表明监视－监视处理和参考－监视处理对 RS-GLRT 在过渡区的模糊特性的影响都很大，与 10.5.1 节的检测性能的分析结果一致，即 RS-GLRT 在过渡区的灵敏度位于低 $\bar{\rho}$ 区和高 DNR 区之间。

10.6 讨论

10.5 节的结果说明 RS-GLRT 统计量是以直达波参考信号质量为参数的，它将 SS-GLRT 和 MF-GLRT 检测器间的检测性能和模糊性能联系起来了。10.4 节的分析结果表明，RS-GLRT 统计量包括 PSL 和 AMR 的信号处理流程，即参考－监视处理和监视－监视处理。

首先，参考－监视处理包括两两配对的参考－监视互模糊函数 CAF 的计算。这是 AMR 中匹配滤波的典型处理，也是 PCL 中基于参考信号的传统检测方法。从几何关系上看，每个发射机－接收机对都利用双基地距离和双基地多普勒进行目标定位，就如 10.4.2 节和 10.5.2 节中讨论的那样。10.5.1 的检测结果表明，当 DNR 为正时，RS-GLRT 检测中以这种处理方法为主。在这个区域，增加信号的长度将获得更大的相参积累增益。此外，随着 $\mathrm{DNR}_{\mathrm{avg}}$ 的增大，RS-GLRT 的渐近检测性能近似于 MF-GLRT 的检测性能。这也可从 10.3.2 节中给出的高 DNR 和高 $\bar{\rho}$ 情况下，除了差一个常数尺度因子，ξ_{rs} 约等于 ξ_{mf} 的分析中得到。当 $\mathrm{DNR}_{\mathrm{avg}}$ 为正时，也可以解释通过 PCL 检测的传统方法就是利用参考通道的直达波信号进行类似于匹配滤波的处理过程。

其次，监视－监视处理包括两两配对的监视－监视信号的互模糊函数 CAF 的计算。这是 PCL 和 PSL 中无直达波信号时的典型处理方法。从几何关系上看，如 10.4.1 节和 10.5.2 节讨论的那样，每个发射机－接收机对将利用 TDOA 和 FDOA 进行目标定位。10.5.1 节中的检测结果表明，当 $\mathrm{SNR}_{\mathrm{avg}}$ 比 $\mathrm{DNR}_{\mathrm{avg}}$ 大 5dB 即 $\bar{\rho}\leqslant 5\mathrm{dB}$ 时，在 RS-GLRT 检测中以这种处理方法为主。在这个区域，类似于 SS-GLRT，增加信号的长度将获得更大的非相参积累增益。在实际中很少出现低 $\bar{\rho}$ 区的情况，理论分析和仿真结果均表明 $\bar{\rho}$ 非常大[18, 9]。

有意思的是，在低 $\bar{\rho}$ 区，RS-GLRT 的渐近检测性能略劣于 SS-GLRT 的检测性能。由于在低 DNR 区参考信号基本上是噪声，因此严重影响了 RS-GLRT 性能，而在 SS-GLRT 中完全忽略了参考信号。这样，就能解释前面的现象。利用这些额外的参考信号会潜在降低对这些未知信号的估计性能，而未知信号是计算 RS-GLRT 时需要的。同时，还需要估计未知参考通道的系数，这个参数也是 SS-GLRT 方程中的参数。因此，该结果表明，在这些情况下，忽略额外的信息，即去除方程中多余的参数会更好。这与 Ramirez 等在文献[20]中给出的结果是一致的，其认为在低 SNR 条件下，对于特定的检测问题，忽略针对随机观测的协方差结构的先验信息是最优的。文献[20]指出，在低 SNR 条件下不能高精度估计参数，在推导 GLRT 时利用先验信息实际上会降低性能。

这些结论阐明了直达波信号在 PCL 检测中的基本作用。一方面，由于直达波信号在式（9.7）中的假设检验问题间没有差别，因此它们可能不能如期望的那样提高检测性能。另一方面，直达波信号能为未知的发射信号提供有用的信息，为检测统计量的参数提供准确估计。换句话说，直达波信号通过潜在地为 PCL 系统提供高质量的发射信号估计，明确目标回波信号应该是什么样的。图 10.6 中说明了在 PCL 检测中，从直达波信号中得到的好处取决于接收信号的长度。这个好处可以通过直达波增益 G_{dp} 来表征，在图 10.7 中定义为 MF-GLRT 和 SS-GLRT 积累增益曲线间的距离。选择 SS-GLRT 而不选择 RS-GLRT 的原因是，完全忽略直达波信号时，SS-GLRT 代表 PCL 检测可能获得的最好性能。如图 10.7 所示，G_{dp} 由 $L=1$ 时的 0dB 提高到 $L=1000$ 时的 14.47dB。因此，直达波信号在很大程度上可以提高检测性能，特别是信号长度很长时。

10.7　小结

PCL 中目标检测的传统方法基于匹配滤波理论。对每个双基地（发射机－接收机）对，PCL 接收机分开接收直达路径和目标路径，它们分别对应参考通道和监视通道。将天线指向发射机和预计目标出现的区域可以获取信号，在多通道系统中这是通过数字波束形成技术实现的。首先在监视通道利用自适应滤波技术抑制直达路径和杂波路径干扰，在参考通道利用均衡技术进一步分离直达波信号，然后计算参考通道和监视通道接收信号间的互模糊函数（CAF），针对互模糊函数，如果平面中有单元超过门限，就认为检测到目标。利用所有确认检测对应的目标双基地距离、双基地多普勒和到达角等量测，可以实现对目标的定位与跟踪。由于目标检测是在每个发射接收对中分别进行的，因此这种处理方法是分布式的，得到的检测结果将在后续处理时进行融合。

因为与有源雷达采用的匹配滤波基本类似，因此这种处理方法常用于实际 PCL 系统目标检测。计算参考通道和监视通道接收信号间的互模糊函数（CAF）的过程，与有源雷达中进行的匹配滤波处理近似，参考通道的信号就是对先验未知发射信号的一种估计。然而，有源雷达中的匹配滤波是一种在 N-P 准则下发射信号准确已知时的最优滤波器。在高直达波信噪比背景下，利用参考通道信号可以高质量地估计出发射信号，获得近似最优的检测性能。实际中，许多感兴趣的应用都是这样的。然而，如果直达波信号信噪比很低，就会导致参考通道与原始发射信号失配，检测性能的下降将正比于失配度。虽然可以通过通道均衡处理在某种程度上减轻失配度，但不可能完全消除失配。因此，传统的目标检测方法最适用于高直达波信噪比的情况。本章给出了集中式多基地 PCL 系统的 GLRT 检测器，并将该检测器的性能与集中式有源多基地雷达 AMR 和无源多站定位系统 PSL 的性能进行了比较。结果显示，多基地 PCL 系统的 GLRT 检测性能和模糊性能介于有源雷达和无源定位系统之间，与直达波平均信噪比的大小有关。直达波平均信噪比可以作为对先验未知的发射信号信息掌握多少的度量。当直达波信噪比很高时，PCL 的性能接近 AMR；当直达波信噪比很低时，PCL 的性能接近 PSL。因此，多基地 PCL 系统同时是 AMR 和 PSL 的推广，并且可以在同一个理论框架下统一 AMR 和 PSL，这个理论框架将在第 11 章详细讨论。

参考文献

[1] Fishler E, A Haimovich, R S Blum, et al. *Spatial diversity in radars-models and detection performance* [J]. IEEE Trans. Signal Process., 54(3): 823-838, 2006.

[2] Hack D, L Patton, A. Kerrick, and M. Saville. *Direct Cartesian Detection, Localization, and De-Ghosting for Passive Multistatic Radar* [J]. Proc. IEEE Sensor Array and Multichannel Signal Processing Workshop (SAM), 2012.

[3] Griffths H D and C J Baker. *Passive coherent location radar systems. Part1: performance prediction* [J]. IEE Proceedings - Radar, Sonar, and Navigation, 152(3): 153-159, 2005.

[4] Chestnut, P. *Emitter Location Accuracy Using TDOA and Differential Doppler* [J]. IEEE Trans. Aerosp. Electron. Syst., 18: 214-218, 1982.

[5] Gradshteyn I and I Ryzhik. *Table of Integrals, Series, and Products* [M]. Academic Press, Inc., 1980.

[6] Ramirez D, J Via, I Santamaria, and L Scharf. *Locally Most Powerful Invariant Tests for Correlation and Sphericity of Gaussian Vectors* [J]. IEEE Trans.Inf. Theory, 59(4): 2128- 2141, 2013.

[7] Kang, Ming and M-S Alouini. *Largest eigenvalue of complex Wishart matrices and performance analysis of MIMO MRC systems* [J]. IEEE J. Sel. Areas Commun., 21(3): 418 -426, 2003.

[8] Kay, Steven M. *Fundamentals of Statistical Signal Processing: Detection Theory, volume* 2 [M]. Prentice Hall PTR, 1998.

[9] Mrstik A V. *Multistatic-Radar Binomial Detection* [J]. IEEE Trans. Aerosp.Electron. Syst., AES-14(1): 103-108, Jan, 1978. ISSN 0018-9251.

[10] Hanle E. *Survey of bistatic and multistatic radar* [J]. IEE Proceedings F Communications, Radar and Signal Processing, 133(7): 587-595, 1986.

第 11 章　AMR、PCL 和 PSL 的统一检测理论框架

本章为有源和无源分布式射频传感器网络目标检测引入统一的理论框架。这个框架如图 11.1 所示，包括有源多基地雷达 AMR、无源多基地雷达 PCL 和无源定位系统 PSL 等有源和无源传感器网络。该框架的主要特征已在第 9 章和第 10 章中推导、解释和数值仿真分析 SS-GLRT 和 RS-GLRT 检测器的过程中分别介绍。根据这些结论，本章阐述 PCL 是将 AMR 和 PSL 传感器网络联系起来的关键，AMR 和 PSL 曾被认为是两个分立的传感器网络。因此，这个理论框架可让我们更深入地分析有源和无源分布式传感器的本质。11.1 节中将介绍统一理论框架，阐述 AMR、PCL 和 PSL 是如何对各自的信号环境通过一个简单的变换联系起来的。基于这些关系，AMR、PCL 和 PSL 的信号模型将在 11.2 节中给出。利用这些信号模型得到的检测器将在 11.3 节中讨论，同时强调各自的信号处理步骤。11.4 节中将给出本章的结论。

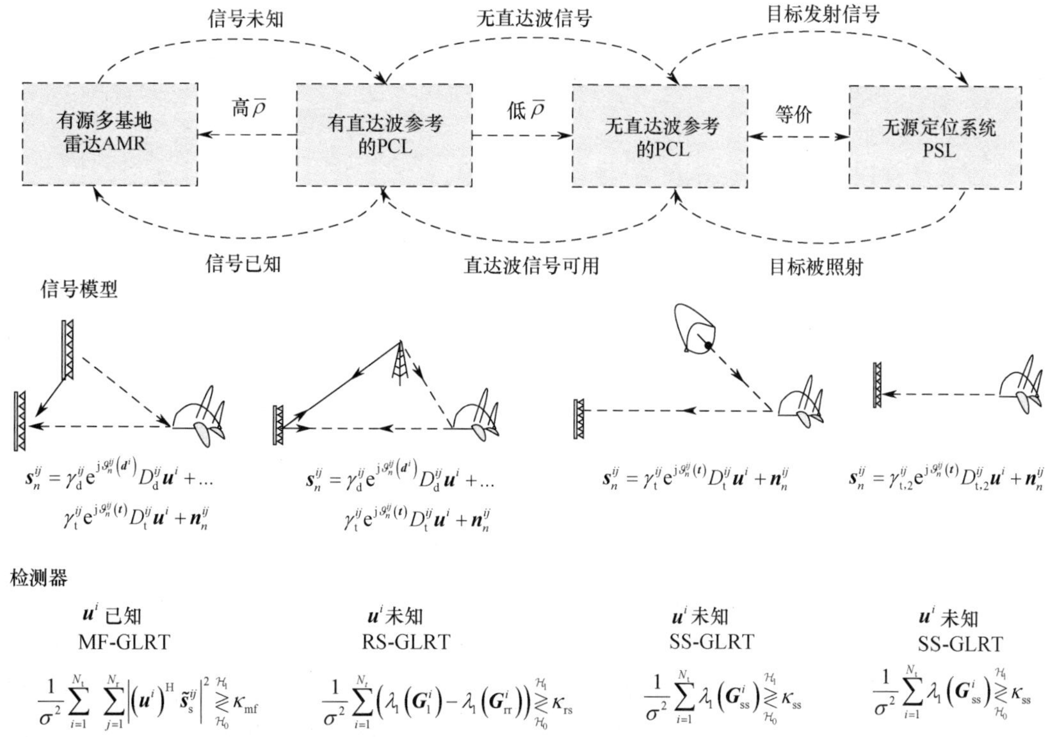

图 11.1　有源和无源分布式射频传感器网络目标检测引入的统一理论框架

11.1 AMR、PCL 和 PSL 间的区别与联系

AMR、PCL 和 PSL 的信号环境之间是密切相关的。图 11.2 中描述了 AMR、PCL 和 PSL 间的信号环境与变换，其中 PCL 没有直达路径参考信号。

首先，AMR 和 PCL 之间的主要区别取决于发射机是合作式的（AMR）还是非合作式的（PCL），也就是说，发射信号是先验已知的（AMR）还是先验未知的（PCL）。在 AMR 中，发射机和接收机可以位于同一位置，但是在 PCL 中发射机和接收机需要分开。虽然这种区别会影响 AMR 检测处理的一些细节，即时延和多普勒补偿，但是不会从机理上改变 AMR 信号环境支持的处理器类型，即匹配滤波。因此，从检测处理的角度看，这种区别的影响并不大。

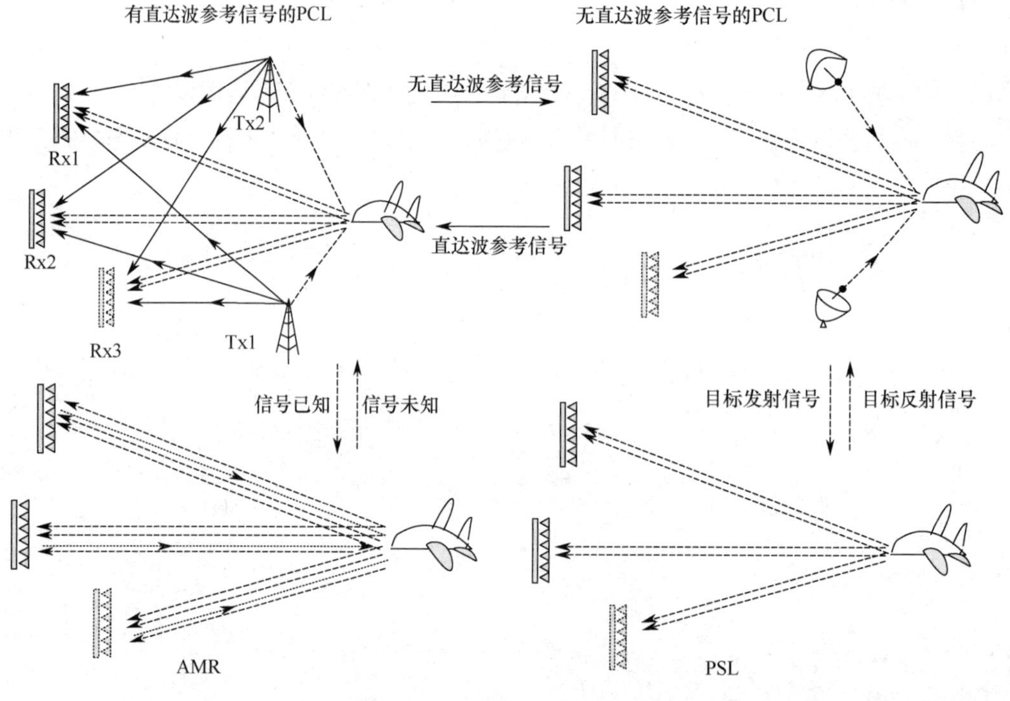

图 11.2　AMR、PCL 和 PSL 间的信号环境与变换

虽然 PCL 中的发射信号是先验未知的，但是在 PCL 系统中可以利用直达路径信号为发射信号提供一个不完美的估计。发射信号估计的质量可以使用直达波平均信噪比来定量分析；当 DNR 高时，估计质量高；当 DNR 低时，估计质量低。通过平均 DNR，就可以进行连续的量化分析。当 DNR 很高时，发射信号是完全已知的；当 DNR 很低时，发射信号是一无所知的。如果 PCL 中的所有接收机都无法获取直达波信号，当发射机和接收机之间的视距路径中存在物理遮挡时，或者所用的机会辐射源是高定向发射天线时，或者波束零点指

向接收机方向时，那么 PCL 中 DNR 很低的极端情况是存在的。此时，对应的传感器网络被称为“无直达波参考的 PCL”，图 11.2 中将其简称为“无参考信号的 PCL”。

最后，由于无参考的 PCL 和 PSL 都只能通过传感器网络接收到目标路径信号，所以二者是密切相关的。它们之间的区别是，目标路径信号是散射的（无参考的 PCL）还是目标直接辐射的（PSL）。因此，这两个传感器网络可以通过先验未知目标路径信号的传播路径类型来区分。这种差别从目标检测的角度来说是不重要的。特别地，如 9.4 节所示，当双基地目标通道路径中第 1 段的影响可以统一到未知发射信号中时，无参考的 PCL 在数学上与 PSL 是等价的。

11.2　AMR、PCL 和 PSL 的信号模型

本节给出 AMR、PCL 和 PSL 的信号模型。根据 11.1 节中给出的 AMR、PCL 和 PSL 之间的关系，结合第 8 章给出的 PCL 信号模型，可以直接推导得到这些信号模型。

11.2.1　AMR 的信号模型

如 11.1 节所述，AMR 与 PCL 的主要不同点是，它使用的是合作式发射机，发射信号已知。此外，AMR 中的发射机基本上与接收机位于同一个位置，但是这个条件不是必需的。因此，除了发射信号 $\boldsymbol{u}^i$ 是假设已知的，其信号模型与 PCL 的模型是相同的。第 j 个 AMR 接收机阵列的第 n 个阵元接收到的第 i 个基带信号，可以用第 8 章的式（8.49）表示为

$$\boldsymbol{s}_n^{ij}=\gamma_{\mathrm{d}}^{ij}\mathrm{e}^{\mathrm{j}\vartheta_n^{ij}(\boldsymbol{d}^i)}D_{\mathrm{d}}^{ij}\boldsymbol{u}^i+\gamma_{\mathrm{t}}^{ij}\mathrm{e}^{\mathrm{j}\vartheta_n^{ij}(\boldsymbol{t})}D_{\mathrm{t}}^{ij}\boldsymbol{u}^i+\boldsymbol{n}_n^{ij} \tag{11.1}$$

式中，$\boldsymbol{u}^i$ 是来自第 i 个发射机的已知发射信号，$D_{\mathrm{d}}^{ij}=D_{L^i}(\ell_{\mathrm{d}}^{ij},\upsilon_{\mathrm{d}}^{ij})$，$D_{\mathrm{d}}^{ij}=D_{L^i}(\ell_{\mathrm{d}}^{ij},\upsilon_{\mathrm{d}}^{ij})$，其他变量的定义与式（8.49）中的定义相同。式（11.1）是 AMR 的连续波形式，但是在 AMR 的研究中常常采用脉冲形式。然而，如果 $\boldsymbol{u}^i$ 表示整个相参积累时间 CPI 内的脉冲串，那么式(11.1)可用于脉冲处理。同时，在 AMR 信号模型中，通常不包括直达波信号，因为已隐含假设直达波信号入射时，所有接收机是不工作的。

11.2.2　多基地 PCL 的信号模型

第 8 章中详细给出了 PCL 信号模型的推导过程。PCL 中第 j 个接收机阵列的第 n 个阵元接收到的第 i 个基带信号可以用式（8.49）表示为

$$\boldsymbol{s}_n^{ij}=\gamma_{\mathrm{d}}^{ij}\mathrm{e}^{\mathrm{j}\vartheta_n^{ij}(\boldsymbol{d}^i)}D_{\mathrm{d}}^{ij}\boldsymbol{u}^i+\gamma_{\mathrm{t}}^{ij}\mathrm{e}^{\mathrm{j}\vartheta_n^{ij}(\boldsymbol{t})}D_{\mathrm{t}}^{ij}\boldsymbol{u}^i+\boldsymbol{n}_n^{ij} \tag{11.2}$$

式中，$\boldsymbol{u}^i$ 是来自第 i 个发射机的未知发射信号，$D_{\mathrm{d}}^{ij}=D_{L^i}(\ell_{\mathrm{d}}^{ij},\upsilon_{\mathrm{d}}^{ij})$，$D_{\mathrm{t}}^{ij}=D_{L^i}(\ell_{\mathrm{t}}^{ij},\upsilon_{\mathrm{t}}^{ij})$，其他变量的定义与式（8.49）中的定义相同。类似地，PCL 中无直达波参考的信号模型为

$$\boldsymbol{s}_n^{ij} = \gamma_{\rm t}^{ij} {\rm e}^{{\rm j}\vartheta_n^{ij}(t)} D_{\rm t}^{ij} \boldsymbol{u}^i + n_n^{ij} \tag{11.3}$$

除了没有直达波信号，这与式（11.2）是等价的。

11.2.3 无源定位系统 PSL 的信号模型

如 11.1 节所述，无参考 PCL 和 PSL 之间的区别是，目标路径信号是散射的（无参考的 PCL）还是目标直接辐射的（PSL）。这种区别可以通过数学定义来区分。将双基地目标路径通道系数 $\gamma_{\rm t}^{ij}$ 和双基地多普勒算子 $D_{\rm t}^{ij}$ 分成两部分，分别表示双基地传播通道的两段，即 $\gamma_{\rm t}^{ij} = \gamma_{{\rm t},2}^{ij}\gamma_{{\rm t},1}^{ij}, D_{\rm t}^{ij} = D_{{\rm t},2}^{ij}D_{{\rm t},1}^{ij}$，这与 9.1 节和 9.4 节中的讨论一样。然后，第 j 个 PSL 接收机阵列的第 n 个阵元接收到的第 i 个基带信号为

$$\boldsymbol{s}_n^{ij} = \gamma_{{\rm t},2}^{ij} {\rm e}^{{\rm j}\vartheta_n^{ij}(t)} D_{{\rm t},1}^{ij} \boldsymbol{u}^i + \boldsymbol{n}_n^{ij} \tag{11.4}$$

式中，$\boldsymbol{u}^i$ 是目标辐射的第 i 个未知信号；$\gamma_{{\rm t},2}^{ij}$ 是目标到第 j 个接收机的通道系数，根据 9.1 节中的式（9.3），它定义为

$$\gamma_{{\rm t},2}^{ij} = {\rm e}^{{\rm j}(\theta^i - \omega_{\rm c}^i R_2^j(\boldsymbol{t})/c)} \sqrt{\frac{p_{\rm erp}^i(\boldsymbol{r}^j)\lambda^{i^2} G_{\rm e}^j(t)}{(4\pi R_2^j(\boldsymbol{t}))^2}} \tag{11.5}$$

式（11.5）中的参量的定义与 9.1 节中的相同。式（9.3）中 a^{ij} 表示第 ij 个双基地目标路径通道的双基地反射系数。在式（11.5）中，a^{ij} 项已用第 j 个接收机方向的有效辐射功率 $\sqrt{p_{\rm erp}^i(\boldsymbol{r}^j)}$ 代替，这也反映了 PSL 和无参考 PCL 的差别。

11.3 AMR、PCL 和 PSL 的检测器

AMR、PCL、无参考 PCL 和 PSL 传感器网络中的集中式目标检测问题所涉及的信号模型已在 11.2 节中给出，得到的检测器呈现出类似的特性，表示了它们的信号模型间的相似性。如图 11.1 所示，得到的检测器分别是第 9 章和第 10 章推导得到的 MF-GLRT、RS-GLRT 和 SS-GLRT。下面集中给出并讨论它们的定义。

11.3.1 匹配滤波 GLRT 检测器

首先，匹配滤波 GLRT（MF-GLRT）是 AMR 传感器网络中，由 AMR 信号模型式（11.1）得到的集中式 GLRT 检测器。这个 GLRT 检测器由 10.2.3 节中的式（10.33）给出，即

$$\xi_{\rm mf} = \frac{1}{\sigma^2}\sum_{i=1}^{N_{\rm t}}\sum_{j=1}^{N_{\rm r}}\left|(\boldsymbol{u}^i)^{\rm H}\tilde{\boldsymbol{S}}_{\rm s}^{ij}\right|^2 \underset{\mathcal{H}_0}{\overset{\mathcal{H}_1}{\gtrless}} \mathcal{K}_{\rm mf} \tag{11.6}$$

式中，$\tilde{\boldsymbol{s}}_{\rm s}^{ij} = (D_{\rm t}^{ij})^{\rm H}\boldsymbol{s}_{\rm s}^{ij}$ 是消除由第 ij 个假设目标路径通道引入的时延和多普勒频移后，检测单

元内的监视信号 $\boldsymbol{s}_{\mathrm{s}}^{ij}$ 。如式（11.6）所示，检验统计量 ξ_{mf} 是在对监视信号进行时延和多普勒补偿、匹配滤波后，再对所有发射机－接收机对的匹配滤波输出进行非相参积累得到的。其信号处理结构是 AMR 检测中通用的[7, 2]。检验统计量 ξ_{mf} 在 $\mathcal{H}_1$ 和 $\mathcal{H}_0$ 假设下，分别服从非中心卡方分布和中心卡方分布（见 10.3.1 节）。MF-GLRT 随信号长度的增加可以获得相参积累增益（见 10.5.1 节）。此外，MF-GLRT 的模糊特性可以借助双基地距离、双基地多普勒频移和 AOA（对于阵列接收机）来解释（见 10.5.2 节）。注意，只有发射信号 $\{\boldsymbol{u}^i\}$ 完全已知时，在 AMR 检测问题中才可能利用匹配滤波。

11.3.2　监视－监视 GLRT 检测器

本节讨论监视－监视 GLRT，即 SS-GLRT。如 9.2 节所述，该检测器是无直达波参考 PCL 网络集中式检测的 GLRT。由于无直达波参考 PCL 网络和 PSL 网络在数学上是等价的，因此该检测器也是 PSL 网络集中式检测的 GLRT。9.2 节中式（9.29）给出的 SS-GLRT 检测器为

$$\xi_{\mathrm{ss}} = \frac{1}{\sigma^2}\sum_{i=1}^{N_{\mathrm{t}}} \lambda_1(\boldsymbol{G}_{\mathrm{ss}}^i) \underset{\mathcal{H}_0}{\overset{\mathcal{H}_1}{\gtrless}} \mathcal{K}_{\mathrm{ss}} \tag{11.7}$$

式中，$\lambda_1(\cdot)$ 为矩阵参量的最大特征值；$\boldsymbol{G}_{\mathrm{ss}}^i$ 为 Gram 矩阵，且其第 ij 个元素定义为

$$[\boldsymbol{G}_{\mathrm{ss}}^i]_{jk} = (\tilde{\boldsymbol{s}}_{\mathrm{s}}^{ij})^{\mathrm{H}}\tilde{\boldsymbol{s}}_{\mathrm{s}}^{ik} \tag{11.8}$$

10.4.1 节中的分析结果表明，对每对监视信号间的互模糊函数 CAF 进行采样，就可以得到 $\boldsymbol{G}_{\mathrm{ss}}^i$ 的每个元素，这被称为监视－监视处理。Gram 矩阵 $\boldsymbol{G}_{\mathrm{ss}}^i$ 在 $\mathcal{H}_1$ 和 $\mathcal{H}_0$ 假设下分别为非中心和中心复 Wishart 矩阵，并且基于随机矩阵理论的文献可以得到检测统计量 ξ_{ss} 的准确分布。随着信号长度的增加，与 MF-GLRT 相比，SS-GLRT 得到的是非相参积累增益，而不是相参积累增益。此外，SS-GLRT 的模糊特性可以通过 TDOA、FDOA 和（阵列接收机）到达角来解释（见 9.5.2 节和 10.5.2 节）。最后，与增加发射机的数量相比，由于增加接收机的数量能够获得更大的检测性能改善，所以发射机和接收机对检测性能的影响是非对称的。而在 MF-GLRT 中，发射机和接收机数量的增加对检测性能的改善是相同的。

11.3.3　参考－监视 GLRT 检测器

本节分析、比较 RS-GLRT。根据 10.2.1 节的分析，该检测器是有直达波参考时 PCL 网络集中式检测的 GLRT。10.2.1 节中的式（10.31）给出的 RS-GLRT 检测器为

$$\xi_{\mathrm{rs}} = \frac{1}{\sigma^2}\sum_{i=1}^{N_{\mathrm{t}}} (\lambda_1(\boldsymbol{G}_1^i) - \lambda_1(\boldsymbol{G}_{\mathrm{rr}}^i)) \underset{\mathcal{H}_0}{\overset{\mathcal{H}_1}{\gtrless}} \mathcal{K}_{\mathrm{rs}} \tag{11.9}$$

式中，$\boldsymbol{G}_1^i$ 为 Gram 矩阵，其模块结构为

$$\boldsymbol{G}_1^i = \begin{bmatrix} \boldsymbol{G}_{ss}^i & \boldsymbol{G}_{sr}^i \\ \boldsymbol{G}_{rs}^i & \boldsymbol{G}_{rr}^i \end{bmatrix} \tag{11.10}$$

式（11.8）给出了$\boldsymbol{G}_{ss}^i$的定义，$\boldsymbol{G}_{rs}^i = (\boldsymbol{G}_{rs}^i)^{\mathrm{H}}$，$\boldsymbol{G}_{rs}^i$和$\boldsymbol{G}_{rr}^i$定义为

$$[\boldsymbol{G}_{sr}^i]_{jk} = (\tilde{\boldsymbol{s}}_s^{ij})^{\mathrm{H}} \tilde{\boldsymbol{s}}_r^{ik} \tag{11.11}$$

$$[\boldsymbol{G}_{rr}^i]_{jk} = (\tilde{\boldsymbol{s}}_s^{ij})^{\mathrm{H}} \tilde{\boldsymbol{s}}_r^{ik} \tag{11.12}$$

式中，$\tilde{\boldsymbol{s}}_r^{ij} = (D_d^{ij})^{\mathrm{H}} \boldsymbol{s}_r^{ij}$是消除第$i$个发射机到第$j$个接收机的直达路径通道引入的时延和多普勒频移后的参考信号$\boldsymbol{s}_r^{ij}$。

10.4.2 节的分析结果表明，对每对参考信号和监视信号间的互模糊函数 CAF 进行采样，就可以得到$\boldsymbol{G}_{sr}^i$的每个元素，而计算参考信号和监视信号间的互模糊函数 CAF 的过程被称为参考－监视处理，也可认为是带噪声的匹配滤波。这些处理过程是 PCL 目标检测的传统方法。

Gram 矩阵$\boldsymbol{G}_1^i$在$\mathcal{H}_1$和$\mathcal{H}_0$假设下都是非中心复 Wishart 矩阵。然而，由于$\boldsymbol{G}_1^i$与$\boldsymbol{G}_{rr}^i$有关，所以式（11.9）中的$\lambda_1(\boldsymbol{G}_1^i)$与$\lambda_1(\boldsymbol{G}_{rr}^i)$不是独立的，这在目前的随机矩阵理论里没有涉及，似乎不太可能求出ξ_{rs}的准确分布。但是，ξ_{rs}的分布在某些情况下是可以近似的。

式（11.10）中的$\boldsymbol{G}_{ss}^i$与$\boldsymbol{G}_{sr}^i$表明，RS-GLRT 同时采用参考－监视处理和监视－监视处理。比较 10.5 节中的 RS-GLRT、MF-GLRT 和 SS-GLRT 检测器也可以说明这一点。特别地，RS-GLRT 检测器的检测性能是平均 SNR 和平均 DNR 的函数，它在 MF-GLRT 和 SS-GLRT 检测器的灵敏度性能和检测性能之间。10.5 节还指出，RS-GLRT 检测器的性能可以分成三个区：高 DNR 区，主要采用参考－监视处理方式；低$\overline{\rho}$区（$\overline{\rho}$是直达路径与目标散射路径信号的平均功率比），主要采用监视－监视处理方式；高 DNR 区和低$\overline{\rho}$区之间的过渡区，此时两种处理方式都很重要。下面再次讨论这三个区。

在高 DNR 区，参考－监视处理（即噪声下的匹配滤波）占主导地位，RS-GLRT 的渐近检测性能近似于 MF-GLRT 的检测性能。因此，RS-GLRT 的相参积累增益随信号长度的变化而变化（见 10.5.1 节），其模糊性能可以通过 TDOA、FDOA 和（阵列接收机）到达角来解释（见 10.5.2 节）。而且，假设在高 DNR 和高$\overline{\rho}$区，RS-GLRT 的统计量ξ_{rs}近似等于 MF-GLRT 的统计量ξ_{mf}乘以一个比例因子（见 10.3.2 节）。因此，ξ_{rs}在$\mathcal{H}_1$和$\mathcal{H}_0$假设下分别近似服从非中心卡方分布和中心卡方分布。

在低$\overline{\rho}$区，监视－监视处理占主导地位，RS-GLRT 的渐近检测性能与 SS-GLRT 的检测性能近似相同。因此，RS-GLRT 的非相参积累增益随信号长度的变化而变化（见 10.5.1 节），其模糊性能可以通过 TDOA、FDOA 和（阵列接收机）到达角来解释（见 10.5.2 节）。

在过渡区，RS-GLRT 检测器同时具有监视－监视处理和参考－监视处理的特性，其检测性能在 MF-GLRT 和 SS-GLRT 之间（见 10.5.1 节），其模糊性能受双基地距离、双基地多普勒、TDOA、FDOA 和（阵列接收机）到达角的影响（见 10.5.2 节）。RS-GLRT 检测器在

过渡区的灵敏度和模糊性能将随着 DNR 的提高，在 SS-GLRT 和 MF-GLRT 的检测性能和模糊性能之间平稳变化。

11.4　小结

本章从信号模型和检测器结构的角度，讨论了多基地 PCL 系统将有源和无源分布式 RF 传感器网络的目标检测统一到同一个理论框架下的思想。如 11.1 节所述，通过直达波信号为 PCL 系统提供了未知发射信号的不完美估计。估计的质量可以通过 DNR 来量化，高 DNR 的直达波估计质量高，而低 DNR 的估计质量低。利用平均 DNR 参量作为纽带，可将 AMR 和 PSL 的概念统一起来。当 DNR 很高时，由于发射信号可以通过接收高 DNR 直达波信号完全准确地估计出来，因此 PCL 近似为 AMR。当 DNR 很低时，由于 PCL 除了直达波信号，对先验未知的发射信号没有任何辅助信息，PCL 近似为 PSL。因此，PCL 就将有源和无源分布式射频传感器网络联系起来了，并且在同一个理论框架下统一了 PCL 系统与有源多基地雷达（AMR）和无源定位（PSL）传感器网络的目标检测理论。这个结论为深入分析有源和无源分布式射频传感器网络的原理本质提供了参考。

参考文献

[1] Fishler E, A Haimovich, R S Blum, et al. *Spatial diversity in radars-models and detection performance* [J]. IEEE Trans. Signal Process., 54(3): 823-838, 2006.

[2] He Qian, Nikolaus H Lehmann, Rick S Blum, and Alexander M Haimovich. *MIMO Radar Moving Target Detection in Homogeneous Clutter* [J]. IEEE Trans. Aerosp. Electron. Syst., 46(3): 1290-1301, 2010.

附录 A　远场差分距离近似推导

令阵列天线的第 n 个阵元位于 $\boldsymbol{r}_n = \boldsymbol{r} + \boldsymbol{\delta}_n$，其中 $\boldsymbol{r}$ 是阵列参考阵元的位置，$\boldsymbol{\delta}_n$ 是第 n 个阵元相对于参考阵元的位置偏差。令 $\boldsymbol{x}$ 相对阵列是远场位置，其中远场定义为 $\Omega_{\mathrm{ff}} = \left\{\boldsymbol{x} : \|\boldsymbol{x}-\boldsymbol{r}\| \gg \|\delta_n\|/\lambda\right\}$，则对于 $\boldsymbol{x} \in \Omega_{\mathrm{ff}}$，$\boldsymbol{x}$ 和 $\boldsymbol{r}_n$ 之间的距离 $R_n = \|\boldsymbol{x}-\boldsymbol{r}_n\|$ 可以近似为到阵列参考阵元的距离 $R_0 = \|\boldsymbol{x}-\boldsymbol{r}\|$ 与考虑第 n 个阵元相对于参考阵元的位置偏差后的差分项的和。下面将给出详细推导过程。R_n 可以展开并简化成如下形式：

$$R_n = \|\boldsymbol{x}-\boldsymbol{r}_n\| \tag{A.1}$$

$$= \sqrt{\|(\boldsymbol{x}-\boldsymbol{r}) - \boldsymbol{\delta}_n\|^2} \tag{A.2}$$

$$= \sqrt{\|\boldsymbol{x}-\boldsymbol{r}\|^2 - 2(\boldsymbol{x}-\boldsymbol{r})^{\mathrm{T}}\boldsymbol{\delta}_n + \|\boldsymbol{\delta}_n\|^2} \tag{A.3}$$

$$= \|\boldsymbol{x}-\boldsymbol{r}\|\sqrt{1 - \frac{2(\boldsymbol{x}-\boldsymbol{r})^{\mathrm{T}}\boldsymbol{\delta}_n + \|\boldsymbol{\delta}_n\|^2}{\|\boldsymbol{x}-\boldsymbol{r}\|^2}} \tag{A.4}$$

$$= \|\boldsymbol{x}-\boldsymbol{r}\|\left(1 - \frac{(\boldsymbol{x}-\boldsymbol{r})^{\mathrm{T}}\boldsymbol{\delta}_n + \|\boldsymbol{\delta}_n\|^2/2}{\|\boldsymbol{x}-\boldsymbol{r}\|^2} + \mathrm{H.O.T}\right) \tag{A.5}$$

$$\approx \|\boldsymbol{x}-\boldsymbol{r}\|\left(1 - \frac{(\boldsymbol{x}-\boldsymbol{r})^{\mathrm{T}}\boldsymbol{\delta}_n}{\|\boldsymbol{x}-\boldsymbol{r}\|^2}\right) \tag{A.6}$$

$$= R_0 - \hat{\boldsymbol{k}}(\boldsymbol{x}) \cdot \boldsymbol{\delta}_n \tag{A.7}$$

式中，$\hat{\boldsymbol{k}}(\boldsymbol{x})$ 是从 $\boldsymbol{r}$ 到 $\boldsymbol{x}$ 的单位矢量。式（A.5）可以通过在 $x=0$ 附近进行泰勒级数展开得到（$|x| \leqslant 1$ 时收敛）：

$$\sqrt{1+x} = \sum_{n=0}^{\infty} \frac{(-1)^n (2n)!}{(1-2n)(n!)^2(4^n)} = 1 + \frac{x}{2} - \frac{x^2}{8} + \frac{x^3}{16} - \cdots \tag{A.8}$$

在式（A.6）中，由于 $\|\boldsymbol{x}-\boldsymbol{r}\|$ 的幅度很大，可以忽略高阶项 H.O.T，并且在远场条件下有 $\|\boldsymbol{x}-\boldsymbol{r}\| \gg \|\delta_n\|^2$。

附录 B　参考通道和监视通道的形成

对于给定的任意酉矩阵 $\boldsymbol{A}^{ij} \in \mathbb{C}^{N_\mathrm{e}L\times N_\mathrm{e}L}$，式（10.18）中的标量$\left\|\boldsymbol{s}^{ij}-\boldsymbol{M}_1^{ij}\boldsymbol{u}^i\right\|^2$可以表示为

$$\begin{aligned}&\left\|\boldsymbol{s}^{ij}-\boldsymbol{M}_1^{ij}\boldsymbol{u}^i\right\|^2\\&=\left\|\boldsymbol{A}^{ij}(\boldsymbol{s}^{ij}-\boldsymbol{M}_1^{ij}\boldsymbol{u}^i)\right\|^2\end{aligned} \tag{B.1}$$

$$=\left\|\boldsymbol{A}^{ij}\boldsymbol{s}^{ij}\right\|^2-2\operatorname{Re}\{\boldsymbol{s}^{ij^\mathrm{H}}\boldsymbol{M}_1^{ij}\boldsymbol{u}^i\}+\left\|\boldsymbol{A}^{ij}\boldsymbol{M}_1^{ij}\boldsymbol{u}^i\right\|^2 \tag{B.2}$$

假设酉矩阵形式为 $\boldsymbol{A}^{ij}=(\boldsymbol{B}^{ij}\otimes\boldsymbol{I}_L)$，其中 $\boldsymbol{B}^{ij}\in\mathbb{C}^{N_\mathrm{e}\times N_\mathrm{e}}$ 是单位波束形成矩阵，它包括 N_e 个标准正交列矢量：

$$\boldsymbol{B}^{ij}=[\boldsymbol{b}_\mathrm{s}^{ij},\boldsymbol{b}_\mathrm{r}^{ij},\boldsymbol{b}_3^{ij},\cdots,\boldsymbol{b}_{N_\mathrm{e}}^{ij}] \tag{B.3}$$

式中，$\boldsymbol{b}_\mathrm{s}^{ij},\boldsymbol{b}_\mathrm{r}^{ij}$ 分别是监视和参考波束形成器。根据图 10.2 中描述的方法定义，$\boldsymbol{b}_\mathrm{r}^{ij}$ 指向第 i 个发射机的方向，

$$\boldsymbol{b}_\mathrm{r}^{ij}=\frac{\boldsymbol{a}_\mathrm{d}^{ij}}{\left\|\boldsymbol{a}_\mathrm{d}^{ij}\right\|} \tag{B.4}$$

而 $\boldsymbol{b}_\mathrm{s}^{ij}$ 指向待检测位置 $\boldsymbol{p}$ 的方向，并将零点置于发射机方向，

$$\boldsymbol{b}_\mathrm{s}^{ij}=\frac{\boldsymbol{P}_{\mathrm{r}^\perp}^{ij}\boldsymbol{a}_\mathrm{p}^{ij}}{\left\|\boldsymbol{P}_{\mathrm{r}^\perp}^{ij}\boldsymbol{a}_\mathrm{p}^{ij}\right\|} \tag{B.5}$$

式中，$\boldsymbol{P}_{\mathrm{r}^\perp}^{ij}=\boldsymbol{I}_{N_\mathrm{e}}-\boldsymbol{b}_\mathrm{r}^{ij}(\boldsymbol{b}_\mathrm{r}^{ij})^\mathrm{H}$ 是投影到 $\boldsymbol{b}_\mathrm{r}^{ij}$ 标准正交补集的矩阵；剩余列 $\{\boldsymbol{b}_k^{ij}:k=3,\cdots,N_\mathrm{e}\}$ 满足 $\boldsymbol{B}^{ij^\mathrm{H}}\boldsymbol{B}^{ij}=\boldsymbol{I}_{N_\mathrm{e}}$。

$\boldsymbol{B}^{ij}$ 的几何解释如图 B.1 所示[1]。对于第 ij 个双基地对，直达路径和假设的目标路径指向矢量 $\boldsymbol{a}_\mathrm{d}^{ij}$ 和 $\boldsymbol{a}_\mathrm{p}^{ij}$ 是线性独立的，但不必是正交的，它们可以扩张为 $\mathbb{C}^{N_\mathrm{e}}$ 中秩为 2 的子空间，记为 $\left\langle[\boldsymbol{a}_\mathrm{d}^{ij}\boldsymbol{a}_\mathrm{p}^{ij}]\right\rangle$。监视和参考波束形成器 $\boldsymbol{a}_\mathrm{s}^{ij},\boldsymbol{a}_\mathrm{r}^{ij}$ 是 $\left\langle[\boldsymbol{a}_\mathrm{d}^{ij}\boldsymbol{a}_\mathrm{p}^{ij}]\right\rangle$ 的标准正交基。类似地，$\{\boldsymbol{b}_k^{ij}:k=3,\cdots,N_\mathrm{e}\}$ 是 $\left\langle[\boldsymbol{a}_\mathrm{d}^{ij}\boldsymbol{a}_\mathrm{p}^{ij}]\right\rangle$ 的标准正交补集的正交基，记为 $\left\langle[\boldsymbol{a}_\mathrm{d}^{ij}\boldsymbol{a}_\mathrm{p}^{ij}]\right\rangle^\perp$，于是有

$$\boldsymbol{B}^{ij}\boldsymbol{B}^{ij^\mathrm{H}}=\underbrace{\boldsymbol{b}_\mathrm{s}{}^{ij}\boldsymbol{b}_\mathrm{s}{}^{ij^\mathrm{H}}}_{\boldsymbol{P}_{\mathrm{r}\perp\mathrm{s}}^{ij}}+\underbrace{\boldsymbol{b}_\mathrm{r}{}^{ij}\boldsymbol{b}_\mathrm{r}{}^{ij^\mathrm{H}}}_{\boldsymbol{P}_\mathrm{r}^{ij}}+\underbrace{\sum_{k=3}^{N_\mathrm{e}}\boldsymbol{b}_k{}^{ij}\boldsymbol{b}_k{}^{ij^\mathrm{H}}}_{\boldsymbol{P}_{(\mathrm{rs})^\perp}^{ij}}=\boldsymbol{I}_{N_\mathrm{e}} \tag{B.6}$$

式中，$\boldsymbol{P}_{\mathrm{r}\perp\mathrm{s}}^{ij},\boldsymbol{P}_\mathrm{r}^{ij},\boldsymbol{P}_{(\mathrm{rs})^\perp}^{ij}$ 分别是 $\left\langle\boldsymbol{b}_\mathrm{s}^{ij}\right\rangle,\left\langle\boldsymbol{b}_\mathrm{r}^{ij}\right\rangle$ 和 $\left\langle[\boldsymbol{a}_\mathrm{d}^{ij}\boldsymbol{a}_\mathrm{p}^{ij}]\right\rangle^\perp$ 的标准正交投影。

下面依次分析式（B.2）中的各项。首先，$\left\|\boldsymbol{A}^{ij}\boldsymbol{s}^{ij}\right\|^2$ 可以展开为

$$\left\|\boldsymbol{A}^{ij}\boldsymbol{s}^{ij}\right\|^2 = \left\|(\boldsymbol{B}^{ij}\otimes\boldsymbol{L}_L)^{\mathrm{H}}\boldsymbol{s}^{ij}\right\|^2 \tag{B.7}$$

$$= \left\|\boldsymbol{s}_{\mathrm{s}}^{ij}\right\|^2 + \left\|\boldsymbol{s}_{\mathrm{r}}^{ij}\right\| + \underbrace{\sum_{k=3}^{N_{\mathrm{e}}}\left\|\boldsymbol{w}_k^{ij}\right\|^2}_{=E_{(\mathrm{rs})^{\perp}}^{ij}} \tag{B.8}$$

式中，$\boldsymbol{s}_{\mathrm{s}}^{ij}$ 和 $\boldsymbol{s}_{\mathrm{r}}^{ij}$ 分别是监视通道信号和参考通道信号，

$$\boldsymbol{s}_{(\mathrm{s,r})}^{ij} = \sum_{n=1}^{N_{\mathrm{e}}}[\boldsymbol{b}_{(\mathrm{s,r})}^{ij}]_n^*\boldsymbol{s}_n^{ij} \tag{B.9}$$

而 $\boldsymbol{w}_k^{ij}$ 为

$$\boldsymbol{w}_k^{ij} = \sum_{n=1}^{N_{\mathrm{e}}}[\boldsymbol{b}_k^{ij}]_n^*\boldsymbol{s}_n^{ij} \tag{B.10}$$

符号 $[\boldsymbol{x}]_n$ 表示矢量 $\boldsymbol{x}$ 的第 n 个元素。$E_{(\mathrm{rs})^{\perp}}^{ij}$ 表示 $\boldsymbol{s}^{ij}$ 在 $\left\langle[\boldsymbol{a}_{\mathrm{d}}^{ij}\boldsymbol{a}_{\mathrm{p}}^{ij}]\right\rangle^{\perp}$ 上投影的总能量。

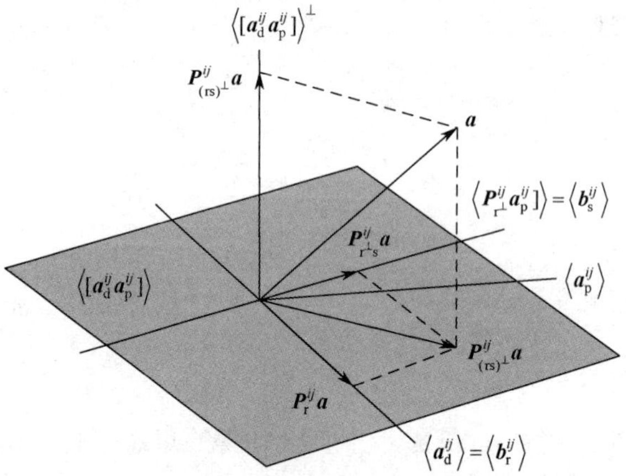

图 B.1 将 $\mathbb{C}^{N_{\mathrm{e}}}$ 分解为由列 $\boldsymbol{B}^{ij}$ 张成的子空间，灰平面是秩 2 子空间 $\left\langle[\boldsymbol{a}_{\mathrm{d}}^{ij}\boldsymbol{a}_{\mathrm{p}}^{ij}]\right\rangle$

利用式（B.6），可将式（B.2）中的第二项 $\boldsymbol{s}^{ij^{\mathrm{H}}}\boldsymbol{M}_1^{ij}\boldsymbol{u}^i$ 展开为

$$\boldsymbol{s}^{ij^{\mathrm{H}}}\boldsymbol{M}_1^{ij}\boldsymbol{u}^i = \boldsymbol{s}^{ij^{\mathrm{H}}}((\boldsymbol{P}_{\mathrm{r}}^{ij}+\boldsymbol{P}_{\mathrm{r}^{\perp}\mathrm{s}}^{ij}+\boldsymbol{P}_{(\mathrm{rs})^{\perp}}^{ij})\otimes\boldsymbol{I}_L)\boldsymbol{M}_1^{ij}\boldsymbol{u}^i \tag{B.11}$$

式（B.11）中涉及的 $\boldsymbol{P}_{\mathrm{r}}^{ij}$ 可以利用式（10.4）和式（B.6）展开，并且利用 Kronecker 积中混合积的特性，可得

$$\boldsymbol{s}^{ij^{\mathrm{H}}}(\boldsymbol{P}_{\mathrm{r}}^{ij}\otimes\boldsymbol{I}_L)\boldsymbol{M}_1^{ij}\boldsymbol{u}^i = \boldsymbol{s}^{ij^{\mathrm{H}}}(\boldsymbol{P}_{\mathrm{r}}^{ij}\otimes\boldsymbol{I}_L)(\gamma_{\mathrm{d}}^{ij}(\boldsymbol{a}_{\mathrm{d}}^{ij}\otimes D_{\mathrm{d}}^{ij})+\gamma_{\mathrm{p}}^{ij}(\boldsymbol{a}_{\mathrm{p}}^{ij}\otimes D_{\mathrm{p}}^{ij}))\boldsymbol{u}^i \tag{B.12}$$

$$= \boldsymbol{s}^{ij^{\mathrm{H}}}(\gamma_{\mathrm{d}}^{ij}(\boldsymbol{p}_{\mathrm{r}}^{ij}\boldsymbol{a}_{\mathrm{d}}^{ij})\otimes D_{\mathrm{d}}^{ij}+\gamma_{\mathrm{p}}^{ij}(\boldsymbol{p}_{\mathrm{r}}^{ij}\boldsymbol{a}_{\mathrm{p}}^{ij})\otimes D_{\mathrm{p}}^{ij})\boldsymbol{u}^i \tag{B.13}$$

$$= \boldsymbol{s}^{ij^{\mathrm{H}}}(\gamma_{\mathrm{d}}^{ij}\boldsymbol{a}_{\mathrm{d}}^{ij} \otimes D_{\mathrm{d}}^{ij} + \gamma_{\mathrm{p}}^{ij}\beta_{\mathrm{dp}}^{ij}\boldsymbol{a}_{\mathrm{d}}^{ij} \otimes D_{\mathrm{p}}^{ij})\boldsymbol{u}^{i} \tag{B.14}$$

式中，β_{dp}^{ij} 是 $\boldsymbol{a}_{\mathrm{d}}^{ij}$ 和 $\boldsymbol{a}_{\mathrm{p}}^{ij}$ 间的失配系数，即

$$\beta_{\mathrm{dp}}^{ij} = \frac{(\boldsymbol{a}_{\mathrm{d}}^{ij})^{\mathrm{H}}\boldsymbol{a}_{\mathrm{p}}^{ij}}{\left\|\boldsymbol{a}_{\mathrm{d}}^{ij}\right\|^{2}} \tag{B.15}$$

在 PCL 中，由于直达波和目标回波信号间的功率比非常大，即 $\left|\gamma_{\mathrm{d}}^{ij}\right|^{2} \gg \left|\gamma_{\mathrm{p}}^{ij}\right|^{2}$，因此可以忽略式（B.14）中第二项表示的目标路径信号在参考通道中的泄漏。当 $\boldsymbol{a}_{\mathrm{d}}^{ij} \neq \boldsymbol{a}_{\mathrm{p}}^{ij}$ 时，利用柯西一施瓦茨不等式可得 $\beta_{\mathrm{dp}}^{ij} < 1$。利用该近似，可得

$$\boldsymbol{s}^{ij^{\mathrm{H}}}(\boldsymbol{P}_{\mathrm{r}}^{ij} \otimes \boldsymbol{I}_{L})\boldsymbol{M}_{1}^{ij}\boldsymbol{u}^{i} \approx \gamma_{\mathrm{d}}^{ij}\boldsymbol{s}^{ij^{\mathrm{H}}}(\boldsymbol{a}_{\mathrm{d}}^{ij} \otimes D_{\mathrm{d}}^{ij})\boldsymbol{u}^{i} \tag{B.16}$$

$$= \gamma_{\mathrm{d}}^{ij}\left(D_{\mathrm{d}}^{ij^{\mathrm{H}}}\sum_{n=1}^{N_{\mathrm{e}}}[\boldsymbol{a}_{\mathrm{d}}^{ij}]_{n}^{*}s_{n}^{ij}\right)^{\mathrm{H}}\boldsymbol{u}^{i} \tag{B.17}$$

$$= \gamma_{\mathrm{d}}^{ij}\sqrt{N_{\mathrm{e}}}(\tilde{\boldsymbol{s}}_{\mathrm{r}}^{ij})^{\mathrm{H}}\boldsymbol{u}^{i} \tag{B.18}$$

式中，$\sqrt{N_{\mathrm{e}}} = \left\|\boldsymbol{a}_{\mathrm{d}}^{ij}\right\|$，$\tilde{\boldsymbol{s}}_{\mathrm{r}}^{ij}$ 是式（B.9）中时延多普勒补偿后的参考信号 $\boldsymbol{s}_{\mathrm{r}}^{ij}$，即去除时延和多普勒的直达波通道信号，

$$\tilde{\boldsymbol{s}}_{\mathrm{r}}^{ij} = D_{\mathrm{d}}^{ij^{\mathrm{H}}}\sum_{n=1}^{N_{\mathrm{e}}}[\boldsymbol{a}_{\mathrm{d}}^{ij}]_{n}^{*}\boldsymbol{s}_{n}^{ij} = D_{\mathrm{d}}^{ij^{\mathrm{H}}}\boldsymbol{s}_{\mathrm{r}}^{ij} \tag{B.19}$$

类似地，利用式（10.4）、式（B.4）和式（B.6），式（B.11）中的 $\boldsymbol{P}_{\mathrm{r}\perp\mathrm{s}}^{ij}$ 可以展开并化简为

$$\boldsymbol{s}^{ij^{\mathrm{H}}}(\boldsymbol{P}_{\mathrm{r}\perp\mathrm{s}}^{ij} \otimes \boldsymbol{I}_{L})\boldsymbol{M}_{1}^{ij}\boldsymbol{u}^{i} = \gamma_{\mathrm{d}}^{ij}\sqrt{N_{\mathrm{e}}\left(1-\left|\beta_{\mathrm{dp}}^{ij}\right|^{2}\right)}(\tilde{\boldsymbol{s}}_{s}^{ij})^{\mathrm{H}}\boldsymbol{u}^{i} \tag{B.20}$$

式中，$\sqrt{N_{\mathrm{e}}\left(1-\left|\beta_{\mathrm{dp}}^{ij}\right|^{2}\right)} = \left\|\boldsymbol{P}_{\mathrm{r}\perp\mathrm{s}}^{ij}\boldsymbol{a}_{\mathrm{p}}^{ij}\right\|$，$\tilde{\boldsymbol{s}}_{\mathrm{s}}^{ij}$ 是式（B.9）中时延多普勒补偿后的监视信号 $\boldsymbol{s}_{\mathrm{s}}^{ij}$，即时延和多普勒补充后的目标通道信号，

$$\tilde{\boldsymbol{s}}_{\mathrm{s}}^{ij} = D_{\mathrm{P}}^{ij^{\mathrm{H}}}\sum_{n=1}^{N_{\mathrm{e}}}[\boldsymbol{b}_{\mathrm{s}}^{ij}]_{n}^{*}\boldsymbol{s}_{n}^{ij} = D_{\mathrm{p}}^{ij^{\mathrm{H}}}\boldsymbol{s}_{\mathrm{s}}^{ij} \tag{B.21}$$

与式（B.18）中的近似不同的是，式（B.20）是精确的。

最后，由于 $\boldsymbol{a}_{\mathrm{d}}^{ij}$ 和 $\boldsymbol{a}_{\mathrm{p}}^{ij}$ 位于 $\boldsymbol{P}_{(\mathrm{rs})^{\perp}}^{ij}$ 的零空间，式（B.2）中的 $\boldsymbol{P}_{(\mathrm{rs})^{\perp}}^{ij}$ 等于 0，于是有

$$\boldsymbol{s}_{\mathrm{s}}^{ij^{\mathrm{H}}}(\boldsymbol{P}_{(\mathrm{rs})^{\perp}}^{ij} \otimes \boldsymbol{I}_{L})\boldsymbol{M}_{1}^{ij}\boldsymbol{u}^{i} = \boldsymbol{s}^{ij^{\mathrm{H}}}(\gamma_{\mathrm{d}}^{ij}\underbrace{(\boldsymbol{P}_{(\mathrm{rs})^{\perp}}^{ij}\mathrm{a}_{\mathrm{d}}^{ij})}_{=0} \otimes D_{\mathrm{d}}^{ij} + \gamma_{\mathrm{p}}^{ij}\underbrace{(\boldsymbol{P}_{(\mathrm{rs})^{\perp}}^{ij}\boldsymbol{a}_{\mathrm{d}}^{ij})}_{=0} \otimes D_{\mathrm{t}}^{ij})\boldsymbol{u}^{i} \tag{B.22}$$

将式（B.18）、式（B.20）和式（B.22）代入式（B.2），得到

$$\boldsymbol{s}_{\mathrm{s}}^{ij^{\mathrm{H}}}\boldsymbol{M}_1^{ij}\boldsymbol{u}^i=(\mu_{\mathrm{r}}^{ij}\tilde{\boldsymbol{s}}_{\mathrm{r}}^{ij^{\mathrm{H}}}+\mu_{\mathrm{s}}^{ij}\tilde{\boldsymbol{s}}_{\mathrm{s}}^{ij^{\mathrm{H}}})\boldsymbol{u}^i \tag{B.23}$$

式中，$\mu_{\mathrm{r}}^{ij},\mu_{\mathrm{s}}^{ij}$ 为尺度因子，它们考虑了参考和监视通道的通道效应和波束形成的影响，并且定义为

$$\mu_{\mathrm{r}}^{ij}=\gamma_{\mathrm{d}}^{ij}\sqrt{N_{\mathrm{e}}} \tag{B.24}$$

$$\mu_{\mathrm{s}}^{ij}=\gamma_{\mathrm{p}}^{ij}\sqrt{N_{\mathrm{e}}\left(1-\left|\beta_{\mathrm{dp}}^{ij}\right|^2\right)} \tag{B.25}$$

最后，利用式（10.4）和式（B.4），可将式（B.2）中的$\left\|\boldsymbol{A}^{ij}\boldsymbol{M}_1^{ij}\boldsymbol{u}^i\right\|^2$展开并化简为

$$\left\|\boldsymbol{A}^{ij}\boldsymbol{M}_1^{ij}\boldsymbol{u}^i\right\|^2\approx L\left(\left|\mu_{\mathrm{r}}^{ij}\right|^2+\left|\mu_{\mathrm{s}}^{ij}\right|^2\right) \tag{B.26}$$

式（B.26）的近似意味着忽略了目标路径信号在参考通道中的泄漏，与式（B.14）一样。将式（B.8）、式（B.23）和式（B.26）代入式（B.2），并利用$\left\|\tilde{\boldsymbol{s}}_{\mathrm{s}}^{ij}\right\|^2=\left\|\boldsymbol{s}_{\mathrm{s}}^{ij}\right\|^2$，$\left\|\tilde{\boldsymbol{s}}_{\mathrm{r}}^{ij}\right\|^2=\left\|\boldsymbol{s}_{\mathrm{r}}^{ij}\right\|^2,\left\|\boldsymbol{u}^i\right\|^2=L$，可将标量$\left\|\boldsymbol{s}^{ij}-\boldsymbol{M}_1^{ij}\boldsymbol{u}^i\right\|^2$表示为

$$\left\|\boldsymbol{s}^{ij}-\boldsymbol{M}_1^{ij}\boldsymbol{u}^i\right\|^2\approx\left\|\tilde{\boldsymbol{s}}_{\mathrm{s}}^{ij}-\mu_{\mathrm{s}}^{ij}\boldsymbol{u}^i\right\|^2+\left\|\tilde{\boldsymbol{s}}_{\mathrm{r}}^{ij}-\mu_{\mathrm{r}}^{ij}\boldsymbol{u}^i\right\|^2+E_{(\mathrm{rs})^{\perp}}^{ij} \tag{B.27}$$

参考文献

[1] Scharf, L L and B Friedlander. *Matched subspace detectors* [J]. IEEE Trans. Signal Process. 1994: 42(8): 2146-2157.